高等院校精品课程系列教材

# 操作系统教程

谢旭升 朱明华 张练兴 李宏伟 编著

精品课程

Operating System

机械工业出版社
CHINA MACHINE PRESS

操作系统是计算机系统的灵魂，是计算机系统必不可少的核心软件，是计算机专业工作者必须掌握的知识，因而操作系统课程成为计算机相关专业的必修课。本书系统地阐述了操作系统的基本概念、原理、技术、方法及功能，尽可能全面地展示操作系统的精髓和特性，力求做到概念清晰、结构合理、取舍得当、由浅入深、通俗易懂。

全书共分 8 章。第 1 章介绍操作系统的基本知识，第 2 章阐述处理器管理，第 3 章阐述作业管理，第 4 章阐述存储管理，第 5 章阐述设备管理，第 6 章阐述文件管理，第 7 章介绍 Windows 操作系统，第 8 章介绍 Linux 操作系统。

本书可作为高等院校计算机及相关专业的教材，也可作为计算机专业技术人员的参考书。



**图书在版编目（CIP）数据**

操作系统教程／谢旭升等编著．—北京：机械工业出版社，2012.1（2024.7 重印）
（高等院校精品课程系列教材）

ISBN 978-7-111-36896-0

Ⅰ．操…　Ⅱ．谢…　Ⅲ．操作系统-高等学校-教材　Ⅳ．TP316

中国版本图书馆 CIP 数据核字（2011）第 272313 号

机械工业出版社（北京市西城区百万庄大街 22 号　邮政编码　100037）
责任编辑：佘　洁
北京建宏印刷有限公司印刷
2024 年 7 月第 1 版第 8 次印刷
185mm×260mm・20.25 印张
标准书号：ISBN 978-7-111-36896-0
定价：36.00 元

客服电话：（010）88361066　68326294

# 前言

操作系统是计算机系统中不可缺少的系统软件，在计算机专业的课程体系中占有重要的地位，是计算机专业及相关专业的一门必修课程，也是计算机专业工作者必须掌握的知识。因此，一本适用的教材对操作系统课程的学习显得特别重要。

本书是作者在多年教学工作的基础上，参阅了有关文献而编写的。考虑到本课程的课时数有限，我们对其内容进行了精选，着重于操作系统基本概念、基本原理、基本技术、基本方法的阐述，力求做到概念清晰、表述准确、结构合理、取舍得当、由浅入深、循序渐进、通俗易懂、便于自学，以期达到较好的教学效果。

全书共分8章。第1章引论，介绍了操作系统的基本概念、操作系统的形成与发展、操作系统的功能和分类、操作系统的特征和作用；第2章处理器管理，介绍了并发执行的特征以及进程与线程的概念，对进程控制、进程调度及算法、进程互斥与同步、进程通信、进程死锁等问题进行了分析和讨论；第3章作业管理，介绍了作业的概念、作业控制方式、作业管理和用户接口，着重讨论了批处理作业调度算法；第4章存储管理，介绍了存储管理的基本知识，讨论了存储管理的基本功能及各种存储管理技术和虚拟存储管理技术；第5章设备管理，介绍了I/O系统结构、I/O控制方式和I/O缓冲技术，对设备的分配、磁盘存储的管理、驱动调度及算法、虚拟设备技术进行了讨论；第6章文件管理，介绍了文件及文件系统的概念，对文件目录、文件组织、文件存储、文件操作、文件保护与保密等问题进行了分析和讨论；第7章Windows操作系统，主要介绍了Windows系统的实现技术；第8章Linux操作系统，主要介绍了Linux系统的实现技术。

本书由谢旭升、朱明华、张练兴、李宏伟编写。由于编者水平有限，书中难免会有错误和不当之处，恳请读者批评指正。

编　者

2011年10月

# 教学建议

<table>
<tr><th rowspan="2">教学内容</th><th rowspan="2">学习要点及教学要求</th><th colspan="2">课时安排</th></tr>
<tr><th>全部讲授</th><th>部分选讲</th></tr>
<tr><td>第1章<br>引　论</td><td>• 掌握操作系统的定义<br>• 了解操作系统的形成和发展过程<br>• 了解操作系统的分类及其特点<br>• 掌握操作系统的功能<br>• 了解操作系统的特征和作用<br>• 掌握多道程序设计技术</td><td>4</td><td>2</td></tr>
<tr><td>第2章<br>处理器管理</td><td>• 了解程序的顺序执行和并发执行特征<br>• 掌握进程的概念及其状态转换过程<br>• 了解进程控制过程<br>• 掌握进程调度的功能和进程调度算法<br>• 了解线程的概念和主要特征<br>• 了解临界区概念、信号量和PV原语<br>• 掌握PV操作实现进程互斥案例<br>• 掌握PV操作实现进程同步案例<br>• 了解管程的概念及其简单应用<br>• 了解进程通信类型<br>• 掌握死锁的定义、产生的原因和必要条件</td><td>20</td><td>16</td></tr>
<tr><td>第3章<br>作业管理</td><td>• 了解作业、作业步和作业调度的基本概念<br>• 了解作业管理的主要功能<br>• 掌握批处理作业的调度过程<br>• 掌握批处理作业的典型调度算法和应用<br>• 了解批处理作业的控制过程<br>• 了解交互式作业的管理过程<br>• 了解操作系统与用户的三种接口机制</td><td>8</td><td>6</td></tr>
<tr><td>第4章<br>存储管理</td><td>• 了解存储管理的主要功能<br>• 掌握程序装入与链接、逻辑地址与物理地址、内存保护等概念<br>• 了解交换与覆盖技术<br>• 掌握连续分配管理方式（单一连续分配和分区分配）<br>• 掌握非连续分配管理方式（分页管理方式、分段管理方式、段页式管理方式）<br>• 掌握虚拟存储器的基本概念<br>• 掌握请求分页管理方式，常用的页面置换算法<br>• 理解抖动现象、工作集的概念<br>• 了解请求分段管理方式<br>• 了解请求段页式管理方式</td><td>12</td><td>10</td></tr>
</table>

（续）

| 教学内容 | 学习要点及教学要求 | 课时安排 | |
|---|---|---|---|
| | | 全部讲授 | 部分选讲 |
| 第5章<br>设备管理 | • 了解设备管理的主要功能<br>• 了解I/O控制方式<br>• 了解缓冲技术实现的基本思想，了解高速缓存与缓冲区技术<br>• 了解设备的分配和回收<br>• 掌握磁盘组织与管理，理解掌握磁盘调度算法<br>• 掌握虚拟设备的实现思想，理解假脱机技术（SPOOLing技术） | 8 | 6 |
| 第6章<br>文件管理 | • 了解文件的定义、分类和层次结构<br>• 了解文件系统的功能<br>• 掌握文件的逻辑结构和物理结构<br>• 掌握一级、二级、多级目录结构及功能<br>• 掌握空闲块表、空闲块链、位示图和成组链接方法等辅存空间管理技术<br>• 了解文件的操作和使用<br>• 掌握目录链接、基于索引结点的链接和符号链接三种文件共享技术<br>• 掌握文件的保护和保密技术 | 10 | 8 |
| 第7章<br>Windows操作系统 | • 了解Windows系统组成和设计目标<br>• 掌握Windows系统的处理器管理机制<br>• 了解Windows系统的内存管理基础知识<br>• 了解Windows系统常用的文件系统<br>• 了解Windows系统的I/O系统 | 4 | 2 |
| 第8章<br>Linux操作系统 | • 了解Linux系统的发展历史以及基本特点<br>• 掌握Linux系统的进程管理机制<br>• 掌握Linux系统的文件系统结构<br>• 掌握Linux内存管理的实现机制<br>• 了解Linux系统的I/O系统基础知识 | 4 | 2 |
| 合计 | | 70 | 52 |

# 目 录

# 第1章

# 引　论

## 1.1 操作系统概念

任何一个计算机系统都是由两部分组成：计算机硬件和计算机软件。计算机硬件通常是由中央处理器（包括运算器和控制器）、存储器、输入设备和输出设备等部件组成，它构成了系统本身和用户作业赖以活动的物质基础和环境。由这些硬件部件组成的机器称为“裸机”。

然而用户最不喜欢裸机这种工作环境，因为裸机上没有任何一种可以协助他们解决问题的手段，只提供最低级的机器语言。为了对硬件的性能加以扩充和完善，方便用户使用计算机，于是在裸机外添加了能实现各种功能的软件程序。例如，为了方便用户描述自己的算题任务而提供了程序设计语言及相应的翻译程序（汇编程序或编译程序）；为了方便、有效地解决各类问题，提供了各种服务性程序和实用程序，如系统程序库、编辑程序、链接装配程序等；为了维护系统正常工作，有查错程序、诊断程序和引导程序；还有用户应用程序、数据库管理系统、数据通信系统等。软件又称为软设备，它是程序和数据的集合。这些程序是为了方便用户和充分发挥计算机效能而编制的。在这些软件中有一个很重要的软件系统，即操作系统，它管理系统中所有的软、硬件资源，并组织控制整个计算机的工作流程。

软件一般可以分为以下几类：

1）系统软件：操作系统、编译程序、程序设计语言、链接装配程序以及与计算机密切相关的程序。

2）应用软件：应用程序、软件包（如数理统计软件包、运筹计算软件包等）。

3）工具软件：各种诊断程序、检查程序、引导程序。

硬件是计算机系统的物质基础，没有硬件就不能执行指令和实施最原始、最简单的操作，软件也就失去了效用；而若只有硬件，没有配置相应的软件，计算机就不能发挥它潜在的能力，这些硬件也就没有了活力。因此，硬件和软件二者是互相依赖、互相促进的。可以这样说：没有软件的硬件是一具僵尸；而没有硬件的软件则是一个幽灵。只有软件和硬件有机地结合在一起的系统，才能称得上是一个完整的计算机系统。操作系统将系统中的各种软、硬件资源有机地组合成一个整体，使计算机真正体现了系统的完整性和可利用性。

计算机系统的组成用图1-1来描述。从图中可看出，硬件和软件以及软件各部分之间是层次结构的关系。硬件在最里层，它的外面是操作系统，经过操作系统提供的资源管理功能和方便用户的各种服务手段把硬件改造成为功能更强、使用更为方便的机器，通常称为“虚拟机”。而其他系统软件和应用软件则运行在操作系统之上，需要操作系统支撑。

因此，引入操作系统的目的可从两方面来考察：

1）从系统管理人员的观点来看，引入操作系统是为了合理地组织计算机工作流程，管理和分配计算机系统硬件及软件资源，使之能为多个用户所共享。因此，操作系统是计算机资源的管理者。

2）从用户的观点来看，引入操作系统是为了给用户提供一个良好的界面，以使用户无需了解许多有关硬件和系统软件的细节，就能方便灵活地使用计算机。

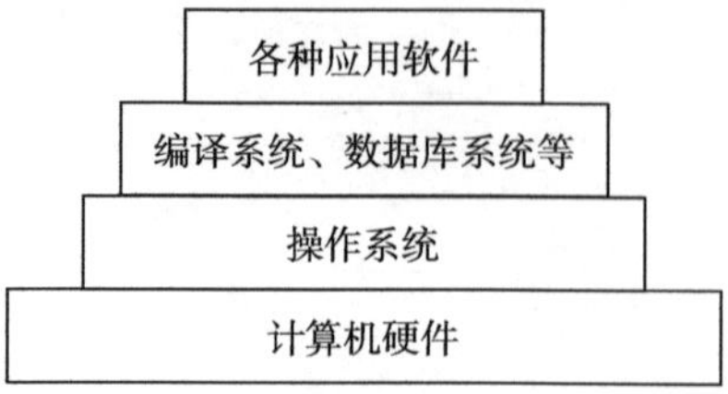


图 1-1　计算机系统的组成

综上所述，我们可以把操作系统定义为：**操作系统是计算机系统中的一个系统软件，它统一管理计算机的软、硬件资源和控制程序的执行。**

操作系统的主要作用可归结为：

1）方便用户使用：操作系统通过提供用户与计算机之间的友好界面来方便用户使用。

2）扩展机器功能：操作系统通过扩充硬件功能和提供新的服务来扩展机器功能。

3）管理系统资源：操作系统有效地管理系统中的所有硬件和软件资源，使之得到充分利用。

4）提高系统效率：操作系统合理组织计算机的工作流程，以改进系统性能和提高系统效率。

5）构筑开放环境：操作系统遵循国际标准来设计和构造一个开放环境。其含义主要是指：遵循有关国际工业标准和开放系统标准，支持体系结构的可伸缩性和可扩展性；支持应用程序在不同平台上的可移植性和互操作性。

## 1.2 操作系统的形成与发展

为了更好地理解操作系统的基本概念、功能和特点，让我们首先回顾一下操作系统形成和发展的历史过程。

操作系统由于客观的需要而产生，它伴随着计算机技术本身及其应用的日益发展而逐渐发展和不断完善。它的功能由弱到强，在计算机系统中的地位不断提高。至今，它已成为计算机系统中的核心，但凡计算机系统都配置了操作系统。

世界上第一台电子计算机于 1946 年问世，此后，电子计算机在其运算速度、存储容量方面急剧上升，而价格、体积、热辐射和功耗却不断下降。人们通常按照元件工艺的演变把计算机的发展过程分为以下四个阶段：

- 1946 年至 20 世纪 50 年代末：第一代（电子管时代）；
- 20 世纪 50 年代末至 60 年代中期：第二代（晶体管时代）；
- 20 世纪 60 年代中期至 70 年代中期：第三代（集成电路时代）；
- 20 世纪 70 年代中期至今：第四代（大规模集成电路时代）。

现在电子计算机正向着巨型、微型、并行、分布、网络化、智能化几个方向发展。在此基础上为适应客观需要，操作系统也经历了如下的发展过程：手工操作阶段（无操作系统）、早期批处理系统、执行系统、多道批处理系统、分时系统、实时系统、通用操作系统、微机操作系统、网络操作系统、分布式操作系统和嵌入式操作系统。

### 1.2.1 手工操作阶段

在第一代计算机时期，构成计算机的主要元件是电子管，其运算速度慢（只有几千次/秒）。计算机由主机（运控部件、主存）、输入设备（如读卡机）、输出设备（如穿卡机）和控制台组成。当时没有操作系统，甚至没有任何软件。

人们在利用这样的计算机解题只能采用手工操作方式，而且用户只能轮流地使用计算机。每个用户的使用过程大致如下：先把程序卡片装上读卡机，然后启动读卡机把程序和数据送入计算机，接着通过控制台开关启动程序运行。计算完毕，用户通过穿卡机输出结果。在这个过程中需要人工装卡片、人工控制程序运行、人工卸卡片，这些都是人工操作，即所谓“人工干预”。这种由一道程序独占机器且有人工操作的情况，在计算机运行速度较慢时是允许的，因为此时的计算时间相对较长，手工操作所占比例还不大。

20世纪50年代后期，计算机的运行速度有了很大的提高，从每秒几千次、几万次发展到每秒几十万次、上百万次。由于计算机运行速度几十倍、上百倍地提高，手工操作的慢速度和计算机的高速度之间产生了矛盾，即所谓人—机矛盾。随着计算机速度的提高，人—机矛盾已到了不能容忍的地步。为了解决这一矛盾，必须得摆脱人的手工干预，实现作业的自动过渡，这样就出现了批处理系统。

### 1.2.2 早期批处理系统

在计算机发展的早期，用户上机时需要自己建立和运行作业，并做结束处理，没有任何用于管理的软件，所有的运行管理和具体操作都由用户自己承担。为了缩短作业的建立时间，减少错误操作，尽可能地提高CPU的利用率，我们可以采取以下两个措施：首先配备专门的计算机操作员，程序员不再直接操作机器，以减少操作机器的错误；另一个重要措施是进行批处理，操作员把用户提交的作业进行分类，把一批中的作业编成一个作业执行序列，每一批作业将有专门编制的监督程序自动依次处理。

#### 1. 联机批处理系统

用户上机前，需向机房的操作员提交程序、数据和一个作业说明书，后者提供了用户标识、用户想使用的编译程序以及所需的系统资源等基本信息。这些资料必须变成穿孔信息，（例如穿成卡片的形式），操作员把各用户提交的一批作业装到输入设备上（若输入设备是读卡机，则该批作业是一叠卡片），然后在监督程序的控制下传送到磁带上。之后，监督程序自动输入第一个作业的说明记录，若系统资源能满足其要求，则将该作业的程序、数据调入主存，并从磁带上调入所需要的编译程序。编译程序将用户源程序翻译成目标代码，然后由链接装配程序把编译后的目标代码及所需的子程序装配成一个可执行的程序，接着启动执行。计算完成后输出该作业的计算结果。一个作业处理完毕后，监督程序又可以自动地对下一个作业进行处理。重复上述过程，直到该批作业全部处理完毕。

这种联机处理方式解决了作业自动转换，从而减少了作业建立和人工操作时间。但是在作业的输入和执行结果的输出过程中，CPU仍处于停止等待状态，CPU时间仍有很大的浪费，于是低速的输入/输出设备与高速的CPU之间形成了一对矛盾。如果把输入/输出工作直接交给价格便宜的专用机去做，就能充分发挥主机的效率，为此出现了脱机批处理系统。

### 2. 脱机批处理系统

脱机批处理系统由主机和卫星机组成，如图 1-2 所示。卫星机又称外围计算机，它不与主机直接连接，只与外部设备打交道。卫星机负责把输入机上的作业逐个传输到输入磁带上，当主机需要输入作业时，就把输入带与主机连上。主机从输入带上调入作业并运行，计算完成后，输出结果到输出磁带上，再由卫星机负责把输出带上的信息进行输出。在这样的系统中，主机和卫星机可以并行操作，二者分工明确，可以充分发挥主机的高速计算能力，因此与联机批处理系统相比，脱机批处理系统大大提高了系统的处理能力。

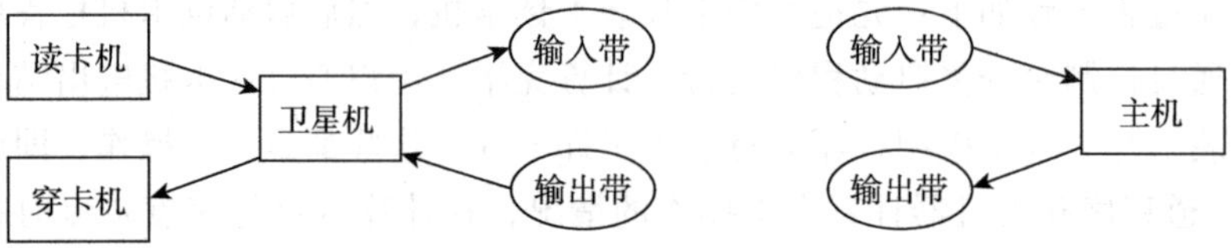


图 1-2　脱机批处理系统

批处理系统出现于 20 世纪 50 年代末，它是在解决人－机矛盾以及中央处理器的高速度和 I/O 设备的低速度之间矛盾的过程中发展起来的。它的出现促使了软件的发展，更重要的是它产生了具有管理作用的监督程序，该程序完成作业的自动过渡并且负责装入和运行各种语言翻译程序（如汇编程序、编译程序）以及实用程序（如链接装配程序）。在此期间也出现了程序库和程序覆盖等新的程序设计技术。解题操作过程变成了装入、汇编（或编译）、链接装配和执行四个步骤，从而使上机操作初步自动化。

## 1.2.3　执行系统

批处理系统实现了作业的自动过渡，它的出现改善了 CPU 和外设的使用情况，从而使整个计算机系统的处理能力得以提高。同时，它也存在着一些缺点，如磁带需人工拆卸，这样既麻烦又容易出错，另一个重要的问题是系统保护问题。在进行批处理的过程中，所涉及的监督程序、系统程序和用户程序之间是一种互相调用的关系。对于用户程序没有任何检查，若目标程序执行了一条非法停机指令时，机器就会错误地停止运行。此时，只有当操作员进行干预，在控制台上按下启动按钮后，程序才会重新启动运行。另一种情况是，如果一个程序进入死循环，系统就会踏步不前，更严重的是无法防止用户程序破坏监督程序和系统程序。

20 世纪 60 年代初期，硬件获得了两方面的进展，一是通道的引入，二是中断技术的出现，这两项重大成果促使操作系统进入执行系统阶段。

通道是一种专用处理部件，它能控制一台或多台外设工作，负责外部设备和主存之间的信息传输。它一旦启动就能独立于 CPU 运行，这样可使 CPU 和通道并行操作，而且 CPU 和各种外部设备也能并行操作。所谓中断是指当主机接到外部信号（如设备完成信号）时，马上停止原来的工作，转去处理这一事件，处理完毕，主机又回到原来的断点继续工作。

借助于通道和中断技术，输入/输出工作可在主机控制下完成。这时，原有的监督程序的功能扩大了，它不仅要负责调度作业自动地运行，而且还要提供输入/输出控制功能（用户不能直接使用启动外设的指令，输入/输出请求必须通过系统去执行）。这个发展了的监督程序常驻主存，称为执行系统。

执行系统实现的是联机操作，和早期批处理系统不同的是：输入/输出工作是由在主机控制下的通道完成的，主机和通道、主机和外设之间都可以并行操作。在执行系统中，用户程序的输入/输出工作是委托给系统实现的，由系统检查其命令的合法性，以避免由于不合法的输入/输出命令造成对系统的威胁，因此提高了系统的安全性。另外，由于引入了一些新的中断，如算术溢出和非法操作码中断等，克服了错误停机的弊病，而时钟中断可以解决用户程序中出现的死循环现象。

### 1.2.4 多道批处理系统

早期批处理系统因为每次只调用一个用户作业程序进入主存并运行，故又称为单道批处理系统。其主要特征为：

1）自动性。在顺利的情况下，在磁带上的一批作业能自动地逐个作业依次运行，而无需人工干预。

2）顺序性。磁带上的各道作业是顺序地进入主存，各道作业完成的顺序与它们进入主存的顺序在正常情况下应当完全相同，亦即先调入主存的作业先完成。

3）单道性。主存中仅有一道程序在运行，即监督程序每次从磁带上只调入一道程序进入主存运行，仅当该程序完成或发生异常情况时，才调入其后继程序进入主存运行。

图1-3说明单道程序运行时的情况。图中说明用户程序首先在CPU上进行计算，当它需要进行I/O传输时，向监督程序提出请求，由监督程序提供服务，并帮助启动相应的外部设备进行传输工作，这时CPU空闲等待。当外部设备传输结束时发出中断信号，由监督程序中负责中断处理的程序进行处理，然后把控制权交给用户程序，让其继续计算。

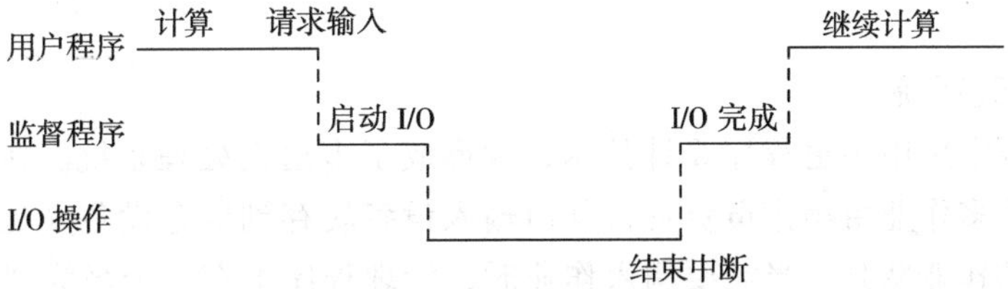


图1-3 单道程序工作示例

从图1-3可以看出，当外部设备进行传输工作时，CPU处于空闲等待状态；反之，当CPU工作时，I/O设备又无事可做。这说明，计算机系统各部件的效能没有得到充分的发挥，其原因在于主存中只有一道程序。在计算机价格十分昂贵的20世纪60年代，提高设备的利用率是首要目标。为此，人们设想能否在系统中同时存放几道程序，这就引入了多道程序设计的概念。

#### 1. 多道程序设计

多道程序运行情况由图1-4来说明。图中，用户程序A首先在CPU上运行，当它需要从输入设备输入新的数据而转入等待时，系统帮助它启动输入设备进行输入工作，并让用户程序B开始计算。程序B经过一段计算后需要从输出设备输出一批数据，系统接收请求并帮助启动输出设备工作。如果此时程序A的输入尚未结束，也无其他用户程序需要计算，CPU就处于空闲等待状态，直到程序A在输入结束后重新运行。若当程序B的输出工作结束时，程序A仍在运行，则程序B继续等待，直到程序A计算结束再次请求I/O操作时，程序B才能占用CPU。

多道程序设计是一种软件技术，该技术使同时进入计算机主存的几个相互独立的程序在管理程序控制之下相互交替地运行。当某道程序因某种原因不能继续运行下去时（如等待外部

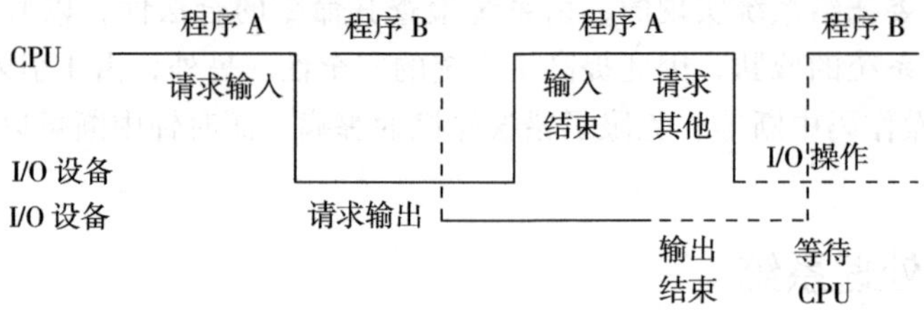


图 1-4　多道程序工作示例

设备传输数据)，管理程序便将另一道程序投入运行。这样可以使 CPU 及各外部设备尽量处于忙碌状态，从而大大提高计算机的使用效率。

引入多道程序设计，具有以下好处：

- 可提高 CPU 的利用率；
- 可提高主存和 I/O 设备利用率；
- 可增加系统吞吐量。

在单处理器系统中，多道程序运行的特点是：

1）多道：计算机主存中同时存储几道相互独立的程序。

2）宏观上并行：同时进入系统的几道程序都处于运行过程中，即它们先后开始了各自的运行，但都未运行完毕。

3）微观上串行：从微观上看，主存中的多道程序轮流地或分时地占用 CPU，即多道程序交替执行。

#### 2. 多道批处理系统

在批处理系统中采用多道程序设计技术，就形成了多道批处理系统。在多道批处理方式下，交到机房的许多作业由操作员负责将其由输入设备转存到辅存设备（比如磁盘）上，形成一个等待运行的作业队列。当需要调入作业时，管理程序中有一个名为“作业调度”的程序负责对磁盘上的一批作业进行选择，将其中满足资源条件且符合调度原则（比如按先来后到的顺序进行选择）的几个作业调入主存，让它们交替运行。当某个作业完成计算任务时，输出其结果，收回该作业占用的全部资源，然后根据主存和其他资源的情况再调入一个或几个作业。这种处理方式的特点是：在主存中总是同时存储几道程序，系统资源的利用率是比较高的。

要求计算机解决的问题是多种多样的，具有不同的特点。例如，科学计算问题需要使用较多的 CPU 时间，因为它计算量较大；而数据处理问题输入/输出量较大，需较多地使用输入/输出设备。若在调入作业时能注意到不同作业的特点，并能合理搭配，如将计算量大的作业和输入/输出量大的作业搭配，系统资源的利用率会进一步提高。

多道批处理系统是一种有效但又十分复杂的系统，为使系统中的多道程序能协调地运行，必须解决以下一些问题：

1）并行运行的程序要共享计算机系统的硬件和软件资源，既有对资源的竞争，又必须相互同步。因此同步与互斥机制成为系统设计中的重要问题。

2）多道程序的增加使之出现了主存不够用的问题，提高主存的使用效率也成为关键。因此出现了诸如覆盖技术、对换技术和虚拟存储技术等主存管理技术。

3）多道程序存在于主存，为了保证系统程序存储区和各用户程序存储区的安全可靠，提出了主存保护的要求。

多道批处理系统的出现标志着操作系统进入日趋成熟的阶段，并先后出现了作业调度管理、处理器管理、存储器管理、外部设备管理、文件系统管理等功能。

## 1.2.5 分时系统

在批处理方式下，用户以脱机操作方式使用计算机。用户上机前必须提交程序、数据和作业说明书，之后，用户就完全脱离了自己的作业，由系统对包含了该作业的一批作业进行自动处理，等该批作业全部处理结束后，用户才能拿到计算结果，并根据结果分析下一步处理方案，若有错，还得重复上述过程。这种工作方式给用户使用计算机带来了很大的麻烦，虽然计算机的效率较高。人们又十分留恋手工操作阶段那样的联机工作方式——用户独占机器，并且直接控制程序的运行，因此可以随时了解程序运行情况。但是，联机工作方式下，用户独占计算机造成计算机效率极低。那么，能否有一个两全之策，既保证计算机的效率，又方便用户的使用呢？

20世纪60年代中期，计算机技术和软件技术的发展加速了这种可能变成现实。由于主机速度的不断提高和采用了分时技术，一台计算机可同时为多个终端用户服务，而每个用户可在自己终端设备上联机使用计算机，好像自己独占计算机一样。

所谓分时技术，就是把处理器的时间分成很短的时间片（如几百毫秒），这些时间片轮流地分配给各联机作业使用。如果某个作业在分配给它的时间片用完之时计算还未完成，该作业就暂时中断，等待下一轮继续计算，此时处理器让给另一个作业使用。这样，每个用户的各种要求都能得到快速响应，给每个用户的印象是好像他独占一台计算机。

采用这种分时技术的系统称为分时系统。在该系统中，一个计算机和许多终端设备连接。每个用户可以通过终端向系统发出各种控制命令，请求完成某项工作，而系统则分析从终端设备发来的命令，完成用户提出的要求，输出一些必要的信息，如给出提示信息、报告运行情况、输出计算结果等。用户根据系统提供的运行结果，向系统提出下一步请求。重复上述交互会话过程，直到用户完成预计的全部工作为止。

多道批处理系统和分时系统的出现标志着操作系统的初步形成。

1. 分时系统的类型

(1) 单道分时系统

在单道分时系统中，主存只驻留一道程序（作业），其余作业都保存在辅存上。每当主存中的作业运行一个时间片后，便被调至辅存（称为调出），再从辅存上选一个作业装入主存（称为调入）并运行一个时间片，依此方法使所有的作业都能在规定的时间内轮流运行一个时间片，这样便能使所有的用户都能与自己的作业交互。由于单道分时系统只有一道作业驻留在主存，在多个作业的轮流运行过程中，每个作业往往可能频繁地调进调出多次，开销大，故使系统性能较差。

(2) 具有“前台”和“后台”的分时系统

在单道批处理系统中，作业调进调出时CPU空闲；主存中的作业在执行I/O操作时CPU也空闲。为了充分利用CPU，我们引入了“前台”和“后台”的概念。在具有前、后台的系统中，主存被固定地划分为“前台区”和“后台区”两部分，“前台区”存放按时间片调进和调出的作业流，“后台区”存放批处理作业。仅当前台调进或调出、前台已无作业可运行时，才运行“后台区”中的作业。

(3) 多道分时系统

在分时系统中引入多道程序设计技术后，可在主存中同时存放多道作业，每道程序无固定位置，如果作业都较小，主存中便可多装入几道作业，由系统把已具备运行条件的所有作业排成一个队列，使它们依次轮流地获得一个时间片来运行。由于切换时作业就在主存，不用再进行调入、调出，故多道分时系统具有较好的系统性能。现代的分时系统都属于多道分时系统。

2. 分时系统的特征

与多道批处理系统相比，分时系统具有完全不同的特征，可以归纳成以下 4 点：

1) 同时性。允许在一台主机上同时连接多台联机终端，系统按分时原则为每个用户服务。宏观上，是多个用户同时工作，共享系统资源；而微观上，则是每个用户作业轮流运行一个时间片。它提高了资源利用率，从而促进了计算机更广泛的应用。

2) 独立性。每个用户各占一个终端，彼此独立操作，互不干扰。因此，用户会感觉就像他一人独占主机。

3) 及时性。用户的请求能在很短时间内获得响应，此时间隔是以人们所能接受的等待时间来确定的，通常为 2～3 秒。

4) 交互性。用户可通过终端与系统进行广泛的人机对话。其广泛性表现在：用户可以请求系统提供多方面的服务，如文件编辑、数据处理和资源共享等。

## 1.2.6 实时系统

20 世纪 60 年代中期计算机进入第三代，计算机的性能和可靠性有了很大提高，造价亦大幅度下降，使得计算机应用越来越广泛。计算机在工业过程控制、军事实时控制、信息实时处理等过程中形成了各种实时处理系统。针对实时处理的实时操作系统以在允许的时间范围之内做出响应为典型特征。它要求计算机对于外来信息能以足够快的速度进行处理，并在被控对象允许时间范围内作出快速响应，其响应时间要求在秒级、毫秒级甚至微秒级或更小。

实时系统是较少需要人为干预的监督和控制系统，仅当计算机系统识别到了违反系统规定的限制或本身发生故障时，才需要人为干预。设计实时系统时有两点必须特别注意：第一，要求及时响应、快速处理。这里的时间要求不同于分时系统，分时系统中的快速响应只要保证用户满意就行，即使超过一些时间也只是影响用户的满意程度。而实时系统中的时间要求是强制性严格规定的，仅当在限定时间内返回一个正确结果时才能认为系统的功能是良好的。第二，实时系统要求有高可靠性和安全性，不强求系统资源的利用率。

## 1.2.7 通用操作系统

多道批处理系统和分时系统的不断改进、实时系统的出现及其应用日益广泛，致使操作系统日益完善。在此基础上，出现了通用操作系统。它可以同时兼有多道批处理、分时、实时处理的功能，或其中两种以上的功能。例如，将实时处理和批处理相结合构成“实时批处理系统”。在这样的系统中，它首先保证优先处理实时任务，插空进行批作业处理，通常把实时任务称为“前台作业”，批处理作业称为“后台作业”。将批处理和分时处理相结合可构成“分时批处理系统”。在保证分时用户的前提下，即在没有分时用户时可进行批作业处理。同样，分时用户和批处理作业可按前、后台方式处理。

从20世纪60年代中期以来，国际上开始研制一些大型的通用操作系统。这些系统试图达到功能齐全、可适应各种应用范围、可适用操作方式变化多端的环境等目标。但是这些系统本身很庞大，不仅需要付出巨大的代价，而且由于系统过于复杂，在解决其可靠性、可维护性和可理解性等方面都遇到很大的困难。相比之下，UNIX操作系统却是一个例外。这是一个通用的多用户、分时、交互型的操作系统。它首先建立的是一个精干的核心，而其功能却足以与许多大型的操作系统相媲美，在核心层以外还可以支持庞大的软件系统，因此它很快得到应用和推广并不断完善，对现代操作系统有着重大的影响。

至此，操作系统的基本概念、功能、基本结构和组成都已形成并渐趋完善。

### 1.2.8 微机操作系统

随着超大规模集成电路的发展而产生了微机，配置在微机上的操作系统称为微机操作系统。可按微机的字长分成8位、16位、32位和64位微机操作系统。但也可把微机操作系统分为单用户单任务操作系统、单用户多任务操作系统和多用户多任务操作系统。

单用户单任务操作系统的含义是：只允许一个用户上机且只允许用户程序作为一个任务运行。单用户多任务操作系统的含义是：只允许一个用户上机，但允许将一个用户程序分为若干个任务，使它们并发执行，从而有效地改善系统的性能。多用户多任务操作系统的含义是：允许多个用户通过各自的终端使用同一台主机，共享主机系统中的各类资源，而每个用户程序又可进一步分为若干个任务，使它们并发执行，从而可进一步提高资源利用率和增加系统吞吐量。在大、中、小型机中所配置的都是多用户多任务操作系统；而在32位和64位微机上，也有不少是配置多用户多任务操作系统。其中，最有代表性的是UNIX操作系统。

### 1.2.9 网络操作系统

计算机网络是通过通信设施将物理上分散的、具有自治功能的多个计算机系统互连起来的，实现信息交换、资源共享、可互操作和协作处理的系统。

在计算机网络中，每台主机都有操作系统，它为用户程序运行提供服务。当某一主机联网使用时，该系统就要同网络中更多的系统和用户交往，这个操作系统的功能就要扩充以适应网络环境的需要。网络环境下的操作系统既要为本机用户提供简便、有效地使用网络资源的手段，又要为网络用户使用本机资源提供服务。为此，网络操作系统除了具备一般操作系统应具有的功能模块之外，还要增加网络功能模块，主要应具有下述五个方面的功能：

(1) 网络通信

网络通信是网络最基本的功能，其任务是在源主机和目标主机之间实现无差错的数据传输。

(2) 资源管理

对网络中的共享资源（硬件与软件）实施有效的管理，协调各用户对共享资源的使用，保证数据的安全性和一致性。

(3) 网络服务

网络服务是在前两个功能的基础上，为了方便用户而直接向用户提供的多种有效服务。例如，电子邮件服务、共享打印服务、共享硬盘服务等。

(4) 网络管理

网络管理最基本的任务是安全管理。比如，通过“存取控制”来确保存取数据的安全性；

通过“容错技术”来保证系统发生故障时数据的安全性。此外，还应能对网络性能进行监视、对使用情况进行统计，以便为提高网络性能、进行网络维护和记账等提供必要的信息。

(5) 互操作能力

在20世纪90年代后推出的网络操作系统，提供了一定范围的互操作能力。所谓互操作，在客户/服务器模式的局域网环境下，是指连接在服务器上的多种客户机和主机不仅能与服务器通信，而且还能以透明的方式访问服务器上的文件系统；而在互连网络环境下的互操作，是指不同网络间的客户机不仅能通信，而且也能以透明的方式访问其他网络中的文件服务器。

### 1.2.10 分布式操作系统

在以往的计算机系统中，其处理和控制功能都高度集中在一台主机上，所有的任务都由主机处理，这样的系统称为集中式处理系统。而大量的实际应用要求具有分布处理能力、完整的一体化系统。例如，在分布事务处理、分布数据处理、办公自动化系统等实际应用中，用户希望以统一的界面、标准的接口去使用系统的各种资源，去实现所需要的各种操作。这就促使了分布式系统的产生。

一个分布式系统就是若干计算机的集合。这些计算机都有自己的局部存储器和外部设备。它们既可以独立工作（自治性），也可合作。在这个系统中各计算机可以并行操作且有多个控制中心，即具有并行处理和分布控制的功能。分布式系统是一个一体化的系统，在整个系统中有一个全局的操作系统称为分布式操作系统，它负责全系统的资源分配和调度、任务划分、信息传输、控制协调等工作，并为用户提供一个统一的界面、标准的接口。用户通过这一界面实现所需的操作和使用系统资源。至于操作定在哪一台计算机上执行或使用哪台计算机的资源则是系统的事，用户是不用知道的，也就是说系统对于用户是透明的。

分布式系统的基础是计算机网络，因为计算机之间的通信由网络来完成。它和常规网络一样具有模块性、并行性、自治性和通信性等特点。但是，它比常规网络又有进一步的发展。例如，常规网络中的并行性仅仅意味着独立性，而分布系统中的并行性还意味着合作。原因在于，分布式系统已不再仅仅是一个物理上的松散耦合系统，它同时又是一个逻辑上紧密耦合的系统。

分布式系统和计算机网络的区别在于前者具有多机合作和健壮性。多机合作是自动的任务分配和协调。而健壮性表现在，当系统中有一台甚至几台计算机或通路发生故障时，其余部分可自动重构成一个新的系统，该系统可以工作甚至可以继续其失效部分的部分或全部工作，这叫做优美降级；当故障排除后，系统自动恢复到重构前的状态。这种优美降级和自动恢复就是系统的健壮性。人们研制分布式系统的根本出发点和目的就是因为它具有多机合作和健壮性。正是由于多机合作，系统才取得较短响应时间和较大吞吐量；正是由于优美降级，系统才获得了高可用性和高可靠性。

分布式系统是具有强大生命力的新生事物，许多学者及科学工作者正在对其进行深入研究，但目前还没有真正实用的系统。

### 1.2.11 嵌入式操作系统

随着计算机技术和通信技术的快速发展以及因特网的广泛应用，3C（Computer，Communication，Consumer Electronics的简称）合一的趋势已初露端倪：计算机是贯穿社会信息化的核心技术，网络和通信是社会信息化赖以存在的基础设施，而电子消费产品是人与社会信息化的主要接口。3C 合一推动了计算机技术渗透到各行各业，应用到各个领域，开发出各种新型产品，并形成一种新的应用形式——计算机嵌入式应用。嵌入式系统的硬件不再以物理上独立的装置或设备形式出现，而是大部分甚至全部都隐藏和嵌入到各种应用系统中。由于嵌入式系统的应用环境与其他类型的计算机系统有着巨大的区别，随之带来了对嵌入式系统的软件即嵌入式软件的要求，而嵌入式操作系统是嵌入式软件的基本支撑。从而，形成了现代操作系统的一个类别——嵌入式操作系统。

嵌入式操作系统指运行在嵌入式环境中，对整个系统及所有操作的各种部件、装置等资源进行统一协调、处理、指挥和控制的系统软件。由于它仍旧是一个操作系统，因此，具有一般操作系统的功能，包括：与硬件相关的底层软件、操作系统核心功能（文件管理、存储管理、设备管理、进程管理、处理器管理和中断处理），功能强大的还提供图形界面、通信协议、小型浏览器等设施。但由于嵌入式操作系统硬件平台的局限性、应用环境的多样性和开发手段的特殊性，它与一般操作系统相比又有很大不同，嵌入式操作系统主要有下列特点：

1）微型化：硬件平台的局限性表现在可用内存少（1 兆以内），往往不配置外存，微处理器字长短且运算速度有限（8 位、16 位字长居多），能提供的能源较少（用微小型电池），外部设备和被控设备千变万化。因而，不论从性能还是从成本角度考虑，都不允许它占用很多资源，系统代码量少，所以应在保证应用功能的前提下，以微型化作为出发点来设计嵌入式操作系统的结构与功能。

2）可定制：嵌入式操作系统运行的平台多种多样，应用更是五花八门，因而表现出专业化的特点。从减少成本和缩短研发周期考虑，要求它能运行在不同微处理器平台上，能针对硬件变化进行结构与功能上的配置，以满足不同应用需要。例如，提供可配置和可剪裁的内核处理器模块和对应不同存储器（ROM、RAM 与 Flash Memory）的存储管理模块供应用选择；同样，如文件系统、图形接口、网络通信与 TCP/IP、多媒体处理等各种功能可做成模块供用户选择。

3）实时性：嵌入式操作系统广泛应用于过程控制、数据采集、传输通信、多媒体信息（语音、视频影像处理）及关键领域等要求迅速响应的场合，因此实时响应要求严格。因而，实时性是其主要特点之一。针对应用的响应时间要求，可设计成硬实时、软实时和非实时等不同级别的系统。对于应用在军事武器、航空航天、交通运输等特殊领域有硬实时要求的系统，其中断响应、处理器调度等机制必须严格符合时间要求。

4）可靠性：系统构件、模块和体系结构必须达到应有的可靠性，对关键应用还要提供容错和防故障措施，进一步改进可靠性。

5）易移植性：为了提高系统的易移植性，通常采用硬件抽象层（Hardware Abstraction Level，HAL）和板级支撑包（Board Support Package，BSP）的底层设计技术。HAL 提供了与设备无关的特性，屏蔽硬件平台的细节和差异，向操作系统上层提供统一接口，保证了系统的可移植性。而一般由硬件厂家提供、按给定的编程规范完成 BSP，保证了嵌入式操作系统可在新推出的微处理器硬件平台上运行。目前国际上主要的嵌入式操作系统可以支持的微处理器已经超过几十种。

6）开发环境：嵌入式操作系统与其定制或配置工具联系密切，构成了嵌入式操作系统集成开发环境，其中通常提供了代码编辑器、编译器和链接器、程序调试器、系统配置器和系统仿真器。

嵌入式操作系统与应用环境密切相关。按应用范围划分，可把它分成通用型嵌入式操作系统和专用型嵌入式操作系统。前者可适用于多种应用领域，而后者则面向特定的应用场合。至今已有几十种嵌入式操作系统面世。

## 1.3 操作系统的分类

按照操作系统所提供的功能、特点和使用方式进行分类，可以分成以下几种基本类型：

1）批处理操作系统；

2）分时操作系统；

3）实时操作系统；

4）微机操作系统；

5）网络操作系统；

6）分布式操作系统；

7）嵌入式操作系统。

分布式操作系统正处于研制阶段，网络操作系统和嵌入式操作系统正在不断发展过程中，而批处理操作系统、分时操作系统、实时操作系统和微机操作系统则比较成熟。在大型机上配置的操作系统一般是多种基本类型的组合。

## 1.4 操作系统的功能

从资源管理的观点出发，操作系统的功能应包括：处理器管理、作业管理、存储管理、设备管理和文件管理。

### 1.4.1 处理器管理

处理器管理的主要任务是对处理器进行分配，并对其运行进行有效的控制和管理。对处理器的管理和调度可归结为对进程和线程的管理与调度。它包括以下几方面功能：

1）进程控制和管理；

2）进程同步和互斥；

3）进程通信；

4）进程死锁；

5）线程控制和管理；

6）处理器调度。

### 1.4.2 作业管理

作业管理实现作业的调度和控制作业的执行。首先通过作业调度从等待处理的作业中选择可以装入主存储器的作业，然后对已装入主存储器的作业按用户的意图控制其执行。作业管理有以下主要功能：

1）作业的输入；

2）作业的调度；

3）作业的控制。

### 1.4.3 存储管理

存储管理的主要任务是为多道程序的运行提供良好的环境，方便用户使用存储器，提高存储器的利用率，以及能从逻辑上来扩充主存。为此，存储管理应具有以下功能：

1）主存分配与回收；

2）地址转换和存储保护；

3）主存的共享与保护；

4）主存扩充。

### 1.4.4 设备管理

设备管理的主要任务是管理各种外部设备，完成用户提出的I/O请求，为用户分配I/O设备；提高CPU和I/O设备的利用率；提高I/O速度；方便用户使用I/O设备。为实现上述任务，设备管理应具有以下主要功能：

1）提供设备控制处理；

2）提供缓冲区管理；

3）实现设备独立性；

4）实现设备的分配与回收；

5）实现共享设备的驱动调度；

6）实现虚拟设备。

### 1.4.5 文件管理

在现代计算机系统中，总是把程序和数据以文件的形式存储在辅存上，供所有的或指定的用户使用。为此，在操作系统中必须配置文件管理系统。文件管理的主要任务是对用户文件和系统文件进行有效管理，以方便用户使用并保证文件的安全性。为此，文件管理应具有以下主要功能：

1）提供文件的逻辑组织方法；

2）提供文件的物理组织方法；

3）提供文件的存取和使用方法；

4）提供文件的目录管理；

5）实现文件的共享和保护；

6）实现文件的存储空间管理。

## 1.5 操作系统的特征和作用

### 1.5.1 操作系统的特征

虽然不同的操作系统各有自己的特征，如批处理系统具有成批处理的特征、分时系统具有交互特征、实时系统具有实时特征，但它们同时具有以下四个基本特征：

1. 并发

并行性和并发性是既相似又有区别的两个概念。并行性是指两个或多个事件在同一时刻发生；而并发性是指两个或多个事件在同一时间间隔内发生。在多道程序环境下，并发性是指宏观上在一段时间内多道程序同时运行。但在单处理器系统中，每一时刻仅能执行一道程序，故微观上这些程序是在交替执行的。

#### 2. 共享

所谓共享，是指系统中的资源可供主存中多个并发执行的进程共同使用。由于资源的属性不同，故多个进程对资源的共享方式也不同，可分为以下两种资源共享方式：

(1) 互斥共享方式

系统中的某些资源（如打印机），虽然它们可以提供给多个进程使用，但在一段时间内却只允许一个进程访问该资源。当一个进程正在访问该资源时，其他欲访问该资源的进程必须等待，仅当该进程访问完并释放该资源后才允许另一进程对该资源进行访问。我们把在一段时间内只允许一个进程访问的资源称为临界资源，许多物理设备以及某些变量、表格都属于临界资源，它们要求互斥地被共享。

(2) 同时访问方式

系统中还有另一类资源，允许在一段时间内多个进程同时对它进行访问。这里所谓的“同时”往往是宏观上的；在微观上这些进程可能是交替地对该资源进行访问。典型的可供多个进程同时访问的资源是磁盘；一些用重入码编写的文件也可同时共享。

并发和共享是操作系统的两个最基本的特征，它们互为存在条件。一方面，资源共享是以程序（进程）的并发执行为条件；若系统不允许程序并发执行，自然不存在资源共享问题。另一方面，若系统不能对资源共享实施有效管理，则也必将影响到程序的并发执行，甚至根本无法并发执行。

#### 3. 虚拟

操作系统中的所谓“虚拟”是指通过某种技术把一个物理实体变成若干个逻辑上的对应物。前者（物理实体）是实的，即实际存在的，而后者是虚的，是用户感觉上的东西。例如，在多道分时系统中，虽然只有一个 CPU，但每个终端用户却都认为有一个 CPU 在专门为他服务，也即利用多道程序技术和分时技术可以把一台物理上的 CPU 虚拟为多台逻辑上的 CPU，也称为虚处理器。类似地，也可以把一台物理 I/O 设备虚拟为多台逻辑上的 I/O 设备。

#### 4. 异步性

在多道程序环境下，允许多个进程并发执行，但由于资源等因素的限制，通常进程的执行并非“一气呵成”，而是以“走走停停”的方式运行。主存中的每个进程在何时执行，何时暂停，以怎样的速度向前推进，每道程序总共需多少时间才能完成，都是不可预知的。很可能是先进入主存的作业后完成；而后进入主存的作业先完成。或者说，进程是以异步方式运行的。尽管如此，只要运行环境相同，作业经多次运行都会获得完全相同的结果，因此，异步运行方式是允许的。此即进程的异步性，是操作系统的一个重要特征。

### 1.5.2 操作系统的作用

可以从不同的观点来观察操作系统的作用。例如，从一般用户的观点，可把操作系统看做是用户与计算机硬件系统之间的接口；从资源管理观点，则可把操作系统视为计算机系统资源的管理者。

### 1. 作为用户与计算机硬件系统之间的接口

操作系统作为用户与计算机硬件系统之间接口的含义是：操作系统处于用户与计算机硬件系统之间，用户通过操作系统来使用计算机系统。或者说，用户在操作系统的帮助下能够方便、快捷、安全、可靠地操纵计算机硬件和运行自己的程序。应当注意，操作系统是一个系统软件，因而这种接口是软件接口。

### 2. 作为计算机系统资源的管理者

在一个计算机系统中，通常都包含了各种各样的硬件和软件资源。归纳起来可将计算机资源分为四类：处理器、存储器、I/O 设备以及信息（数据和程序）。相应地，操作系统的主要功能也正是针对这四类资源进行有效的管理。可见，操作系统的确是计算机系统的资源管理者。事实上，当今世界上广为流行的一个关于操作系统作用的观点，正是把操作系统作为计算机系统的资源管理者。

### 3. 用做扩充机器

对于一台完全无软件的计算机系统（即“裸机”），即使其功能再强也必定是难以使用的。如果我们在裸机上覆盖一层 I/O 设备管理软件，用户便可利用它所提供的 I/O 命令来进行数据输入和输出。此时用户所看到的机器，将是一台比裸机功能更强、使用更方便的机器。通常把覆盖了软件的机器称为扩充机器或虚机器。如果我们又在第一层软件上再覆盖一层文件管理软件，则用户可利用该软件提供的文件存取命令来进行文件的存取。此时，用户所看到的是一台功能更强的虚机器。如果我们又在文件管理软件上再覆盖一层面向用户的窗口软件，则用户便可在窗口环境下方便地使用计算机，形成一台功能极强的虚机器。

由此可知，每当人们在计算机系统上覆盖上一层软件后，系统功能便增强一级。由于操作系统自身包含了若干层软件，因此当在裸机上覆盖上操作系统后，便可获得一台功能显著增强、使用极为方便的多层扩充机器或多层虚机器。

## 1.6 本章小结

操作系统是计算机系统中的一个系统软件，它统一管理计算机的软、硬件资源和控制程序的执行。操作系统要达到的主要目标是方便用户使用、扩展机器功能、管理系统资源、提高系统效率、构筑开放环境。操作系统是由于客观的需要而产生的，它伴随着计算机技术本身及其应用的日益发展而逐渐发展和不断完善，它主要经历了手工操作阶段、早期批处理系统、执行系统、多道批处理系统、分时系统、实时系统、通用操作系统、微机操作系统、网络操作系统、分布式操作系统、嵌入式操作系统等阶段。从资源管理的观点出发，操作系统的功能应包括处理器管理、作业管理、存储管理、设备管理和文件管理。不同的操作系统都具有并发、共享、虚拟、异步性这四个基本特征。操作系统是用户与计算机硬件系统之间的接口，是计算机系统资源的管理者，可用于扩充机器功能。

## 习 题 一

1. 设计操作系统的主要目的是什么？
2. 操作系统的作用可表现在哪几个方面？
3. 试叙述脱机批处理和联机批处理工作过程。
4. 分时系统的特征是什么？

5. 何谓多道程序设计？叙述它的主要特征和优点。
6. 实现多道程序应解决哪些问题？
7. 试比较单道批处理系统与多道批处理系统的特点及优缺点。
8. 为什么要引入实时操作系统？
9. 操作系统具有哪几大特征？
10. 存储管理的主要任务是什么？有哪些主要功能？
11. 处理器管理的主要任务是什么？有哪些主要功能？
12. 设备管理的主要任务是什么？有哪些主要功能？
13. 文件管理的主要任务是什么？有哪些主要功能？
14. 试在交互性、及时性和可靠性方面，将分时系统与实时系统进行比较。
15. 什么原因使操作系统具有异步性特征？
16. 试说明网络操作系统的主要功能。
17. 试比较网络操作系统与分布式操作系统。

# 第2章

# 处理器管理

## 2.1 程序的顺序执行和并发执行

### 2.1.1 程序的顺序执行

人们在和计算机打交道时，总是用“程序”这个概念。程序是指令的有序集合，是一个在时间上按照严格次序前后相继的操作序列，仅当前一操作执行完后才能执行后续操作。它是一个静态的概念。程序体现了编程人员要求计算机完成的功能所应该采取的顺序步骤。显然，一个程序只有经过执行才能得到最终结果，且一般用户在编写程序时不考虑在自己的程序执行过程中还有其他用户程序存在这一事实。

例如，在进行计算工作时，总是首先输入用户的数据，然后进行计算，最后将所得的结果打印出来。显然，输入、计算、打印这三个程序段的执行只能是一个一个地顺序执行，若用结点代表各个程序段的操作，用I代表输入操作、C代表计算操作、P代表打印操作、箭头表示程序段执行的先后次序。上述程序段的执行过程如图2-1所示。

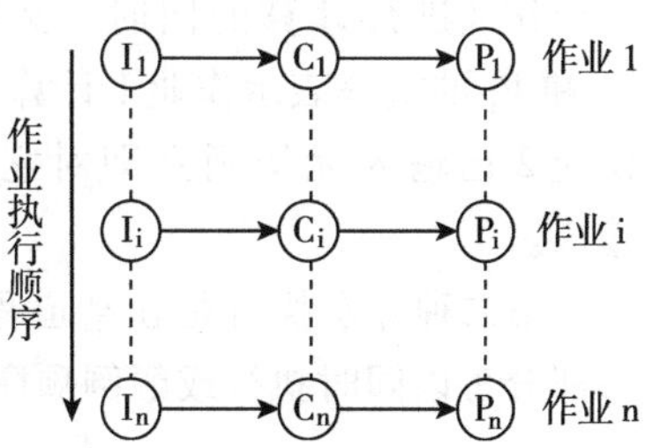

图2-1 程序的顺序执行

由于每一个操作可对应一个程序段的执行，而整个计算工作可对应为一个程序的执行。因此，一个程序由若干个程序段组成，且这些程序段的执行必须是顺序的，则这个程序被称为顺序程序。

程序的顺序执行具有如下特点：

(1) 顺序性

处理器的操作严格按照程序规定的顺序执行，即只有前一操作结束后才能执行后继操作。

(2) 封闭性

程序是在封闭的环境下运行的。即程序在运行时，它独占整个计算机的资源，因而机器内各资源的状态（除初始状态外）只有该程序能改变它。程序一旦开始运行，其执行结果不受外界因素的影响。

(3) 可再现性

程序执行的结果与它的执行速度无关（即与时间无关），而只与初始条件有关。只要给定相同的输入条件，程序重复执行一定会得到相同的结果。

程序顺序执行时的特性为程序员检测和校正程序的错误，带来极大的方便。

### 2.1.2 程序的并发执行

并发执行是为了增强计算机系统的处理能力和提高资源利用率所采取的一种同时操作技术。程序的并发执行可进一步分为两种。

第一种是多道程序系统程序执行环境的变化所引起的多道程序的并发执行。图 2-1 所示的输入操作、计算操作和打印操作这三者必须顺序执行，因为这是一个作业的三个处理步骤，从逻辑上要求它们顺序执行。虽然系统具有输入机、中央处理器和打印机这三个物理部件，且它们实际上是可以同时操作的，但由于作业本身的特点，这三个操作还是只能顺序执行。但是，当有一批作业要求处理时，情况会不一样。例如，现有作业 1、作业 2、……、作业 n 要求处理，对每个作业的处理都有相应的三个步骤：

对作业 1 的处理：$I_1$，$C_1$，$P_1$
对作业 2 的处理：$I_2$，$C_2$，$P_2$
⋮
对作业 n 的处理：$I_n$，$C_n$，$P_n$

当系统中存在着大量的操作时，就可以进行并发处理。例如，在输入了作业 1 的数据后，即可进行该作业的计算工作；与此同时，可输入作业 2 的数据，这就使作业 1 的计算操作和作业 2 的输入操作可同时进行。图 2-2 说明了系统对一批作业进行处理时，各程序段执行的先后次序。

从图中可以看出：

1）有的程序段执行是有先后次序的。如 $I_1$ 先于 $I_2$ 和 $C_1$，$C_1$ 先于 $P_1$ 和 $C_2$，$P_1$ 先于 $P_2$，$I_2$ 先于 $I_3$ 和 $C_3$ 等。

2）有的程序段可以并发执行。如 $I_2$ 和 $C_1$，$I_3$、$C_2$ 和 $P_1$，$I_4$、$C_3$ 和 $P_2$ 等。

$I_2$ 和 $C_1$ 重叠表示输入完作业 1 的程序和数据后，在对第一个作业进行计算的同时，又输入第二个作业的程序。$I_3$、$C_2$ 和 $P_1$ 的重叠表示作业 1 计算完后，在输出打印的同时，若作业 2 已输入完毕则立即对它进行计算，并对作业 3 进行输入。

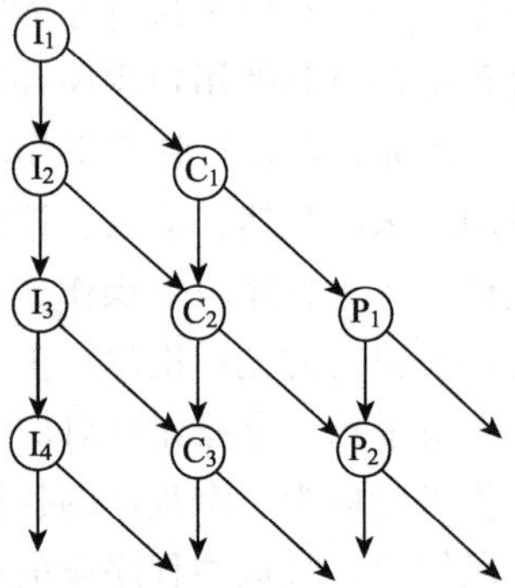

图 2-2 程序段执行的先后次序

第二种并发执行是在某道程序的几个程序段中，包含着一部分可以同时执行或颠倒顺序执行的代码。例如语句：

```
read(a);
read(b);
```

它们既可以同时执行，也可颠倒次序执行。也就是说，对于这样的语句，同时执行不会改变顺序程序所具有的逻辑性质。因此，可以采用并发执行来充分利用系统资源以提高计算机的处理能力。

综上所述，程序的并发执行可总结为：一组在逻辑上互相独立的程序或程序段在执行过程中其执行时间在客观上互相重叠，即一个程序段的执行尚未结束，另一个程序段的执行已经开始的执行方式。

程序的并发执行不同于程序的并行执行。程序的并行执行是指一组程序按独立的、异步的速度执行，并行执行不等于时间上的重叠。

我们可以将并发执行过程描述为：

```
So
cobegin
P1; P2; …; Pn;
coend
Sn
```

这里，So、Sn分别表示并发程序段P1、P2、…Pn开始执行前和并发执行结束后的语句。即：先执行So，再并发执行P1、P2、…、Pn；当P1、P2、…、Pn全部执行完毕后，再执行Sn。

程序的并发执行虽然提高了系统吞吐量，但也产生了下述一些与顺序执行不同的新特征：

（1）间断性

程序在并发执行时，由于它们共享资源或为完成同一项任务而相互合作，致使在并发程序之间形成了相互制约的关系。例如，在图2-2中的I、C和P是三个相互合作的程序段。当计算程序完成$C_{i-1}$的计算后，如果输入程序尚未完成$I_i$的处理，则计算程序就无法进行$C_i$处理，致使计算程序暂停运行。又如，打印程序完成了$P_i$的打印后，若计算程序尚未完成对$C_{i+1}$的计算，则打印程序就无法对$C_{i+1}$的处理结果进行打印。一旦使某程序暂停的因素消失，则程序便可恢复执行。简言之，相互制约将导致并发程序具有"执行—暂停—执行"这种间断性的活动规律。

（2）失去封闭性

程序在并发执行时，多个程序共享系统中的各种资源，因此这些资源的状态将由多个程序来改变，致使程序的运行已失去了封闭性。这样，一个程序在执行时必然会受到其他程序的影响。例如，当处理器资源被其他程序占有时，该程序就必须等待。

（3）不可再现性

程序在并发执行时，由于失去了封闭性，也将导致其失去可再现性。例如，有两个循环程序A和B，它们共享一个变量N。程序A每执行一次时，都要做N:=N+1操作；程序B每执行一次时，都要执行print（N）操作，然后再将N置"0"；程序A和B以不同的速度运行。这样，可能出现下面三种情况（假定某时刻变量N的值为n）：

1）N:=N+1在print（N）和N:=0之前，此时得到的N值分别为n+1，n+1，0。

2）N:=N+1在print（N）和N:=0之后，此时得到的N值分别为n，0，1。

3）N:=N+1在print（N）和N:=0之间，此时得到的N值分别为n，n+1，0。

上述情况说明，程序在并发执行时，由于失去了封闭性，其计算结果已与并发程序的执行速度有关，从而使程序失去了可再现性。亦即程序经过多次执行后，虽然其执行时的环境和初始条件都相同，得到的结果却可能各不相同。

## 2.2 进程的概念

### 2.2.1 进程的定义

由于并发程序之间的相互制约关系，当并发程序在执行中出现等待事件时，只能处于暂停状态，而当等待事件结束后，程序又可以恢复执行。可见，并发程序的执行就是这样停停走走地向前推进的。换言之，由于程序并发执行时的直接或间接的相互制约关系，将导致并发程序具有“执行—暂停—执行”的活动规律，即与外界发生了密切的联系，从而失去了封闭性。在这种情况下，如果仍然使用程序这个概念，只能对它进行静止的、孤立的研究，不能深刻地反映它们活动的规律和状态变化。因此，人们引入了新的概念——进程，以便从变化的角度，动态地分析研究并发程序的活动。

例如，在多道程序设计的系统中，要同时处理多个用户的计算问题。每个用户都为自己的问题编制了源程序，进入系统后，首先要调用编译程序把源程序翻译成目标程序。于是，在多道程序并行工作时，编译程序就要同时对若干个用户的源程序进行编译。一个编译程序怎样为多个用户服务呢？假定编译程序 P 从 A 点开始工作，现在正在编译源程序甲，当工作到 B 点时需要把中间结果记录在磁盘上，于是编译程序 P 在 B 点等待磁盘传送信息，这时处理器空闲。为了提高效率，可以利用处理器的空闲时间让编译程序 P 为源程序乙进行编译，编译程序仍从 A 点开始工作。现在的问题是怎样描述编译程序 P 的状态？称它为在 B 点等待磁盘传送，还是称它在 A 点开始执行？所以，从程序的角度已无法准确描述程序执行时的状态。

虽然编译程序 P 只有一个，但加工对象有甲、乙两个源程序。把编译程序 P 与服务对象联系起来，编译程序 P 为甲服务就构成了进程 $P_{甲}$，编译程序 P 为乙服务就构成进程 $P_{乙}$。如图 2-3 所示。

现在可以说进程 $P_{甲}$ 在 B 点处于等待传送状态，进程 $P_{乙}$ 正在从 A 点开始执行。这两个进程虽然执行同一个编译程序 P，但从进程的角度来看，进程 $P_{甲}$ 和 $P_{乙}$ 能各自独立地同时执行，准确反映了编译程序 P 执行时的活动规律和状态变化。

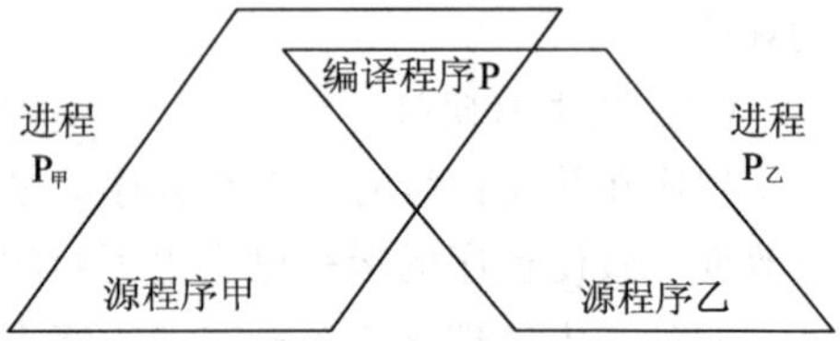

图 2-3 进程的构成

所以，在操作系统中，尤其是采用多道程序设计技术的系统中，引入“进程”是非常必要的。

进程的概念是 20 世纪 60 年代初期，首先在麻省理工学院（MIT）的 Multics 系统和 IBM 的 TSS/360 系统中引用的。从那以来，人们对进程下过许多各式各样的定义。现列举其中几种：

1）进程是可以并发执行的计算部分（S. E. Madnick，J. T. Donovan）；

2）进程是一个独立的、可以调度的活动（E. Cohen，D. Jofferson）；

3）进程是一个抽象实体，当它执行某个任务时，将要分配和释放各种资源（P. Denning）；

4）行为的规则叫程序，程序在处理器上执行时的活动称为进程（E. W. Dijkstra）；

5）一个进程是一系列逐一执行的操作，而操作的确切含义则有赖于我们以何种详尽程度来描述进程（Brinch Hansen）。

以上进程的定义，尽管各有侧重，但它们在本质上是相同的，即主要注意进程是一个动态的执行过程这一概念。据此，我们可以把进程定义为：可并发执行的程序在一个数据集上的一次执行过程，它是系统进行资源分配的基本单位。

进程和程序是两个截然不同的概念。进程具有以下五个基本特征：

(1) 动态性

进程既然是进程实体的执行过程，因此，动态性是进程最基本的特性。动态性还表现为：

它由创建而产生，由调度而执行，因得不到资源而暂停执行，以及由撤销而消亡。可见，进程有一定的生命期。而程序只是一组有序指令的集合，并存放在某种介质上，本身并无运动的含义，因此，程序是个静态实体。

（2）并发性

并发性是指多个进程实体同存于主存中，并能在一段时间内同时运行。并发性是进程的重要特征，同时也成为操作系统的重要特征。引入进程的目的也正是为了使其程序能和其他进程的程序并发执行，而程序是不能并发执行的。

（3）独立性

独立性是指进程实体是一个能独立运行的基本单位，同时也是系统中独立获得资源和独立调度的基本单位。凡未建立进程的程序，都不能作为一个独立的单位参加运行。进程与程序并非是一一对应的，一个程序运行在不同的数据集上就构成不同的进程。

（4）异步性

异步性是指进程按各自独立的、不可预知的速度向前推进；或者说进程按异步方式运行。正是这一特征，导致程序执行的不可再现性。因此，在操作系统中必须采取某种措施来保证各程序之间能协调运行。

（5）结构性

从结构上看，进程实体是由程序段、数据段及进程控制块三部分组成，有人把这三部分统称为“进程映像”或“进程上下文”。

## 2.2.2 进程的基本状态和转换

### 1. 进程的基本状态

前面已介绍过，进程有着“执行—暂停—执行”的活动规律。一般来说，一个进程并不是自始至终一口气运行到底的，它与并发执行中的其他进程相互制约。它有时处于执行状态，有时又由于某种原因而暂停执行处于等待状态，当使它暂停的原因消失后，它又恢复执行。所以，在一个进程的活动期间至少具备三种基本状态，它们是：就绪状态、执行状态和等待状态。

（1）就绪状态

当进程已分配到除处理器以外的所有必要的资源后，只要能够再获得处理器便可立即执行，这时的进程状态称为就绪状态。在一个系统中，可以有多个进程同时处于就绪状态，通常把这些进程排成一个或多个队列，称这些队列为就绪队列。

（2）执行状态

执行状态（运行状态）指进程已获得处理器，其程序正在执行。在单处理器系统中，只能有一个进程处于执行状态。在多处理器系统中，则可能有多个进程处于执行状态。

（3）等待状态

进程因发生某事件（如请求I/O、申请缓冲空间等）而暂停执行时的状态，称为等待状态。通常将处于等待状态的进程排成一个队列，称为等待队列。在有的系统中，按等待原因的不同而将处于等待状态的进程排成多个队列。

### 2. 进程的状态转换

进程的状态反映进程执行过程的变化。这些状态随着进程的执行和外界条件的变化而转换。进程在执行期间，可以在三个基本状态之间进行多次转换。图 2-4 给出了进程的状态转换图。

（1）就绪→执行状态

处于就绪状态的进程，当进程调度程序为之分配了处理器后，该进程便由就绪状态转换为执行状态。正在执行的进程也称为当前进程。

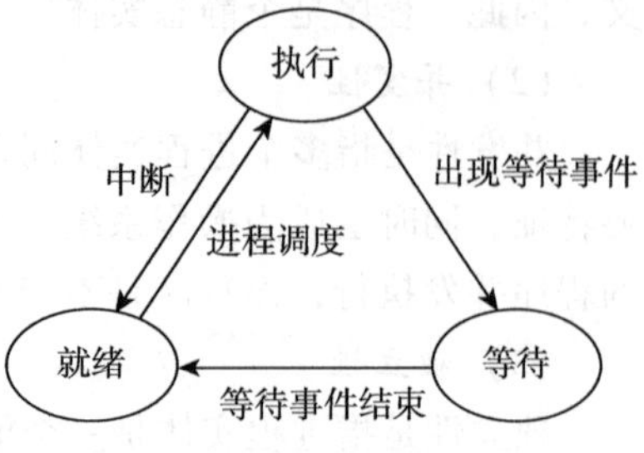

图 2-4　进程状态转换图（1）

（2）执行→等待状态

正在执行的进程因出现某事件而无法执行时，就释放处理器转换为等待状态。例如，进程请求访问临界资源，而该资源正被其他进程访问，则请求该资源的进程将由执行状态转变为等待状态。

（3）执行→就绪状态

正在执行的进程，如因时间片用完而被暂停执行，该进程便由执行状态转变为就绪状态。又如，在抢占调度方式中，一个优先权高的进程到来后，可以抢占一个正在执行的优先权低的进程的处理器，这时，该低优先权进程也将由执行状态转换为就绪状态。

（4）等待→就绪状态

处于等待状态的进程在等待事件结束后就转换成就绪状态，等待处理器的分配。

在有些操作系统中，又增加了两种基本状态：新状态和终止状态。新状态是指一个进程刚刚建立，但还未将它送入就绪队列时的状态。而终止状态是指一个进程已正常结束或异常结束，但尚未将它撤销时的状态。其状态转换如图 2-5 所示。

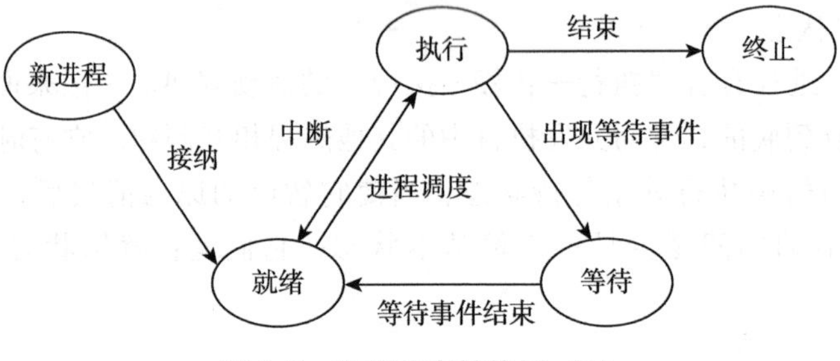

图 2-5　进程状态转换图（2）

在进程管理中，新状态和终止状态是非常有用的。引入新状态的原因是由于操作系统在建立一个新进程时，通常分为两步：第一步是为新登录的用户程序（分时系统）创建进程，并为它分配资源，此时进程即处于新状态；第二步是把新创建的进程送入就绪队列，一旦进程进入就绪队列，它便由新状态转变为就绪状态。

类似地，一个已经结束了的进程，让它处于终止状态，系统并不立即撤销它，而是将它暂时留在系统中，以便其他进程去收集该进程的有关信息。例如，由记账进程去了解该进程占用多少 CPU 时间，使用了哪些类型的资源。

## 2.2.3 进程控制块

每一个进程都有一个也只有一个进程控制块（Process Control Block，PCB），进程控制块是操作系统用于记录和描述进程状态及有关信息的数据结构，也是操作系统控制和管理进程的主要依据，它包括了进程执行时的情况，以及进程让出处理器后所处的状态、断点等信息。进程控制块的作用是使一个在多道程序环境下不能独立运行的程序（含数据），成为一个能独立运行的基本单位和一个能与其他进程并发执行的进程。或者说，操作系统是根据 PCB 来对并发执行的进程进行控制和管理的。

例如，当操作系统要调度某进程执行时，要从该进程的 PCB 中，查出其现行状态及优先级；在调度到某进程后，要根据 PCB 中所保存的处理器状态信息，去设置该进程恢复运行的现场，并根据其 PCB 中的程序和数据的主存地址，找到其程序和数据；进程在执行过程中，当需要和与之合作的进程实现同步、通信或访问文件时，也都需要访问 PCB；当进程因某种原因而暂停执行时，又须将其断点的处理器环境保存在 PCB 中。可见，在进程的整个生命周期中，系统总是通过其 PCB 对进程进行控制，亦即系统是根据进程的 PCB 而不是任何别的什么而感知到该进程的存在，所以说，PCB 是进程存在的惟一标志。

当系统创建一个新进程时，就为它建立一个 PCB；进程结束时又回收其 PCB，进程也随之消亡。PCB 可以被操作系统中的多个模块读取或修改，如被调度程序、资源分配程序、中断处理程序以及监督和分析程序等读取或修改。因为 PCB 经常被系统访问，尤其是被运行频率很高的进程调度程序访问，故 PCB 应常驻主存。系统将所有的 PCB 组织成若干个链表（或队列），存放在操作系统中专门开辟的 PCB 区内。

对于不同的操作系统来说，PCB 记录信息的内容与数量是不相同的。操作系统的功能越强，PCB 中的信息也就越多。在一般情况下，PCB 应包含四类信息，如图 2-6 所示。

（1）标识信息

每个进程都要有一个惟一的标识符，用以标识进程的存在和区分各个进程。标识符可以用字符或数字表示。

（2）说明信息

说明信息用于说明本进程的情况，其中“进程状态”是指进程的当前状态，若是等待状态，则进一步说明具体的等待原因；“进程程序存放位置”指出该进程所对应的程序存放在哪里；“进程数据存放位置”指出进程执行时的工作区，用来存放处理的数据集和处理结果。

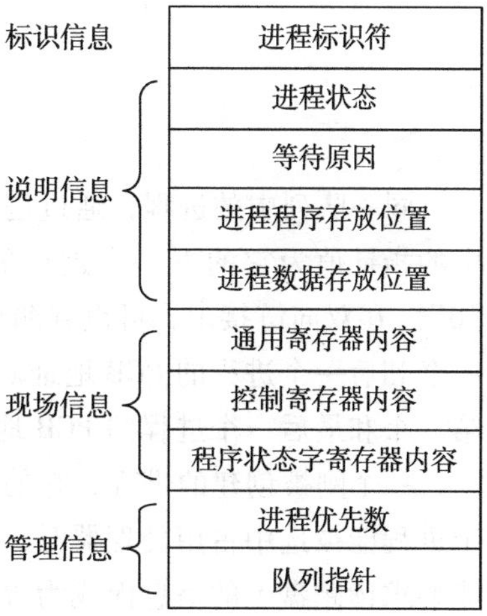


图 2-6　进程控制块

（3）现场信息

当进程由于某种原因让出处理器时，把与处理器有关的各种现场信息保留下来，以便该进程在重新获得处理器后，能把保留的现场信息重新置入处理器的相关寄存器中继续执行。通常被保留的现场信息有通用寄存器内容、控制寄存器内容以及程序状态字寄存器内容等。

（4）管理信息

对进程进行管理和调度的信息。例如，通常用“进程优先数”指出进程可以占用处理器的优先次序；用“队列指针”指出处于同一状态的另一个进程的进程控制块地址，这样就可把具有相同状态的进程链接起来，便于对进程实施管理。

## 2.2.4　进程队列

在多道程序设计的系统中，往往会同时创建多个进程。在单处理器的情况下每次只能让一个进程执行，其他进程处于就绪状态或等待状态。为了便于管理，通常把处于相同状态的进程链接在一起，称为“进程队列”。若干个等待执行的进程（就绪进程）按一定的次序链接起来的队列称“就绪队列”。把等待资源或等待某些事件的进程也排成队列，称为“等待队列”。有时可以把等待队列按等待的原因分成若干个相应的等待队列。

（1）链接方式

由于进程控制块能标识进程的存在和动态刻画进程的特性，因此，进程队列可以用进程控制块的链接来表现。链接的方式有两种：单向链接和双向链接，如图 2-7 所示。

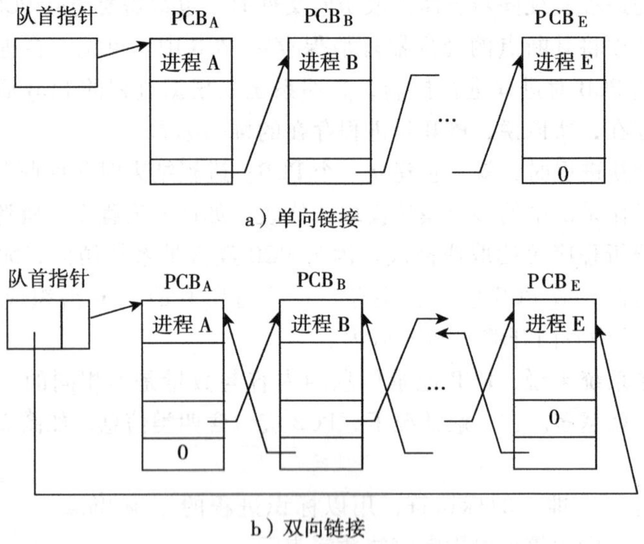


图 2-7　进程队列

同一队列中的进程，通过进程控制块（PCB）中的队列指针联系起来，前一个进程的 PCB 中的指针值为它的下一个进程的 PCB 的地址，队列中最后一个进程的 PCB 中的指针值置为“0”。在双向链接中，可设置两个指针，称为前向指针和后向指针，分别指出它在队列中的前一个和后一个进程的 PCB 地址。另外，系统还为每个队列设置一个队首指针，指出该队列的第一个和最后一个进程的 PCB 地址，以便双向搜索，提高检索效率。

一个刚被创建的进程，它的初始状态是“就绪态”。因此，它应该置于就绪队列中。当一个进程能被选中占用处理器时，就从就绪队列中退出成为“执行态”。进程在执行过程中，可能要求读磁盘上的信息而成为等待磁盘传送信息的状态，便进入等待队列；当磁盘的传送操作结束后，进程就要退出等待队列而进入就绪队列。可见，进程在执行过程中，随着状态的变化经常要从一个队列退出后再进入另一个队列，直至进程工作结束。一个进程从所在的队列中退出称为“出队”；一个进程进入指定的队列中称为“入队”；系统中负责进程入队和出队的工作称为“队列管理”。

（2）索引方式

进程队列除了可以用链接方式来表现，也可以用索引方式来表现。系统根据所有进程的状态，建立几张索引表。例如，就绪索引表、等待索引表等。并把各索引表的首地址记录在主存中的一些专用单元中。在每张索引表的表目中，记录具有相应状态的某个进程的 PCB 在 PCB 表中的地址。图 2-8 给出了索引方式的 PCB 的组织。

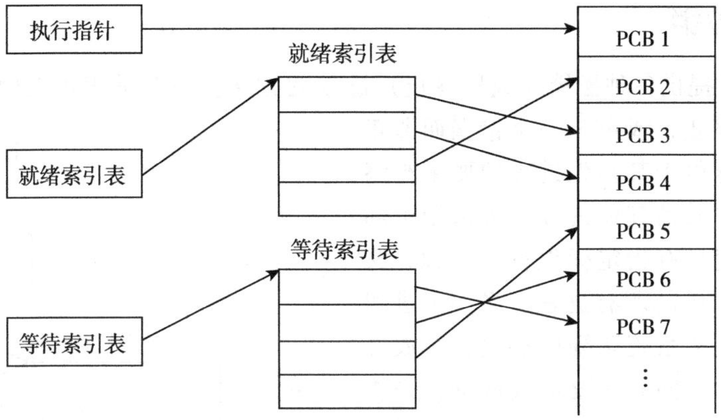


图 2-8 按索引方式组织 PCB

## 2.3 进程控制

为了防止操作系统及关键数据受到用户程序有意或无意的破坏，通常将处理器的执行状态分成系统态和用户态两种。

1）系统态又称为核心态。它具有较高的特权，能执行一切指令，访问所有寄存器和存储区。

2）用户态。这是具有较低特权的执行状态，它只能执行规定的指令，访问指定的寄存器和存储区。

处理器管理的一个重要任务是进程控制。所谓进程控制，就是系统使用一些具有特定功能的程序段来创建、撤销进程以及完成进程各状态之间的转换，从而达到多进程、高效率的并发执行和协调，实现资源共享的目的。一般我们把系统态下执行的某些具有特定功能的程序段称为原语，其特点是在执行期间不允许中断，是一个不可分割的基本单位。原语的执行是顺序的而不是并发的，系统对进程的控制使用原语来实现。

一般用于进程控制的原语有：进程创建、进程撤销、进程阻塞、进程唤醒等。

### 2.3.1 进程创建

进程控制的基本功能之一是能创建各种新的进程，这些新进程是一个与现有进程不同的实体。在系统生成时，要创建一些必需的、承担系统资源分配和管理工作的系统进程。对于用户作业，每当调入系统时，由操作系统的作业调度程序为它创建相应的进程。在层次结构的系统中，允许一个进程创建一些附属进程，以完成一些可以并行的工作。创建者称为父进程，被创建者称为子进程，创建父进程的进程称为祖父进程。这样就构成了一个进程家族。但用户不能直接创建进程，而只能通过系统请求方式向操作系统申请。

无论是系统或是用户创建进程都必须调用创建原语来实现。创建原语的主要功能是创建一个指定标识符的进程，主要任务是形成该进程的 PCB，所以，调用者必须提供形成 PCB 的有关参数，以便在创建时填入。对于较复杂的 PCB 结构，还需提供资源清单等。创建原语的实现过程如图 2-9 所示。

## 2.3.2 进程撤销

操作系统通常提供各种撤销（或称终止）进程的方法。一个进程可能因为它完成了所指派的工作而正常终止，或由于一个错误而非正常终止，它还可能由于其祖先进程的要求被终止。当一个进程要撤销其他进程时可采用不同的方式，既可撤销具有指定标识符的进程，又可撤销一个优先级中的所有进程。当一个进程被撤销时，它必须从系统队列中移出，释放并归还所有系统资源，同时还要审查该进程是否有子孙进程，若有，则一起予以撤销。之所以要这样处理，是因为在层次结构的系统中，允许进程创建子进程，而当父进程被撤销后，它的“子孙”进程与进程家族便隔离开来了，这是不允许的。所以，撤销一个进程时一定要将它的子孙进程一起撤销。撤销原语的实现过程如图 2-10 所示。

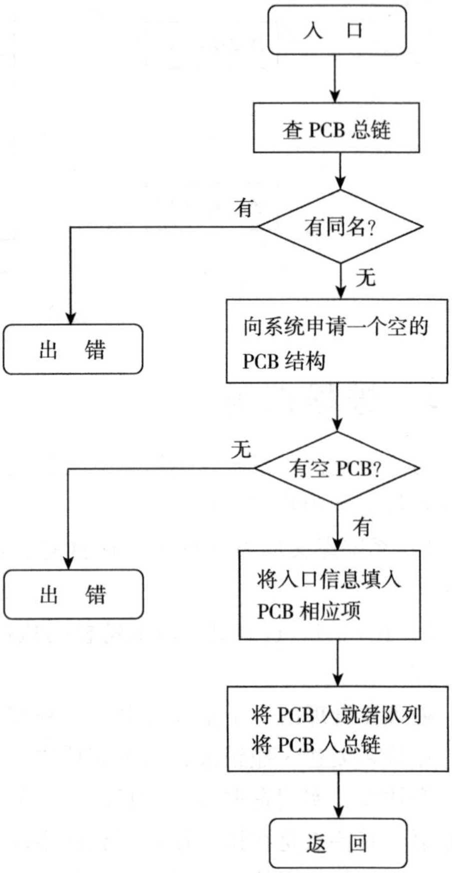


图 2-9 创建原语的实现过程

## 2.3.3 进程阻塞与唤醒

有了创建原语和撤销原语，虽然进程可以从无到有、从有到无地变化，但还不能完成进程各种状态之间的转换。例如，由“执行”转换为“等待”，由“等待”转换为“就绪”，这需要通过进程之间的同步或通信机构来实现，但也可直接使用“阻塞原语”和“唤醒原语”来实现。

(1) 进程阻塞

当一个进程出现等待事件时，该进程调用阻塞原语将自己阻塞。阻塞原语的功能是：由于进程正处于执行状态，故应中断处理器，把 CPU 现场送至该进程的现场保护区，置该进程的状态为“等待”，并插入相应的等待队列中，然后转进程调度程序，另选一个进程投入运行。阻塞原语的实现过程如图 2-11 所示。

(2) 进程唤醒

进程由执行转换为等待状态是由于进程发生了等待事件，所以处于等待状态的进程是绝对不可能唤醒自己。比如，某进程正在等待输入/输出操作完成或等待别的进程发消息给它，只有当该进程所期待的事件出现时，才由“发现者”进程用唤醒原语叫醒它。一般来说，发现者进程和被唤醒进程是合作的并发进程。

唤醒原语的功能是：唤醒处于某一等待队列中的进程，入口信息为唤醒进程名，其实现过程如图 2-12 所示。

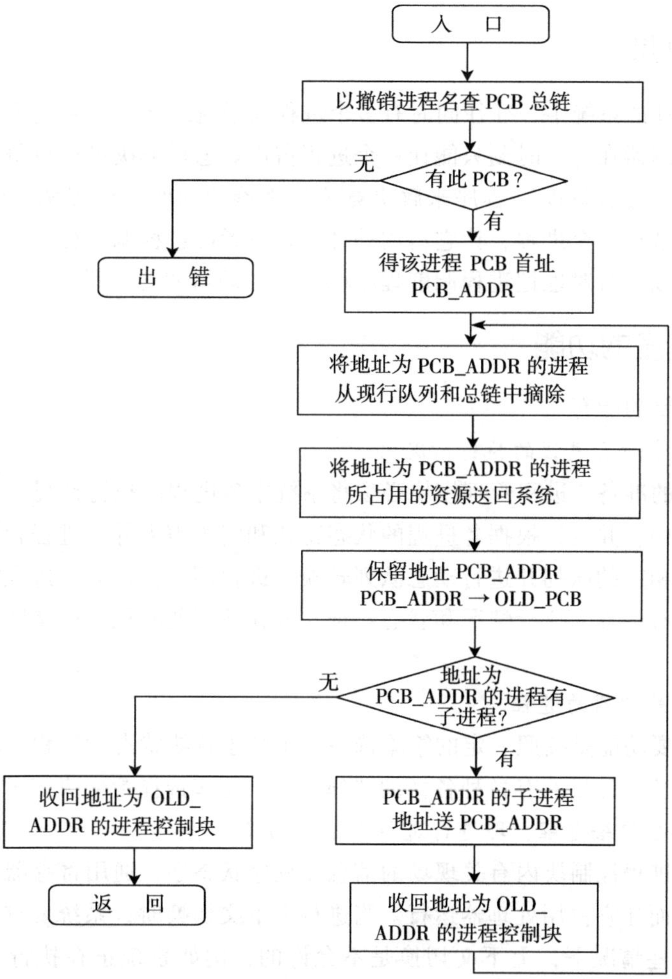


图 2-10 撤销原语的实现过程

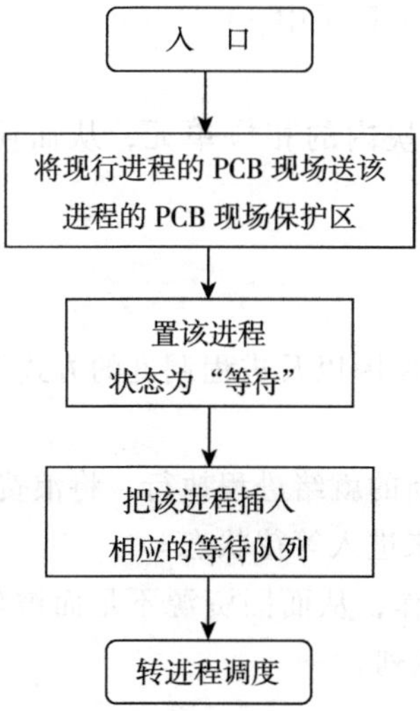


图 2-11 阻塞原语的实现过程

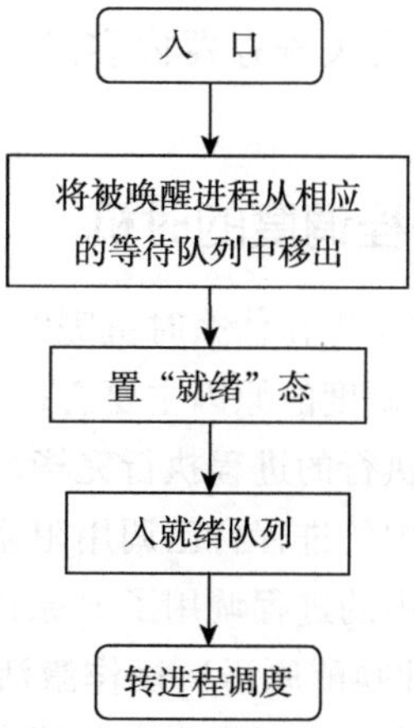


图 2-12 唤醒原语的实现过程

## 2.4 进程调度

在多道程序设计的系统中，往往同时有多个进程处于就绪状态，它们都要求占用处理器执行。但是，一个处理器在每一时刻只能让一个进程占用。怎样解决进程竞争处理器的问题？操作系统设计了一个“进程调度”程序来解决竞争处理器的问题。进程调度程序按照某种调度算法从就绪队列中选择一个进程，让它占用处理器，或者说进程调度程序把处理器分配给一个被选中的进程。所以，有时也把进程调度程序称为“处理器调度”程序。

### 2.4.1 进程调度的功能

进程调度的主要功能有：

(1) 记录系统中所有进程的执行情况

作为进程调度的准备，进程管理模块必须将系统中各进程的执行情况和状态特征记录在各进程的进程控制块中。并且，根据各进程的状态特征和资源需求等，进程管理模块还将各进程的进程控制块排成相应的队列并进行动态队列转换。进程调度模块通过进程控制块的变化来掌握系统中存在的所有进程的执行情况和状态特征，并在适当的时机从就绪队列中选择一个进程占有处理器。

(2) 选择占有处理器的进程

进程调度的主要功能是按照一定的策略选择一个处于就绪状态的进程，使其获得处理器执行。根据不同的系统设计目的有各种各样的选择策略，这些选择策略决定了调度算法的性能。

(3) 把处理器分配给进程，即进行进程上下文切换

把选中进程的进程控制块内有关现场的信息如程序状态字、通用寄存器等内容送入处理器相应的寄存器，从而让它占用处理器运行。当进行上下文切换时，系统要首先检查是否允许做上下文切换（在有些情况下，上下文切换是不允许的，例如系统正在执行某个不允许中断的原语时）。然后，系统要保留有关被切换进程的足够信息，便于以后切换回该进程时顺利恢复该进程的执行。在系统保留了处理器现场之后，调度程序选择一个新的处于就绪状态的进程，并装配该进程的信息，使处理器的控制权掌握在被选中进程手中。

(4) 收回处理器

将处理器有关寄存器内容送入该进程的进程控制块内的相应单元，从而使进程让出处理器。

### 2.4.2 进程调度的时机

进程调度发生在什么时机呢？这与引起进程调度的原因以及进程调度的方式有关。

引起进程调度的原因主要有以下几类：

1）正在执行的进程执行完毕。这时，如果不选择新的就绪进程执行，将浪费处理器资源。

2）执行中的进程自己调用阻塞原语将自己阻塞起来进入等待状态。

3）执行中的进程调用了P原语（即阻塞原语）操作，从而因资源不足而被阻塞；或调用了V原语（即唤醒原语）操作激活了等待资源的进程队列。

4）执行中的进程提出I/O请求后被阻塞。

5）在分时系统中时间片已经用完。

6）在执行完系统调用等系统程序后返回用户进程时，这时可看做系统进程执行完毕，从而可调度选择一个新的用户进程执行。

7）在可剥夺 CPU 执行方式时，当就绪队列中某进程的优先级变得高于当前执行进程的优先级时，也将引发进程调度。

操作系统将在以上情况发生时进行进程调度。

## 2.4.3　进程调度的算法

常用的进程调度算法主要有以下四种：

（1）先来先服务（FCFS）调度算法

这种调度算法是按照进程进入就绪队列的先后次序选择可以占用处理器的进程。当有进程就绪时，把该进程排入就绪队列的末尾，而进程调度总是把处理器分配给就绪队列中的第一个进程。一旦一个进程占有了处理器，它就一直执行下去，直到因等待某事件或进程完成了工作才让出处理器。

从直观上看，该算法在一般意义下是公平的。即每个进程都按照它们在就绪队列中等待时间的长短来决定它们是否优先享受服务。不过对于那些执行时间较短的进程来说，如果它们在某些执行时间很长的进程之后到达，则将等待很长的时间。例如，就绪队列中依次有三个进程 A、B、C，进程 A 和进程 B 各需要 3 毫秒的处理器时间可以完成工作，而进程 C 却要 24 毫秒的处理器时间。按照先来先服务的顺序，进程 A 先占用处理器，进程 B 需等待 3 毫秒后才能去占用处理器，进程 C 等待 6 毫秒的时间后可以占用处理器，于是它们的平均等待时间为（0 + 3 + 6）/3 = 3 毫秒。如果进程是按 C、B、A 的次序排入队列，则进程 C 先占用处理器，运行 24 毫秒后才能让进程 B 占用，即进程 B 需等待 24 毫秒，而进程 A 在等待了 27 毫秒后才可占用处理器，现在这三个进程的平均等待时间为（0 + 24 + 27）/3 = 17 毫秒。可见当运行时间长的进程先进入就绪队列的话，先来先服务算法使系统效率受到影响。

在实际操作系统中，尽管很少单独使用 FCFS 算法，但和其他算法配合起来使用，FCFS 算法还是应用得相当多的。例如，基于优先数调度算法就是对具有同样优先数的进程采用的 FCFS 方式。

（2）优先数调度算法

对每一个进程确定一个优先数，进程调度总是让具有最高优先数的进程先使用处理器。如果进程具有相同的优先数，则对这些有相同优先数的进程再按先来先服务的次序分配处理器。为了调度方便，就绪队列中进程可按优先数从大到小排列，当有进程就绪时，根据它的优先数插入队列中的适当位置。这样，进程调度也总是把处理器分配给就绪队列中的第一个进程。

系统或用户按某种原则为进程指定一个优先数来表示该进程所享有的调度优先权，该算法的核心是确定进程的优先数。如何为进程确定优先数呢？不同的系统确定优先数的方法可以不同，但一般都从任务的紧迫性和系统效率等方面考虑。

确定优先数的方法可分为两类，即静态法和动态法。

1）静态法根据进程的静态特性，在进程开始执行之前就确定它们的优先数，一旦开始执行之后就不能改变。动态法则不然，它把进程的静态特性和动态特性结合起来确定进程的优先数，随着进程的执行其优先数不断变化。

2）进程的静态优先数确定原则是根据进程的类型给予不同的优先数。例如，让系统进程的优先数大于用户进程的优先数，重要计算问题的进程优先数大于一般计算问题的进程优先数，交互式作业进程的优先数大于批处理作业进程的优先数等。进程的动态优先数确定原则可根据进程占有 CPU 时间的长短及就绪进程等待 CPU 时间的长短来决定。例如，提高经常使用外围设备的进程的优先数，有利于利用处理器与外围设备的并行能力；提高较长时间未使用处理器的就绪进程的优先数，以缩短等待处理器的平均时间。

3）基于静态优先数的调度算法实现简单，系统开销小，但由于静态优先数一旦确定之后，直到执行结束为止始终保持不变，从而系统效率较低，调度性能不高。而动态优先数随时间的推移而变化，系统要经常计算各进程的优先数，因此，系统要为此付出一定的开销。

一个高优先数的进程占用处理器后，系统可以用两种方式对待它。第一种方式是“非抢占式”的，一旦有某个高优先数的进程占用了处理器，就一直让它运行下去直到该进程由于自身的原因主动让出处理器或进程执行结束而让出处理器。此时，进程调度才重新按优先数选择另一个进程占用处理器。第二种方式是“可抢占式”的，这种方式是严格保证任何时刻，总是让具有最高优先数的进程在处理器上运行。也就是说，当某一进程在处理器上运行时，一旦有另一个更高优先数的进程进入就绪队列，进程调度就要剥夺正在处理器上运行的进程使用处理器的权力，抢回分配给它的处理器，而把处理器让给具有更高优先数的进程使用。这种抢占式的优先数调度算法在实时系统中很有用。例如，在实时系统中可把处理紧急情况的报警进程赋予最高优先数，一旦有紧急事件发生时，触发报警进程就绪，进程调度就让这个报警进程抢占处理器进行紧急处理和发出警告信号。

（3）时间片轮转调度算法

我们把 CPU 的处理时间分成固定大小的“时间片”。时间片轮转调度算法让就绪进程按就绪的先后次序排成队列，每次总是选择就绪队列中的第一个进程占用处理器，但规定只能使用一个时间片。如果一个时间片用完而进程尚未结束，则它也必须让出处理器给其他进程使用，自己被重新排到就绪队列的末尾，等待再次调度。如果在一个时间片的时间内进程发生了等待事件，那么也把处理器让给下一个就绪的进程使用，自己被排入等待队列。等待事件结束后，仍需排入就绪队列的末尾，当再次轮到运行时，重新开始使用一个时间片。这样，就绪队列中的进程就依次轮流地占用处理器运行，一个时间片内未完成工作的进程可进行第二次、第三次或更多次的轮转，直至进程完成工作。

在轮转法中，时间片长度的选取非常重要。首先，时间片长度的选择会直接影响系统开销和响应时间。如果时间片长度过短，则调度程序剥夺处理器的次数增多，这将使进程上下文切换次数也大大增加，从而加重系统开销；反过来，如果时间片长度选择过长，则轮转法变成了先来先服务法。

时间片长度（$q$）的选择是根据系统对响应时间的要求（$R$）和就绪队列中所允许的最大进程数（$N$）确定的。它可表示为：

$$q = R/N$$

时间片轮转调度算法经常用在分时操作系统中。在一个分时操作系统中，多个用户通过终端设备同时与计算机系统进行一系列交往，计算机系统应及时对每一个用户的要求作出应答。采用时间片轮转的办法可使每个用户都感觉系统对自己有求必应，好像自己在单独使用计算机系统。例如，一个分时系统允许 10 个终端用户同时工作，如果分给每个终端用户进程的时间片为 100 毫秒，那么粗略地说，每个终端用户在每秒钟内都可以占用处理器运行 100 毫秒的时间片。若对于每个终端用户的要求，处理器花费 300 毫秒左右的时间可以给出应答，那么，终端响应时间大致在 3 秒。这样可算得上及时响应，能够令用户满意。

（4）多级反馈队列调度算法

多级反馈队列调度方法又称反馈循环队列策略。在采用多级反馈队列调度算法的系统中，首先应设置多个就绪队列，并为各个队列赋予不同的优先权。第一个队列的优先权最高，第二队列次之，其余队列的优先权逐个降低，见图 2-13。

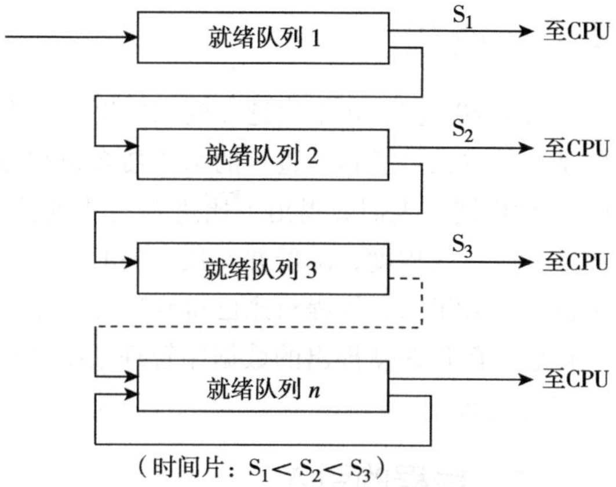


图 2-13　多级反馈队列调度算法

其次，赋予各个队列中进程执行时间片的大小也各不相同，在优先权越高的队列中，每个进程的执行时间片就规定得越小。例如，第一队列的时间片为 8 毫秒，一般地说，第二队列的时间片要比第一队列的时间片长一倍，……，第 $i+1$ 队列的时间片比第 $i$ 队列的长一倍。第三，当一个新进程进入内存后，首先将它放入第一队列的末尾，按 FCFS 原则排队等待调度。当轮到该进程执行时，如能在该时间片内完成，便可准备撤离系统；如果它在一个时间片结束时尚未完成，调度程序便将该进程转入第二队列的末尾，再同样地按 FCFS 原则等待调度执行；如果它在第二队列中运行一个时间片后仍未完成，再依次将它转入第三队列。如此下去，当一个长进程从第一队列降到最后的第 $n$ 队列后，在第 $n$ 队列中便采取按时间片轮转的方式运行。第四，仅当第一队列为空时，调度程序才调度第二队列中的进程运行；仅当第 1 ~ （$i-1$）队列都为空时，才会调度第 $i$ 队列中的进程运行。如果处理器正在第 $i$ 队列中为某进程服务时，又有新进程进入优先权较高的队列（即第 1 ~ （$i-1$）中任何一队列），则此时新进程将抢占正在运行的处理器，即由调度程序把正在运行的进程放回第 $i$ 队列末尾，重新把处理器分配给新进程。

多级反馈队列调度算法具有较好的性能，能较好地满足各种类型用户的需要。对分时交互型短作业，系统通常可在第一队列（高优先级队列）规定的时间片内让其完成工作，使终端用户都感到满意；对短作业，通常只需在前几个队列（中优先级队列）中各执行一个时间片就能完成工作，周转时间仍然很短；对于长作业，它将依次在第 1，2…，直到第 $n$ 个队列中运行，然后再以轮转方式运行，因此用户不必担心其作业长期得不到处理。

## 2.4.4　进程调度算法的选择

在设计系统时如何选择进程调度算法？由于各种调度算法都有它自己的特性，因此很难评价哪种算法是最好的。一般来说，选择算法时可考虑如下一些准则：

1）处理器利用率。应尽可能地使处理器处于忙碌状态，提高它的使用效率。

2）吞吐量。在单位时间内让更多的进程能完成工作，提高单位时间的处理能力。

3）等待时间。指一段时间内进程在就绪队列中等待的总时间，应尽量减少在就绪队列中的等待时间。

4）响应时间。在交互式系统中对用户的请求应尽快地给出应答。

在选择算法时应考虑好采用的准则，当确定准则后，通过对各种算法的评估从中选出合适的算法。例如，设计系统时希望能充分利用处理器和有极大的吞吐量，那么，选用优先数调度算法是合适的。在确定优先数时，可让计算时间短的进程优先数大一些，这样可减少进程在就绪队列中的平均等待时间，达到提高吞吐量的目的。利用动态改变优先数的办法使处理器与外围设备以及外围设备之间尽可能并行工作，资源的充分利用既提高了处理器的效率，也增大了吞吐量。在设计交互式系统时，希望能对用户的请求尽快作出应答，则选用时间片轮转调度算法是合适的。

## 2.5 线程

自从20世纪60年代进程概念提出后，作为现代操作系统设计的一个核心，操作系统运行的基本单位就是进程。进程的引入使多道程序可以并发执行，同时提高了资源的利用率。直到80年代中期，人们又提出了比进程更小的能独立运行的基本单位——线程，以进一步提高程序并发执行的程度，降低并发执行的时空开销。因此，线程的引入可以看做是操作系统的又一大进步。近年来，线程概念已得到广泛应用，不仅在新推出的操作系统中大多数都已引入了线程概念，而且在新推出的数据库管理系统和其他应用软件中也都纷纷引入了线程，以此来改善系统的性能。

### 2.5.1 线程的引入

进程是实现系统并发运行的一种实体。创建进程时需要申请必要的系统资源，在运行过程中根据需要还将申请更多资源，当然其间也会释放已经使用完毕的资源。当进程获得处理器资源时，称为进程调度。可见，进程既是资源申请及拥有的实体，同时也是调度的实体。另一方面，系统因为创建进程、调度进程、管理进程等将付出很大的额外开销。为了保持系统的并发性，同时降低系统为此付出的额外开销，现代操作系统将传统意义的进程进行分离，即将资源申请与调度执行分开，进程作为资源的申请与拥有单位，线程作为调度的基本单位。

在引入线程的操作系统中，线程是进程中的一个实体，是被系统独立调度的基本单位。线程自己基本上不拥有系统资源，只拥有少量在运行中必不可少的资源（如程序计数器、寄存器和栈），但它可与同属一个进程的其他线程共享该进程所拥有的全部资源。一个线程可以创建另一个线程；同一进程中的多个线程之间可以并发执行。由于线程之间的相互制约，致使线程在运行中也呈现出间断性。相应地，线程也同样有就绪、等待和执行三种基本状态，有的系统中线程还有终止状态等。

传统的操作系统一般只支持单线程（结构）进程，如MS-DOS支持单用户进程，进程是单线程的；传统UNIX支持多用户进程，进程也是单线程的。目前，很多操作系统都支持多线程（结构）进程，如Solaris、Mach、SVR4、OS/390、OS/2、Windows NT、CHORUS等；Java的运行引擎则是单进程多线程的例子。许多计算机公司都推出自己的线程接口规范，如Solaris线程接口规范、OS/2线程接口规范、Windows NT线程接口规范等，IEEE也推出UNIX类操作系统的多线程程序设计标准POSIX 1003.4a。

### 2.5.2 线程的定义

线程（Thread）是进程中的一个实体，是可独立参与调度的基本单位。一个进程可以有一个或多个线程，它们共享所属进程所拥有的资源。

线程具有如下属性：

1）多个线程可以并发执行。

2）一个线程可以创建另一个线程。

3）线程具有动态性。一个线程被创建后便开始了它的生命周期，其间可能处于不同的状态，直至衰亡。

4）每个线程同样有自己的数据结构即线程控制块（Thread Controlling Block，TCB），其中记录了该线程的标识符、线程执行时的寄存器和栈等现场状态信息。

5）在同一进程内，各线程共享同一地址空间（即所属进程的存储空间）。

6）一个进程中的线程在另一个进程中是不可见的。

7）同一个进程内的线程间的通信主要是基于全局变量进行的。

### 2.5.3　线程的状态

与进程类似，线程也有生命周期，因而也存在各种状态。线程的状态有运行、就绪和等待，线程的状态转换也与进程类似。由于线程不是资源的拥有单位，挂起（阻塞）状态对于线程是没有意义的。如果进程在挂起后被对换出主存，它的所有线程因共享地址空间也必须全部对换出去。可见由挂起操作所引起的状态是进程级状态，不是线程级状态。类似地，进程的终止将导致进程中所有线程的终止。

进程中可能有多个线程，当处于运行态的线程在执行过程中要求系统服务，如执行 I/O 请求而转换为等待态时，那么，多线程进程中是否要阻塞整个进程？对于某些线程实现机制，所在进程也转换为等待态；对于另外一些线程实现机制，如果存在另一个处于就绪态的线程，则调度此线程运行，否则进程才会转换为等待态。显然前一种做法欠妥，丧失多线程机制的优越性，降低系统的灵活性。对于多线程进程的进程状态，由于进程不是调度单位，不必将其划分成过细的状态，如 Windows 操作系统中仅把进程分成可运行态和不可运行态，挂起状态属于不可运行态。

### 2.5.4　线程的调度

内核支持线程的调度和切换与进程的调度和切换十分相似。例如，在线程调度时的调度方式，同样也有抢占方式和非抢占方式两种。在线程的调度算法上，也同样可采用时间片轮转法、优先权算法等。当由线程调度选中一个线程后，再将处理器分配给它。当然，线程在调度和切换上所花费的开销要比进程小得多。对于用户级线程的切换，通常是发生在一个应用进程的诸线程之间，这时不仅无须通过中断进入操作系统的内核，而且切换的规则也远比进程调度和切换的规则来得简单。例如，当一个线程阻塞后会自动地切换到下一个具有相同功能的线程，因此用户级线程的切换速度特别快。

### 2.5.5　线程的特征

线程具有许多类似于进程的特征，有时称线程为轻量级进程。我们从以下四个方面来比较线程与进程，从中可以更清楚地看出线程具有的特征。

（1）*拥有资源方面*

不管是在以进程为基本单位的操作系统，还是在引入线程的操作系统中，进程都是独立拥有资源的一个基本单位。它可以申请并拥有自己的资源，也可以访问其所属进程的资源。而线程只拥有一些在运行中必要的资源，如程序计数器、寄存器和栈。当然，它也可以访问其所属进程的资源（注意：资源仍然是分给进程的）。

(2) 调度方面

在引入线程的操作系统中，进程是作为独立拥有资源的基本单位，而线程是独立参与调度的基本单位。这样，引入线程的操作系统中存在着两级调度：同一个进程内线程之间的调度、不同进程之间的调度（由分属于不同进程的线程之间的调度引起）。同一个进程内的线程切换不会引起进程切换；而在由一个进程内的线程切换到另一个进程内的线程时，将引起进程切换。

(3) 并发性方面

在引入线程的操作系统中，不仅不同进程的线程之间可以并发执行，而且在同一个进程的多个线程间亦可并发执行，因而使系统具有更好的并发性。

(4) 系统开销方面

相比于没有引入线程的操作系统，引入线程的系统其开销将显著降低。例如，在创建或撤销线程时，系统只需分配与回收很少的资源，而无须像进程创建或撤销那样花费开销来分配或回收如内存空间、I/O 设备等资源。又如，在线程切换时，只需保存和设置少量的寄存器的内容，而无须像进程切换那样花费开销来保存和设置很多的现场信息。另外，同一个进程内线程之间的通信由于共享所属进程的存储空间，因此也比进程通信更加容易。

### 2.5.6 线程的分类

多线程的实现分为三类：内核级线程（Kernel Level Thread，KLT）；用户级线程（User Level Thread，ULT）；混合式线程，即同时支持 ULT 和 KLT 两种线程。

#### 1. 内核级线程

内核级线程是指线程的管理工作由内核完成，由内核所提供的线程 API 来使用线程。当任务提交给操作系统执行时，内核为其创建进程和一个基线程，线程在执行过程中可通过内核的创建线程原语来创建其他线程，应用程序的所有线程均在一个进程中获得支持。内核需要为进程及进程中的单个线程维护现场信息，所以，应在内核空间中建立和维护进程控制块（PCB）及线程控制块（TCB），内核的调度在线程的基础上进行。

内核级线程的主要优点是：首先，在多处理器上，内核能够同时调度同一进程中的多个线程并行执行；其次，若进程中的一个线程被阻塞，内核能够调度同一进程的其他线程占有处理器运行，也可以运行其他进程中的线程；最后，由于内核级线程只有很小的数据结构和堆栈，其切换速度比较快，内核自身也可用多线程技术实现，从而提高系统的执行效率。

内核级线程的主要缺点是：线程在用户态运行，而线程的调度和管理在内核实现。在同一个进程中，控制权从一个线程传送到另一个线程时需要用户态→内核态→用户态的模式切换，系统开销较大。

#### 2. 用户级线程

用户级线程是指线程的管理由应用程序完成，在用户空间中实现，内核无须感知线程的存在。用户级多线程由用户空间中的线程库来完成，应用程序通过线程库进行设计，再与线程库连接运行以实现多线程。线程库是由用户级线程管理的例行程序包，在这种情况下，线程库是线程运行的支撑环境。

用户级线程有许多优点：线程切换无须使用内核特权方式，所有线程管理的数据结构均在进程的用户空间中，管理线程切换的线程库也在用户空间中运行，这样可以节省模式切换的开销和内核的宝贵资源；允许进程按照应用的特定需要选择调度算法，且线程库的线程调度算法与操作系统的低级调度算法无关；能够运行在任何操作系统上，内核无须做任何改变。

用户级线程的明显缺点是：由于大多数系统调用是阻塞型的，因此，一个用户级线程的阻塞将引起整个进程的阻塞；用户级线程不能利用多重处理的优点，进程由内核分配到CPU上，仅有一个用户级线程可以执行。因此，不可能得益于多线程的并发执行。

### 3. 混合式线程

某些操作系统既支持用户级线程，又支持内核级线程，Solaris便是一个例子。线程的实现分为两个层次：用户层和内核层。用户层线程在用户线程库中实现；内核层线程在操作系统内核中实现，处于两个层次的线程分别称为用户级线程和内核级线程。在混合式线程系统中，内核必须支持内核级多线程的建立、调度和管理，同时也允许应用程序建立、调度和管理用户级线程。

在混合式线程中，一个应用程序中的多个用户级线程能分配和对应于一个或多个内核级线程，内核级线程可同时在多处理器上并行执行，且在阻塞一个用户级线程时，内核可以调度另一个线程执行，使得宏观上和微观上都具有很好的并行性。例如，窗口系统是典型的逻辑并行性程度较高的应用，用一组用户级线程来表达多个窗口，用一个内核级线程来支持这一组用户级线程，这样，屏幕上同时出现多个窗口（对应于多个用户级线程），窗口之间的切换很频繁，但某一时刻只有一个窗口（对应于内核级线程）处于活跃状态，系统开销小，窗口系统执行效率高。又如，大规模并行计算是对物理并行性要求较高的应用，可以把数组按行或列划分给不同的用户级线程处理，同时让每个用户级线程与一个内核级线程绑定，每个内核级线程占用一个CPU并行执行，减少了线程切换的次数，通过并行计算提高系统效率。

## 2.5.7 线程与进程结构

引入线程后，一个进程可包括一个或多个线程。如果一个进程只包括一个线程，则该进程除包括自己的PCB、拥有的存储空间、栈以外，还有对应线程的TCB。如图2-14所示。而如果一个进程包含了多个线程，该进程也包括自己的PCB、拥有的存储空间、栈以及各个线程的TCB，但是每一线程将拥有自己的栈区，这些栈区都属于该进程的栈。如图2-15所示（一个进程包括3个线程）。

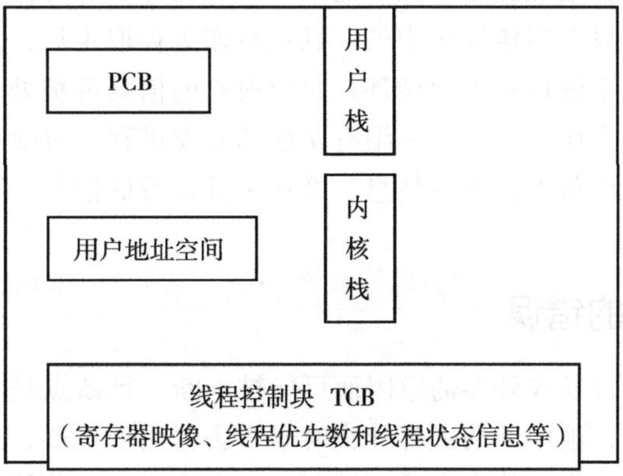


图2-14 单线程进程结构

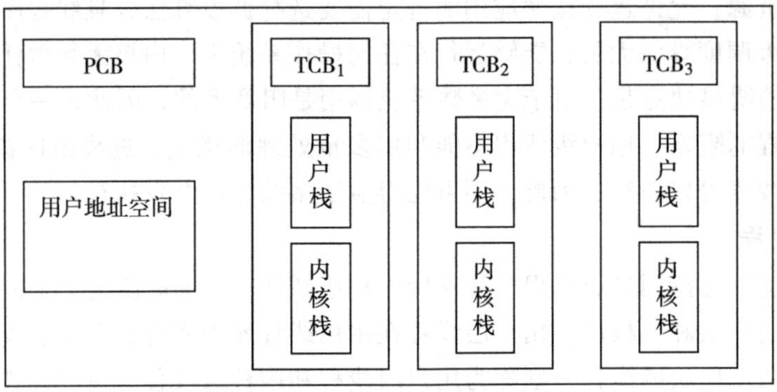


图 2-15 多线程进程结构

## 2.6 进程互斥

### 2.6.1 并发进程

我们把系统中可并发执行的进程称为“并发进程”。并发进程相互之间可能是无关的，也可能是有交往的。如果一个进程的执行不影响其他进程的执行，且与其他进程的进展情况不相关，即它们是各自独立的，则说这些并发进程相互之间是无关的。显然，无关的并发进程一定没有共享的变量，它们分别在各自的数据集合上操作。例如，为两个不同源程序进行编译的两个进程可以是并发执行的，但它们之间却是无关的。因为这两个进程分别在不同的数据集合上为不同的源程序进行编译，虽然这两个进程可交叉地占用处理器为各自的源程序进行编译，但是，任何一个进程都不依赖另一个进程。甚至当一个进程发现被编译的源程序有错误时，也不会影响另一个进程继续对自己的源程序进行编译，它们是各自独立的。

然而，如果一个进程的执行依赖其他进程的进展情况，或者说一个进程的执行可能影响其他进程的执行结果，则说这些并发进程相互之间是有交往的、是有关的。例如，有三个进程，即读进程、处理进程和打印进程。其中读进程每次启动外围设备读一批信息并把读出的信息存放到缓冲区，处理进程对存放在缓冲区中的信息加工处理，打印进程把加工处理后的信息打印输出。这三个进程中的每一个进程的执行都依赖另一个进程的进展情况：只有当读进程把一批信息读出并存入缓冲区后，处理进程才能对它进行加工处理，而打印进程要等信息加工处理好后才能把它打印输出；也只有当缓冲区中的信息被打印进程取走后，读进程才能把读出的第二批信息再存入缓冲区供加工处理；如此循环，直至所有的信息都被处理且打印输出。可见，这三个进程相互依赖、相互合作，它们是一组有交往的并发进程。有交往的并发进程一定共享某些资源。在上例中从外围设备上读入的信息、经加工处理后的信息、存放信息的缓冲区等都是这组并发进程的共享资源。

### 2.6.2 与时间有关的错误

一个进程运行时由于自身或外界的原因而可能被中断，且断点是不固定的。一个进程被中断后，哪个进程可以运行，被中断的进程什么时候再去占用处理器，这都是与进程调度算法有关的。所以，进程执行的速度不能由自己来控制，对于有交往的并发进程来说，可能有若干并发进程同时使用共享资源，即一个进程一次使用未结束另一个进程就已开始使用，形成交替使用共享资源的现象。如果对这种情况不加控制，就可能出现与时间有关的错误，在共享资源（变量）时就会出错，并得到不正确的结果。请观察下面的例子。

**【例1】** 飞机售票问题

假设一个飞机订票系统有两个终端，分别运行进程 $T_1$ 和 $T_2$。该系统的公共数据区中的一些单元 $A_j$（j=1，2，…）分别存放某月某日某次航班的余票数，而 $x_1$ 和 $x_2$ 表示进程 $T_1$ 和 $T_2$ 执行时所用的工作单元。飞机票售票程序如下：

```
procedure Ti(i=1,2)
      xi: integer;
   begin
      [按旅客订票要求找到Aj];
      xi:=Aj;
      if xi>=1 then begin
            xi:=xi-1;
            Aj:= xi;
            [输出一张票];
         end;
      else [输出信息"票已售完"];
   end;
```

由于 $T_1$ 和 $T_2$ 是两个可同时执行的并发进程，它们在同一个计算机系统中运行，共享同一批票源数据，因此，可能出现如下所示的运行情况（设 $A_j=m$）。

$T_1$: $x_1:=A_j$;　　即　$x_1=m(m>0)$

$T_2$: $x_2:=A_j$;　　即　$x_2=m$

$T_2$: $x_2:=x_2-1$; $A_j:=x_2$; [输出一张票];　　即　$A_j=m-1$

$T_1$: $x_1:=x_1-1$; $A_j:=x_1$; [输出一张票];　　即　$A_j=m-1$

显然，此时出现了把同一张票卖给了两个旅客的情况，两个旅客都买到一张同天同次航班的机票，可是，$A_j$ 的值实际上只减去了1，造成余票数的不正确。特别是当某次航班只有一张余票时，就可能把这一张票同时售给了两位旅客，这是不允许的。

**【例2】** 主存管理问题

假定有两个并发进程 borrow 和 return 分别负责申请和归还主存资源，在算法描述中，x 表示现有空闲主存总量，B 表示申请或归还的主存量。并发进程算法描述如下：

```
x: integer;
x: =1000;
cobegin
   procedure borrow(B: integer)
      begin
         if B> x then [申请进程进入等待队列等主存资源];
         x: =x-B;
         [修改主存分配表,申请进程获得主存资源];
      end;
   procedure return(B: integer)
      begin
         x: =x+B;
         [修改主存分配表];
         [释放等主存资源的进程];
      end;
coend;
```

由于 borrow 和 return 共享了表示主存物理资源的临界变量 x，若对并发执行不加限制会导致错误。例如，一个进程调用 borrow 申请主存，在执行了比较 B 和 x 的指令后，发现 B > x，但在执行“申请进程进入等待队列等主存资源”前，另一个进程调用 return 抢先执行，归还了所借全部主存资源。这时，由于前一个进程还未成为等待状态，return 中的“释放等主存资源的进程”相当于空操作。以后当调用 borrow 的进程被置成“等主存资源”时，可能已经没有其他进程来归还主存资源了，从而，申请资源的进程处于永远等待状态。

**【例 3】** 自动计算问题

某交通路口设置了一个自动计数系统，该系统由观察者（observer）进程和报告者（reporter）进程组成。观察者进程能识别卡车，并对通过的卡车计数，报告者进程定时（可设为每隔一小时，准点时）将观察者的计数值打印输出，每次打印后把计数值清“0”。两个进程的并发执行可完成对每小时卡车流量的统计，这两个进程的算法描述如下：

```
count: integer;
count: =0;
cobegin
   procedure observer
      begin
         L1: [observe a lorry];
            count: =count +1;
               goto L1;
      end;
   procedure reporter
      begin
         print count;
         count: =0;
      end;
coend;
```

进程 observer 和 reporter 并发执行时可能有如下两种情况：

1）报告者进程执行时无卡车通过。在这种情况下，报告者进程把上一小时通过的卡车数打印输出后将计数器清“0”，完成了一次自己承担的任务。此后，有卡车通过时，观察者进程重新开始对一个新时间段内的流量进行统计。在两个进程的配合下，能正确统计出每小时通过的卡车数量。

2）报告者进程执行时有卡车通过。当准点时，报告者进程工作，它启动了打印机，在等待打印机打印输出时恰好有一辆卡车通过，这时，观察者进程占用处理器，把计数器 count 的值又增加了“1”。之后，报告者进程在打印输出后继续执行 count: =0。于是，报告者进程在把已打印的 count 值清“0”时，同时把观察者进程在 count 上新增加的“1”也清除了。如果在报告者打印期间连续有车辆通过，虽然观察者都把它们记录到计数器中，但都因报告者执行 count: =0 而把计数值丢失了，使统计结果严重失实。

从以上例子可以看出，由于并发进程执行的随机性，一个进程对另一个进程的影响是不可预测的。由于它们共享了资源（变量），当在不同时刻交替访问资源（变量）时就可能造成结果的不正确。造成不正确的因素是与进程占用处理器的时间、执行的速度以及外界的影响有关。这些因素都与时间有关，所以，把它们统称为“与时间有关的错误”。

### 2.6.3 临界区

有交往的并发进程执行时出现与时间有关的错误，其根本原因是对共享资源（变量）的使用不加限制，当进程交叉使用了共享资源（变量）时就可能造成错误。为了使并发进程能正确地执行，必须对共享变量的使用加以限制。

我们把并发进程中与共享变量有关的程序段称为“临界区”，共享变量所代表的资源称为“临界资源”，多个并发进程中涉及相同共享变量的那些程序段称为“相关临界区”。例如，在飞机售票系统中，进程 $T_1$ 的临界区为：

```
x1 : = Aj;
if x1 > =1 then begin
                x1 : =x1 -1;
                Aj : = x1;
                [输出一张票];
    end;
else [输出信息“票已售完”];
```

进程 $T_2$ 的临界区为：

```
x2 : = Aj;
if x2 > =1 then begin
                x2 : =x2 -1;
                Aj : =x2;
                [输出一张票];
    end;
else [输出信息“票已售完”];
```

这两个临界区都要使用共享变量 $A_j$，故属于相关临界区。

而在自动计数系统中，观察者进程的临界区是：

```
count: =count +1;
```

报告者进程的临界区是：

```
print count;
count: =0;
```

这两个临界区都要使用共享变量 count，也属于相关临界区。

如果有进程在相关临界区执行时，不让另一个进程进入相关的临界区执行，就不会形成多个进程对相同共享变量的交叉访问，于是就可避免出现与时间有关的错误。例如，观察者和报告者并发执行时，当报告者启动打印机后，在执行 count: =0 之前，虽然观察者发现有卡车通过，应该限制它进入相关临界区（即暂不执行 count: = count +1），直到报告者执行了 count: = 0 退出临界区。当报告者退出临界区后，观察者再进入临界区执行，这样就不会交替地修改 count 值，而观察到的卡车数被统计在下一个时间段内，也不会出现数据丢失。可见，只要对涉及共享变量的若干进程的相关临界区互斥执行，就不会出现与时间有关的错误。因而，对若干进程共享某一资源（变量）的相关临界区的管理应满足如下三个要求：

1）一次最多让一个进程在临界区执行，当有进程在临界区执行时，其他想进入临界区执行的进程必须等待。

2）任何一个进入临界区执行的进程必须在有限的时间内退出临界区，即任何一个进程都不应该无限地逗留在自己的临界区中。

3）不能强迫一个进程无限地等待进入它的临界区，即有进程退出临界区时应让一个等待进入临界区的进程进入它的临界区。

## 2.6.4 进程的互斥

进程的互斥是指当有若干进程都要使用某一共享资源时，任何时刻最多只允许一个进程去使用，其他要使用该资源的进程必须等待，直到占用资源者释放该资源。

实际上，共享资源的互斥使用就是限定并发进程互斥地进入相关临界区。如果能提供一种方法来实现对相关临界区的管理，则就可实现进程的互斥。实现对相关临界区管理的方法有多种，如可采用标志方式、上锁开锁方式、PV 操作方式和管程方式等。在这里，我们先介绍怎样用 PV 操作来管理相关临界区，亦即用 PV 操作实现进程的互斥。

### 1. 信号量与 PV 操作

(1) 信号量

信号量的概念和 PV 操作是荷兰科学家 E. W. Dijkstra 提出来的。信号是铁路交通管理中的一种常用设备，交通管理人员利用信号颜色的变化来实现交通管理。在操作系统中，信号量 S 是一个整数。当 S 大于等于零时，代表可供并发进程使用的资源实体数；当 S 小于零时，则 |S| 表示正在等待使用资源实体的进程数。建立一个信号量必须说明此信号量所代表的意义并且赋初值。除赋初值外，信号量仅能通过 PV 操作来访问。

信号量按其用途可分为两种：

1）公用信号量，联系一组并发进程，相关的进程均可在此信号量上执行 P 操作和 V 操作，初值常常为 1，用于实现进程互斥。

2）私有信号量，联系一组并发进程，仅允许拥有此信号量的进程执行 P 操作，而其他相关进程可在其上施行 V 操作。初值常常为 0 或正整数，多用于实现进程同步。

(2) PV 操作

PV 操作是由两个操作，即 P 操作和 V 操作组成。P 操作和 V 操作是两个在信号量上进行操作的过程，假定用 S 表示信号量则把这两个过程记做 P (S) 和 V (S)，它们的定义如下：

```
procedure P( S: Semaphore);
    begin
        S: = S -1;
        if S < 0 then W(S);
    end;
procedure V(S:Semaphore);
    begin
        S: = S +1;
        if S≤0 then R(S);
    end;
```

其中 W(S) 表示将调用 P(S) 过程的进程置成“等待信号量 S”的状态，且将其排入等待队列；R(S) 表示释放一个“等待信号量 S”的进程，使该进程从等待队列退出并加入就绪队列中。

要用 PV 操作来管理共享资源，首先要确保 PV 操作自身执行的正确性。由于 P(S) 和 V(S) 都是在同一个信号量 S 上操作，为了使得它们在执行时不发生交叉访问信号量 S 而可能出现的错误，约定 P (S) 和 V (S) 必须是两个不可被中断的过程，即让它们在屏蔽中断下执行。我们把不可被中断的过程称为“原语”，于是，P 操作和 V 操作实际上应该是“P 操作原语”和“V 操作原语”。

P 操作的主要动作是：

1）S 减 1；

2）若 S 减 1 后仍大于或等于零，则进程继续执行；

3）若 S 减 1 后小于零，则该进程被阻塞后放入等待该信号量的等待队列中，然后转进程调度。如图 2-16 所示。

V 操作的主要动作是：

1）S 加 1；

2）若相加结果大于零，则进程继续执行；

3）若相加结果小于或等于零，则从该信号的等待队列中释放一个等待进程，然后再返回原进程继续执行或转进程调度。如图 2-17 所示。

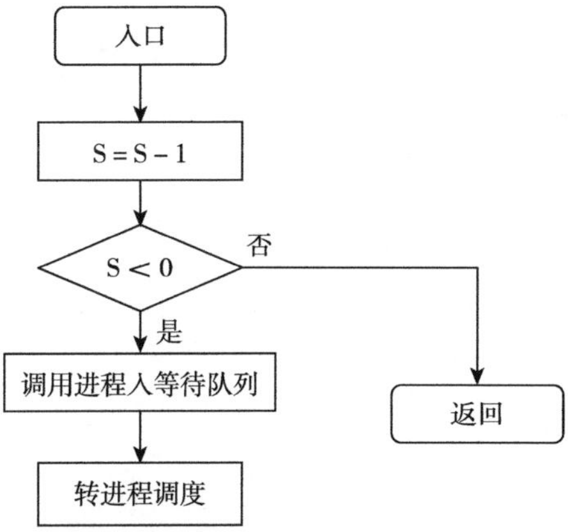


图 2-16 P 操作功能

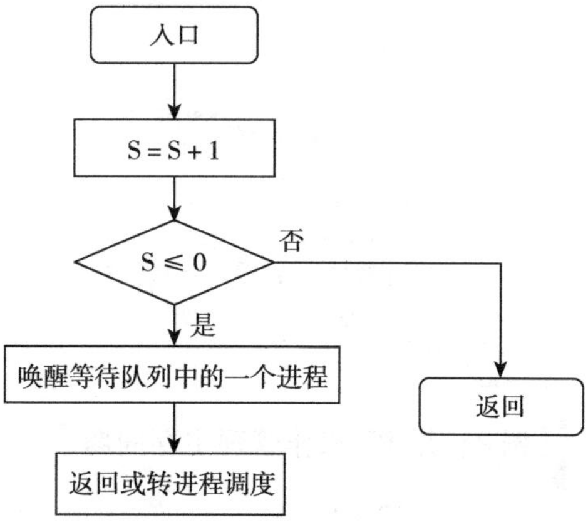


图 2-17 V 操作功能

S 的初值可定义为 0、1 或其他整数，在系统初始化时确定。从信号量和 PV 操作的定义可以获得如下推论：

推论 1：若信号量 S 为正值，则该值等于在阻塞进程之前对信号量 S 可施行的 P 操作数，亦即等于 S 所代表的实际还可以使用的物理资源数。

推论 2：若信号量 S 为负值，则其绝对值等于登记排列在该信号量 S 队列之中等待的进程个数，亦即恰好等于对信号量 S 实施 P 操作而被阻塞并进入信号量 S 等待队列的进程数。

推论 3：通常 P 操作意味着请求一个资源，V 操作意味着释放一个资源。在一定条件下，P 操作代表阻塞进程操作，而 V 操作代表唤醒被阻塞进程的操作。

### 2. 用 PV 操作实现进程互斥

用 PV 操作可实现并发进程的互斥，其步骤为：

1）设立一个互斥信号量 S 表示临界区，其取值范围为 1，0，-1，…，其中 S = 1 表示无并发进程进入 S 临界区；S = 0 表示已有一个并发进程进入 S 临界区；S 等于负数表示已有一个并发进程进入 S 临界区，且有 |S| 个进程等待进入 S 临界区。S 的初值为 1。

2）用 PV 操作表示对 S 临界区的申请和释放，在进入临界区之前，通过 P 操作进行申请，在退出临界区之后，通过 V 操作释放。

```
P 进程          Q 进程
……              ……
P(S);           P(S);
临界区;         临界区;
V(S);           V(S);
……              ……
```

下面请看几个实例。

**【例 1】** 用 PV 操作管理飞机售票问题

```
        S: integer;
        S: =1;
cobegin
    procedure Ti(i =1, 2);
        xi: integer;
        begin
            [按旅客订票要求找到 Aj];
            p(S);
            xi: =Aj;
            if xi > = 1 then begin
                xi: =xi -1;
                Aj: =xi;
                v(S);
                [输出一张票];
            end;
        else begin
            v(S);
            [输出信息"票已售完"];
            end;
        end;
coend;
```

**【例 2】** 用 PV 操作管理主存问题

```
        x: integer;
        S: integer;
        x: =1000;
        S: =1;
cobegin
    procedure borrow( B: integer);
        begin
            p(S);
            if B >x then [申请进程进入等待队列等主存资源];
            x: =x - B;
            [修改主存分配表,申请进程获得主存资源];
            v(S);
        end;
procedure return(B:integer);
        begin
            p(S);
            x: =x + B;
            [修改主存分配表];
            v(S);
            [释放等主存资源的进程];
        end;
coend;
```

**【例 3】** 用 PV 操作管理自动计数问题

```
        count: integer;
        S: integer;
        count: =0;
        S: =1;
cobegin
    procedure observer;
        begin
            L1: [observer a lorry];
                p(S);
                count: =count +1;
                v(S);
```

```
            goto L1;
        end;
    procedure reporter;
        begin
            p(S);
            print count;
            count: =0;
            v(S);
        end;
    coend;
```

【例 4】用 PV 操作解决五个哲学家吃通心面问题

有五个哲学家围坐在一张圆桌旁，桌子中央有一盘通心面，每人面前有一只空盘子，每两人之间放一把叉子。每个哲学家思考、饥饿，然后欲吃通心面。为了吃面，每个哲学家必须获得两把叉子，且每人只能直接从自己左边或右边取得叉子（如图 2-18 所示）。

在这道经典题目中，每一把叉子都是必须互斥使用的，因此，应为每把叉子设置一个互斥信号量 $S_i$（i = 0, 1, 2, 3, 4），初值均为 1，当一个哲学家吃通心面之前必须获得自己左边和右边的两把叉子，即执行两个 P 操作；吃完通心面后必须放下叉子，即执行两个 V 操作。

```
    S0, S1, S2, S3, S4: integer;
    S0: =1;
    S1: =1;
    S2: =1;
    S3: =1;
    S4: =1;
cobegin
    procedure Ki(i=0, 1, 2, 3, 4);
    begin
        L1:
        [思考];
        P(Si);
        P((Si+1)mod 5);
        [吃通心面];
        V(Si);
        V((Si+1)mod 5 );
        goto L1;
    end;
coend;
```

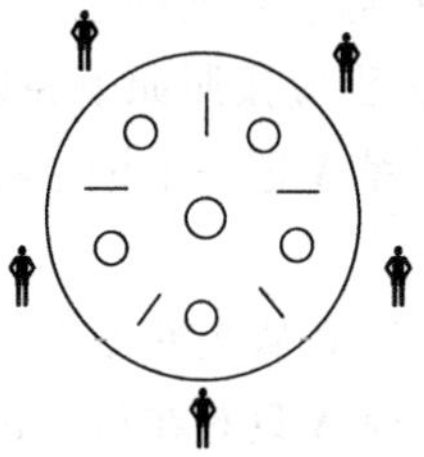

图 2-18　五个哲学家吃通心面问题

## 2.7　进程同步

### 2.7.1　同步的概念

利用信号量我们解决了进程的互斥问题，但互斥主要是解决并发进程对临界区的使用问题。这种基于临界区控制的交互作用是比较简单的，只要诸进程对临界区的执行时间互斥，每个进程就可忽略其他进程的存在和作用。此外，我们还需要解决异步环境下的进程同步问题。所谓异步环境，是指相互合作的一组并发进程，其中每一个进程都以各自独立的、不可预知的速度向前推进，但它们又需要密切合作以实现一个共同的任务，即彼此“知道”相互的存在和作用。例如，为了把原始的一批记录加工成当前需要的记录，创建了两个进程，即进程 A 和进程 B。进程 A 启动输入设备不断地读记录，每读出一个记录就交给进程 B 去加工，直至所有记录都处理结束。为此，系统设置了一个容量为存放一个记录的缓冲器，进程 A 把读出的记录存入缓冲器，进程B从缓冲器中取出记录加工，如图2-19所示。

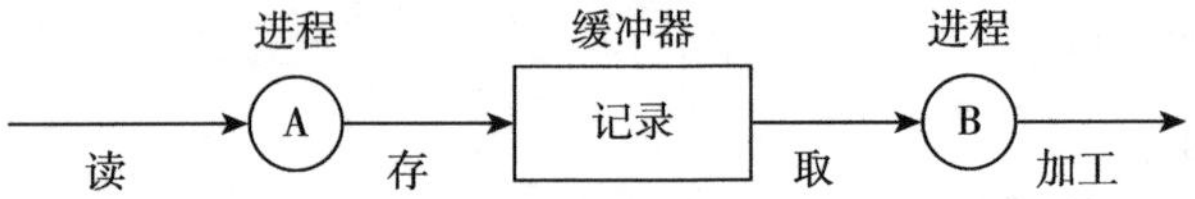


图2-19 进程协作

进程A和进程B是两个并发进程，它们共享缓冲器，如果两个进程不相互制约就会造成错误。当进程A的执行速度超过进程B的执行速度时，可能进程A把一个记录存入缓冲器后，在进程B还没有取走前，进程A又把新读出的一个记录存入缓冲器，后一个记录就把前一个尚未取走的记录覆盖了，造成记录的丢失。当进程B的执行速度超过进程A的执行速度时，可能进程B从缓冲器取出一个记录并加工后，进程A还没有把下一个新记录存入缓冲器，而进程B却又从缓冲器中去取记录，造成重复地取同一个记录加工。

用进程互斥的办法不能克服上述两种错误，事实上，进程A和进程B虽然共享缓冲器，但它们都是在无进程使用缓冲器时才向缓冲器存记录或从缓冲器取记录的。也就是说，它们在互斥使用共享缓冲器的情况下仍会发生错误，引起错误的根本原因是它们之间的相对速度。我们可以采用互通消息的办法来控制执行速度，使相互协作的进程正确工作。

两个进程应按照如下原则协作：

1）进程A把一个记录存入缓冲区后，应向进程B发送"缓冲器中有等待处理的记录"的消息。

2）进程B从缓冲器中取出记录后，应向进程A发送"缓冲器中的记录已取走"的消息。

3）进程A只有在得到进程B发送来的"缓冲器中的记录已取走"的消息后，才能把下一个记录再存入缓冲器。否则进程A等待，直到消息到达。

4）进程B只有在得到进程A发送来的"缓冲器中有等待处理的记录"的消息后，才能从缓冲器中取出记录并加工。否则进程B等待，直到消息到达。

由于每个进程都是在得到对方的消息后才去使用共享的缓冲器，所以不会出现记录的丢失和记录的重复处理。

因此，进程的同步是指并发进程之间存在一种制约关系，一个进程的执行依赖另一个进程的消息，当一个进程没有得到另一个进程的消息时应等待，直到消息到达时才被唤醒。

## 2.7.2 用PV操作实现进程的同步

要实现进程的同步就必须提供一种机制，该机制能把其他进程需要的消息发送出去，也能测试自己需要的消息是否到达。把能实现进程同步的机制称为同步机制，不同的同步机制实现同步的方法也不同，PV操作和管程是两种典型的同步机制。在这里，我们只介绍怎样用PV操作实现进程间的同步。

我们已经知道怎样用PV操作来实现进程的互斥。事实上，PV操作不仅是实现进程互斥的有效工具，而且还是一个简单而方便的同步工具。用一个信号量与一个消息联系起来，当信号量的值为"0"时表示期望的消息尚未产生，当信号量的值为非"0"时表示期望的消息已经存在。我们假定用信号量S表示某个消息，现在来看看怎样用PV操作达到进程同步的目的。

（1）调用P操作测试消息是否到达

任何进程调用P操作可测试到自己所期望的消息是否已经到达。若消息尚未产生则 $S=0$，调用 P(S) 后，P(S) 一定让调用者成为等待信号量 S 的状态，即调用者此时必定等待直到消息到达；若消息已经存在则 S≠0，调用 P(S) 后进程不会成为等待状态而可继续执行，即进程测试到自己期望的消息已经存在。

(2) 调用 V 操作发送消息

任何进程要向其他进程发送消息时可调用 V 操作。若调用 V 操作之前 S = 0，表示消息尚未产生且无等待消息的进程，这时调用 V(S) 后，V(S) 执行 S: = S + 1 使 S≠0，即意味着消息已存在；若调用 V 操作之前 S < 0，表示消息未产生前已有进程在等待消息，这时调用 V(S) 后将释放一个等待消息者，即表示该进程等待的消息已经到达可以继续执行。

在用 PV 操作实现同步时，一定要根据具体的问题来定义信号量和调用 P 操作或 V 操作。一个信号量与一个消息联系在一起，当有多个消息时必须定义多个信号量；测试不同的消息是否到达或发送不同的消息时，应对不同的信号量调用 P 操作或 V 操作。

## 2.7.3 生产者 - 消费者问题

生产者 - 消费者问题是一个典型的同步例子。假定有一个生产者和一个消费者，它们公用一个缓冲器，生产者不断地生产物品，每生产一件物品就要存入缓冲器，但缓冲器中每次只能存入一件物品，只有当消费者把物品取走后，生产者才能把下一件物品存入缓冲器。同样地，消费者要不断地从缓冲器取出物品消费，当缓冲器中有物品时他就可以去取，每取走一件物品后必须等生产者再放一件物品后才能再取。

在这个问题中生产者要向消费者发送"缓冲器中有物品"的消息，而消费者要向生产者发送"可把物品存入缓冲器"的消息。用 PV 操作实现生产者 - 消费者之间的同步，应该定义两个信号量，分别表示两个消息。我们把这两个信号量定义为 SP 和 SG，它们的含义为：

1）SP：表示是否可以把物品存入缓冲器，由于缓冲器中只能放一件物品，系统初始化时应允许放入物品，所以 SP 的初值应为"1"。

2）SG：表示缓冲器中是否存有物品，显然，系统初始化时缓冲器中应该无物品，所以 SG 的初值应为"0"。

对生产者来说，生产一件物品后应调用 P（SP），当缓冲器中允许放物品时（这时 SP = 1），则在调用 P（SP）后不会成为等待状态（但 SP 的值已经变为"0"），生产者可以继续执行，把物品存入缓冲器。生产者把一件物品存入缓冲器后，又可继续去生产物品，但若消费者尚未取走上一件物品（这时 SP 维持为"0"），而生产者欲把生产的物品存入缓冲器时调用 P（SP）后将成为等待状态，阻止它把物品存入缓冲器。生产者在缓冲器中每存入一件物品后，应调用 V（SG）把缓冲器中有物品的消息告诉消费者（调用 V（SG）后，SG 的值从"0"变为"1"）。

对消费者来说，取物品前应查看缓冲器中是否有物品，即调用 P（SG）。若缓冲器中尚无物品（这时 SG 仍为"0"），则调用 P（SG）后消费者等待，不能去取物品，直到生产者存入一件物品后发送有物品的消息时才唤醒消费者。若缓冲器中已有物品（这时 SG 为"1"），则调用 P（SG）后消费者可继续执行，从缓冲器中去取物品。消费者从缓冲器中每取走一件物品后，应调用 V（SP），通知生产者缓冲器中物品已取走，可以存入一件新的物品。

生产者和消费者并发执行时，用 PV 操作作为同步机制可按如下方式管理：

```
buffer: integer;
SP, SG: integer;
```

```
        SP: =1; SG: =0;
    cobegin
        procedure producer;
            begin
                L1: [Produce a product];
                    P(SP);
                    buffer: =product;
                    V(SG);
                    goto L1;
        end;
    procedure consumer;
        begin
            L2: P(SG);
                [Take a product from buffer];
                V(SP);
                [Consume];
            end;
    coend;
```

请注意，生产者生产物品的操作和消费者消费物品的操作是各自独立的，只是在访问公用的缓冲器把物品存入或取出时才要互通消息。所以，测试消息是否到达和发送消息的 P 操作与 V 操作应该分别在访问共享缓冲器之前和之后。

如果一个生产者和一个消费者共享的缓冲器容量为可以存放 n 件物品（$n>1$），那么只要把信号量 SP 的初值定为“n”，SG 的初值仍为“0”。当缓冲器中没有放满 n 件物品时，生产者调用 P（SP）后都不会成为等待状态而可以把生产出来的物品存入缓冲器。但当缓冲器中已经有 n 件物品时（此时 SP 已经为“0”），生产者再想存入一件物品将被拒绝。生产者每存入一件物品后，由于调用 V（SG）发送消息，故 SG 的值表示缓冲器中可供消费的物品数。只要 $SG\neq0$，消费者调用 P（SG）后总可以去取物品，每取走一件物品后调用 V（SP），便增加了一个可以用来存放物品的位置。

由于缓冲器可存 n 件物品，因此，必须指出缓冲器中什么位置已有物品可供消费，什么位置尚无物品可供生产者存放物品。可以用两个指针 k 和 t 分别指示生产者往缓冲器存物品与消费者从缓冲器取物品的相对位置，它们的初值为“0”，生产者和消费者按顺序的位置去存物品和取物品。缓冲器被循环使用，即生产者在缓冲器顺序存放了 n 件物品后，则以后继续生产的物品仍从缓冲器的第一个位置开始存放。于是，一个生产者和一个消费者共享容量为 n 的缓冲器时，可如下进行同步工作：

```
    B: array [0..n-1] of integer;
    k, t: integer;
    SP, SG: integer
    k: =0; t: =0;
    SP: =n; SG: =0;
    cobegin
        procedure producer;
            begin
                L1: [produce a product];
                    P(SP);
                    B[k]: = product;
                    k: = (k+1)mod n;
                    V(SG);
                    goto L1;
        end;
    procedure consumer;
```

```
        begin
        L2: P(SG);
            [Take a product from B[t]];
            t: = (t +1)mod n;
            V(SP);
            [consume];
            goto L2;
        end;
    coend;
```

但是，要提醒注意的是，如果 PV 操作使用不当，仍会出现与时间有关的错误。例如，有 p 个生产者和 q 个消费者，它们共享可存放 n 件物品的缓冲器；为了使它们能协调工作，必须使用一个互斥信号量 S（初值为 1），以限制它们对缓冲器互斥地存取；另外，仍用两个信号量 SP（初值为 n）和 SG（初值为 0）来保证生产者不往满的缓冲器中存放物品，消费者不从空的缓冲器中取出物品。同步工作描述如下：

```
    B: array [0..n -1] of integer;
    k, t: integer;
    SP, SG: integer;
    S: integer;
    k: =0; t: =0;
    SP: =n; SG: =0;
    S: =1;
    cobegin
        procedure producer_i (i =1, 2, …, p);
            begin
                L1: [produce a product];
                    P(SP);
                    P(S);
                    B[k]: = product;
                    k: = (k +1)mod n;
                    V(SG);
                    V(S);
                    goto L1;
            end;
        procedure consumer_j (j =1, 2, …, q);
            begin
                L2: P(SG);
                    P(S);
                    [Take a product from B[t]];
                    t: = (t +1)mod n;
                    V(SP);
                    V(S);
                    [consume];
                    goto L2;
            end;
    coend;
```

在这个例子中 P 操作的顺序是很重要的，如果我们把生产者和消费者进程中的两个 P 操作交换顺序，则会导致错误。而 V 操作的顺序却是无关紧要的。一般来说，用于同步的信号量上的 P 操作在前执行，而用于互斥的信号量上的 P 操作在后执行。

生产者 - 消费者问题是非常典型的问题，有许多问题可归结为生产者 - 消费者问题，但要根据实际情况灵活运用。例如，现有四个进程 R1、R2、W1、W2，它们共享可以存放一个数的缓冲器 B。进程 R1 每次把来自键盘的一个数存入缓冲器 B 中，供进程 W1 打印输出；进程 R2 每次从磁盘上读一个数存放到缓冲器 B 中，供进程 W2 打印输出。为防止数据的丢失和重复打印，问怎样用PV操作来协调这四个进程的并发执行？

我们先来分析一下这四个进程的关系，进程R1和进程R2相当于两个生产者，接收来自键盘的数或从磁盘上读出的数相当于这两个进程各自生产的物品。两个进程各自生产的不同物品要存入共享的缓冲器B中，由于B中每次只能存入一个数，因此进程R1和进程R2在存数时必须互斥。进程W1和进程W2相当于两个消费者，它们分别消费进程R1和进程R2生产的物品。所以，进程R1（或进程R2）在把数存入缓冲器B后应发送消息通知进程W1（或进程W2）。进程W1（或进程W2）在取出数之后应发送消息通知进程R1（或进程R2）告知缓冲器中又允许放一个新数的消息。显然，进程R1与进程W1、进程R2与进程W2之间要同步。

在分析了进程之间的关系后，应考虑怎样来定义信号量。首先，应定义一个是否允许进程R1或进程R2把数存入缓冲器的信号量S，其初值为“1”，表示允许存放一个数。其次，进程R1和进程R2分别要向进程W1和进程W2发送消息，应该要有两个信号量S1和S2来表示相应的消息，初值都应为“0”，表示缓冲器中尚未有数。至于进程W1或进程W2从缓冲器中取出数后要发送“缓冲器中允许放一个新数”的消息，这个消息不应该特定地发给进程R1或进程R2，所以只要调用V（S）就可达到目的。到底哪个进程可以把数存入缓冲器中，由进程R1和进程R2调用P（S）来竞争。因此，不必再增加新的信号量了。现定义三个信号量，其物理含义如下：

S：表示能否把数存入缓冲器B。

S1：表示缓冲器中是否存有来自键盘的数。

S2：表示缓冲器中是否存有从磁盘上读入的数。

四个进程可如下协调工作：

```
S,S1,S2: integer;
B: integer;
S: =1; S1: =0;S2: =0;
cobegin
    procedure R1;
        x: integer;
        begin
            L1: [接收来自键盘的数];
                x: =接收的数;
                P(S);
                B: =x;
                V(S1);
                goto L1;
        end;
    procedure R2;
        y: integer;
        begin
            L2: [从磁盘上读一个数];
                y: =读入的数;
                P(S);
                B: =y;
                V(S2);
                goto L2;
        end;
    procedure W1;
        k: integer;
        begin
            L3: P(S1);
                k: =B;
```

```
                V(S);
                [打印 k 中数];
                goto L3;
            end;
        procedure W2;
            j: integer;
            begin
                L4: P(S2);
                    j: =B;
                    V(S);
                    [打印 j 中数];
                    goto L4;
            end;
    coend;
```

在这里，进程 R1 和进程 R2 在向缓冲器 B 中存数之前调用了 P（S），其有两个作用。

1）由于 S 的初值为“1”，所以 P（S）限制了每次至多只有一个进程可以向缓冲器中存入一个数，起到了互斥地向缓冲器中存数的作用。

2）当缓冲器中有数且尚未被取走时 S 的值为“0”，当缓冲器中数被取走后 S 的值又为“1”，因此 P（S）起到了测试“允许存入一个新数”的消息是否到达的同步作用。

进程 W1 和进程 W2 把需要的数取走后，都调用 V（S）发出可以存放一个新数的消息。可见，在这个问题中信号量 S 既被作为互斥的信号量，又被作为同步的信号量。

在操作系统中进程同步问题是非常重要的，通过对一些例子的分析大家应该学会怎样区别进程的互斥和进程的同步。PV 操作是实现进程互斥和进程同步的有效工具，但若使用不得当则不仅会降低系统效率而且仍会产生错误。希望大家在弄清 PV 操作作用的基础上，体会在各个例子中调用不同信号量上的 P 操作和 V 操作的目的，从而正确掌握对各类问题的解决方法。

### 2.7.4 读者 - 写者问题

读者 - 写者问题也是一个经典的并发程序设计问题。有两组并发进程：读者和写者共享一个文件 F，要求：1）允许多个读者同时对文件执行读操作；2）只允许一个写者往文件中写信息；3）任一写者在完成写操作之前不允许其他读者或写者工作；4）写者执行写操作前，应让已有的写者和读者全部退出。

单纯使用信号量不能解决读者 - 写者问题，必须引入计数器 rc 对读进程计数，mutex 是用于对计数器 rc 操作的互斥信号量，W 表示是否允许写的信号量，于是管理该文件的同步工作描述如下：

```
W,rc: integer;
mutex: integer;
rc: =0;
W: =1;
mutex: =1;
cobegin
    procedure readi(i =1, 2, …);
        begin
            P(mutex);
            rc: =rc +1;
            if rc =1 then P(W);
            V(mutex);
            [读文件];
            P(mutex);
```

```
                rc: =rc -1;
                if rc =0 then V(W);
                V(mutex);
            end;
    procedure writej(j =1, 2, …);
        begin
          P(W);
            [写文件];
            V(W);
        end;
coend;
```

在上面的方法中，读者是优先的。当存在读者时，写操作将被延迟，并且只要有一个读者在访问文件，随后而来的读者都将被允许访问文件。从而导致了写进程长时间等待，并有可能出现写进程被“饿死”。增加信号量并修改上述程序可以得到写进程具有优先权的解决方案，能保证当一个写进程声明想写时，不允许新的读进程再访问共享文件。

## 2.7.5 时间同步问题

前面我们讲到的进程同步都属于空间上的同步问题，其实进程同步还有个时间上的同步问题。当一组有关的并发进程在执行时间上有严格的先后顺序时，就会出现时间上的进程同步问题。例如，有七个进程，它们的执行顺序如图 2-20 所示。

为了保证这七个进程严格按照顺序执行，我们可定义六个信号量，其物理含义如下：

S2：表示进程 P2 能否执行；

S3：表示进程 P3 能否执行；

S4：表示进程 P4 能否执行；

S5：表示进程 P5 能否执行；

S6：表示进程 P6 能否执行；

S7：表示进程 P7 能否执行。

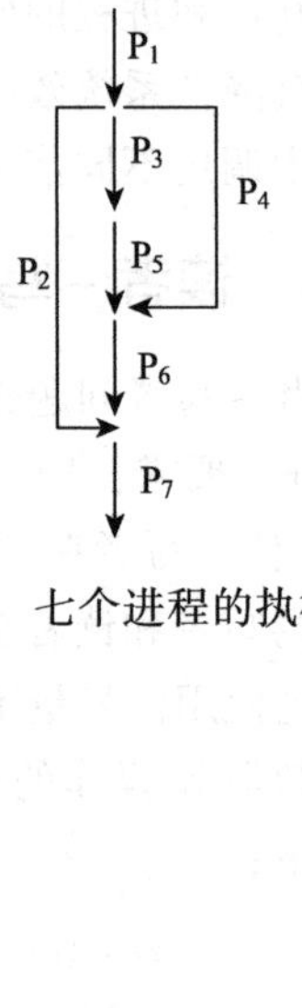

图 2-20　七个进程的执行顺序

进程 P1 不需定义信号量，可随时执行。这些信号量的初值都为 0，表示不可执行；而当信号量大于等于 1 时，表示可执行。同步工作描述如下：

```
        S2, S3, S4,S5,S6, S7: integer;
        S2: =0;
        S3: =0;
        S4: =0;
        S5: =0;
        S6: =0;
        S7: =0;
cobegin
    procedure P1;
        begin
            ……
            V(S2);
            V(S3);
            V(S4);
        end;
    procedure P2;
        begin
            P(S2);
            ……
```

```
            V(S7);
        end;
    procedure P3;
        begin
            P(S3);
            ……
            V(S5);
        end;
    procedure P4;
        begin
            P(S4);
            ……
            V(S6);
        end;
    procedure P5;
        begin
            P(S5);
            ……
            V(S6);
        end;
    procedure P6;
        begin
            P(S6);
            P(S6);
            ……
            V(S7);
        end;
    procedure P7;
        begin
            P(S7);
            P(S7);
            ……
        end;
coend;
```

当P1执行完后，由于执行了V（S2）、V（S3）和V（S4）三个V操作，故P2、P3和P4在P1后可并发执行。P3执行完后，由于执行了V（S5）操作，则可启动P5执行。而P6要等P4与P5两个进程全部执行完，执行了两个V（S6）操作后，才能启动执行，P7要等P2与P6两个进程全部执行完，执行了两个V（S7）操作后才能启动执行。这样，就可以保证七个进程在时间上的同步。

# 2.8 管程

## 2.8.1 管程的概念

信号量机制为实现进程的同步与互斥提供了一种原始、功能强大且灵活的工具，然而在使用信号量和PV操作实现进程同步时，对共享资源的管理分散于各个进程中，进程能够直接对共享变量进行处理，这样不利于系统对临界资源的管理，难以防止进程有意或无意的违反同步操作，且容易造成程序设计错误。因此，在进程共享主存的前提下，如果能集中和封装针对一个共享资源的所有访问并包括所需的同步操作，即把相关的共享变量及其操作集中在一起统一控制和管理，就可以方便地管理和使用共享资源，使并发进程之间的相互作用更为清晰，也更易于编写正确的并发程序。

1973年，Hansen和Hoare正式提出了管程（monitor）的概念，并对其做了如下的定义：**关于共享资源的数据及在其上的操作的一组过程或共享数据结构及其规定的所有操作**。管程的引入可以让我们按资源管理的观点，将共享资源和一般资源的管理区分开来，使进程同步机制的操作相对集中。采用这种方法，对共享资源的管理可借助数据结构及其上所实施操作的若干进程来进行；对共享资源的申请和释放可通过进程在数据结构上的操作来实现。管程被请求和释放资源的进程所调用，管程实质上是把临界区集中到抽象数据类型模板中，可作为程序设计语言的一种结构成分。对于同步问题的解决，管程和信号量具有同等的表达能力。

管程具有如下几个主要的特性：

1）模块化：一个管程是一个基本程序单位，可以单独编译。

2）抽象数据类型：管程是一种特殊的数据类型，其中不仅有数据，而且有对数据进行操作的代码（即过程）。

3）安全性：管程内的数据和过程都局限于管程本身。管程内的数据只能被管程内的过程所访问，管程内的过程也只能访问管程内的数据，管程内部的实现在其外部是不可见的。

4）互斥性：在任一时刻，共享资源的进程可以访问管程中管理此资源的过程，但最多只有一个调用者能够真正地进入管程，其他调用者必须等待直至管程可用。管程的互斥操作通常由编译程序支持。

由此可见，管程是由局部于自己的若干公共变量及其说明和所有访问这些公共变量的过程所组成的软件模块，它提供一种互斥机制，进程可互斥地调用这些过程。管程把分散在各个进程中互斥地访问公共变量的那些临界区集中在一起，提供对它们的保护。由于共享变量每次只能被一个进程所访问，把代表共享资源状态的共享变量放置在管程中，那么管程就可以控制共享资源的使用。管程可作为程序设计语言的一个成分，采用管程作为同步机制便于用高级语言来编写程序，也便于程序正确性验证。

## 2.8.2 管程的语法描述

管程是由过程、变量及数据结构等组成的集合。典型的管程包括三个部分：

1）对局部于管程的共享数据结构的说明。

2）对该数据结构进行操作的一组过程。

3）对该数据结构初始化的语句。

管程有自己的名字，管程中的各个过程可以带有自己的形式参数，并与过程调用一样进行参数替换执行。管程本身被作为一种临界区，因此实现管程时需要考虑互斥、同步和控制变量等问题。进程可在任何需要的地方调用管程中的过程，但不能在管程外直接访问管程内的数据结构。下面是一个管程的语法描述伪代码。

```
type name = monitor        /* 管程命名 */
    var i:integer;         /* 变量说明 */
        c:condition;

procedure P1(x);
begin
    ……
end;
procedure P2(x);
begin
    ……                     /* 一组过程定义 */
```

```
end;
    ……
procedure Pn(x);
begin
    ……
end;
begin
    ……                    /* 初始化语句 * /
end;
```

### 2.8.3 条件变量

在利用管程实现进程同步时，必须设置两个同步操作原语 wait 和 signal。当某进程通过管程请求临界资源而未能满足时，管程便调用 wait 原语使该进程等待，并将它排在等待队列中。仅当另一进程访问完并释放之后，管程又调用 signal 原语，唤醒等待队列中的队首进程。

通常等待的原因可有多个，为了区别它们又引入了条件变量 condition。管程中对每个条件变量都需予以说明，其形式为：var x，y：condition；该变量应置于 wait 和 signal 之前，即可表示为 x. wait 和 x. signal。例如，由于共享数据被占用而使调用进程等待，该条件变量的形式为 nonbusy：condition，此时，wait 原语应该改为 nonbusy. wait，相应地，signal 应改为 nonbusy. signal。

应当指出，x. signal 操作的作用是重新启动一个被阻塞的进程，但如果没有进程被阻塞，则 x. signal 操作不产生任何后果。如果有进程 Q 处于阻塞状态，当进程 P 执行了 x. signal 操作之后，决定由哪个进程执行、哪个进程等待，可采取下述两种方式处理：

1）P 等待，直至 Q 离开管程。

2）Q 等待，直至 P 离开管程。

采用哪种处理方式，当然是各有其道理。但是 Hoare 却采用了第一种处理方式。

### 2.8.4 利用管程解决生产者 - 消费者问题

在利用管程方法来解决生产者 - 消费者问题时，首先为它们建立一个管程，并命名为 Producer-Consumer，或简称为 PC。其中，包含两个过程：

(1) put (item)

生产者利用该过程，将自己生产的消息投放到缓冲区中，并用整型变量 count 来表示在缓冲区中已有的消息数目。当 count≥n 时，表示缓冲区已满，生产者需等待。

(2) get (item)

消费者利用该过程从缓冲区中取得一个消息，当 count≤0 时，表示缓冲区中已无可用消息，消费者应等待。

PC 管程可描述如下：

```
Type PC = monitor
    Var in,out,count:integer;
        Buffer:array[0..n-1] of item;
        notfull, notempty: condition;
    procedure put(item);
        begin
            if(count > = n)then notfull.wait;
            buffer(in): = nextp;
            in : = (in+1)mod n;
            count : = count+1;
```

```
            if notempty.queue then notempty.signal;
        end;
    procedure get(item);
        begin
        if count < =0 then notempty.wait;
        nextc : = buffer(out);
        out : = (out +1)mod n;
        count : = count -1;
        if notfull.queue then notfull.signal;
    end;
begin
    in : = out : = 0;
    count : = 0;
end
```

在利用管程解决生产者-消费者问题时，其中的生产者和消费者可描述为：

```
producer:
    begin
        repeat
        produce an item in nextp;
        PC.put(item);
        until false;
    end;
consumer:
    begin
        repeat
        PC.get(item);
        consume the item in nextc;
        until false;
    end;
```

## 2.8.5 利用管程解决哲学家进餐问题

现在介绍如何用管程来解决哲学家进餐问题。在这里，我们认为哲学家可以处在这样三种状态之一：即进餐、饥饿和思考。相应地，引入数据结构：

```
var state: array[0..4] of(thinking, hungry, eating)
```

我们为每一位哲学家设置一个条件变量 self (i)，每当哲学家饥饿但又不能获得进餐所需的叉子时，他可以执行 self (i). wait 操作，来推迟自己进餐。条件变量可描述为：

```
var self: array[0..4] of condition
```

在管程中还设置了三个过程：

1) pickup (i: 0..4) 过程。在哲学家进程中，可利用该过程去进餐。如某哲学家是处于饥饿状态，且他的左、右两个哲学家都未进餐时，便允许这位哲学家进餐，因为他此时可以拿到左、右两把叉子；但只要其左、右两位哲学家中有一位正在进餐时，便不允许该哲学家进餐，此时将执行 self (i). wait 操作来推迟进餐。

2) putdown (i: 0..4) 过程。当哲学家进餐完毕，再看他左、右两边的哲学家，如果他们都处于饥饿且他们左、右两边的哲学家都未进餐时，便可让他们进餐。

3) test (i: 0..4)。该过程为测试过程，用它去测试哲学家是否已具备用餐条件，即 state [k+4 mod 5] ≠eating and state [k] = hungry and state [k+1 mod 5] ≠eating 条件为真。若为真，方允许该哲学家进餐。该进餐将被 pickup 和 putdown 两个过程调用。

用于解决哲学家进餐问题的管程描述如下：

```
Type dining-philosophers = monitor
    var state: array[0..4] of(thinking, hungry, eating);
    var self: array[0..4] of condition;
    procedure pickup(i: 0..4);
        begin
            state[i] : = hungry;
            test(i);
            if state[i] ≠eating then self[i].wait;
        end;
    procedure putdown(i: 0..4);
        begin
            state[i] : = thinking;
            test(i +4 mod 5);
            test(i +1 mod 5);
        end;
    procedure test(k: 0..4);
        begin
            if state [k +4 mod 5] ≠eating
                and state [k] = hungry
                and state [k +1 mod 5] ≠eating
            then
                begin
                    state[k] : = eating;
                    self[k].signal;
                end;
        end;
    begin
        for i: =0 to 4
            do state[i] : =thinking;
    end.
```

## 2.9　进程通信

在计算机系统中，并发进程之间经常要交换一些信息。例如，并发进程间用 PV 操作交换信息实现进程的同步与互斥，以保证安全地共享资源和协调地完成任务。因此，PV 操作可看做是进程间的一种通信方式，但这种通信只交换了少量的信号，属于一种低级通信方式。有时进程间要交换大量的信息，这种大量信息的传递要有专门的通信机制来实现，这是一种高级的通信方式，我们把通过专门的通信机制实现进程间交换大量信息的通信方式称为“进程通信”。

### 2.9.1　进程通信的类型

随着操作系统的发展，进程通信机制也在发展，由早期的低级进程通信机制发展为能传送大量数据的高级通信机制。目前，高级通信机制可归结为三大类：共享存储器系统、消息传递系统以及管道通信系统。

**1. 共享存储器系统**

在共享存储器系统中，相互通信的进程共享某些数据结构或共享存储区，进程之间能够通过它们进行通信。由此，又可把它们进一步分成如下两种类型。

*(1) 基于共享数据结构的通信方式*

在这种通信方式中，要求诸进程公用某些数据结构，进程通过它们交换信息。如在生产者－消费者问题中，就是把有界缓冲区这种数据结构用来实现通信。这里，公用数据结构的设置及对进程间同步的处理都是程序员的职责，这无疑增加了程序员的负担，而操作系统却只需提供共享存储器。因此，这种通信方式是低效的，只适于传递少量数据。

(2) 基于共享存储区的通信方式

为了传输大量数据，在存储器中划出了一块共享存储区，诸进程可通过对共享存储区中的数据进行读或写来实现通信。这种通信方式属于高级通信。进程在通信前向系统申请共享存储区中的一个分区，并指定该分区的关键字；若系统已经给其他进程分配了这样的分区，则将该分区的描述符返回给申请者。接着，申请者把获得的共享存储分区连接到本进程上，此后便可像读/写普通存储器一样地读/写公用存储分区。

#### 2. 消息传递系统

在消息传递系统中，进程间的数据交换以消息为单位，程序员直接利用系统提供的一组通信命令（原语）来实现通信。操作系统隐藏了通信的实现细节，这大大简化了通信程序编制的复杂性，因而获得广泛的应用，并已成为目前单机系统、多机系统及计算机网络中的主要进程通信方式。消息传递系统的通信方式属于高级通信方式。根据实现方式的不同可分为直接通信方式和间接通信方式。

#### 3. 管道通信系统

所谓管道，是指用于连接一个读进程和一个写进程，以实现它们之间通信的共享文件，又称为 pipe 文件。向管道（共享文件）提供输入的发送进程（即写进程），以字符流形式将大量的数据送入管道；而接受管道输出的接收进程（即读进程），可从管道中接收数据。由于发送进程和接收进程是利用管道进行通信的，故又称为管道通信。这种方式首创于 UNIX 操作系统，因它能传送大量的数据且很有效，故又被引入许多其他操作系统中。

为了协调双方的通信，管道通信机制必须提供以下三方面的协调能力：

1）互斥。当一个进程正对 pipe 进行读/写操作时，另一个进程必须等待。

2）同步。当写（输入）进程把一定数量数据写满 pipe 时，应睡眠等待，直到读（输出）进程取走数据后，再把它唤醒。当读进程读一空 pipe 时，也应睡眠等待，直至写进程将数据写入管道后，才将它唤醒。

3）判断对方是否存在。只有确定对方已存在时，方能进行通信。

### 2.9.2 直接通信

直接通信是指发送进程利用操作系统所提供的发送命令直接把消息发送给接收进程，而接收进程则利用接收命令直接从发送进程接收消息。在直接通信方式下，企图发送或接收消息的每个进程必须指出信件发给谁或从谁那里接收消息，可用 send 原语和 receive 原语来实现进程之间的通信，这两个原语定义如下：

- send（P，消息）：把一个消息发送给进程 P。
- receive（Q，消息）：从进程 Q 接收一个消息。

这样，进程 P 和 Q 通过执行这两个操作而自动建立了一种联结，并且这种联结仅仅发生在这一对进程之间。消息可以有固定长度和可变长度两种。固定长度便于物理实现，但使程序设计增加困难；而消息长度可变使程序设计变得简单，但使消息传递机制的实现复杂化。

我们还可以利用直接进程通信原语来解决生产者－消费者问题。当生产者生产出一个消息后，使用send原语将消息发送给消费者进程；而消费者进程则利用receive原语来得到一个消息。如果消息尚未生产出来，消费者必须等待，直到生产者进程将消息发送过来。

## 2.9.3 间接通信

采用间接通信方式时，进程间发送或接收消息通过一个共享的数据结构——信箱来进行，消息可以被理解成信件，每个信箱有一个惟一的标识符。当两个以上的进程有一个共享的信箱时，它们就能进行通信。间接通信方式解除了发送进程和接收进程之间的直接联系，在消息的使用上灵活性较大。间接通信方式中的“发送”和“接收”原语的形式如下：

- send（A，信件）：把一个信件（消息）发送给信箱A。
- receive（A，信件）：从信箱A接收一封信件（消息）。

信箱是存放信件的存储区域，每个信箱可以分成信箱头和信箱体两部分。信箱头指出信箱容量、信件格式、存放信件位置的指针等；信箱体用来存放信件，信箱体分成若干个区，每个区可容纳一封信。

“发送”和“接收”两条原语的功能为：

1）发送信件。如果指定的信箱未满，则将信件送入信箱中由指针所指示的位置，并释放等待该信箱中信件的等待者；否则，发送信件者被置成等待信箱状态。

2）接收信件。如果指定信箱中有信，则取出一封信件，并释放等待信箱的等待者；否则，接收信件者被置成等待信箱中信件的状态。

两个原语的算法描述如下，其中，R( )和W( )是让进程入队和出队的两个过程。

```
Type box = record
    size: integer;                       {信箱大小}
    count: integer;                      {现有信件数}
    letter: array[1..n] of message;      {信箱}
    s1, s2: semaphore;                   {等信箱和等信件信号量}
end;
procedure send(B: box, M: message);
    i: integer;
    begin
        if B.count = B.size then W(B. s1);
        i: = B. count +1;
        B. letter [i]: = M;
        B. count: = i;
        R(B. s2);
    end;

procedure receive(B: box, x: message);
    i: integer;
    begin
        if B. count = 0 then W(B. s2);
        B. count: = B. count -1;
        x: = B.letter [1];
        if  B. count≠0 then  for i =1 to B.count do  B. letter [i]: =B. letter [i +1];
        R(B. s1);
    end;
```

信箱可由操作系统创建，也可由用户进程创建，创建者是信箱的拥有者。据此，可把信箱分为以下三类：

1）私用信箱。用户进程可为自己建立一个新信箱，并作为该进程的一部分。信箱的拥有者有权从信箱中读取信息，其他用户则只能将自己构成的消息发送到该信箱中。这种私用信箱可采用单向通信链路信箱实现。当拥有该信箱的进程结束时，信箱也随之消失。

2）公用信箱。它由操作系统创建，并提供给系统中的所有核准进程使用。核准进程既可把消息发送到该信箱中，也可从信箱中取出发送给自己的消息。显然，公用信箱应采用双向通信链路的信箱来实现。通常，公用信箱在系统运行期间始终存在。

3）共享信箱。它由某进程创建，在创建时或创建后指明它是可共享的，同时需指出共享进程（用户）的名字。信箱的拥有者和共享者都有权从信箱中取走发送给自己的消息。

在利用信箱通信时，在发送进程和接收进程之间存在着下述的四种关系：

1）一对一关系。即可以为发送进程和接收进程建立一条专用的通信链路。使它们之间的交互不受其他进程的影响。

2）多对一关系。允许提供服务的进程与多个用户进程之间进行交互，也称为客户/服务器交互。

3）一对多关系。允许一个发送进程与多个接收进程进行交互，使发送进程可用广播形式，向接收者发送消息。

4）多对多关系。允许建立一个公用信箱，让多个进程都能向信箱中投递消息，也可从信箱中取走属于自己的消息。

## 2.10 死锁

在多道程序系统中，虽可通过多个进程的并发执行来改善系统的资源利用率和提高系统的处理能力，但可能发生一种危险——死锁。死锁是多个进程因竞争资源而造成的一种僵局，若无外力作用，这些进程都将永远不能再向前推进。我们可以把死锁定义为：若系统中存在一组进程（两个或多个进程），它们中的每一个进程都占用了某种资源而又都在等待其中另一进程所占用的资源，这种等待永远不能结束，则说系统出现了“死锁”或说这组进程处于“死锁”状态。

### 2.10.1 死锁的原因

产生死锁的原因可归结为两点：

1）竞争资源。当系统中供多个进程所共享的资源，不足以同时满足它们的需要时，引起它们对资源的竞争而产生死锁。

2）进程推进顺序非法。进程在运行过程中请求和释放资源的顺序不当，导致了进程死锁。

**【例1】** 进程推进顺序不当产生死锁

设系统有打印机、读卡机各一台，它们被进程P和Q共享。两个进程并发执行，它们按下列次序请求和释放资源：

```
进程P          进程Q
请求读卡机      请求打印机
请求打印机      请求读卡机
释放读卡机      释放读卡机
释放打印机      释放打印机
```

由于进程P和Q执行时相对速度无法预知，当出现进程P占用了读卡机，进程Q占用了打印机后，进程P又请求打印机，但因打印机被进程Q占用，故进程P处于等待资源状态；这时，进程Q执行，它又请求读卡机，但因读卡机被进程P占用而也只好处于等待资源状态。它们分别等待对方占用的资源，致使无法结束这种等待，产生了死锁。

【例 2】PV 操作使用不当产生死锁

设进程 Q1 和 Q2 共享两个资源 R1 和 R2，用 S1 和 S2 分别代表资源 R1 和 R2 能否被使用的信号量，由于资源是共享的必须互斥使用，因而，S1 和 S2 的初值均为 1。假定两个进程都要求使用两个资源，它们的程序编制如下：

```
进程 Q1          进程 Q2
……               ……
P(S1);           P(S2);
P(S2);           P(S1);
……               ……
使用 R1 和 R2;    使用 R1 和 R2;
……               ……
V(S1);           V(S2);
V(S2);           V(S1);
……               ……
```

由于 Q1 和 Q2 并发执行，于是可能产生这样的情况：进程 Q1 执行了 P（S1）后，在执行 P（S2）之前，进程 Q2 执行了 P（S2），当进程 Q1 再执行 P（S2）时将等待，此时 Q2 再继续执行 P（S1），也处于等待。这种等待都必须由对方来释放，显然就产生了死锁。注意这里发生死锁未涉及资源，而是 P 操作安排不当，所以死锁也可能在不包括资源的情况下产生。

【例 3】同类资源分配不当引起死锁

若系统中有 m 个资源被 n 个进程共享，当每个进程都要求 K 个资源，而 $m < n \cdot K$ 时，即资源数小于进程所要求的总数时，如果分配不得当就可能引起死锁。例如，$m = 5$，$n = 5$，$k = 2$，采用的分配策略是为每个进程轮流分配。首先，为每个进程轮流分配一个资源，这时系统中的资源都已分配完了；于是第二轮分配时，各进程都处于等待状态，导致了死锁产生。

【例 4】对临时性资源使用不加限制引起死锁

在进程通信时使用的信件可以看做是一种临时性资源，如果对信件的发送和接收不加限制，则可能引起死锁。例如，进程 P1 等待进程 P3 的信件 S3 来到后，再向进程 P2 发送信件 S1；P2 又要等待 P1 的信件 S1 来到后，再向 P3 发送信件 S2；而 P3 也要等待 P2 的信件 S2 来到后，才能发出信件 S3。在这种情况下就形成了循环等待，永远结束不了，因此产生死锁。

综合上面的例子可见，产生死锁的因素不仅与系统拥有的资源数量有关，而且与资源分配策略、进程对资源的使用要求以及并发进程的推进顺序有关。

但以下两种情况造成进程永远等待不属于我们要讨论的死锁问题：

1）如果出现某个进程申请系统中不存在的资源或申请的资源数超过了系统拥有的最大资源数。

2）由于硬件故障或程序性错误引起的循环等待。

所以，在讨论操作系统设计中可能引起的死锁问题时应避免与硬件故障及其他程序性错误纠缠在一起。为此，我们假定，任何一个进程要求资源的最大数量不超过系统能提供的最大数量；任何一个进程在执行中所申请的资源能得到满足，那么它一定能在有限的时间内执行结束且归还它所占的全部资源；一个进程在申请资源得不到满足时才处于等待资源状态。在这些假定下若出现死锁则是由于操作系统对资源管理不当引起的，否则另当别论。

## 2.10.2 死锁的必要条件

要解决死锁问题，应分析在什么情况下可能发生死锁。系统产生死锁必定同时保持以下四个必要条件：

1）互斥条件：进程应互斥使用资源，任一时刻一个资源仅为一个进程独占。若另一个进程请求一个已被占用的资源时，它会被置成等待状态，直到占用者释放资源。

2）占有且等待条件：一个进程请求资源得不到满足而等待时，不释放已占有的资源。

3）不剥夺条件：任一进程不能从另一进程那里抢夺资源，即已被占用的资源，只能由被占用进程自己来释放。

4）循环等待条件：存在一个循环等待链，其中，每一个进程分别等待另一个进程所持有的资源，造成永远等待。

这四个条件仅是必要条件而不是充分条件，即只要发生死锁则这四个条件一定会同时成立，但反之则不然。

## 2.10.3 解决死锁的方法

解决死锁的方法一般可分为预防、避免、检测和解除四种。预防是采用某种策略，限制并发进程对资源的请求，从而使得死锁的必要条件在系统执行的任何时间都不满足；避免则是指系统在分配资源时，根据资源的使用情况提前做出预测，从而避免死锁的发生；检测是指系统设有专门的机构，当死锁发生时，该机构能够检测到死锁的发生，并精确地确定与死锁有关的进程和资源；解除是与检测相配套的一种措施，用于将进程从死锁状态下解脱出来。

一般而言，由于操作系统的并行与共享以及随机性等特点，通过预防和避免的手段达到排除死锁的目的是一件十分困难的事，这需要较大的系统开销，甚至不能充分利用资源。

### 1. 死锁的预防

很显然，只要破坏四个必要条件中的任何一个就可预防死锁的发生。破坏第一个条件（互斥条件），使资源可同时访问而不是互斥使用，这是个简单的办法，磁盘可用这种办法管理，但有许多资源往往是不能同时访问的，所以这种做法在许多场合行不通。

采用剥夺式调度方法可以破坏第三个条件（不剥夺条件），但剥夺调度方法目前只适用于对主存资源和处理器资源的分配。当进程在申请资源未获准许的情况下，如能主动释放资源（一种剥夺方式），然后才去等待，以后再一起向系统提出申请，也能防止死锁，但这个办法不适用于所有资源。由于种种死锁预防办法施加于资源的限制条件太严格，这样会造成资源利用率下降。下面介绍两种比较实用的预防死锁的方法，它们能破坏第二个条件或第四个条件。

（1）静态分配策略

所谓静态分配是指一个进程必须在执行前就申请它所要的全部资源，并且直到它所要的资源都得到满足后才开始执行。无疑所有并发执行的进程要求的资源总数不超过系统拥有的资源数。采用静态分配后，进程在执行中不再申请资源，因而不会出现占有了某些资源再等待另一些资源的情况，即破坏了第二个条件（占有且等待条件）。静态分配策略实现简单，被许多操作系统采用。但这种策略严重地降低了资源利用率，因为在每个进程所占有的资源中，有些资源在靠后的执行时间里才使用，甚至有些资源在例外的情况下才被使用。这样就可能造成一个进程占有了一些几乎不用的资源而使其他想用这些资源的进程产生等待。

（2）层次分配策略

层次分配策略将阻止第四个条件（循环等待条件）的出现。在层次分配策略下，资源被分成多个层次，一个进程得到某一层的一个资源后，它只能再申请较高一层的资源；当一个进程要释放某层的一个资源时，必须先释放所占用的较高层的资源；当一个进程获得了某一层的一个资源后，它想再申请该层中的另一个资源，必须先释放该层中的已占用资源。

这种策略的一个变种是按序分配策略。把系统的所有资源按序排列，例如，系统共有 n 个进程，共有 m 个资源，用 $R_i$ 表示第 i 个资源，于是这 m 个资源是：

$$R_1, R_2, \cdots, R_m$$

规定进程不得在占用资源 $R_i$ $(1 \leqslant i \leqslant m)$ 后再申请 $R_j$ $(j < i)$。不难证明，按这种策略分配资源时系统不会发生死锁。层次分配比静态分配在实现上要多花一点代价，但它提高了资源使用率。然而，如果一个进程使用资源的次序和系统规定各层资源的次序不同时，这种提高可能不明显。假如系统中的资源从高到低按序排列为：卡片输入机、行式打印机、卡片输出机、绘图仪和磁带机。若一个进程在执行中较早地使用绘图仪，而仅到快结束时才用磁带机。但是，系统规定磁带机所在层次低于绘图仪所在层次。这样，进程使用绘图仪前就必须先申请到磁带机，这台磁带机就在较长时间段里空闲着直到进程执行到结束前才使用，这无疑是低效率的。

### 2. 死锁的避免

破坏死锁的四个必要条件之一能预防系统发生死锁，但这会导致低效的进程运行和资源使用率。死锁的避免则相反，它允许系统中同时存在四个必要条件，如果能掌握并发进程中与每个进程有关的资源动态申请情况，做出明智和合理的选择，仍然可以避免死锁的发生。我们把系统的状态分为安全状态和不安全状态，每当在为申请者分配资源前先测试系统状态，若把资源分配给申请者会产生死锁，则拒绝分配，否则接受申请，并为它分配资源。

（1）安全状态

如果操作系统能保证所有的进程在有限的时间内得到需要的全部资源，则称系统处于安全状态，否则说系统是不安全的。显然，系统处于安全状态则不会发生死锁，系统若处于不安全状态则可能发生死锁。

例如，现有 12 个同类资源供 3 个进程共享：进程 P1 总共需要 9 个资源，但第一次先申请 2 个资源；进程 P2 总共需要 10 个资源，第一次要求分配 5 个资源；进程 P3 总共需要 4 个资源，第一次请求 2 个资源。经第一轮的分配后，系统中还有 3 个资源未被分配，现在的分配情况如表 2-1 所示。

表 2-1 资源分配状态

| 进 程 | 已占资源数 | 最大需求数 |
|---|---|---|
| P1 | 2 | 9 |
| P2 | 5 | 10 |
| P3 | 2 | 4 |

这时，系统处于安全状态。因为还剩余 3 个资源，可把其中的 2 个资源再分配给进程 P3，系统还剩余 1 个资源。进程 P3 已经得到了所需的全部资源，能执行到结束且归还所占的 4 个资源。现在系统共有 5 个空闲的资源，可分配给进程 P2。同样地，进程 P2 得到了所需的全部资源，执行结束后可归还 10 个资源。最后进程 P1 也能得到尚需的 7 个资源而执行到结束，然后归还 9 个资源。这样，三个进程都能在有限的时间内得到各自所需的全部资源，执行结束后系统可收回所有资源。

但是，在第一轮的分配后，若进程 P1 先提出再分配一个资源的要求，系统从剩余的资源中分配 1 个给进程 P1 后尚剩余 2 个资源，现各进程占用资源情况如表 2-2 所示。

表 2-2　资源分配状态

| 进　程 | 已占资源数 | 最大需求数 |
|---|---|---|
| P1 | 3 | 9 |
| P2 | 5 | 10 |
| P3 | 2 | 4 |

虽然剩余的 2 个资源可满足进程 P3 的需求，但当进程 P3 得到全部资源且执行结束后，系统最多只有 4 个由进程 P3 归还的资源，而进程 P1 和进程 P2 还分别需要 6 个资源和 5 个资源。显然，系统中的资源已不能满足这两个进程的需求了，也就是说，这两个进程已经不能在有限的时间里得到需要的全部资源。系统已从安全状态转到了不安全状态，这种不安全状态是由于资源分配不得当造成的。

应注意的是“不安全状态”与“死锁”两者并不是等同的，上述的分配情况使系统进入了不安全状态，但死锁尚未发生。如果进程 P1 提出再申请 5 个资源，则系统不能满足它的要求而让进程 P1 成为等待资源状态。类似地，进程 P2 请求分配尚需的 6 个资源时也成为等待资源状态。此时，进程 P1 和 P2 的等待永远结束不了，它们就处于“死锁”状态了。可见，不安全状态隐含着将发生死锁。

因此，只要能保持系统处于安全状态就可避免死锁的发生。故每当有进程提出分配资源的请求时，系统应分析各进程已占资源数、尚需资源数和系统中可以分配的剩余资源数，然后决定是否为当前的申请分配资源。如果能维持系统的安全状态则可为进程分配资源，否则暂不为申请者分配资源，直到有其他进程归还资源后再分配给它。

(2) 银行家算法

怎样才能使系统保持在安全状态呢？最有代表性的避免死锁算法就是 Dijkstra 的银行家算法。

银行家可以把一定数量的资金供多个用户周转使用，为保证资金的安全，银行家规定：

1) 当一个用户对资金的最大需求量不超过银行家现有的资金时就可接纳该用户；

2) 用户可以分期贷款，但贷款的总数不能超过最大需求量；

3) 当银行家现有的资金不能满足用户的尚需贷款数时，对用户的贷款可推迟支付，但总能使用户在有限的时间里得到贷款；

4) 当用户得到所需的全部资金后，一定能在有限的时间里归还所有的资金。

我们可以把操作系统看做是银行家，操作系统管理的资源相当于银行家管理的资金，进程向操作系统请求分配资源相当于用户向银行家贷款。操作系统按照银行家制定的规则为进程分配资源，当进程首次申请资源时，要测试该进程对资源的最大需求量，如果系统现存的资源可以满足它的最大需求量则按当前的申请量分配资源，否则就推迟分配。当进程在执行中继续申请资源时，先测试该进程已占用的资源数与本次申请的资源数之和是否超过了该进程对资源的最大需求量。若超过则拒绝分配资源，若没有超过则再测试系统现存的资源能否满足该进程尚需的最大资源量，若能满足则按当前的申请量分配资源，否则也要推迟分配。这样做，能保证在任何时刻至少有一个进程可以得到所需要的全部资源而执行到结束，执行结束后归还的资源加入系统的剩余资源中，这些资源又至少可以满足一个进程的最大需求。于是，保证了所有进程都能在有限的时间内得到需要的全部资源。

可见银行家算法是通过动态地检测系统中资源分配情况和进程对资源的需求情况来决定如何分配资源的，其在能确保系统处于安全状态时才能把资源分配给申请者，从而避免系统发生死锁。

现在通过一个例子来说明银行家算法是怎样进行资源分配的。假定某系统有三类资源 A、B、C，资源类 A 共有 10 个资源，资源类 B 共有 5 个资源，资源类 C 共有 7 个资源。现有 5 个进程，它们对各类资源的最大需求量和第一次请求分配的申请量如表 2-3 所示。

**表 2-3 资源分配状态**

| 资源请求 / 进程 | 最大需求量 | | | 第一次申请量 | | |
|---|---|---|---|---|---|---|
| | A | B | C | A | B | C |
| P1 | 7 | 5 | 3 | 0 | 1 | 0 |
| P2 | 3 | 2 | 2 | 2 | 0 | 0 |
| P3 | 9 | 0 | 2 | 3 | 0 | 2 |
| P4 | 2 | 2 | 2 | 2 | 1 | 1 |
| P5 | 4 | 3 | 3 | 0 | 0 | 2 |

如果进程 P1、P2、P3、P4、P5 依次向系统提出申请资源的要求，系统为进程 P1 和进程 P2 分配资源后剩余的资源为 A 类 8 个、B 类 4 个、C 类 7 个。紧接着进程 P3 申请资源时将被拒绝，因为 A 类资源只剩 8 个，不能满足进程 P3 对 A 类资源的最大需求量，故对进程 P3 的资源分配需推迟。但是，对后继的进程 P4 和进程 P5 的请求可以接受并为它们分配资源。

如果申请资源的进程次序为 P3、P1、P2、P5、P4，则系统都能为这 5 个进程第一次分配，此时系统是安全的。分配后的情况如表 2-4 所示。

**表 2-4 资源分配状态**

| 资源请求 / 进程 | 尚需资源数 | | | 已占资源数 | | |
|---|---|---|---|---|---|---|
| | A | B | C | A | B | C |
| P1 | 7 | 4 | 3 | 0 | 1 | 0 |
| P2 | 1 | 2 | 2 | 2 | 0 | 0 |
| P3 | 6 | 0 | 0 | 3 | 0 | 2 |
| P4 | 0 | 1 | 1 | 2 | 1 | 1 |
| P5 | 4 | 3 | 1 | 0 | 0 | 2 |

现在系统剩余 A 类资源 3 个、B 类资源 3 个和 C 类资源 2 个，用（3，3，2）表示。当 5 个进程都希望系统为它们分配尚需的资源时，为保持系统的安全，此时只能接受进程 P2 或进程 P4 的请求。因为剩余的资源不能满足进程 P1、进程 P3 或进程 P5 的尚需资源，这些进程只能等其他进程归还资源后才可能得到尚需的资源。如果系统先把现存的（3，3，2）资源中的一部分分配给了进程 P2，当进程 P2 执行结束归还资源后系统就有（5，3，2）个资源，可满足进程 P4 或进程 P5 的需求。若先满足进程 P4 的要求，则进程 P4 执行结束后系统可分配的资源就增加到（6，4，3），能满足进程 P3 或进程 P5 的需求，可把资源先分配给它们中的一个进程，但仍不能为进程 P1 分配资源。请读者按银行家算法继续为进程分配资源，直到所有进程都执行结束，系统收回全部资源。

通过这个例子，我们看到银行家算法确实能保证系统时时刻刻都处于安全状态，但它要不断检测每个进程对各类资源的占用和申请情况，需花费较多的时间。

### 3. 死锁的检测

对资源的分配加以限制可以防止和避免死锁的发生，但这都不利于各进程对系统资源的充分共享。解决死锁问题的另一条途径是死锁检测和解除，这种方法对资源的分配不加任何限制，也不采取死锁避免措施，但系统定时地运行一个“死锁检测”程序，判断系统内是否已出现死锁，如果检测到系统已发生了死锁，再采取措施解除它。

（1）进程—资源分配图

操作系统中的每一时刻的系统状态都可以用进程—资源分配图来表示，进程—资源分配图是描述进程和资源间申请及分配关系的一种有向图，可用于检测系统是否处于死锁状态。假设一个计算机系统中有许多类资源和许多个进程。每一个资源类用一个方框表示，方框中的黑圆点表示该资源类中的各个资源，每个进程用一个圆圈表示，用有向边来表示进程申请资源和资源被分配的情况。约定 $P_i \rightarrow R_j$ 为请求边，表示进程 $P_i$ 申请资源类 $R_j$ 中的一个资源得不到满足而处于等待 $R_j$ 类资源的状态，该有向边从进程开始指到方框的边缘，表示进程 $P_i$ 申请 $R_j$ 类中的一个资源。反之 $R_j \rightarrow P_i$ 为分配边，表示 $R_j$ 类中的一个资源已被进程 $P_i$ 占用，由于已把一个具体的资源分给了进程 $P_i$，故该有向边从方框内的某个黑圆点出发指向进程。图 2-21 是进程—资源分配图的一个例子，其中共有三个资源类，每个进程的资源占有和申请情况已清楚地表示在图中。在这个例子中，由于存在占有和等待资源的环路，导致一组进程永远处于等待资源状态，发生了死锁。

进程—资源分配图中存在环路并不一定发生死锁。因为循环等待资源仅是死锁发生的必要条件，而不是充分条件，图 2-22 便是一个有环路而无死锁的例子。虽然进程 P1 和进程 P3 分别占有了一个资源 R1 和一个资源 R2，并且因等待另一个资源 R2 和另一个资源 R1 形成了环路，但进程 P2 和进程 P4 分别占有了一个资源 R1 和一个资源 R2，它们申请的资源已得到了全部满足，因而，能在有限时间内归还占有的资源，于是进程 P1 和进程 P3 分别能获得另一个所需资源，这时进程—资源分配图中减少了两条请求边，环路不再存在，系统中也就不存在死锁了。

（2）死锁检测步骤

可以利用下列步骤运行一个“死锁检测”程序，对进程—资源分配图进行分析和简化，以此方法来检测系统是否处于死锁状态：

1）如果进程—资源分配图中无环路，则此时系统没有发生死锁；

2）如果进程—资源分配图中有环路，且每个资源类中仅有一个资源，则系统中发生了死锁，此时，环路是系统发生死锁的充分条件，环路中的进程便为死锁进程；

3）如果进程—资源分配图中有环路，且涉及的资源类中有多个资源，则环路的存在只是产生死锁的必要条件而不是充分条件，系统未必一定就会发生死锁。如果能在进程—资源分配图中找出一个既不阻塞又非独立的进程，它在有限的时间内有可能获得所需资源类中的资源继续执行，直到运行结束，再释放其占有的全部资源。这相当于消去了图中此进程的所有请求边和分配边，使之成为孤立结点。接着可使进程—资源分配图中另一个进程获得前面进程释放的资源并继续执行，直到完成又释放出它所占用的所有资源，相当于又消去了图中若干请求边和分配边。如此下去，经过一系列简化后，若能消去图中所有边，使所有进程成为孤立结点，则该图可完全简化；否则称该图是不可完全简化的。

系统为死锁状态的充分条件是：当且仅当该状态的进程—资源分配图是不可完全简化的。

该充分条件称为**死锁定理**。

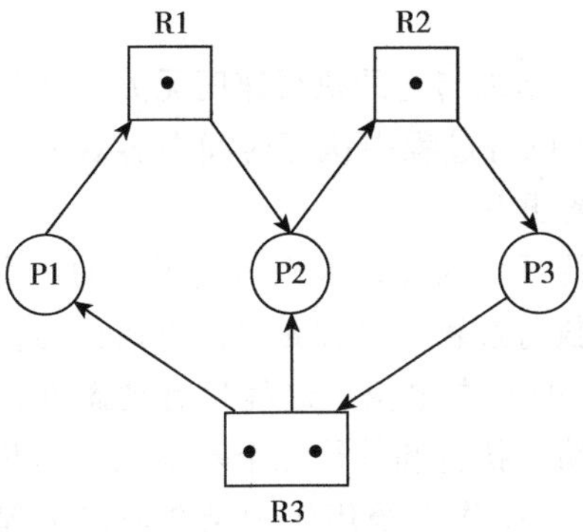


图 2-21　有环路有死锁进程资源分配图

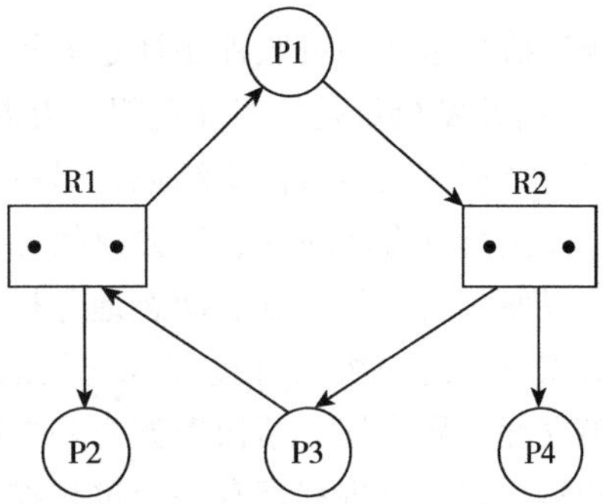


图 2-22　有环路无死锁进程资源分配图

### 4. 死锁的解除

当死锁检测程序检测到死锁存在时，应设法将其解除，让系统从死锁状态中恢复过来。常用的解除死锁的办法有以下四种：

(1) 立即结束所有进程的执行，并重新启动操作系统

这种方法简单，但以前所做的工作全部作废，损失很大。

(2) 撤销涉及死锁的所有进程，解除死锁后继续运行

这种方法能彻底破坏死锁的循环等待条件，但将付出很大代价。例如有些进程可能已经计算了很长时间，由于被撤销而使产生的部分结果也被消除了，在重新执行时还要再次进行计算。

(3) 逐个撤销涉及死锁的进程，回收其资源直至死锁解除

但是先撤销哪个死锁进程呢？可选择符合下面一种条件的进程先撤销：消耗的 CPU 时间最少者，产生的输出最少者，预计剩余执行时间最长者，占有资源数最少者或优先级最低者。

死锁解除后，应在适当的时候让被撤销的进程重新执行。当重新启动进程时应从哪一点开始执行？一种最简单的办法是让进程从头开始执行，但这样就要花费较高的代价。有的系统在进程执行过程中设置校验点，当重新启动时让进程回退到发生死锁之前的那个校验点开始执行。设置校验点的办法对执行时间长的进程来说是非常有必要的，但系统要花费较大的代价来记录进程的执行情况以及相应的恢复工作。

(4) 抢夺资源

从涉及死锁的一个或几个进程中抢夺资源，把夺得的资源再分配给涉及死锁的其他进程直到死锁解除。

采用抢夺资源的方法解决死锁问题时应考虑以下三个问题：

1）抢夺哪些进程的哪些资源：总是希望能以最小的代价结束死锁，因而必须关注涉及死锁的进程所占有的资源数，以及它们已经执行的时间等因素。

2）被抢夺者的恢复：如果一个进程被抢夺了资源，它就无法继续执行，因而应该让它返回到某个安全状态并记录有关的信息，以便重新启动该进程的执行。

3）进程的“饿死”：如果经常从同一个进程中抢夺资源，那么该进程总是处于资源不足的状态而不能完成所担负的任务，该进程就被“饿死”。所以，一般总是从执行时间短的进程中抢夺资源，以免“饿死”现象的发生。

## 2.11 本章小结

顺序执行是严格按照程序规定的指令顺序去执行，其结果与它的执行速度无关（即与时间无关）。而并发执行是一组在逻辑上互相独立的程序，在执行过程中执行时间在客观上互相重叠，即一个程序的执行尚未结束，另一个程序的执行已经开始。

并发执行具有间断性、失去封闭性、不可再现性的特征。因此，人们引入了新的概念——进程，以便从变化的角度、动态地分析研究程序的并发执行过程。进程是可并发执行的程序在一个数据集上的一次执行过程，它是系统进行资源分配的基本单位。进程具有动态性、并发性、独立性、异步性、结构性五个基本特征。进程有就绪、执行和等待三个基本状态，并可以进行转换。每一个进程都有一个进程控制块（PCB），它是操作系统用于记录和描述进程状态及有关信息的数据结构，也是操作系统控制和管理进程的主要依据，一般含有标识信息、说明信息、现场信息、管理信息这四大类信息。系统使用进程创建、进程撤销、进程阻塞与唤醒原语来完成进程控制。一个处理器在每一时刻只能让一个进程占用，操作系统按照进程调度算法来解决竞争处理器的问题。进程调度算法主要有先来先服务、优先数、时间片轮转、多级反馈队列等。

20 世纪 80 年代中期，人们提出了比进程更小的、能独立运行的基本单位——线程，以进一步提高程序并发执行的程度，降低并发执行的时空开销。现代操作系统将传统意义的进程进行分离，即将资源申请与调度执行分开，进程作为资源的申请与拥有单位，线程作为调度执行的基本单位。一个进程可以有一个或多个线程，它们共享所属进程所拥有的资源。线程分为用户级线程、内核级线程、混合式线程三类。

由于相关并发进程在执行过程中共享了资源可能会出现与时间有关的错误。我们把并发进程中与共享资源有关的程序段称为“临界区”，多个并发进程中涉及相同共享资源的那些程序段称为“相关临界区”。只要对涉及共享资源的若干并发进程的相关临界区互斥执行，就不会出现与时间有关的错误。我们可以采用 PV 操作及管程的方法来解决临界区的互斥问题。

相互合作的一组并发进程，其中每一个进程都以各自独立的、不可预知的速度向前推进，但它们又需要密切合作以实现一个共同的任务，就需要解决进程同步问题。我们仍可以采用 PV 操作及管程的方法来解决进程同步问题。各并发进程在执行过程中经常要交换一些信息，我们把通过专门的通信机制实现进程间交换大量信息的通信方式称为“进程通信”，有共享存储器系统、消息传递系统以及管道通信系统三大类机制，并有直接通信和间接通信两种方式。

死锁是多个并发进程因竞争资源及进程执行顺序非法而造成的一种状态。系统产生死锁的四个必要条件是互斥条件、占有且等待条件、不剥夺条件和循环等待条件。可以采用静态分配策略和层次分配策略来预防死锁，可以采用银行家算法来避免死锁，可以用进程—资源分配图来检测死锁，并可以采取重启系统、撤销所有涉及死锁的进程、逐个撤销涉及死锁的进程、抢夺资源等方法来解除死锁。

## 习 题 二

1. 解释程序的顺序执行和并发执行。
2. 程序并发执行为什么会产生间断性？程序并发执行为何会失去封闭性和可再现性？

3. 何谓进程？它有哪些基本状态？列举使进程状态发生变化的事件。
4. 试比较进程和程序的区别。
5. 试说明 PCB 的作用。为什么说 PCB 是进程存在的惟一标志？
6. 在进行进程切换时，所要保存的处理器状态信息主要有哪些？
7. 试说明引起进程创建的主要事件。
8. 试说明引起进程撤销的主要事件。
9. 试说明引起进程阻塞或唤醒的主要事件。
10. 在创建一个进程时，需完成的主要工作是什么？
11. 在撤销一个进程时，需完成的主要工作是什么？
12. 在单处理器的计算机系统中，采用多道程序设计技术后，处于执行状态的进程可以有几个？为什么？
13. 进程调度的功能有哪些？
14. 进程调度的时机有哪几种？
15. 有5个进程 $P_1$、$P_2$、$P_3$、$P_4$、$P_5$，它们同时依次进入就绪队列，它们的优先数和需要的处理器时间如下表所示。

| 进　　程 | 处理器时间 | 优先数 |
|---|---|---|
| $P_1$ | 10 | 3 |
| $P_2$ | 1 | 1 |
| $P_3$ | 2 | 3 |
| $P_4$ | 1 | 4 |
| $P_5$ | 5 | 2 |

忽略进程调度等所花费的时间，请回答下列问题：

(1) 写出分别采用“先来先服务”和“非抢占式的优先数”调度算法时选中进程执行的次序。

(2) 分别计算出在以上两种算法下，各进程在就绪队列中的等待时间以及平均等待时间。

16. 假定一个处理器正执行两道作业，一道以计算为主，另一道以输入/输出为主，你将怎样赋予它们占有处理器的优先级？为什么？
17. 设计一个实现按优先数进行处理器调度的方案，画出它的工作流程。
18. 何谓线程？为什么要引入线程的概念？
19. 试比较进程和线程的区别。
20. 线程有哪些属性？
21. 试说明线程的分类。
22. 什么叫与时间有关的错误？与时间有关的错误表现在哪些方面？请举例说明。
23. 什么是临界区？试举一临界区的例子。
24. 什么是进程的互斥？什么是进程的同步？
25. 若信号量S表示一种资源，则对S作PV操作的直观含义是什么？
26. 在信号量S上作PV操作时S的值发生变化，当 $S>0$，$S=0$，$S<0$ 时，它们的物理意义是

什么？

27. 有三个并发进程，R 负责从输入设备读入信息并传送给 M，M 将信息加工后并传送给 P，P 再把加工后的信息打印输出。现有：
(1) 一个缓冲区；
(2) 两个缓冲区；
用 PV 操作写出这三个进程正确工作的程序。
28. 用 PV 操作解决生产者和消费者问题。假设有一个可以存放一件产品的缓冲器；有 m 个生产者，每个生产者每次生产一件产品放入缓冲器中；有 n 个消费者，每个消费者每次从缓冲器中取出一件产品。
29. 系统有输入机和行式打印机各一台，有两个进程都要使用它们，采用 PV 操作实现请求使用和归还释放后，还会产生死锁吗？若否请说明理由；若会产生死锁则给出一种防止死锁的方法。
30. 若系统有同类资源 m 个，被 n 个进程共享，问：当 m > n 和 m≤n 时，每个进程最多可以请求多少个这类资源使系统一定不会发生死锁？
31. 在公共汽车上，司机和售票员的工作流程如下图所示。为保证乘客的安全，司机和售票员应密切配合协调工作。请用 PV 操作来实现司机与售票员之间的同步。

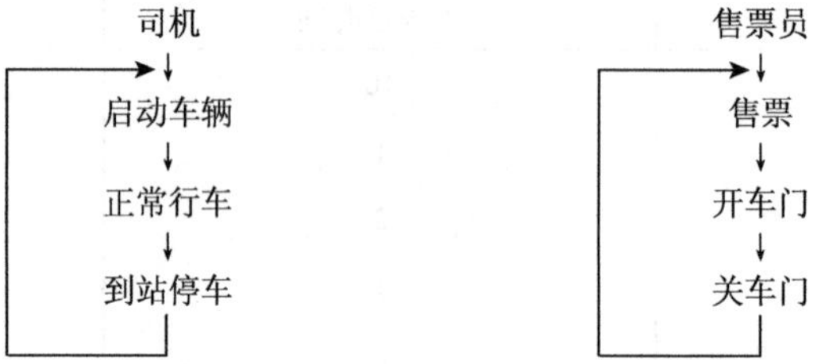


32. 如下图所示的进程流程图中，有六个进程合作完成某一任务，试说明这六个进程之间的同步关系，并用 PV 操作实现。

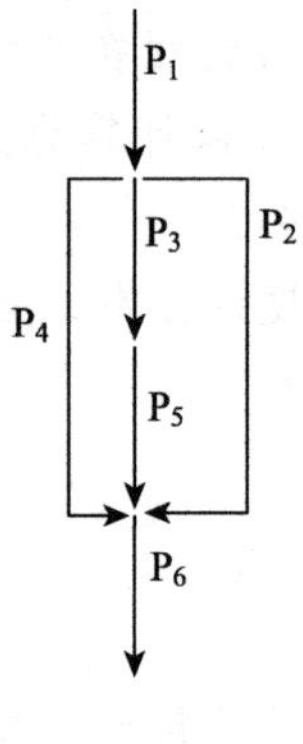


33. 何谓管程？管程的特性有哪些？
34. 试说明管程与 PV 操作的区别。
35. 桌子上有一只盘子，每次只能放一个水果。一家四口人，爸爸专向盘子中放苹果，妈妈专向盘子中放橘子，儿子专等吃盘子里的橘子，女儿专等吃盘子里的苹果。写出能使爸爸、妈妈、儿子、女儿正确同步工作的管程。

36. 何谓进程通信？通信机制中应设置哪些基本通信原语？
37. 简述两种通信方式。
38. 何谓死锁？产生死锁的原因和必要条件是什么？
39. 简述银行家算法的工作过程。
40. 请叙述预防死锁的方法。

# 第 3 章

# 作 业 管 理

## 3.1 作业管理概述

### 3.1.1 作业

把用户在一次解题过程中要求计算机所做工作的集合称为一个作业。

在计算机上运行用户作业时，通常要经历以下四步：

1）编辑，即采用某种高级语言按一定算法编写源程序，将源程序通过某种手段（如键盘输入）送入计算机内；

2）编译，即调用上述高级语言的编译程序，对源程序进行编译，产生目标代码程序；

3）链接装配，即将目标代码及调用的各种库代码链接装配成一个可执行程序；

4）运行，即将可执行程序装入内存并提供程序运行时所需数据，然后运行程序并产生运行结果。

### 3.1.2 作业步

任何一个作业都要经过若干加工步骤才能得到结果，我们把作业的每一个加工步骤称为一个“作业步”。每一个作业步都对应一个程序的执行，各作业步之间总是相互联系的，并在逻辑上是顺序执行的，前一个作业步的输出信息往往作为后一个作业步的输入，如图 3-1 所示。从图中可以看出，该作业经过编译、链接装配和运行三个步骤后得到运行结果。

首先，作业通过执行“编译程序”对源程序进行编译并产生若干目标程序代码，并可把编译中产生的出错信息或编译进展及结果信息作为输出信息告诉操作员；接着通过执行“链接程序”将上一步产生的目标程序及其系统子程序、库函数等链接装配成可执行的目标执行程序，必要时也可产生一些输出信息；最后通过将执行程序装入系统主存运行并把产生的结果输出。实际上每个作业所经历的加工步骤可以不同，如已经存在一个可执行程序，则就没必要再重新进行编译，直接运行即可得到结果信息。

### 3.1.3 作业控制方式

所谓“作业控制方式”是指用户根据操作系统提供的手段来说明作业加工步骤的方式。作

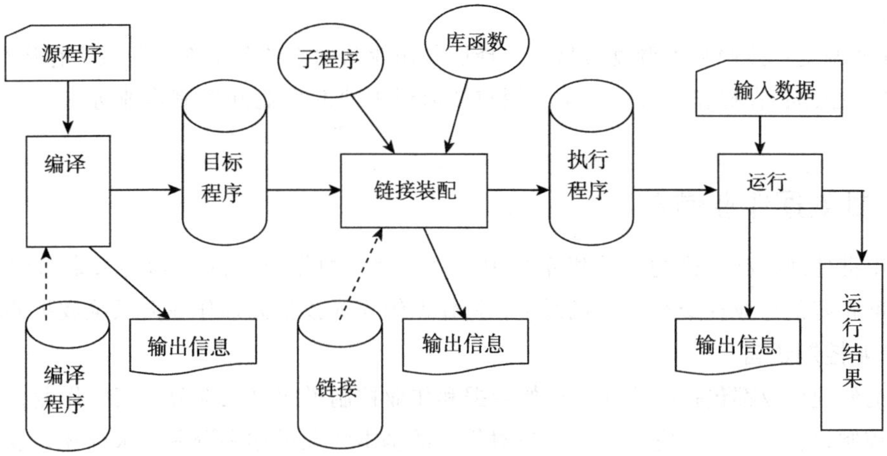


图3-1 作业控制过程

业控制方式有两种，即批处理控制方式和交互式控制方式。

（1）批处理控制方式

采用批处理控制方式控制作业执行时，用户使用操作系统提供的“作业控制语言”将作业执行的控制意图编写成一份“作业控制说明书”，连同该作业的源程序和初始数据一同提交给计算机系统，操作系统将按照用户说明的控制意图来控制作业的执行。于是，在作业执行过程中用户不必在计算机上进行干预，一切由操作系统按作业控制说明书的要求自动地控制作业执行。

采用该方式对作业进行控制时，其控制意图是事先在脱机情况下说明的，不必联机输入，且采用这种控制方式的作业完全由操作系统自动控制执行。因此，该控制方式又称自动控制方式或脱机控制方式。很明显，该控制方式适合成批处理作业，在成批处理时操作系统将按照各作业的作业控制说明书中的要求，分别控制相应的作业以指定的步骤去执行。

采用批处理控制方式的作业称为“批处理作业”，又称“脱机作业”。

（2）交互式控制方式

采用交互式控制方式控制作业执行时，用户使用操作系统提供的“操作控制命令”来表达对作业执行的控制意图。执行时，用户逐条输入命令，操作系统每接到一条命令就根据命令的要求控制作业的执行，一条命令所要求的工作做完后，操作系统把命令执行情况通知用户且让用户输入下一条命令，以此控制作业继续执行，直至作业执行结束。

采用交互方式时，在作业执行过程中操作系统与用户之间需不断交互信息，用户必须在联机方式下通过对计算机的直接操作来控制作业的执行。因此，交互式控制方式又称联机控制方式。交互方式适合终端用户使用，终端用户通过终端设备把操作控制命令传送给操作系统，而操作系统把命令执行情况也通过终端设备通知用户，最终从终端上输出结果。

采用交互式控制方式的作业称为“交互式作业”，又称“联机作业”，对于来自终端的作业也称为“终端作业”。

## 3.2 批处理作业的管理

根据作业进入系统的过程，可将作业管理功能分成以下三部分：

1）作业输入：把作业装入辅存输入井中，并按照进入输入井的先后顺序形成后备作业队列的过程。

2）作业调度：按照某种调度策略，选择后备作业队列中的若干作业装入主存运行的过程。

3）作业控制：在操作系统控制下，用户如何组织他的作业并控制作业进入处理器运行的过程。

### 3.2.1 批处理作业输入

在采用批处理控制方式的计算机系统中，每个用户根据自己的实际要求来组织批处理作业，并把准备好的作业提交给计算机系统，操作系统完成该批处理作业向系统成批的输入。

#### 1. 作业控制语言

每个批处理作业都包括源程序、初始数据和作业控制说明书三部分，其中作业控制说明书是用作业控制语言书写的，它刻画了用户对作业的基本情况描述和资源需求描述，规定了用户对作业执行的控制要求。作业基本情况描述一般包含用户名、作业名、使用的编程语言名、允许的最大处理时间等；作业的资源需求描述包含需求的主存大小、外设种类及台数、处理器优先数、所需运行时间、需求库函数等；作业执行的控制要求一般包括作业的控制方式、作业步的执行顺序、作业的异常处理等。

作业控制语言（Job Control Language，JCL）是由若干作业控制语句组成的集合，每个控制语句除包含了表示特征的关键字外，还有指示控制要求的若干参数。在脱机工作方式下，系统用作业控制语言将作业的控制要求编写成作业控制说明书的形式，并通过作业控制说明书对作业实施运行控制。不同计算机系统的作业控制语言格式不尽相同、各有特点，但大都提供以下主要功能：

1）作业的提交。

2）控制作业和作业步的执行。

3）各种软硬件资源的使用。

#### 2. 作业控制块

为了管理和调度作业，在多道批处理系统中应为每个作业设置一个作业控制块（Job Control Block，JCB）。如同进程控制块是进程在系统中存在的标志一样，作业控制块是批处理作业在系统中存在的标志，其中存储了系统对于作业进行管理所需要的全部信息，它们被保存于辅存存储区域中。作业控制块中所包含的信息数量及内容因系统而异，但一般应包含：作业名、作业状态、作业类别、作业优先数、作业控制方式、资源需求量、进入系统时间、开始运行时间、运行时间、作业完成时间和所需主存地址及外设种类及台数等。

（1）作业控制块的建立

当作业开始由输入设备输入到辅存的输入井时，系统输入程序即为其建立一个作业控制块，并对其进行初始化。初始化的大部分信息取自作业控制说明书，其他的部分信息如作业进入系统时间和作业开始运行时间等则由资源管理器给出。

（2）作业控制块的使用

需要访问作业控制块的程序主要有系统输入程序、作业调度程序、作业控制程序和系统输出程序等。

（3）作业控制块的撤销

当作业完成后，其作业控制块由系统输出程序撤销，作业控制块被撤销后其作业也不复存在。

### 3. 作业表

每个作业都有一个作业控制块，所有作业的作业控制块就构成了一个作业表。作业表存放在辅存固定区域中，长度是固定的，它限制了系统所能同时容纳的作业数量。系统输入程序、作业调度程序、系统输出程序都需要访问作业表，因而存在互斥问题。作业表结构如表3-1所示。

表3-1 作业表结构

| | | | | | |
|---|---|---|---|---|---|
| JCB1 | JCB2 | …… | JCBi | …… | JCBn |

### 4. 批处理作业的建立

作业建立的前提条件是首先要向系统申请获得一个空的作业表项和足够的输入井空间。建立时，一个作业必须将作业所包括的全部程序和数据输入到辅存中保存起来，并建立该作业对应的作业控制块。因此，作业的建立过程包括两个阶段：建立作业控制块阶段和作业输入阶段。

(1) 作业控制块的建立

建立作业控制块的过程就是申请和填写一张含空白表项的作业表的过程。由于操作系统所允许的作业表的长度是固定的，即作业表中存放的作业控制块个数是确定的，因此当作业表中无空白表项时，系统将无法为用户建立作业，作业建立将会失败。

(2) 作业的输入

批处理作业的输入是将作业的源程序、初始数据和作业控制说明书通过输入设备输入到辅存并完成初始化的过程。作业输入时，操作系统通过“预输入命令”启动SPOOLing系统中的“预输入程序”工作，就可把作业信息存放到“输入井”中。预输入程序根据作业控制说明书中的作业标识语句可以区分各个作业，把作业登记到作业表中，并把作业中的各个文件存到“输入井”中。这样，就完成了作业的输入工作，被输入的作业处于“后备状态”，并在“输入井”中等待处理。采用SPOOLing系统的输入方式时，由于辅存中的输入井空间大小是有限的，因此若输入井中无足够大小的空间存放该作业，则作业建立仍然会失败。

## 3.2.2 批处理作业的调度

### 1. 作业调度程序

由于主存容量有限，在“输入井”中等待处理的作业一般不能同时全部装入内存，那应该怎样从中选择一部分作业先装入并让它们执行呢？操作系统将会根据多道程序设计的要求，通过作业调度过程从“输入井”中选择若干作业装入主存并进入处理器运行。作业调度的主要功能是根据作业控制块中的信息，首先审核系统是否能满足用户作业的资源需求，然后按某种调度策略（即调度算法）从外存输入井的后备作业队列中选取作业装入主存，并为选中的作业创建相应的进程，分配所需的各种软硬件资源，再将新创建的进程插入到进程就绪队列中，为作业进入CPU运行作好准备。完成作业调度功能的控制程序称作业调度程序。通常作业调度程序要完成下述工作：

1）按照某种调度算法从后备作业队列中选取作业。

2）为选中的作业分配必要的主存和外设资源。因此作业调度程序在挑选作业过程中要调用存储管理程序和设备管理程序中的某些功能。

3）为选中的作业开始运行做好一切准备工作。这种准备工作包括：修改作业状态为运行态，为运行作业创建进程，构造和填写作业运行时所需要的有关表格，如作业表等。

4）在作业运行完成或由于某种原因需要撤离系统时，作业调度程序还要完成作业的善后处理工作。包括回收分给它的全部资源，为输出必要信息编制输出文件，撤销该作业的全部进程和作业控制块等，最终将其从现有作业队列中删除。

2. 作业状态

作业从提交到系统直到它完成后离开系统前的整个活动可划分为若干阶段。作业在每个阶段所处的状态称为作业状态。通常作业的状态分成四种：

1）提交状态：一个作业在其处于用户手中并经过输入设备进入外存输入井，系统为其建立作业控制块。这时的作业处于提交状态。

2）后备状态：对于已经进入输入井的作业，系统将它插入输入井后备队列中，等待作业调度程序的调度运行。这时的作业处于后备状态。

3）运行状态：一个处于后备状态的作业，一旦被作业调度程序选中装入主存，系统就为它分配必要的软硬件资源，然后建立相应的进程并插入到进程就绪队列中。这时的作业处于运行状态。

4）完成状态：作业完成其全部运行过程并释放其所占全部资源而正常结束或异常终止时，作业就处在完成状态。此时作业调度程序对该作业进行一系列善后处理，并退出系统。

作业状态的转换是一个在其生命周期中的连续过程，对应的状态转换图如图 3-2 所示。

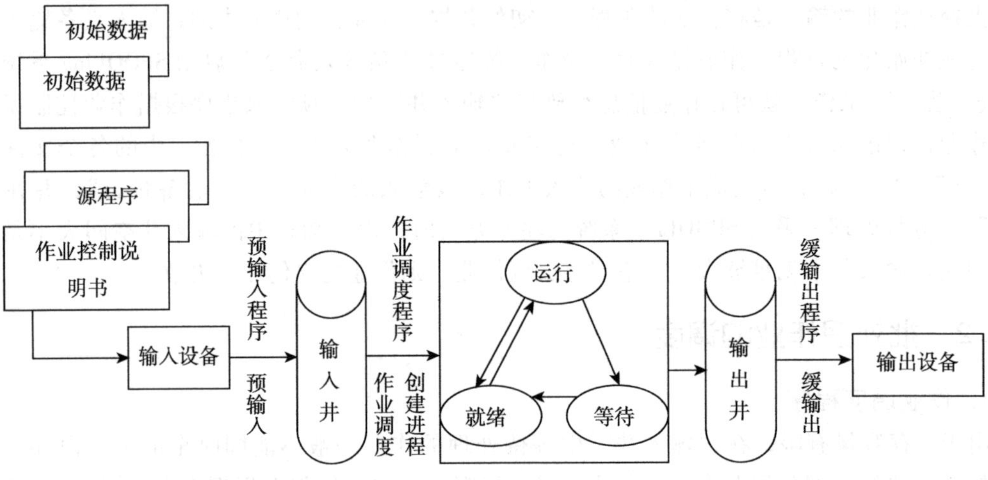


图 3-2 作业状态转换图

3. 作业调度的影响因素

对于每个用户来说，都希望自己的作业尽快执行且执行过程中尽可能不被中断，结束时间尽可能早。但就计算机系统而言，既要考虑用户的个别需求，又要有利于整个系统效率和系统吞吐量的提高。因此，系统在执行作业调度过程时应该综合考虑多方面的因素。主要考虑的因素有：

1）公平性：公平对待每个用户，让用户满意，不能无故或无限制地拖延某一用户作业的执行。

2）均衡使用资源：由于每个用户作业所需资源差异很大，因此需注意系统中各资源的均衡使用，使同时装入主存的作业在执行时尽可能利用系统中的各种不同资源，从而极大提高资源的使用率。例如，进行科学计算的作业要求较多的 CPU 时间，但输入输出操作要求较少；而事务处理作业则要求较少的 CPU 时间，但要求较多的输入输出操作。这样，应将这两种作业合理搭配，使得系统中各种资源发挥最佳效益。

3）提高系统吞吐量：通过缩短每个作业的周转时间，实现在单位时间内尽可能为更多的作业服务，从而提高计算机系统的吞吐能力。

4）平衡系统和用户需求：用户满意程度的高低与系统效率的提高可能是一对相互矛盾的因素，每个用户都希望自己的作业立即投入运行并很快获得运行结果，但系统必须考虑系统的整体性能的提高，因此有时可能难以满足用户需求。

上述这些因素可能不能兼顾，应根据系统的设计目标来决定优先考虑的调度因素。

4. 作业调度的性能指标

对于批处理系统而言，作业调度的性能优劣受多项指标影响，主要的性能指标体现在以下五个方面：

1）CPU 利用率：CPU 利用率是 CPU 的有效运行时间与总的运行时间之比。因此，比值越大，其 CPU 利用率越高。

2）吞吐能力：吞吐能力是指单位时间内完成作业的数量。因此，完成的数量越多，其吞吐能力越强。

3）周转时间：所谓作业的周转时间，是指从作业被提交进入输入井开始到作业执行完成的这段时间间隔。每个作业的周转时间都应包括四个部分：作业在输入井后备队列中等待作业调度的时间，进入主存后创建的进程在进程就绪队列中等待进程调度的时间，进程占据 CPU 执行的时间，以及进程等待 I/O 操作完成的时间。若设 $T_{c_i}$ 为作业 $i$ 的完成时间（其值等于等待时间与运行时间之和），$T_{s_i}$ 为作业被提交进入输入井的时间，则作业 $i$ 的周转时间定义为：

$$T_i = T_{c_i} - T_{s_i}$$

对于每个用户来说，总希望自己的作业尽快完成，即希望周转时间 $T_i$ 尽可能小。最理想的情况是刚进入输入井即被选中执行，这样 $T_i$ 就几乎等于作业的执行时间。很显然，作业的周转时间越短，作业就越早被调度并被运行。但是，在批处理控制方式下实现多道程序设计作业并行工作时，不可能让每个用户都得到理想的结果。从系统的角度考虑，不是关注单个用户的执行效率而是整个系统的效率，即系统平均周转时间。

4）平均周转时间：所谓作业的平均周转时间，是指所有作业的周转时间的平均值。若作业 $i$ 的周转时间定义为 $T_i$，则作业的平均周转时间定义为：

$$T = \frac{1}{n}\sum_{i=1}^{i=n} T_i$$

对这个公式涉及的 $n$ 个作业，相对于长作业，其对 $T$ 值的影响大，而短作业对 $T$ 值的影响小。周转时间的长短与选择的作业调度算法密切相关。很显然，对系统来说，通过选择合适的调度算法，使进入系统的作业平均周转时间越短越好，相应的系统效率也就越高。

5）平均带权周转时间：由于系统中的短作业所占比例更大，为了增加短作业对 $T$ 值的影响，引入平均带权周转时间的概念。若作业 $i$ 的带权周转时间定义为作业的周转时间与作业的运行时间之比，即：

$$W_i = T_i/tr_i$$

其中 $tr_i$ 为作业 $i$ 占据 CPU 的运行时间，则作业平均带权周转时间定义为：

$$W = \frac{1}{n}\sum_{i=1}^{i=n} W_i$$

批处理操作系统设计的目标是设法减少作业的平均周转时间及平均带权周转时间，设法提高系统的吞吐量并兼顾用户的容忍程度，从而使系统运行效率最高。一般认为 $T$ 和 $W$ 越小，系统对作业的吞吐量越大，系统的性能就越高。

**5. 批处理作业调度阶段**

在多道程序系统中，一个作业被提交后必须经过处理器调度才能获得处理器并运行。对于批处理作业而言，通常至少要经历作业调度和进程调度两个阶段后才能获得处理器；而对于交互式作业则一般只需进行进程调度即可。因此，对于批处理作业的调度，系统必须先进行作业调度创建好进程，才能进行进程调度。一般地，作业调度是批处理作业运行的前提，称为高级调度；进程调度是作业调度的后续，称为低级调度。由于作业调度往往发生在一个批处理作业执行完毕，另一个需要调入主存时，因此作业调度周期较长且速度慢、花费时间长；而进程调度频率快、速度快且花费时间短。此外，在分时系统或具有虚拟存储器的操作系统中，为了提高内存利用率和作业吞吐量，专门引进了中级调度。批处理操作系统多级调度模型图如图 3-3 所示。

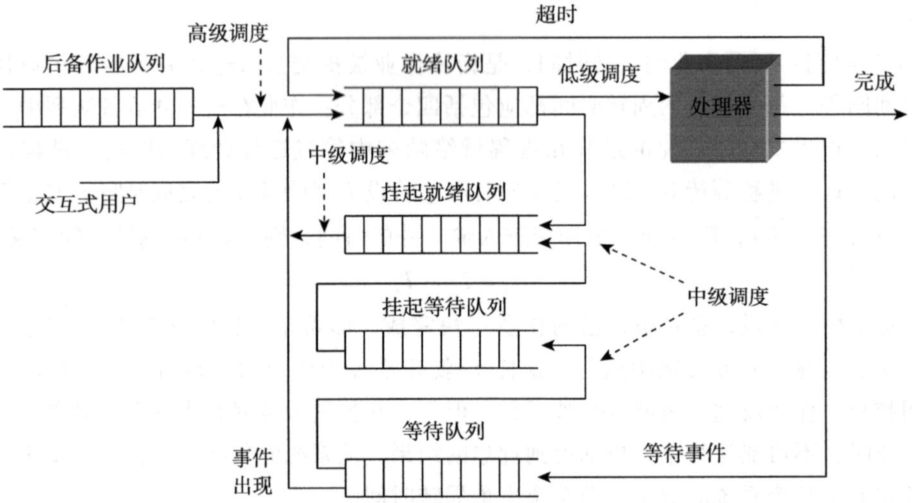


图 3-3 批处理操作系统多级调度模型

（1）高级调度

高级调度又称作业调度。在多道批处理操作系统中，作业是用户要求计算机系统完成的一项相对独立的工作，通过预输入过程提交的作业被输入到磁盘输入井中，并保存在一个批处理后备作业队列中。高级调度将按照系统预定的作业调度算法，决定把后备作业队列中的部分满足其资源要求的作业调入主存，为装入作业创建新的进程，并分配所需资源，为作业做好运行前的准备工作并启动运行，当作业完成后还为它做好善后工作。在批处理操作系统中，作业首先进入系统在辅存上的后备作业队列等候调度，因此，作业调度是必须的，它执行的频率较低，并和到达系统的作业的数量与速率有关。

(2) 低级调度

高级调度按一定的调度算法从“输入井”后备队列中选择资源能得到满足的作业装入主存，使作业有机会去占用处理器执行。但是，一个作业能否占用处理器以及什么时候占用处理器则必须由低级调度来决定。

低级调度的主要功能是按照某种原则决定就绪队列中的哪个进程能获得处理器，并将处理器让出给它进行工作。低级调度中执行分配 CPU 的程序称分派程序，它是操作系统最为核心的部分，执行十分频繁。低级调度策略优劣直接影响到整个系统的性能，因而这部分代码要求精心设计，并常驻内存工作。有两类低级调度方式：

1）剥夺方式：当一个进程正在处理器上执行，若有另一个更高优先级或紧迫的进程产生，则立即暂停正在执行的进程，把处理器分配给这个更高优先级或紧迫的进程使用。

2）非剥夺方式：一旦某个进程开始执行后便不再让出处理器，除非该进程运行结束或发生了某个事件不能继续执行。

所以，高级调度选中了一个作业且把它装入主存时，就应为该作业创建一个进程，若有多个作业被装入主存，则应同时存在多个进程。这些新建进程的初始状态为就绪状态，然后由低级调度来选择当前可占用处理器的就绪进程，在进程运行中由于某种原因状态发生变化，当它让出处理器时，低级调度就再选另一个作业的就绪进程去运行。

由此可见，只有作业调度与进程调度相互配合才能实现多道作业的并发执行。

(3) 中级调度

中级调度又称平衡负载调度。高级调度完成作业装入主存并创建相关作业进程，低级调度选择当前可占用处理器的就绪进程，中级调度则决定主存中所能容纳的进程个数。这些进程将允许参与竞争处理器和有关资源，有些暂时不能运行的进程被调出主存，此时这个进程就处于挂起状态；当挂起进程具备了运行条件且主存又有空闲区域时，再由中级调度决定把一部分这样的进程重新调回主存工作。因此，中级调度根据存储资源量和进程的当前状态来决定辅存和主存中的进程对换，它所使用的方法是通过把一些进程调出主存，从而使之进入“挂起”状态，不参与低级调度，起到短期平滑和调整系统负荷的作用。

图 3-4 给出了批处理作业三级调度层次关系。图中作业状态用矩形框标识，进程状态用椭圆框标识，箭头标识状态的变更过程。

从图 3-4 中可以看出：当高级调度发生在作业装入时，作业的状态由后备状态变更为运行状态，该调度过程决定一个进程能否被创建，或者是创建后能否被置成就绪状态，以参与竞争处理器资源获得运行，或者当高级调度发生在进程终止运行时，作业的状态由运行状态变更为完成状态，并对该作业进行一系列善后处理，然后退出系统；正常中级调度反映到进程状态上就是挂起和解除挂起，它根据系统的当前负荷情况决定停留在主存中的进程数；低级调度则是决定哪一个就绪进程占有 CPU 运行。此外，高级调度涉及的范围为粗线实体框部分，中级调度涉及的范围为细线实体框部分，低级调度涉及的范围为细线虚体框部分。

### 3.2.3 作业调度算法

作业调度算法是指依照某种原则或策略从后备作业队列中选取作业的方法。一个作业调度算法的选取是与它的系统设计目标相一致的。理想的作业调度算法既能提高系统效率，又能使进入系统的作业及时得到计算结果。尽管不同的计算机系统可以采用不同的调度原则和调度算法，但都必须要遵循一个基本原则，那就是系统现有的尚未分配的资源可以满足被选中作业的

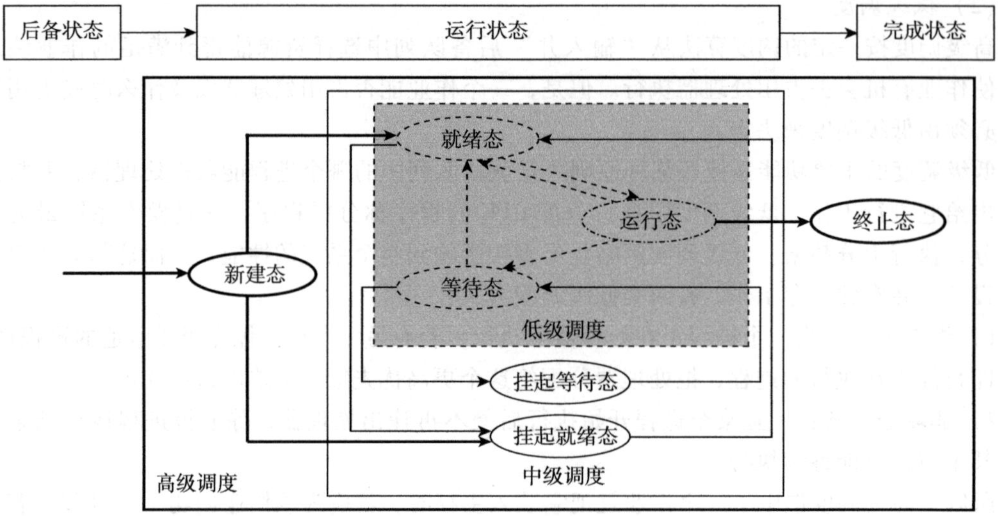


图 3-4 三级调度层次关系

资源请求。只有这样才能避免作业因得不到所需资源而无法继续执行的现象发生，才能缩短作业的周转时间，才能保证系统有较强的吞吐能力。但是，有时现有的资源既能满足作业 A 的要求也能满足作业 B 的要求时，却不能同时满足两个作业的要求，这时到底选择哪个直接取决于作业调度算法，因为目标不同，选择调度算法的侧重点也就不同。

设计计算机系统时应根据系统的设计目标来决定采用的调度算法，下面介绍目前常用的一些作业调度算法。

**1. 先来先服务算法**

先来先服务 FCFS（First Come，First Server）作业调度算法是一种较简单的作业调度算法，即每次调度都是按照作业进入“输入井”后备作业队列的先后次序来挑选作业，优先将最先进入队列的作业调入主存，分配所需资源，创建相应的进程，并放入进程就绪队列准备运行。但要注意，不是先进入后备作业队列的作业就一定被先选中，这要根据资源的分配情况来决定。一个先进入的作业 A，若它所需要的资源或其中部分资源已被之前进入的作业占用且未归还，则该作业将被推迟，调度程序会另外选择在作业 A 之后进入的另一个作业进入，从而使资源能得到满足的作业先被调度执行。只有当作业执行结束并归还了作业 A 所需的资源后，此时，作业调度程序又要选择作业，作业调度程序仍按照进入输入井的先后次序选择作业，刚刚被推迟的作业才有可能优先被选中。

【例 1】在一个单道系统中有四个作业要执行，每个作业进入后备队列的时间、运行时间已在表 3-2 中列出。假设系统现有的其他各类资源都能满足任何一个作业的请求，且忽略系统调度所花费的时间和 I/O 访问时间，计算作业平均周转时间和平均带权周转时间。

表 3-2 作业表

| 作业名 | 进入时间 | 运行时间 |
|---|---|---|
| JOB1 | 8:00 | 120 分钟 |
| JOB2 | 8:50 | 50 分钟 |
| JOB3 | 9:00 | 10 分钟 |
| JOB4 | 9:50 | 20 分钟 |

从表3-2中容易看出，只要处理器空闲，每个作业在任何时间都能被选中进入主存并占有处理器运行，作业依次按照进入时间的先后次序运行。根据表3-2可知：

JOB1进入即开始运行，至10:00结束，周转时间即为运行时间120分钟，带权周转时间为1；JOB2从8:50开始等，直到10:00 JOB1结束时才开始运行，周转时间为120分钟，带权周转时间=120/50=2.4；JOB3则从9:00开始等，直到10:50 JOB2结束时才开始运行，周转时间为120分钟，带权周转时间=120/10=12；而JOB4则从9:50一直等到11:00，JOB3结束时才开始运行，周转时间为90分钟，带权周转时间=90/20=4.5。由此得到：

作业平均周转时间=（120+120+120+90）/4=450/4=112.5分钟

作业带权平均周转时间=（1+2.4+12+4.5）/4=19.9/4=4.975

作业被调度的先后次序依次为：JOB1，JOB2，JOB3，JOB4

全部结果如表3-3所示。

**表3-3 FCFS调度算法运行结果**

| 作业名 | 进入时间 | 运行时间 | 开始时间 | 结束时间 | 周转时间 | 带权周转时间 |
|---|---|---|---|---|---|---|
| JOB1 | 8:00 | 120分钟 | 8:00 | 10:00 | 120分钟 | 1 |
| JOB2 | 8:50 | 50分钟 | 10:00 | 10:50 | 120分钟 | 2.4 |
| JOB3 | 9:00 | 10分钟 | 10:50 | 11:00 | 120分钟 | 12 |
| JOB4 | 9:50 | 20分钟 | 11:00 | 11:20 | 90分钟 | 4.5 |
| 作业平均周转时间 $T$ = 112.5分钟<br>作业带权平均周转时间 $W$ = 4.975 | | | | | 450分钟 | 19.9 |

FCFS算法是一种非剥夺式调度算法，容易实现，体现了公平，但效率不高，只顾及作业等候时间，而没考虑作业要求服务时间的长短。从表3-3中可以看出，当运行时间长的作业先进入"输入井"而被选中执行时，就可能使计算时间短的作业长期等待。这样，不仅使这些用户不满意，而且使运行时间短的作业周转时间变长，从而平均周转时间变长，系统的吞吐能力降低，因此系统效率也降低。

显然先来先服务调度算法利于长作业，不利于短作业，或者说有利于CPU繁忙型作业而不利于I/O繁忙型作业，而大多数的作业是I/O繁忙的短作业，所以先来先服务算法作为主调度算法是不常用的。

### 2. 短作业优先算法

短作业优先SJF（Shortest Job First）调度算法是指操作系统在进行作业调度时总是以作业运行时间长短作为标准进行调度，总是从后备作业队列中选取运行时间最短的作业先装入主存运行。作业调度时依据在输入井中的作业提出的运行时间为标准，优先选择运行时间短且资源能得到满足的作业。

该调度算法是一种非剥夺式调度算法，克服了FCFS偏爱长作业的缺点，易于实现，可以照顾到实际上占作业总数绝大部分的短作业，使它们能比长作业优先调度执行。实现时，后备作业队列按作业相应优先数（在所需资源都能满足时，运行时间短的优先数高）由高到低顺序排列，当作业进入后备队列时要根据该作业优先数放置到后备队列相应的位置即可。

**【例2】** 在其他假设条件不变的前提下，我们仍对例1进行分析比较，仅仅把作业调度算法由先来先服务算法改为短作业优先调度算法。同样由表3-2可知：

JOB1进入输入井时无其他作业等待即开始运行，至10:00结束，周转时间及带权周转时间与先来先服务算法得到结果相同；在 JOB1 结束前，分别有 JOB2、JOB3 和 JOB4 都进入输入井后备队列等待作业调度，此时我们应该考虑这几个作业的长短程度，执行时间最短的 JOB3 首先在 10:00 被选中并开始运行，则周转时间为 70 分钟，带权周转时间 =70/10 =7，JOB2 和 JOB4 仍然等待；由于与 JOB2 相比，JOB4 更短，则两个作业均等到 10:10，当 JOB3 让出处理器后，JOB4 被先选中开始运行，周转时间为 40 分钟，带权周转时间 =40/20 =2；而 JOB2 虽然在 8:50 就进入输入井后备队列，但是得一直等到 10:30，才最后一个开始运行，周转时间为 150 分钟，带权周转时间 =150/50 =3。由此得到：

作业平均周转时间 = （120 +150 +70 +40）/4 =380/4 =95 分钟

作业带权平均周转时间 = （1 +3 +7 +2）/4 =13/4 =3.25

作业被调度的先后次序依次为：JOB1，JOB3，JOB4，JOB2

全部结果如表 3-4 所示。

**表 3-4 SJF 调度算法运行结果**

| 作业名 | 进入时间 | 运行时间 | 开始时间 | 结束时间 | 周转时间 | 带权周转时间 |
|---|---|---|---|---|---|---|
| JOB1 | 8:00 | 120 分钟 | 8:00 | 10:00 | 120 分钟 | 1 |
| JOB2 | 8:50 | 50 分钟 | 10:30 | 11:20 | 150 分钟 | 3 |
| JOB3 | 9:00 | 10 分钟 | 10:00 | 10:10 | 70 分钟 | 7 |
| JOB4 | 9:50 | 20 分钟 | 10:10 | 10:30 | 40 分钟 | 2 |
| 作业平均周转时间 $T$ = 95 分钟<br>作业带权平均周转时间 $W$ = 3.25 | | | | | 380 分钟 | 13 |

从表 3-4 中可以看出，SJF 算法是非抢占式的，平均作业周转时间比 FCFS 要短，故它的调度性能比 FCFS 好。该调度算法强调了资源的充分利用，有效地降低了作业的平均等待时间，使得单位时间内处理作业的个数最大，保证了作业吞吐量最大。但该算法也应注意下列几个不容忽视的问题：

1）由于该算法是以用户估计的运行时间为标准，这就要求用户对自己的作业需要运行的时间预先作出一个估算，并在作业控制说明书中加以说明，这也成为该算法的主要缺点。因为这个估计值很难精确，如果程序员估计过低，系统就可能提前终止该作业；特别有些用户为了使自己的作业能优先执行，可能故意把运行时间估计得低一些，致使该算法不一定能真正做到短作业优先调度。为了避免这一现象，若作业执行时间超过所估计的时间，则可加价收费。

2）该算法完全未考虑作业的紧迫程度，因而不能保证部分紧迫程度特别强的作业及时得到运行。

3）忽视了作业等待时间。由于系统可能不断接受新作业进入后备队列，而作业调度又总是选择计算时间短的作业投入运行，因此，如果新进入的作业估计的运行时间比较短，则将会使进入时间较早但要求运行时间较长的作业出现“饥饿”现象，对长作业极为不利。

4）尽管减少了对长作业的偏爱，但由于缺少剥夺机制，对分时、实时处理仍然很不理想。

### 3. 响应比最高者优先算法

由于 FCFS 算法仅仅以进入输入井后备队列的先后次序为标准去考虑作业的调度过程，忽略了作业的运行时间，可能使后进入的诸多短作业等待时间过长；而 SJF 算法恰好与 FCFS 算法相反，仅仅只考虑了作业的执行时间，而忽略了等待时间，同样又可能使计算时间长的作业等待时间也过长。因此，上述两种算法都有比较明显的局限性。为了兼顾上述两种算法的优点，克服它们各自的缺点，我们引入响应比最高者优先算法。

响应比最高者优先算法 HRRF（Highest Response Ratio First）是介乎这两种算法之间的一种折衷的策略，既考虑作业等待时间，又考虑作业的运行时间。这样既照顾了短作业又不使长作业的等待时间过长，改进了调度性能，缺点是每次计算各道作业的响应比会有一定的时间开销，需要估计期待的服务时间，性能要比 SJF 略差。

采用 HRRF 算法进行调度时，必须对输入井中的所有作业计算出各自的响应比，从资源能得到满足的作业中选择响应比最高的作业优先装入主存运行。响应比的定义为：

$$\text{响应比} = \frac{\text{作业等待时间} + \text{作业运行时间}}{\text{作业运行时间}} = \frac{\text{作业响应时间}}{\text{作业运行时间}}$$

由于作业从进入输入井到执行完成就是该作业的响应过程，因此该作业的响应时间就是作业的等待时间与运行时间之和。从响应比公式可以看出：

1）若作业的等待时间相同，则运行时间越短的作业，其响应比越高，因而该算法有利于短作业。

2）若作业的运行时间相同，则作业的等待时间越长，其响应比越高，因而该算法实现的是先来先服务。

3）对于长作业，作业的响应比随等待时间的增加而提高，当其等待时间足够长时，其响应比便可提升到很高，不至于发生“饥饿”现象。

**【例3】**在其他假设条件不变的前提下，我们仍对例1进行分析，也仅仅把作业调度算法由先来先服务算法改为响应比最高者优先算法。同样由表3-2可知：

JOB1 进入输入井即开始运行，至10:00结束，周转时间及带权周转时间与先来先服务算法、短作业优先算法得到的结果均相同；在 JOB1 结束前，分别有 JOB2、JOB3 和 JOB4 都进入输入井后备队列等待作业调度，此时我们应综合考虑这三个作业的响应比值，它们的响应比分别为：

$$\text{JOB2 的响应比} = \frac{70+50}{50} = 2.4$$

$$\text{JOB3 的响应比} = \frac{60+10}{10} = 7$$

$$\text{JOB4 的响应比} = \frac{10+20}{20} = 1.5$$

显然，先选择 JOB3 运行，剩余两个作业仍处于等待状态，JOB3 的周转时间为70分钟，带权周转时间 =70/10 =7；当 JOB3 于10:10结束运行时，JOB2 和 JOB4 的响应比不再是2.4和1.5，分别变更为：

$$\text{JOB2 的响应比} = \frac{80+50}{50} = 2.6$$

$$\text{JOB4 的响应比} = \frac{20+20}{20} = 2$$

此时应选择 JOB2 运行，其周转时间为130分钟，带权周转时间 =130/50 =2.6；JOB4 一直等到11:00才最后一个开始运行，周转时间为90分钟，带权周转时间 =90/20 =4.5。由此可以得到：

作业平均周转时间 =（120 +130 +70 +90）/4 =410/4 =102.5 分钟

作业带权平均周转时间 = （1 + 2.6 + 7 + 4.5）/4 = 15.1/4 = 3.78

作业被调度的先后次序依次为：JOB1，JOB3，JOB2，JOB4

全部结果如表 3-5 所示。

**表 3-5　HRRF 调度算法运行结果**

| 作业名 | 进入时间 | 运行时间 | 开始时间 | 结束时间 | 周转时间 | 带权周转时间 |
|---|---|---|---|---|---|---|
| JOB1 | 8:00 | 120 分钟 | 8:00 | 10:00 | 120 分钟 | 1 |
| JOB2 | 8:50 | 50 分钟 | 10:10 | 11:00 | 130 分钟 | 2.6 |
| JOB3 | 9:00 | 10 分钟 | 10:00 | 10:10 | 70 分钟 | 7 |
| JOB4 | 9:50 | 20 分钟 | 11:00 | 11:20 | 90 分钟 | 4.5 |
| 作业平均周转时间 $T$ = 102.5 分钟<br>作业带权平均周转时间 $W$ = 3.78 | | | | | 410 分钟 | 15.1 |

从表 3-5 中可以看出，该调度算法结合了先来先服务与最短作业优先两种方法，兼顾了运行时间短和等待时间长的作业，公平且吞吐量大。但该算法较复杂，调度前要先计算出各个作业的响应比，并选择响应比最大的作业投入运行，从而增加了系统开销。

通过比较表 3-3、表 3-4 和表 3-5 的全部结果，我们发现采用短作业优先算法得到的作业带权平均周转时间系数值最小。

#### 4. 优先数调度算法

为了照顾紧迫程度高的作业，使之在进入输入井后备队列中时便获得优先处理，我们引入优先数调度算法。该算法为每个作业确定一个优先数，根据优先数的不同让作业排成多个队列，调度时从后备队列中优先选取资源能满足且优先数最高的作业装入主存运行。当几个作业的优先数相同时，对这些具有相同优先数的作业再按照先来先服务原则进行调度。

作业优先数的确定原则可参照下列两条：

1）对于某些时间要求紧迫的作业赋予较高的优先数；

2）为了充分利用系统资源，对于 I/O 量大的作业给予较高的优先数，对于 CPU 量大的作业给予较低的优先数。

作业优先数的确定方法有多种，既可由用户提出自己作业的优先数；又可由操作系统根据作业的缓急程度、作业估计的运行时间、作业的类型、作业资源申请情况等因素综合考虑。分析这些因素在实现系统设计目标中的影响，决定各因素的比例，综合得出作业的优先数。有的系统还可以根据作业在输入井中的等待时间动态地改变其优先数。可通过提高等待时间长的作业优先数，以缩短作业的周转时间和平均周转时间。

#### 5. 分类调度算法

分类调度算法又称均衡调度算法，该算法根据系统运行情况和作业对资源的需求先将作业进行分类，然后作业调度程序轮流从不同的作业类中去挑选作业，尽可能使占用不同资源的作业同时执行。这样不仅可以力求均衡地利用各种系统资源，发挥资源使用效率，使系统的各种资源都处于忙碌，而且可以减少作业等待使用相同资源的时间，从而加快作业的执行。

因此，根据作业执行性质的不同，可将待处理作业分成如下队列：

队列 1：计算量大的作业；

队列 2：I/O 量大的作业；

队列 3：计算量与 I/O 量均衡的作业。

调度时，在三个队列中各取一些作业装入主存，这样在主存中的作业有的使用处理器，有的使用外部设备，从而使得系统的各种资源能得到均衡利用。

### 3.2.4　算法综合应用

**【例1】**若某系统采用可变分区方式管理主存中的用户空间，供用户使用的最大主存空间为100K，主存分配算法为最先适应分配法，系统配有4台磁带机，一批初始作业如表3-6所示。

**表3-6　初始作业表**

| 作业名 | 进入时间 | 运行时间 | 主存需求量 | 磁带机需求量 |
|---|---|---|---|---|
| JOB1 | 10:00 | 40分钟 | 35K | 3台 |
| JOB2 | 10:10 | 30分钟 | 70K | 1台 |
| JOB3 | 10:15 | 20分钟 | 50K | 3台 |
| JOB4 | 10:35 | 10分钟 | 25K | 2台 |
| JOB5 | 10:40 | 5分钟 | 20K | 2台 |

该系统采用多道程序设计技术，对磁带机采用静态分配，忽略设备工作时间和系统进行调度所花的时间，进程调度采用先来先服务算法。请分别给出采用“先来先服务调度算法”、“最短作业优先算法”和“响应比最高者优先算法”选中作业执行的次序以及作业的平均周转时间和带权平均周转时间。

**分析**：由于主存采用可变分区分配方式，且允许移动作业汇聚空闲分区，则只要主存空闲空间总量大于作业需要，主存就可满足作业的需求（必要时通过移动技术汇聚）；由于磁带机采用静态分配方式，则只有系统剩余的磁带机数大于等于作业的申请数才能满足。这两个条件是作业调度必须满足的前提条件。

另外，由于该系统采用多道程序设计技术，因此，每次作业调度时若有多个作业同时满足调度条件，则可同时选中多个作业装入主存，然后创建相应进程插入到就绪队列中。由于忽略了设备工作时间和系统进行调度所花的时间，则可认为一个作业一旦获得处理器后就连续工作，可在给出的作业运行时间内执行完并让出处理器给下一个作业执行，这样作业调度开始选择下一个批处理作业。

（1）采用先来先服务调度算法

当第一个作业进入系统后就开始调度，首先在10:00进行作业调度，由于此时只有JOB1进入系统，作业调度程序无从选择，只能选择JOB1装入主存并立即通过进程调度进入CPU运行。

10:10时，JOB2进入了系统，系统剩余的主存资源不能满足该作业的要求，此时JOB2不能被作业调度装入主存，只能等待。

10:15时，JOB3进入系统，由于磁带机数量不足，也只能等待。

10:35时，JOB4进入系统，磁带机数量仍不足，同样只能等待。

10:40时，由于JOB1已结束运行，可以释放其占有的主存和磁带机资源，此时JOB2、JOB3、JOB4和JOB5都在等待作业调度，但按照先来先服务的顺序，JOB2先被作业调度装入主存并立即通过进程调度进入CPU运行；JOB3要求的主存资源得不到满足，仍然等待；JOB4要求的资源可以得到满足，由于该系统采用多道程序设计技术，因此也同时被作业调度装入主存；JOB5 要求的磁带机资源得不到满足，也仍然等待。此时，主存中存在两个作业 JOB2 和 JOB4，但 JOB4 一直要等到 JOB2 执行结束让出 CPU 才能执行进程调度进入 CPU 执行。

11:10 时，JOB2 执行结束，释放磁带机和主存。此时，主存中只有一个作业 JOB4，系统现有的主存和空闲磁带机资源分别为 75K 和 2 台，无法满足 JOB3 对磁带机的需求，仍要继续等待 JOB4 作业释放磁带机；JOB5 被作业调度选中装入主存，但要等待 CPU 调度。

11:20 时，JOB4 执行结束。此时，主存中只有一个作业 JOB5，系统现有的空闲磁带机和主存资源分别为 2 台和 80K，无法满足 JOB3 的需求。因此，JOB3 必须一直等到 JOB5 执行结束才能通过作业调度装入主存并进入 CPU 执行。

11:25 时，JOB5 执行结束，系统现有的资源恢复到初始状态满足了 JOB3 的需求，作业调度直接选择 JOB3 装入主存并立即通过进程调度进入 CPU 运行。

详细调度次序及平均周转时间如表 3-7 所示。

**表 3-7　FCFS 调度算法运行结果**

| 作业次序 | 进入时间 | 运行时间 | 作业调度 | 进程调度 | 结束时间 | 周转时间 | 带权周转时间 |
|---|---|---|---|---|---|---|---|
| JOB1 | 10:00 | 40 分钟 | 10:00 | 10:00 | 10:40 | 40 分钟 | 1 |
| JOB2 | 10:10 | 30 分钟 | 10:40 | 10:40 | 11:10 | 60 分钟 | 2 |
| JOB4 | 10:35 | 10 分钟 | 10:40 | 11:10 | 11:20 | 45 分钟 | 4.5 |
| JOB5 | 10:40 | 5 分钟 | 11:10 | 11:20 | 11:25 | 45 分钟 | 9 |
| JOB3 | 10:15 | 20 分钟 | 11:25 | 11:25 | 11:45 | 90 分钟 | 4.5 |
| 作业平均周转时间 $T = 56$ 分钟<br>作业带权平均周转时间 $W = 4.2$ | | | | | | 280 分钟 | 21 |

从表 3-7 中可知，作业的调度和执行次序为：JOB1，JOB2，JOB4，JOB5，JOB3；作业平均周转时间为 56 分钟；作业带权平均周转时间系数为 4.2。

（2）*采用短作业优先调度算法*

当第一个作业进入系统后就开始调度，同样在 10:00 开始作业调度，由于此时只有 JOB1 进入系统，作业调度程序只能选中 JOB1 装入主存并立即进入 CPU 运行。

10:10 时，JOB2 进入了系统，系统剩余的主存不能满足作业的要求，此时 JOB2 不能选中，只能等待。

10:15 时，JOB3 进入系统时，由于磁带机数量不足，等待。

10:35 时，JOB4 进入系统，磁带机数量仍不足，仍然等待。

10:40 时，由于 JOB1 已运行结束，可以释放其占有的主存和磁带机资源，此时 JOB2、JOB3、JOB4 和 JOB5 都满足作业调度条件，但按最短作业优先调度的顺序，JOB5 先被作业调度装入主存并立即通过进程调度进入 CPU 运行；JOB4 要求的资源可以得到满足，因此也同时被选中装入主存；然后 JOB3 要求的磁带机资源得不到满足，仍然等待；JOB2 要求的主存和磁带机资源都得不到满足，也仍然等待其他作业释放。此时，主存中存在两个作业 JOB5 和 JOB4。

10:45 时，JOB5 执行结束释放磁带机和主存。此时，主存中只有一个作业 JOB4，系统现有的空闲磁带机和主存资源分别为 2 台和 75K，无法满足 JOB3 对磁带机的需求，仍要继续等待 JOB4 作业释放磁带机；JOB2 被作业调度选中装入主存，但由于运行时间长于 JOB4，要等待 CPU 调度。

10:55 时，JOB4 执行结束释放磁带机和主存。此时，主存中只有一个作业 JOB2，系统现有的空闲磁带机和主存资源分别为 3 台 30K，无法满足 JOB3 对磁带机的需求，仍要继续等待 JOB2 执行结束，才能通过作业调度装入主存并进入 CPU 执行。

11:25 时，JOB2 执行结束，系统现有的资源恢复到初始状态满足了 JOB3 的需求，作业调度直接选择 JOB3 装入主存并立即通过进程调度进入 CPU 运行。

调度次序及平均周转时间如表 3-8 所示。

**表 3-8　SJF 调度算法运行结果**

| 作业次序 | 进入时间 | 运行时间 | 作业调度 | 进程调度 | 结束时间 | 周转时间 | 带权周转时间 |
|---|---|---|---|---|---|---|---|
| JOB1 | 10:00 | 40 分钟 | 10:00 | 10:00 | 10:40 | 40 分钟 | 1 |
| JOB5 | 10:40 | 5 分钟 | 10:40 | 10:40 | 10:45 | 5 分钟 | 1 |
| JOB4 | 10:35 | 10 分钟 | 10:40 | 10:45 | 10:55 | 20 分钟 | 2 |
| JOB2 | 10:10 | 30 分钟 | 10:45 | 10:55 | 11:25 | 75 分钟 | 2.5 |
| JOB3 | 10:15 | 20 分钟 | 11:25 | 11:25 | 11:45 | 90 分钟 | 4.5 |
| 作业平均周转时间 $T = 46$ 分钟<br>作业带权平均周转时间 $W = 2.2$ | | | | | | 230 分钟 | 11 |

从表 3-8 中可知，作业的调度和执行次序为：JOB1，JOB5，JOB4，JOB2，JOB3；作业平均周转时间为 46 分钟；作业带权平均周转时间系数为 2.2。

（3）采用响应比最高者优先调度算法

10:00 时，只有 JOB1 进入系统，作业调度程序只能选中 JOB1 装入主存并立即进入 CPU 运行。

10:10 至 10:35 时，先后 JOB2、JOB3 和 JOB4 进入了系统，系统剩余的主存和磁带机数量不能满足任何一个作业的需求，所以三个作业均等待作业调度。

10:40 时，由于 JOB1 已运行结束，可以释放其占有的主存和磁带机资源，此时 JOB2、JOB3、JOB4 和 JOB5 都满足作业调度条件。根据响应比最高者优先调度算法，先计算出各个作业的响应比：

$$\text{JOB2 的响应比} = \frac{30+30}{30} = 2$$

$$\text{JOB3 的响应比} = \frac{25+20}{20} = 2.25$$

$$\text{JOB4 的响应比} = \frac{5+10}{10} = 1.5$$

$$\text{JOB5 的响应比} = \frac{0+5}{5} = 1$$

JOB3 的响应比最高，因此 JOB3 先被调度，同时再对照其他作业的需求与系统剩余资源数，发现剩下作业要求的资源都无法得到满足，因此都仍然等待 JOB3 执行完并释放资源。

11:00 时，JOB3 执行结束，系统资源数恢复初始值，此时 JOB2、JOB4 和 JOB5 都满足作业调度条件。仍先计算 JOB2、JOB4 和 JOB5 的响应比：

$$\text{JOB2 的响应比} = \frac{50+30}{30} = 2.67$$

$$\text{JOB4 的响应比} = \frac{25+10}{10} = 3.5$$

$$\text{JOB5 的响应比} = \frac{20+5}{5} = 5$$

JOB5 的响应比最高，因此 JOB5 先被作业调度并立即通过进程调度进入 CPU 运行；同时比较响应比较高的 JOB4，其作业的资源需求也可得到满足，因此同时也被作业调度；但响应比最低的 JOB2 的磁带机需求得不到满足，只能等待。此时，主存中存在两个作业 JOB5 和 JOB4。

11:05 时，JOB5 执行结束释放磁带机和主存。此时，主存中只有一个作业 JOB4，系统现有的主存和空闲磁带机资源分别为 75K 和 2 台，可以满足 JOB2 对主存的需求，并通过作业调度装入主存。

11:15 时，JOB4 执行结束，系统现有的资源恢复到初始状态满足了 JOB2 的需求，JOB2 进入 CPU 中运行直至 11:45 结束。

调度次序及平均周转时间如表 3-9 所示。

**表 3-9　HRRF 调度算法运行结果**

| 作业次序 | 进入时间 | 运行时间 | 作业调度 | 进程调度 | 结束时间 | 周转时间 | 带权周转时间 |
|---|---|---|---|---|---|---|---|
| JOB1 | 10:00 | 40 分钟 | 10:00 | 10:00 | 10:40 | 40 分钟 | 1 |
| JOB3 | 10:15 | 20 分钟 | 10:40 | 10:40 | 11:00 | 45 分钟 | 2.25 |
| JOB5 | 10:40 | 5 分钟 | 11:00 | 11:00 | 11:05 | 25 分钟 | 5 |
| JOB4 | 10:35 | 10 分钟 | 11:00 | 11:05 | 11:15 | 40 分钟 | 4 |
| JOB2 | 10:10 | 30 分钟 | 11:05 | 11:15 | 11:45 | 95 分钟 | 3.17 |
| 作业平均周转时间 $T$ = 49 分钟<br>作业带权平均周转时间 $W$ = 3.08 | | | | | | 245 分钟 | 15.42 |

从表 3-9 中可知，作业的调度和执行次序为：JOB1，JOB3，JOB5，JOB4，JOB2；作业平均周转时间为 49 分钟；作业带权平均周转时间系数为 3.08。

**【例 2】**有一个多道程序设计系统，仍采用可变分区方式管理主存中的用户空间，但不允许移动已在主存中的任何作业。假设用户可使用的最大主存空间为 100K，主存分配算法为最先适应分配法，作业序列如表 3-10 所示。

**表 3-10　初始作业表**

| 作业名 | 进入时间 | 运行时间 | 主存需求量 |
|---|---|---|---|
| JOB1 | 10:06 | 42 分钟 | 55K |
| JOB2 | 10:20 | 30 分钟 | 40K |
| JOB3 | 10:30 | 24 分钟 | 35K |
| JOB4 | 10:36 | 15 分钟 | 25K |
| JOB5 | 10:42 | 12 分钟 | 20K |

该系统采用多道程序设计技术，忽略设备工作时间和系统进行调度所花的时间，进程调度也仍采用先来先服务算法。请分别给出采用“先来先服务调度算法”、“最短作业优先算法”和“响应比最高者优先算法”选中作业执行的次序以及作业的平均周转时间和带权平均周转时间。

**分析**：由于主存采用可变分区分配方式时，不允许移动已在主存中的任何作业，则只有单个主存空闲分区容量大于作业需求量时，主存才可满足作业对主存的需求。这个条件是作业调度必须满足的前提条件。其他分析过程同例 1 的分析过程。

(1) 采用先来先服务调度算法

10:06 时，JOB1 首先进入系统，作业调度程序直接选择 JOB1 装入主存并运行。

10:20 时，JOB2 进入系统时，也立即被作业调度入主存，但需等待 CPU 运行。此时，主存中存在两个作业。

10:20 至 10:48 之间，由于 JOB1 和 JOB2 都在运行，此时系统剩余的资源只有 5K，无法满足 JOB3、JOB4 和 JOB5 中任何一个作业对主存的需求，因此都只能等待。

10:48 时，JOB1 执行结束并释放了 55K 主存，主存存在两个不相邻的空闲分区，容量分别为 55K 和 5K。JOB3、JOB4 和 JOB5 都满足作业调度条件，先选择 JOB3 进行作业调度；在调度 JOB3 的同时，系统剩余的资源虽然还有 25K，但却分布在两个不相邻的分区中，大小分别是 20K 和 5K，因此只能选择 JOB5 调度，JOB4 仍然等待。此时，主存中存在三个作业，分别为 JOB2、JOB3 和 JOB5，但只有 JOB2 在 CPU 中运行。

11:18 时，JOB2 执行结束释放 40K 主存空间，此时可以装入 JOB4。主存中存在三个作业，分别为 JOB3、JOB5 和 JOB4，但只有 JOB3 在 CPU 中运行。

11:42 时，JOB2 执行结束，主存中存在两个作业，分别为 JOB5 和 JOB4，JOB5 在 CPU 中运行。

11:54 时，JOB5 执行结束，最后一个作业 JOB4 进入 CPU 中运行直至 12:09 结束。

调度次序及平均周转时间如表 3-11 所示。

**表 3-11 FCFS 调度算法运行结果**

| 作业次序 | 进入时间 | 运行时间 | 作业调度 | 进程调度 | 结束时间 | 周转时间 | 带权周转时间 |
|---|---|---|---|---|---|---|---|
| JOB1 | 10:06 | 42 分钟 | 10:06 | 10:06 | 10:48 | 42 分钟 | 1 |
| JOB2 | 10:20 | 30 分钟 | 10:20 | 10:48 | 11:18 | 58 分钟 | 1.93 |
| JOB3 | 10:30 | 24 分钟 | 10:48 | 11:18 | 11:42 | 72 分钟 | 3 |
| JOB5 | 10:42 | 12 分钟 | 10:48 | 11:42 | 11:54 | 72 分钟 | 6 |
| JOB4 | 10:36 | 15 分钟 | 11:18 | 11:54 | 12:09 | 93 分钟 | 6.2 |
| 作业平均周转时间 $T$ = 67.4 分钟<br>作业带权平均周转时间 $W$ = 3.63 | | | | | | 337 分钟 | 18.13 |

从表 3-11 中可知，作业的调度和执行次序为：JOB1，JOB2，JOB3，JOB5，JOB4；作业平均周转时间也为 67.4 分钟；作业带权平均周转时间系数为 3.63。

(2) 采用短作业优先调度算法

10:06 时，JOB1 首先进入系统并立即被装入主存运行。

10:20 时，JOB2 进入系统也立即被装入主存，但需等待 CPU 运行。此时，主存中存在两个作业。

10:20 至 10:48 之间，系统剩余的资源只有 5K，无法满足 JOB3、JOB4 和 JOB5 中任何一个作业对主存的需求，因此都只能等待。

10:48 时，JOB1 执行结束并释放了 55K 主存，主存存在两个不相邻的空闲分区，容量分别为 55K 和 5K。JOB3、JOB4 和 JOB5 都满足作业调度条件，先选择最小作业 JOB5 进行作业调度；在调度 JOB5 的同时，系统剩余的资源虽有 40K，但分布在两个不相邻的分区中，大小分别是 35K 和 5K，因此选择次小的 JOB4 调度，JOB3 仍然等待。此时，主存中存在三个作业，分别为 JOB2、JOB4 和 JOB5，但只有 JOB2 在 CPU 运行。

11:18 时，JOB2 执行结束，释放 40K 主存空间，此时可以装入 JOB3。主存中仍存在三个作业，分别为 JOB3、JOB5 和 JOB4，但只有 JOB5 在 CPU 中运行。

11:30 时，JOB5 执行结束，主存中存在两个作业，分别为 JOB3 和 JOB4，JOB4 在 CPU 中运行。

11:45 时，JOB4 执行结束，最后一个作业 JOB3 进入 CPU 中运行直至 12:09 结束。

调度次序及平均周转时间如表 3-12 所示。

**表 3-12 SJF 调度算法运行结果**

| 作业次序 | 进入时间 | 运行时间 | 作业调度 | 进程调度 | 结束时间 | 周转时间 | 带权周转时间 |
|---|---|---|---|---|---|---|---|
| JOB1 | 10:06 | 42 分钟 | 10:06 | 10:06 | 10:48 | 42 分钟 | 1 |
| JOB2 | 10:20 | 30 分钟 | 10:20 | 10:48 | 11:18 | 58 分钟 | 1.93 |
| JOB5 | 10:42 | 12 分钟 | 10:48 | 11:18 | 11:30 | 48 分钟 | 4 |
| JOB4 | 10:36 | 15 分钟 | 10:48 | 11:30 | 11:45 | 69 分钟 | 4.6 |
| JOB3 | 10:30 | 24 分钟 | 11:18 | 11:45 | 12:09 | 99 分钟 | 4.13 |
| 作业平均周转时间 $T = 63.2$ 分钟<br>作业带权平均周转时间 $W = 3.13$ | | | | | | 316 分钟 | 15.66 |

从表 3-12 中可知，作业的调度和执行次序为：JOB1，JOB2，JOB5，JOB4，JOB3；作业平均周转时间为 63.2 分钟；作业带权平均周转时间系数为 3.13。

（3）采用响应比最高者优先调度算法

10:06 时，JOB1 首先被装入主存运行。

10:20 时，JOB2 被装入主存，但需等待 CPU 运行。此时，主存中存在两个作业。

10:20 至 10:48 之间，JOB3、JOB4 和 JOB5 都只能等待。

10:48 时，JOB1 执行结束并释放了 55K 主存，主存存在两个不相邻的空闲分区，容量分别为 55K 和 5K。JOB3、JOB4 和 JOB5 都满足作业调度条件，都在等待作业调度，根据响应比最高者优先调度算法，容易计算出各个作业的响应比：

$$\text{JOB3 的响应比} = \frac{18+24}{24} = 1.75$$

$$\text{JOB4 的响应比} = \frac{12+15}{15} = 1.8$$

$$\text{JOB5 的响应比} = \frac{6+12}{12} = 1.5$$

由于 JOB4 的响应比最大，可先选择响应比最大的 JOB4 进行调度；在调度 JOB4 的同时，系统剩余的资源有 35K，但分布在两个不相邻的分区中，大小分别是 30K 和 5K。因此，虽然 JOB3 的响应比比 JOB5 大，但只能选择 JOB5 调度，JOB3 仍然等待。此时，主存中存在三个作业，分别为 JOB2、JOB4 和 JOB5，但只有 JOB2 在 CPU 中运行。

11:18 时，JOB2 执行结束，释放 40K 主存空间，此时可以装入 JOB3。主存中仍存在三个作业，分别为 JOB3、JOB5 和 JOB4，但只有 JOB4 在 CPU 中运行。

11:33 时，JOB4 执行结束，主存中存在两个作业，分别为 JOB5 和 JOB3，JOB5 在 CPU 中运行。

11:45 时，JOB5 执行结束，最后一个 JOB3 进入 CPU 中运行直至 12:09 结束。

调度次序及平均周转时间如表 3-13 所示。

表3-13 HRRF调度算法运行结果

| 作业次序 | 进入时间 | 运行时间 | 作业调度 | 进程调度 | 结束时间 | 周转时间 | 带权周转时间 |
|---|---|---|---|---|---|---|---|
| JOB1 | 10:06 | 42分钟 | 10:06 | 10:06 | 10:48 | 42分钟 | 1 |
| JOB2 | 10:20 | 30分钟 | 10:20 | 10:48 | 11:18 | 58分钟 | 1.93 |
| JOB4 | 10:36 | 15分钟 | 10:48 | 11:18 | 11:33 | 57分钟 | 3.8 |
| JOB5 | 10:42 | 12分钟 | 10:48 | 11:33 | 11:45 | 63分钟 | 5.25 |
| JOB3 | 10:30 | 24分钟 | 11:18 | 11:45 | 12:09 | 99分钟 | 4.13 |
| 作业平均周转时间 $T = 63.8$ 分钟<br>作业带权平均周转时间 $W = 3.22$ | | | | | | 319分钟 | 16.11 |

从表3-13中可知，作业的调度和执行次序为：JOB1，JOB2，JOB4，JOB5，JOB3；作业平均周转时间为63.8分钟；作业带权平均周转时间系数为3.22。

**【例3】** 有五个批处理作业JOB1、JOB2、JOB3、JOB4、JOB5，分别在0、1、3、5、6时刻到达系统。假设它们的预计运行时间分别为3、5、2、3、2，它们的优先数分别为5、3、1、2、6（设1为最低优先数）。该系统采用多道程序设计技术，且作业在执行过程中不进行I/O处理和系统调用，请分别采用“先来先服务调度算法”、“最短作业优先调度算法”、“优先数调度算法”和“时间片轮转调度算法”四种算法（前三种算法均为非剥夺式调度算法，第四种算法的时间片长度为2个时间单位），计算所有作业的平均周转时间和平均带权周转时间。忽略进程切换产生的系统开销。

作业序列如表3-14所示。

表3-14 初始作业表

| 作业名 | 到达时间 | 运行时间 | 优先数 |
|---|---|---|---|
| JOB1 | 0 | 3 | 5 |
| JOB2 | 1 | 5 | 3 |
| JOB3 | 3 | 2 | 1 |
| JOB4 | 5 | 3 | 2 |
| JOB5 | 6 | 2 | 6 |

**分析**：由于题中五个作业均未要求主存容量，且不进行I/O操作。因此，每个作业到达系统均可直接装入主存执行，系统需要执行的仅仅是进程调度过程。题目忽略进程切换产生的系统开销，因此计算时只需考虑每个进程占用CPU的时间。

（1）采用先来先服务调度算法

0时刻：JOB1到达系统，即刻被进程调度调入CPU运行3个时间单位至3时刻结束。

1时刻：JOB2到达系统，等待进程调度。

3时刻：JOB1运行结束，JOB3到达系统，由于JOB2先到达系统，所以JOB2进入CPU运行5个时间单位至8时刻结束，JOB3等待进程调度。

5时刻：JOB4到达系统，此时JOB3、JOB4都等待进程调度。

6时刻：JOB5到达系统，此时JOB3、JOB4和JOB5都等待进程调度。

8时刻：JOB2运行结束，切换最先进入系统的JOB3进入CPU运行2个时间单位至10时刻结束，JOB4和JOB5仍然等待进程调度。

10时刻：JOB3运行结束，切换JOB4进入CPU运行3个时间单位至13时刻结束，JOB5继续等待进程调度。

13 时刻：JOB4 运行结束，切换 JOB5 进入 CPU 运行 2 个时间单位至 15 时刻结束。

15 时刻：JOB5 运行结束。

调度次序及平均周转时间如表 3-15 所示。

**表 3-15　FCFS 调度算法运行结果**

| 作业次序 | 到达时间 | 运行时间 | 等待时间 | 结束时间 | 周转时间 | 带权周转时间 |
|---|---|---|---|---|---|---|
| JOB1 | 0 | 3 | 0 | 3 | 3 | 1 |
| JOB2 | 1 | 5 | 2 | 8 | 7 | 1.4 |
| JOB3 | 3 | 2 | 5 | 10 | 7 | 3.5 |
| JOB4 | 5 | 3 | 5 | 13 | 8 | 2.7 |
| JOB5 | 6 | 2 | 7 | 15 | 9 | 4.5 |
| 作业平均周转时间 $T = 6.8$<br>作业带权平均周转时间 $W = 2.62$ | | | | | 34 | 13.1 |

（2）采用最短作业优先调度算法

0 时刻：JOB1 到达系统，即刻进入 CPU 运行 3 个时间单位至 3 时刻结束。

1 时刻：JOB2 到达系统，等待。

3 时刻：JOB1 运行结束，JOB3 到达系统，由于 JOB3 更短，所以 JOB3 进入 CPU 运行 2 个时间单位至 5 时刻结束，JOB2 继续等待。

5 时刻：JOB3 运行结束，JOB4 到达系统，但运行时间比 JOB2 短，所以立即进入 CPU 运行 3 个时间单位至 8 时刻结束，JOB2 继续等待。

6 时刻：JOB5 到达系统，此时，JOB2 和 JOB5 都等待。

8 时刻：JOB4 运行结束，切换短作业 JOB5 进入 CPU 运行 2 个时间单位至 10 时刻结束，JOB2 仍然等待。

10 时刻：JOB5 运行结束，切换 JOB2 进入 CPU 运行 5 个时间单位至 15 时刻结束。

15 时刻：JOB2 运行结束。

调度次序及平均周转时间如表 3-16 所示。

**表 3-16　SJF 调度算法运行结果**

| 作业次序 | 到达时间 | 运行时间 | 等待时间 | 结束时间 | 周转时间 | 带权周转时间 |
|---|---|---|---|---|---|---|
| JOB1 | 0 | 3 | 0 | 3 | 3 | 1 |
| JOB3 | 3 | 2 | 0 | 5 | 2 | 1 |
| JOB4 | 5 | 3 | 0 | 8 | 3 | 1 |
| JOB5 | 6 | 2 | 2 | 10 | 4 | 2 |
| JOB2 | 1 | 5 | 9 | 15 | 14 | 2.8 |
| 作业平均周转时间 $T = 5.2$<br>作业带权平均周转时间 $W = 1.56$ | | | | | 26 | 7.8 |

（3）采用优先数调度算法

0 时刻：JOB1 到达系统，即刻进入 CPU 运行 3 个时间单位至 3 时刻结束。

1 时刻：JOB2 到达系统，等待。

3 时刻：JOB1 运行结束，JOB3 到达系统，由于 JOB2 优先数更高，所以 JOB2 进入 CPU 运行5个时间单位至8时刻结束，JOB3等待。

5时刻：JOB4到达系统，此时JOB3、JOB4都等待。

6时刻：JOB5到达系统，此时JOB3、JOB4和JOB5都等待。

8时刻：JOB2运行结束，切换优先数最高的JOB5进入CPU运行2个时间单位至10时刻结束，JOB3和JOB4仍然等待。

10时刻：JOB5运行结束，切换优先数更高的JOB4进入CPU运行3个时间单位至13时刻结束，JOB3继续等待。

13时刻：JOB4运行结束，切换JOB3进入CPU运行2个时间单位至15时刻结束。

15时刻：JOB3运行结束。

调度次序及平均周转时间如表3-17所示。

**表3-17 优先数调度算法运行结果**

| 作业次序 | 到达时间 | 运行时间 | 等待时间 | 结束时间 | 周转时间 | 带权周转时间 |
|---|---|---|---|---|---|---|
| JOB1 | 0 | 3 | 0 | 3 | 3 | 1 |
| JOB2 | 1 | 5 | 2 | 8 | 7 | 1.4 |
| JOB5 | 6 | 2 | 2 | 10 | 4 | 2 |
| JOB4 | 5 | 3 | 5 | 13 | 8 | 2.7 |
| JOB3 | 3 | 2 | 10 | 15 | 12 | 6 |
| 作业平均周转时间 $T = 6.8$<br>作业带权平均周转时间 $W = 2.62$ | | | | | 34 | 13.1 |

(4) *采用时间片轮转调度算法*

为简单起见，假设采用基本时间片，每个进程使用完一个时间片后未结束，则直接排到当前队列的末尾等待下一轮调度。

0时刻：JOB1到达系统，即刻进入CPU运行一个时间片长，即2个时间单位。

1时刻：JOB2到达系统，插入到就绪队列等待。

2时刻：JOB1一个时间片长度用完，还需要一个时间片，因此退出CPU并插入就绪队列JOB2后面；JOB2得到一个时间片长并开始运行2个单位时间。

3时刻：JOB3到达系统，插入到就绪队列JOB1后等待。

4时刻：JOB2一个时间片长度用完，还需要2个时间片，因此退出并插入就绪队列JOB3后面；JOB1得到一个时间片长，但只需运行1个单位时间就提前结束。

5时刻：JOB4到达系统并插入队列JOB2后；此时，JOB3得到一个时间片长并开始运行2个单位时间。

6时刻：JOB5到达系统并插入队列JOB4后；此时，JOB3仍在运行，其他三个都等待。

7时刻：JOB3运行结束，切换至JOB2运行一个时间片，JOB4和JOB5仍然等待。

9时刻：JOB2运行完一个时间片退出并插入队列JOB5后，切换至JOB4运行一个时间片；JOB5和JOB2仍然等待。

11时刻：JOB4运行完一个时间片退出并插入队列JOB2后，切换至JOB5运行一个时间片；JOB2和JOB4等待。

13时刻：JOB5运行结束，切换JOB2进入CPU运行1个时间单位至14时刻结束，JOB4等待。

14 时刻：JOB2 运行结束，切换 JOB4 进入 CPU 运行 1 个时间单位至 15 时刻结束。

15 时刻：JOB4 运行结束。

采用时间片轮转调度算法的所有作业执行过程如图 3-5 所示。

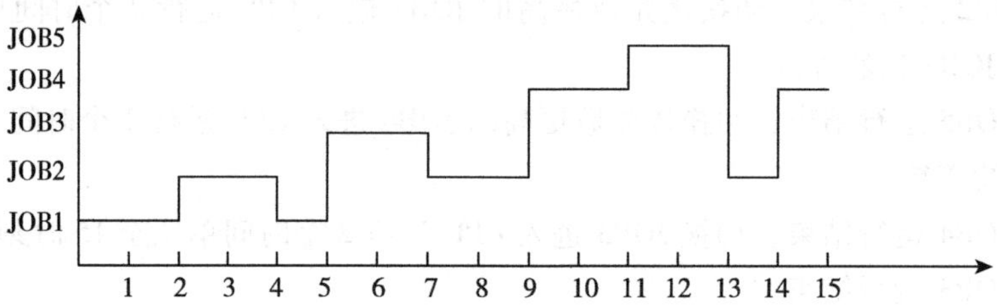


图 3-5　作业执行过程图

调度次序及平均周转时间如表 3-18 所示。

**表 3-18　时间片轮转调度算法运行结果**

| 作业次序 | 到达时间 | 运行时间 | 等待时间 | 结束时间 | 周转时间 | 带权周转时间 |
|---|---|---|---|---|---|---|
| JOB1 | 0 | 3 | 2 | 5 | 5 | 1.7 |
| JOB3 | 3 | 2 | 2 | 7 | 4 | 2 |
| JOB5 | 6 | 2 | 5 | 13 | 7 | 3.5 |
| JOB2 | 1 | 5 | 8 | 14 | 13 | 2.6 |
| JOB4 | 5 | 3 | 7 | 15 | 10 | 3.3 |
| 作业平均周转时间 $T$ = 7.8<br>作业带权平均周转时间 $W$ = 2.62 | | | | | 39 | 13.1 |

## 3.2.5 批处理作业的控制

一个批处理作业被作业调度程序选中后，操作系统将按照作业控制说明书中所规定的控制要求去控制作业的执行。

### 1. 批处理作业的执行

一个批处理作业往往要分几个作业步执行，一般来说，总是按照作业步的顺序控制作业的执行，一个作业步执行结束后，就顺序取下一个作业步继续执行，直到最后一个作业步完成，整个作业就执行结束。这时，系统收回作业所占资源且撤销该作业，作业执行的结果在“输出井”中等待输出。

当作业被选中转为运行态时，作业调度程序为其建立一个作业控制进程，由该进程具体控制作业运行。作业控制进程主要负责控制作业的运行，具体解释执行作业说明书的每一个作业步，并创建子进程来完成该步骤。一个作业步的处理过程又可细分为以下五个阶段：

1）建立子进程；

2）为该子进程申请系统资源和外设资源等；

3）访问该作业的作业控制块；

4）子进程执行结束并释放其占有的全部资源；

5）撤销子进程等。

怎样才能完成作业步的执行呢？不同的作业步要完成不同的工作，因此要有不同的程序去解释、执行。一般来说，根据作业控制说明书中作业步控制语句中参数指定的程序，把相应的程序装到主存，然后创建一个相应的作业步进程，把它的状态设置为“就绪”。当被进程调度程序选中运行时，该进程就执行相应的程序，完成该作业步功能。当一个作业步的进程执行结束，需要向操作系统报告执行结束的信息，然后撤销该进程，再继续取下一个作业步的控制语句，控制作业继续执行。当取到一个表示作业结束的控制语句时，操作系统收回该作业占有的全部主存和外围设备等资源，然后让作业调度再选取下一个可执行的作业。

如果作业执行到某个作业步时发生了错误，则要分析错误的性质。如果是某些用户估计到的错误，且用户已在作业控制说明书中给出了处理办法，系统应按用户的说明转向指定的作业步继续顺序执行，直至作业执行结束。作业的执行流程如图3-6所示。

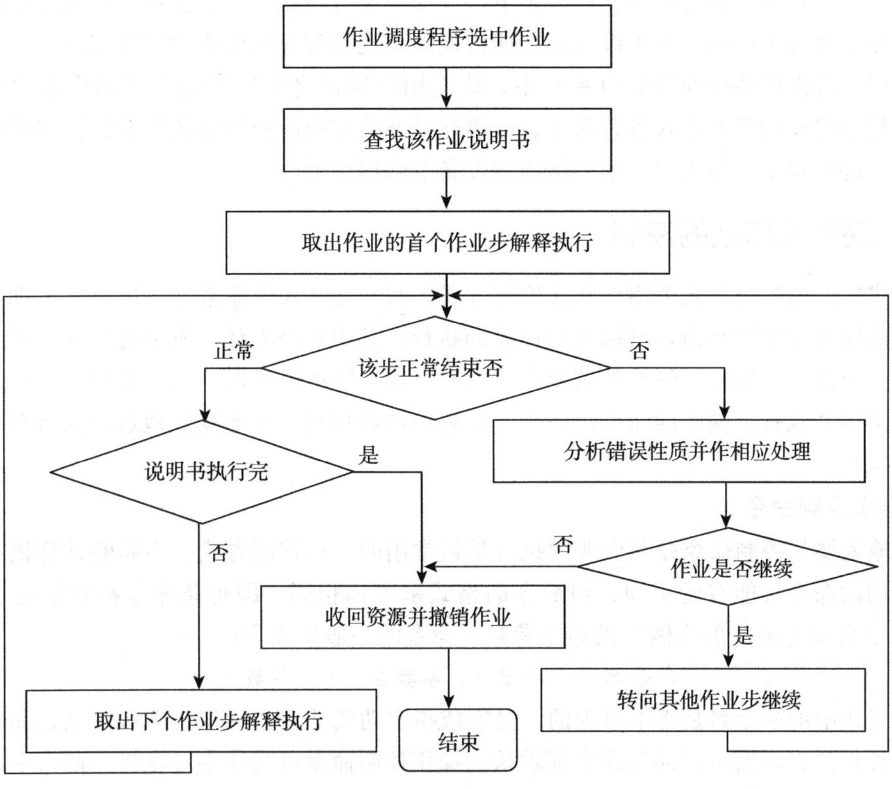


图3-6 作业的执行流程

### 2. 批处理作业的终止与撤销

从图3-6可以看出，当一个批处理作业顺利执行完作业说明书中所有作业步时，作业正常终止；若执行中遇到诸如非法指令、运算溢出和主存地址越界等无法继续执行的错误时，作业将异常终止。作业正常终止时会向系统发出正常终止的信息，然后等待被系统撤销；作业异常终止时也会向系统发出异常终止的信息，然后等待被系统撤销。

系统撤销一个作业的主要过程如下：

1）报告用户作业是正常终止还是异常终止，若是正常终止，则把结果输出；

2）回收作业占据的全部资源，包括主存空间、外设及打开的数据文件等；

3）释放该作业的作业控制块；

4）注销该作业。

每当一个作业运行终止而被撤销后，系统又会进行下一次作业调度，然后重复上述过程，直至全部作业调度完毕。

# 3.3 交互式作业的管理

交互式作业是采用交互式控制方式的作业，即用户使用操作系统提供的操作控制命令直接提出对作业的控制要求，每当用户输入一条命令后，系统立即解释执行且及时给出应答。用户根据作业执行情况决定输入的下一条命令，以控制作业的继续执行。

交互式作业的最大特点体现为交互性，即采用人机对话的方式工作。用户能从系统给出的应答中及时掌握作业的执行情况，以决定下一个作业步应该做什么，也可从系统给出的应答中及时发现作业执行中的问题且予以纠正，能方便地实现对程序的联机调试和修改。

在使用分时操作系统的计算机系统中，终端用户通过终端设备输入终端作业的程序和数据，且直接在终端设备上输入各种命令，来表达对终端作业的控制意图，系统把终端作业的执行情况通过终端设备通知用户，最终从终端设备上输出结果。

## 3.3.1 交互式作业的控制

交互式作业的控制方式采用交互式控制方式。对于交互式作业来说，用户一般都是通过控制台或终端输入操作控制命令直接控制作业的执行，其中在个人计算机上通过输入键盘控制命令，而在分时系统上则输入终端控制命令。此时，用户既可以一次键入一条命令，也可以编写成批命令文件并执行，输入的命令由命令解释程序解释执行，如此反复地通过人机对话方式控制作业的执行。

### 1. 操作控制命令

用户输入操作控制命令控制作业的执行是最常用的一种控制方式。不同的计算机系统提供给用户使用的命令可能有所不同，但命令的格式基本都相同，即每条命令都包括请求“做什么”的命令名和要求“怎么做”的命令参数。命令的一般格式为：

命令名　　参数1，参数2，…，参数n

命令格式中的命令名是必不可少的，是完成指定功能的基本标识，而参数则是完成功能时所需的各种信息，因而可以部分或全部默认。操作控制命令可具体参考联机控制命令内容部分（见3.4.1节）。

### 2. 菜单方式

通过输入操作控制命令来控制作业的执行时，用户必须熟记各种命令。菜单技术是控制作业执行的另一种技术，它可为用户提供较友好的使用界面或接口，像在菜馆点菜一般方便，故此得名。当某一程序具有若干可供用户选择的功能项时，一般都采用交互式的菜单技术进行处理。首先，程序提供可完成的各种功能名，用户根据实际需要选择自身希望实现的功能名，然后，程序分析用户的输入或选择并调用不同的功能模块进行处理。

菜单技术为用户提供了较大方便，用户不必事先记住各种功能命令，而只要根据屏幕上的菜单提示进行选择，所以对于不太熟悉操作控制命令的用户特别方便。但是，对于习惯了命令方式的用户会嫌一层层“点菜”太麻烦。因此，现在有些系统又将菜单与命令方式并存，在提供操作控制命令的同时也把命令组成菜单方式，这样，用户可以选择任意一种或两种方式同时控制作业的执行。

3. 视窗方式

随着20世纪90年代视窗图形操作系统成为主流以来，图形接口也成为比较流行的交互式操作控制方式。图形接口采用了图形化操作界面，用非常容易识别的各种形象化的图标将系统的各项功能、各种应用程序和文件等直观表现出来。因此，用户只需通过鼠标、菜单和对话框来完成相应的操作，而完全不必记住命令名及格式，从而把用户从繁琐且单调的命令操作中解放出来，同时也使计算机的基本操作变得简单、高效且有趣。

视窗方式与菜单方式一样，只是用户表达其需求的方式不同而已，它们所完成的功能与命令方式完全一样。

## 3.3.2 终端作业的管理

在分时操作系统控制下，终端用户一般均采用“时间片轮转”的方法使每个终端作业都能在一个“时间片”的时间内去占用处理器执行，当一个时间片用完后，必须让出处理器给另一个终端作业占用处理器。这样可保证从终端用户输入命令到计算机系统给出应答只需很短的时间，使终端用户感到满意。

终端用户在各自的终端上仍以交互式方式控制终端作业的执行。一般地，控制终端作业的执行大致分成四个阶段，即终端的连接、用户注册、作业控制和用户退出。

1. 终端的连接

任何一个终端用户要使用计算机系统时，必须先使终端设备与计算机系统在线路上接通。终端设备有近程终端和远程终端两种。直接与计算机系统连接的终端是近程终端，当该终端设备加电后，终端就与计算机系统在线路上接通了；借助于租用专线或交换线连接到计算机系统上的终端为远程终端，该终端加电后，用户还需通过电话拨号进行呼叫直至接通。当终端与计算机系统在线路上接通后，计算机系统会在终端上显示信息告诉用户。

2. 用户注册

当终端与计算机系统在线路上接通后，用户必须登录系统。用户首先输入“登录”命令向系统申请执行一个作业，系统会询问用户名、作业名、口令和资源需求等，经过识别用户、核对口令且资源能得到满足，系统会在终端上显示“已登录”和进入系统的时间等信息，这时，系统将接受该终端作业并完成用户的注册过程。若用户名错或口令不对或资源暂时不能满足时，则系统在终端上显示“登录不成功”并给出登录失败的原因。

注册成功的终端用户可从终端上输入作业的程序和数据，也可使用系统提供的终端控制命令控制作业执行。用户每输入一条命令后，由系统解释执行且在终端上显示有关信息，由用户决定下一步操作，直到作业完成。

用户的登录和注册过程可看做是对终端作业的作业调度。

3. 作业控制

一个注册成功的终端用户既可从终端上输入作业的程序和数据，又可使用系统提供的终端控制命令控制作业执行。

4. 用户退出

当终端用户的作业执行结束且不再需要使用终端时，用户可输入“退出”命令请求退出系统。系统接收命令后就收回该用户所占的资源让其退出，同时在终端上显示“退出时间”

或“使用系统时间”，以使用户了解使用系统的时间及应付的费用。当然，用户退出系统后可再次进入系统。

## 3.4 操作系统与用户的接口

操作系统是用户与计算机系统之间的接口，用户在操作系统的帮助下，可以安全、可靠、方便、快速地使用计算机系统中的各类资源，从而解决自己的问题。操作系统向用户提供了两种典型接口，以便用户与操作系统之间建立联系。一种是操作系统为用户提供的各种操作命令或作业控制语言（JCL），用户可利用这些操作命令或作业控制语言来组织作业的工作流程和控制作业的运行；另一种是操作系统为用户提供的一组系统功能调用接口，用户可以在源程序一级使用这些系统调用，请求操作系统提供的服务（例如，请求使用各种外部设备进行信息传输、向系统申请资源等）。随着图形类操作系统的迅速普及，又增加了一种图形用户接口。如图 3-7 所示。

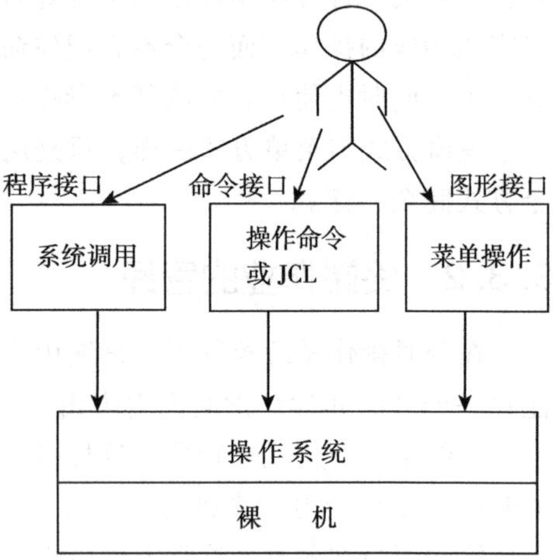


图 3-7 用户和操作系统之间的三种接口

### 3.4.1 命令接口（作业级接口）

操作系统为用户对作业组织和运行进行全过程控制提供了命令接口。命令接口通过在用户和操作系统之间提供高级通信来控制程序执行，即用户通过输入设备（包括键盘、鼠标、触摸屏等）发出一系列命令告诉操作系统执行所需的功能。根据作业控制方式的不同，可将命令接口又分成联机命令接口和脱机命令接口。

**1. 联机命令接口**

联机命令接口是为联机用户提供的调用操作系统功能、请求操作系统为其服务的手段，它由一组键盘操作命令及命令解释程序组成，用于完成联机作业的控制，也称交互式命令接口。在这种方式下，用户使用操作系统提供的键盘操作命令来直接控制作业的执行。执行时，用户可通过键盘输入一条条命令，操作系统中的终端处理程序每次接到一条命令，就将它显示在终端屏幕上，然后交付命令解释程序进行分析，最后按照命令的要求控制作业的执行。系统每次执行完一条命令所要求的工作后，就把命令执行情况通知用户，且让用户决定下一步操作，直至作业执行结束。由此可见，联机命令接口包括一组联机命令、终端处理程序和命令解释程序。

（1）联机命令

用户键入的联机命令通常以命令名开始，命令名本身标志着要执行的操作，但命令名后常常要提供若干参数以指明具体要操作的对象。在命令名和各参数之间，需要用分隔符分隔开，分隔符常用空格、逗号或分号表示；参数后还可带有可选项，该项常用方括号括起来。由此可见，命令的一般格式为：

```
Command arg1, arg2, …, argn, [option 1, …, option k]
```

为了能向用户提供多方面的服务，一般操作系统都能向用户提供几十条甚至一二百条不同类型的联机命令，这些命令按照功能的不同可分成下面五类：

- 文件操作类，该类命令主要用于文件的复制、删除、移动、比较、显示内容及重新命名等；
- 目录操作类，该类命令用于目录的新建、删除、显示、改变路径名、目录清单列表、建立搜索路径、显示目录路径等；
- 磁盘操作类，该类命令用于磁盘格式化、磁盘复制、磁盘比较、磁盘备份、磁盘检查等；
- 系统访问类，该类命令用于设置系统日期和时间、清除屏幕显示内容、设置磁盘卷标和系统提示符等；
- 其他命令，该类命令可用于通信操作、管道操作、I/O 操作等。

下面分别以 MS-DOS 和 UNIX 为例介绍几个常用的联机命令。

**常用的 MS-DOS 联机命令**

在 MS-DOS 操作系统中，所有命令都分成常驻内存和暂驻内存两种，暂驻内存命令是以文件形式存储在磁盘中，只有用到时才调入内存，又称外部命令；而常驻内存命令则随着操作系统的启动一直驻留在内存，又称内部命令。常用的 DOS 命令如下：

1）目录清单列表命令 dir。

格式为：dir [d:] [path] [filename [.ext]] [/p] [/w]

其中 [d:] [path] [filename [.ext]] 分别代表被列目录下的磁盘盘符、路径、文件名和扩展名，该命令是内部命令，以逐屏（/p）或多列（/w）格式列出该路径下的清单。在本命令中，文件名和扩展名均可使用通配符“*”和“?”，其中前者代表任意多个文件，后者代表任意一个文件。例如：

C > dir C:\\windows*.com /p

该命令以逐屏方式显示 C 盘中 windows 目录路径下所有以 com 作为扩展名的文件清单，“>”为 DOS 系统提示符。若当前盘为 C 盘，则可以省略盘符，即命令名为 dir \\windows*.com /p；若路径名为当前目录，则命令可再简化为 dir *.com /p。

2）建立子目录命令 md（或 mkdir）。

格式为：md [d:] [path]

该命令是内部命令，在指定路径下建立一个子目录，例如：

C > md D:\\mydir

该命令则在 D 盘根目录下新建一个子目录 mydir。

3）改变当前目录命令 cd（或 chdir）。

格式为：cd [/d] [d:] [path]

该命令也是内部命令，不管当前处于何目录下，只要执行了该命令后就可使当前目录改变为指定的一个目录路径下。但如果是改变为另一个盘符下的路径时，需要加上参数“/d”。例如：

C > cd /D D:\\mydir

该命令使当前目录改变为 D:\\mydir。

4）文件复制命令 copy。

格式为：

copy [d:] [source_path] [filename [.ext]] [d:] [target_path] [filename [.ext]]

该命令属于内部命令，其中 source_path、target_path 分别表示被复制源文件和复制后目标文件的路径，例如：

C > copy C:\\program\\c\\sort. c D:\\my. c

将 C:\\program\\c 路径下的 sort. c 文件复制到 D 盘根目录下，复制后的文件名为 my. c，当然也可不改变文件名，此时只要省略文件名 my. c 即可。

5）整张软盘复制命令 diskcopy。

格式为：[d:] [path] diskcopy [d:] [d:]

参数 [d:] [path] 用于指定外部命令 diskcopy 所在的磁盘和路径。[d:] [d:] 中的第一个 [d:] 用于指定被复制的文件所在的软盘号，后者则指定接受文件的软盘号。该命令属于外部命令，实现将源软盘上的内容全部复制到目标软盘上，且目标软盘不用格式化，此过程在复制中自动完成。例如：

C > C:\\dos\\diskcopy A: B:

该命令实现把 A 盘上的内容按磁道全部复制到 B 盘上，复制完成后两张磁盘上的内容应该一致。该命令也可用 copy 命令替代，其命令名为：copy A: \ \ *. * B:。如果机器上只有一个软盘驱动器，则相应的命令变更为：

C > C:\\dos\\diskcopy A: A:

此时系统将会在读入源盘内容后提示更换目标盘，如此反复几次即可。若要检验复制后两张软盘上的内容是否真正相同，相应地可用 diskcomp 命令检测。

6）软盘比较命令 diskcomp。

格式为：[d:] [path] diskcomp [d:] [d:]

该命令也是外部命令，命令参数同 diskcopy，实现将源盘和目标软盘上的内容按磁道逐道比较，若两个软盘上的内容完全相同，则显示：

Diskette Compare OK

否则，随时都有可能发出出错信息，指出比较不相等的盘面号和磁盘号。如：

C > C:\\dos\\diskcomp A: A:

该命令比较两个相同盘符的源盘和目标盘的内容是否相同。但需要注意，利用 copy 命令实现的两张软盘复制，虽然两张软盘上的文件个数和内容相同，但文件所占据的磁道和扇区的位置可能不尽相同，因此不能用 diskcomp 命令比较，而只能用 comp 命令比较。

7）磁盘格式化命令 format。

格式为：[d:] [path] format d: [/s]

该命令也是外部命令，format 命令后的参数“d:”用于指定待格式化的磁盘号，参数“/s”则表示把 DOS 操作系统中的三个系统文件 io. sys（基本输入输出管理模块）、msdos. sys（文件管理模块及系统调用模块）和 command. com（命令处理模块）在格式化后自动复制到该软盘上。在进行磁盘格式化的过程中，系统会检查磁盘上是否有坏道，然后创建系统根目录、文件分配表和系统引导程序；经过格式化后，磁盘上的文件记录格式才符合 DOS 系统的要求，因此就可以存放 DOS 文件。例如：

C > Format A:/s

该命令对 A 盘进行格式化后同时将 DOS 操作系统中的三个系统文件复制到 A 盘中，系统显示信息为：

Insert new diskette for drive A:

And strike enter when ready

此时只要把待格式化的软盘 A 插入 A 驱动器中，然后按回车键，则系统显示：

Formatting…

表示系统正在格式化，当完成后系统显示：

Format complete

System tramsterred

然后依次显示磁盘的总容量、损坏的容量、DOS 系统占用的空间和剩余的容量。若要对硬盘进行格式化，则应先对硬盘用 fdisk 命令进行分区，然后再格式化。

8）文件删除命令 del。

格式为：del [d:] [path] filename [.ext]

该命令是内部命令，将指定路径下的文件删除，但不能删除只读文件和子目录，子目录的删除可用 rd 命令（或 rmdir）完成。如要删除 C:\\program\\c 路径下的 sort. c 文件，则命令为：

C > del C:\\program\\c\\sort. c

为了防止误删除或非法删除一批文件，系统会在真正删除文件前显示确认删除信息 "are you sure (Y/N)?"，用户只有键入 Y 才能真正删除。

9）显示文件内容命令 type。

格式为：type [d:] [path] filename [.ext]

该命令也属于内部命令，用于显示指定路径下的文件内容，若需同时打印只需要按 < ctrl + p > 接通打印机即可。该命令每次只能显示一个文本文件的内容，即用 ASCII 码表示的文件内容，所有二进制文件（如 . exe 或 . com 文件）均显示乱码。如命令 type D:\\my. c 则显示 D 盘根目录下的 my. c 文本文件的内容。

10）清除显示屏幕内容 cls。

格式为：cls

该命令是一内部命令，无任何参数，是 DOS 命令中最简单的一个命令。

**常用的 UNIX 联机命令**

在 UNIX 操作系统中，所有命令也都按功能的不同进行分类，命令的格式与 DOS 系统相类似，部分命令的功能还兼容。以下命令即为 UNIX 系统的常用命令。

1）目录清单列表命令 ls。

格式为：ls [选项] [目录名或文件名]

ls 是英文单词 list 的简写，其功能为列出指定目录下的清单或指定文件信息，当未给出目录名或是文件名时，就显示当前目录的信息。该命令是用户最常用的一个命令，类似于 DOS 下的 dir 命令。典型选项-l 表示以长格式来显示文件的详细信息。这个选项最常用。

每行列出的信息依次是：文件类型与权限、链接数、文件属主、文件属组、文件大小、建立或最近修改的时间、文件名。对于符号链接文件，显示的文件名之后有 "—>" 和引用文件路径名；对于设备文件，其 "文件大小" 字段显示主、次设备号，而不是文件大小。

用 ls - l 命令显示的信息中，开头是由 10 个字符构成的字符串，其中第 1 个字符表示文件类型，它可以是下述类型之一：

- - 普通文件
- d 目录
- l 符号链接
- b 块设备文件

- c 字符设备文件

后面的 9 个字符表示文件的访问权限，分为 3 组，每组 3 位：第 1 组表示文件属主的权限，第 2 组表示同组用户的权限，第 3 组表示其他用户的权限。每 1 组的 3 个字符分别表示对文件的读、写和执行权限。各权限如下所示：

- r 读
- w 写
- x 执行，对于目录表示进入权限
- - 没有设置权限。

例如，用长格式列出某个目录下所有的文件。

```
$ ls - l /home/user
- - rw - - - - - - 1 root root 4628 Jun 2 11:34 mbox
lrwxrwxrwx 1 root root 14 Jul 29 03:08 mount - > /mnt
drwxrwxr - x 4 root root 1024 Jul 23 03:43 ptr/
- rw - - r - - r - 1 root root 483997 Jul 15 17:31 sobsrc. tgz
drwxr - xr - x 2 root root 1024 Mar 6 22:32 tmp/
```

2）建立子目录命令 mkdir。

格式为：mkdir [选项] 子目录名

该命令在当前目录下创建一个子目录（类似 DOS 下的 md 命令），但要求创建目录的用户在当前目录中具有写权限，并且子目录名不能是当前目录中已有的目录或文件名称。

主要选项参数-p 可以是一个路径名称。此时若路径中的某些目录尚不存在，加上此选项后，系统将自动建立好那些尚不存在的目录，即一次可以建立多个目录。

例如，在当前目录中建立 inin 和 inin 下的/mail 目录，也就是连续建两个目录，其命令如下：

$ mkdir -p. /inin/mail/

该命令的执行结果是在当前目录中创建嵌套的目录层次 inin /mail，权限设置为只有文件属主有读、写和执行权限。

3）改变当前目录命令 cd。

格式为：cd [directory]

该命令将当前目录改变至 directory 所指定的目录。若没有指定 directory，则回到用户的主目录。为了改变到指定目录，用户必须拥有对指定目录的执行和读权限。

例如：假设用户当前目录是：/home/user，现需要更换到/bin 目录中，则执行

$ cd /bin

此时，用户可以执行 pwd 命令来显示当前工作目录。

4）文件复制命令 cp。

格式为：cp [选项] 源文件或目录 目标文件或目录

该命令把指定的源文件复制到目标文件或把多个源文件复制到目标目录中，如同 DOS 下的 copy 命令一样，功能非常强大。

选项-i 会在覆盖目标文件之前给出提示，要求用户确认，只有回答“y”时目标文件才被覆盖，这样可防止用户在不经意的情况下用 cp 命令破坏另一个文件。因此，建议用户在使用 cp 命令复制文件时，最好使用-i 选项。

例如：$ cp - i exam1. c /usr/wang/shiyan1. c

该命令将文件exam1. c复制到/usr/wang这个目录下，并改名为shiyan1. c；若不希望重新命名，可以使用下面的命令：

$ cp exam1. c /usr/ wang/

5）文件删除命令rm（或rmdir）。

格式为：rm［选项］文件…

该命令能删除一个目录中的一个或多个文件或目录，也可以将某个目录及其下的所有文件及子目录均删除。对于链接文件，只是删除了链接，原有文件均保持不变。

- -r指示rm将参数中列出的全部目录和子目录均递归地删除。
- -i进行交互式删除。

使用rm命令要格外小心。因为一旦一个文件被删除，它就不能被恢复。例如，用户在输入cp、mv或其他命令时，不小心误输入了rm命令，当用户按了回车键并认识到自己的错误时，已经太晚了，文件已经没有了。为了防止此种情况的发生，可以使用rm命令中的-i选项来确认要删除的每个文件。如果用户输入“y”，文件将被删除；如果输入任何其他字符，文件将被保留。若用户要删除文件test和example，系统会要求对每个文件进行确认，假设用户最终决定删除example文件，保留test文件，则命令：

```
$ rm - i test example
Remove test ? n
Remove example ? y
```

6）改变访问权限命令chmod。

格式为：chmod［who］［+ | -］［mode］文件名

chmod命令是非常重要的，它用于改变文件或目录的访问权限，用户用它控制文件或目录的访问权限。该命令含有两个关键的参数who和mode。其中操作对象who可是下述字母中的任一个或者它们的组合：

- u表示“用户（user）”，即文件或目录的属主。
- g表示“同组（group）用户”，即与文件属主同组的所有属组。
- o表示“其他（others）用户”。
- a表示“所有（all）用户”。它是系统默认值。

操作符号“+”和“-”表示添加和删除某个权限。

设置mode所表示的权限可用同上的“r”、“w”、“x”字母任意组合。

在一个命令行中可给出多个权限方式，其间用逗号隔开。例如：

chmod u+x+r，g+r，o+r example

使同组和其他用户对文件example有读权限，但文件属主则具有读和执行权限。

7）更改文件或目录的属主和属组chown。

格式为：chown用户或组 文件

该命令也很常用，用于更改某个文件或目录的属主和属组，即将指定文件的拥有者改为指定的用户或组。例如，root用户把自己的一个文件复制给用户user，为了让用户user能够存取这个文件，root用户应该把这个文件的属主设为user；否则，用户user无法存取这个文件。相应命令为：

$ chown user shiyan. c

8）清除屏幕命令clear。

格式为：clear

该命令非常简单，类似于DOS操作系统中的cls命令，无任何选项，用于清除屏幕显示的内容。

（2）终端处理程序

配置在终端上的终端处理程序，主要用于实现人机对话，其主要功能包括五个方面，具体如下：

1）接收字符。接收用户从终端上键入的字符是终端处理程序最基本的功能，然后再将接收的字符传送给用户程序。该功能有两种实现方式：

- 面向字符方式。该方式下，驱动程序只接收从终端键入的字符，然后将该字符不加修改地传送给用户程序，因此通常是一串未经加工的ASCII码。用户一般不喜欢该种方式。
- 面向行方式。该方式下，终端处理程序将接收到的字符暂存在行缓冲中，并可对行内字符进行编辑，只是在收到行结束符后，才将一行正确的信息传送给命令解释程序。

2）字符缓冲。字符缓冲暂存从终端键入的字符，典型的字符缓冲方式有两种：

- 公用字符缓冲方式。在该方式下，系统不必为每个终端都设置专用的缓冲区，只需要一个公用的缓冲池，在池中每个缓冲区的大小相同。当有终端数据输入时，可先向缓冲池申请一个空的缓冲区来接收字符；只有当缓冲区装满后才申请另一个缓冲区。这样直到全部输入完毕，然后利用链接指针将这些装有输入数据的缓冲区链接成一个链。当字符被传送给用户程序后，便将该缓冲区从链中移出。显然，利用公用缓冲池方式可有效提高缓冲的利用率。
- 专用缓冲方式。与第一种方式不同，该方式为每个终端设置一个缓冲区，用于暂存用户键入的字符。缓冲区的长度适中，通常为200个字符左右。该方式适合于单用户机或用户很少的多用户机。当终端用户数较多时，需要的缓冲区数可能很大，但每个缓冲区的利用率并不高。

3）回送显示。回送显示即回显，是指每当用户从键盘键入一个字符后，终端处理程序便将该字符传送到屏幕显示。有些终端的回显由硬件实现，其速度较快，但往往会引起麻烦。有些场合不该回显，如当用户输入口令时，为防止口令被盗用显然是不该回显的。另外，用硬件实现回显还缺乏灵活性，因此现在更多改用软件实现回显。用软件实现回显可在用户需要时才回显，同时还可方便地进行字符变换，如将小写字母变换成大写字母或相反。当用户将键入的字符送屏幕回显时，驱动程序应在屏幕适当的位置上显示；当光标到达一行的最后一个位置时，应自动返回到下一行开始位置；当键入的字符超过一行的字符数时，应自动转入下一行的开始位置。

4）屏幕编辑。终端处理程序提供了若干编辑键来实现屏幕编辑，这些编辑键包括：

- 字符删除键，即允许将用户键入的字符删除，但有些系统则利用退格键。当用户键入该键时，处理程序不将刚键入的字符送入字符队列，而是从字符队列中移出其前一个字符。
- 行删除键，用于删除刚键入的一行字符。
- 插入键，用于在光标处插入一个字符或一行字符。
- 光标移动键，即键盘上自带的上、下、左、右移动键。

此外还有屏幕上卷和下移键等。

5）特殊字符处理。终端处理程序还提供了对若干特殊字符进行处理的功能，这些特殊字符包括：

- 中断字符。当用户在运行程序中出现异常情况时，用户可通过键入中断字符来中止程序的运行。大多系统都是利用〈Break〉或〈Delete〉或〈Ctrl + C〉等键作为中断字符。当终端处理程序接收到用户键入的中断字符后，应该向该终端上的所有进程发送一个要求进程终止的软中断信号，这些进程收到该软中断信号后便终止执行，因此对中断字符的处理比较复杂。
- 停止上卷字符。当用户键入此字符后，终端处理程序应使正在上卷的屏幕暂停上卷，以方便用户仔细观察屏幕内容。一般地，系统通常利用〈Ctrl + S〉键来停止屏幕上卷。
- 恢复上卷字符。一般地，系统通常利用〈Ctrl + Q〉键来使停止上卷的屏幕恢复上卷，即当终端处理程序接收到该字符后，便恢复屏幕的上卷功能。但需要注意，〈Ctrl + S〉和〈Ctrl + Q〉字符并不被存储，而是被用于设置终端数据结构中的某个标志。每当终端试图输出时，都必须先检查该标志，若该标志已被设置，便不再把字符传送至屏幕。

（3）命令解释程序

操作系统提供的最重要的系统程序是命令解释程序。命令解释程序的主要功能是接收和执行一条由用户提供的对作业加工处理的要求，它通常保存一张命令名字（动词）表，其中记录着所有操作命令及其处理程序的入口或有关信息。当一个新的批作业被启动，或新的交互用户登录系统时，系统就自动地执行命令解释程序，它负责读入控制卡或命令行，并作出相应解释和执行。

命令解释程序的实现有两种常见方式。一种是它自身包含了命令的执行代码，于是收到命令后便转向该命令处理代码区执行，在执行过程中常常会使用“系统调用”帮助完成相应功能。在这种情况下，提供命令的数目就决定了命令解释程序功能的大小。另一种是全部命令都由专门的“系统程序”实现，它自身不含命令处理代码，也不进行处理，而仅仅把这条命令对应的命令处理文件装入内存执行。例如，键入命令：

```
delete G
```

命令解释程序将寻找名字叫 delete 的命令处理文件，把它装入内存并将参数 G 传给它，由这个文件中的代码执行相应操作。因而，与 delete 命令相关的功能全部由 delete 命令文件代码决定，而与命令解释程序无关。这样一来可把命令解释程序做得很小，添加命令也很方便，只要创建一个实现新命令功能的命令处理文件就行了。这种方法也有缺点，由于命令处理程序是独立的系统程序，因而，参数传递会增加难度。所以，很多操作系统把两者结合起来，像列目录、查询状态之类的简单命令由命令解释程序处理，而像编译、编辑这样的复杂命令由独立的命令处理文件完成。

下面讨论命令解释程序的处理过程。操作系统做完初始化工作后便启动命令解释程序，它输出命令提示符，等待键盘中断到来。每当用户打入一条命令（暂存在命令缓冲区）并按回车换行时，申请键盘中断。CPU 响应后，将控制权交给命令解释程序，接着读入命令缓冲区内容，分析命令、接收参数。若为简单命令立即转向命令处理代码执行。否则查找命令处理文件，装入内存并传递参数，将控制权交给其执行。命令处理结束后，再次输出命令提示符，等待下一条命令。

不同的操作系统，其命令解释程序也不同，MS-DOS 的为 Command. com，而 UNIX 的则为

Shell，下面将分别给予介绍。

Command. com

由于终端处理程序接收完用户键入的信息后，经过编辑送缓冲区中暂存，一旦用户键入回车键，便立即将控制权转交给命令解释程序 Command. com。因此，应根据不同的命令给出相对应的处理程序的入口地址，然后再将控制权转交给该处理程序。由此可见，Command. com 的主要作用是在屏幕上产生 DOS 系统提示符（如 C >），等待用户键入命令，然后读取该命令，再识别命令，最后根据不同的命令转入到相应的命令程序入口地址；完成上述任务之后，再把控制权交给该处理程序去真正执行，并将执行得到的结果送屏幕输出 ，若执行中出错，则显示出错信息。

Command. com 命令处理程序由三个部分构成：常驻部分、初始化部分和暂存部分。

常驻部分程序包括一些中断服务子程序。例如，正常退出中断 INT 20，用于在用户程序执行完毕后退回到操作系统；驻留退出中断 INT 27，可使退出程序驻留在内存中；INT 24 用于处理和显示标准错误信息。此外，驻留部分还包括下面的程序：当用户程序终止后，该程序能检查暂存部分是否已被用户程序覆盖，若被覆盖，则重新启动将暂存部分装入内存。

初始化部分程序跟随在常驻部分之后，在启动时获得控制权。该部分包括对 AUTOEXEC. BAT 批处理文件的处理程序，并决定应用程序装入的基地址。每当系统启动后，由处理程序找到并执行该批处理文件。由于该文件用完后不再使用，因此它将被第一个由 Command. com 装入的文件覆盖。

暂存部分程序主要是命令解释程序，包括了所有的内部命令处理程序 、批处理程序及装入和执行外部命令的程序。暂存部分程序驻留在内存中，但用户程序可以使用并覆盖这部分内存。当用户程序结束时，常驻部分又会将它们重新从磁盘上装入内存，恢复暂存部分。

Command. com 的工作流程比较复杂。当系统启动后，初始化部分获得控制权，对整个系统完成初始化工作，然后自动执行 AUTOEXEC. BAT，之后便把控制权交给暂存部分；暂存部分则首先读入键盘缓冲区中的命令，判别其文件名、扩展名及驱动器名是否正确，若发现错误，则在给出出错信息后返回，否则再识别命令。一种简单的识别命令方法是基于一种表格，表格中的每个表项都由命令名及其处理程序入口地址组成。若暂存部分识别到键入命令属于正确命令，则从对应表项中获取该命令处理程序的入口地址，然后把控制权交给该处理程序去执行该命令；完成后，控制又返回到暂存部分并重新给出系统提示符，等待用户键入新的命令。若暂存部分发现用户键入的命令不是内部命令而是外部命令时，则暂存部分还要为之建立命令行，再通过执行系统调用 exec 完成装入该命令的处理程序，并得到其基地址，最后把控制权交给该程序去执行相应的命令。

Shell

Shell 俗称操作系统的“外壳”，负责用户与 UNIX 操作系统之间的沟通，把用户输入的指令解释给操作系统执行，并将系统返回的信息进行解释，提供了用户与 UNIX 操作系统之间交互的接口。

Shell 有两层含义：第一是指由 Shell 命令组成的 Shell 命令语言；第二是指该命令语言的解释程序。所以，Shell 是接收用户命令且执行命令的程序。Shell 是用户登录之后系统第一个运行的程序。系统把它作为一个用户进程，称 Shell 进程。前面学习的联机命令执行就可以通过 Shell 来实现。

由于 Shell 是用户与系统的接口，所以当创建用户时，每个用户都会被指派一个可选的

Shell。目前流行的Shell如Bourne Shell、C Shell和Korn Shell等。一般地，在UNIX System V一类的系统中使用Bourne Shell；而在BDS UNIX中使用的则是C Shell；Korn Shell则结合了两者的特点。对于不同的Shell，提供的命令语言也不同，但基本语法是相同的，而且大部分命令也相同。用户只要根据登录之后UNIX显示的提示符就可区分使用的是哪种Shell，如Bourne Shell显示的提示符是$，而C Shell则为%。

当用户注册成功后，就处于Shell的控制下，然后Shell以交互式方式为用户服务。每当Shell做好接收一条命令的准备时，就会显示一个系统提示符，用户就在Shell的系统提示符后输入一条Shell命令；然后系统根据输入的命令找出该命令的解释程序，解释程序执行完命令后，Shell又显示提示符等待用户输入下一条命令。

2. 脱机命令接口

脱机命令接口又称批处理命令接口，它是专为批处理作业的用户提供的，利用作业控制语言JCL（Job Control Language）中的命令来完成脱机作业的控制。JCL由一组作业控制卡、作业控制语句或作业控制操作命令组成。由于批处理作业的用户不能直接与自己的作业进行交互控制，只能使用操作系统提供的JCL将对作业执行的控制意图编写成“作业控制说明书”并提交给计算机系统，然后由操作系统按照作业控制说明书的要求来自动控制作业的执行，而用户不必在计算机上进行干预。

当批处理作业运行时，系统调用JCL语句处理程序或命令解释程序，对作业控制说明书中的作业控制命令逐条进行解释执行，若作业在执行中出现错误，系统也同样根据作业控制说明书中的控制要求进行干预。因此，作业将一直在作业控制说明书的控制下执行，直至遇到作业结束语句，系统才停止该作业的执行。可见JCL为用户的批作业提供了一种作业级的接口。

### 3.4.2 程序接口

程序接口由提供给编程人员使用的系统调用命令组成。编程人员允许在运行程序中，利用系统调用在程序级提出资源申请和功能服务，从而获得操作系统的底层服务，并使用或访问系统的各种软硬件资源。

操作系统提供的系统功能调用从低级的汇编语言级的接口，发展到高级语言中提供的操作系统服务。用户在用高级语言编程时，可以利用操作系统提供的丰富的系统功能调用来请求系统资源、进行进程控制和通信、完成信息的处理等工作。

1. 系统调用

操作系统的基本服务是通过系统功能调用来实现的。系统调用是操作系统为用户程序提供的一种服务，由若干不同功能的子程序组成，用户程序在执行中可以调用这些子程序。由操作系统提供的这些子程序称“系统功能调用”程序，或简称“系统调用”。系统调用是在管态下执行的程序。

系统调用是用户所需要的功能，有些是比较复杂的，因此硬件不能直接提供，只能通过软件的程序来实现；而有些功能可由硬件完成，并设有相应的指令，如启动外设工作就有用于输入输出的硬指令。但配置了操作系统后，对系统资源的分配、控制不能由用户干预，而必须由操作系统统一管理。所以，对于这样一类功能也需要有相应的控制程序来实现。

2. 系统调用分类

不同的操作系统提供的系统调用不完全相同，但大致都包括以下四类。

(1) 文件操作类

这类系统调用数量较多，主要包括打开文件、建立文件、读文件、写文件、关闭文件、删除文件及创建目录、建立文件及目录的索引结点、移动文件的读写指针、改变文件的属性等。

(2) 资源申请类

这类系统调用包括请求分配主存空间、归还主存空间、分配外围设备及归还外围设备等。

(3) 控制类

执行中的程序可以请求操作系统中止其执行或返回到程序的某一点再继续执行。操作系统要根据程序中止的原因和用户的要求作出处理。因而这类系统调用有：正常结束、异常结束、返回断点及返回指定点等。

(4) 信息维护类

这类系统调用包括设置日期时间、获取日期时间、设置文件属性及获取文件属性等。

### 3. 系统调用执行过程

现代计算机系统硬件提供一条“访管指令”，该指令可以在目态下执行。用户编制程序使用系统调用、请求操作系统服务时，编译程序将其转换成目标程序中的“访管指令”及一些参数。目标程序执行时，当 CPU 执行到“访管指令”，产生自愿性中断，操作系统接过控制权（在管态下），并分析“访管指令”中相关参数，让对应的“系统调用”子程序为用户服务；完成系统调用后，操作系统将 CPU 状态改变为目态，返回到用户程序继续执行。其执行过程可大致分成以下三个阶段。

(1) 设置系统调用参数

系统调用参数传递到寄存器中，其传递方式有两种。

一种是直接将参数传递到相应的寄存器中。该方式最简单，MS-DOS 就采用该方式，通过 MOV 指令将各个参数送入相应的寄存器中。但由于寄存器数量有限，所以限制了该方式设置参数的数量。

另一种方式是先将系统调用所需参数放入一张参数表中，然后再将参数表的指针放在某个规定的寄存器中。UNIX 就采用该方式，其中参数表中最多允许 10 个参数。

(2) 系统调用命令的一般性处理

在设置了系统调用参数后，便可执行系统调用命令。不同的系统可采用不同的方式来进行一般性处理，但一般都是首先保护 CPU 现场，将程序状态字 PSW、程序计数器等压入堆栈，然后将用户定义的参数传递到指定的地方保存起来。

为了使不同的系统调用能方便地转向相应的命令处理程序，可在系统中配置一张系统调用入口表。表中的每个表目都对应一条系统调用命令，它包含有该系统调用自带参数的数目、系统调用命令处理程序的入口地址等。因此，操作系统可利用调用参数去查找该表，即可找到相应命令处理程序的入口地址而转向执行它。

(3) 系统调用命令处理程序完成具体过程

对于不同的系统调用命令，其命令处理程序将执行不同的功能。在这一步中，系统执行系统调用对应的程序段，即执行对应的“系统调用”子程序为用户服务，待完成系统调用后，返回到用户程序继续执行后续过程。

## 3.4.3 图形接口

随着计算机技术、多媒体技术的发展，操作系统提供的接口在形式上和功能上都发生了很大的变化，已经不再局限于常用的命令接口和程序接口了。命令接口要求用户使用时必须熟悉和牢记各种命令的名称、功能和使用格式，此外还要求用户按照规定的格式准确地从键盘输入。显然，这种输入不仅不方便，而且还要花费较多的时间；程序接口则限制了用户使用。

现代操作系统为用户提供了一个更友好的、直观的、易懂的、图文并茂的且具有一定智能的运行环境，接口发展方向更倾向于可视化、集成化和智能化，且用户可以通过文字、图像、声音等媒体，以及键盘、鼠标、扫描仪、声音装置等部件来驱动操作系统提供的命令和用户扩充的自定义命令，从而达到轻松、方便地使用计算机的目的。Windows 操作系统就为用户提供了良好的图形接口。

下面将以 Windows 操作系统为背景介绍图形接口的使用。

1. 图形接口基本元素

Windows 操作系统提供了典型的图形用户接口，该接口包括几个常用的接口基本组成元素，如窗口、图标、菜单、对话框等。

(1) 窗口

在运行该系统时，其操作都是在桌面上进行，而桌面则由多个任务共享。为了避免管理混乱，每个任务都通过其窗口显示操作和运行情况，这样桌面上可能同时出现多个窗口。用户可通过窗口去操纵应用程序或文档，后者也可通过窗口向用户显示用户输入的信息或系统提供的各种服务，因此窗口便成为两者交互的接口。

窗口是该系统最基本的用户界面，其应用程序都是以窗口的形式出现的。通常每一个运行的应用程序都会打开一个窗口，在窗口内还可以打开更多的窗口（又称文档窗口）。

窗口的基本组成如图 3-8 所示。不同应用程序（含文档）的窗口可能有所不同，但基本上都包括控制菜单按钮、标题栏和菜单栏等。

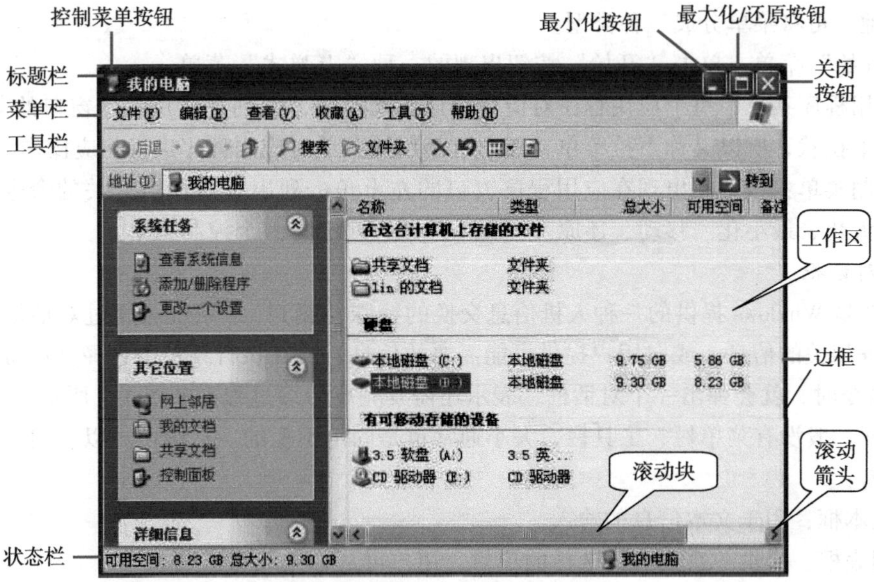


图 3-8 窗口的组成

虽然提供的窗口众多，但一般可分成两类：

1）应用程序窗口。应用程序窗口内包含一个正在运行的应用程序，是作为应用程序运行时的人机界面。用户可通过此窗口与应用程序进行交互。

2）文档窗口。该窗口用于显示与应用程序有关的信息，因此总是附属于某个应用程序，是该应用程序窗口中的子窗口。

Windows 是一个多任务的图形操作系统，允许同时运行多个应用程序，即同时打开多个不同的窗口，但在打开的多个窗口中只有一个窗口是“活动窗口”（或称当前窗口）；当前活动窗口处于所有窗口中的最表层，其他窗口都被该活动窗口覆盖，而其他已打开但被当前窗口覆盖的窗口称“非活动窗口”。“活动窗口”的颜色区别于其他“非活动窗口”的标志是标题栏的颜色呈蓝色且呈高亮度。处于“活动状态”的应用程序在前台运行，其余应用程序（窗口未被激活）都在后台运行，只有活动窗口才能接受用户输入数据。

（2）图标

图标只能出现在面向图形的窗口中，它是作为图形用户接口中的一个重要元素。实际上，图标是一种较小的图形，它代表着某种对象的图形化，这些对象可以是驱动器、文件夹、应用程序、硬件设备及文档文件等，可以看做是最小化的窗口。当图标下方有一个小箭头时，则表示该图标是一个快捷方式。

我们可以通过对图标的操作来控制应用程序的运行。当应用程序未打开时，通过单击或双击该应用程序图标完成启动过程；当应用程序打开但未被激活时，点击任务栏上的对应图标可将该应用程序从后台激活，然后转入前台运行。

（3）菜单

窗口是应用程序与用户进行交互的界面，但用户对应用程序进行的操作则大多是在窗口中以菜单的方式提供的。菜单一般由菜单名和若干菜单项组成，每个菜单项通常对应于相关的命令或操作功能。因此，菜单可提供一组相关命令或功能的清单，用户能方便地选择执行其中的某条命令或功能。

一般地，可将菜单分成三种类型。

- “开始”菜单：单击“开始”按钮出现的一种“上弹式”菜单。
- 应用程序菜单：每个应用程序对应一个该类型菜单，它列在应用程序窗口的菜单条中，呈下拉状，所以又称下拉菜单，用户可利用该菜单对应用程序进行相应操作。
- 控制菜单：该菜单出现在应用程序窗口的左上角，列出了与窗口有关的命令，如窗口最大化、最小化、移动、还原等。每个应用程序都有一个控制菜单。

（4）对话框

对话框是 Windows 提供的一种人机信息交换的特殊“窗口”，系统可通过对话框提示用户输入与任务相关的信息，或向用户提供可能需要的信息。当在执行菜单中选择其后带有省略号“…”的命令时，就会弹出一个对话框，表示还需要完成后续过程，如图 3-9 所示。

对话框一般没有菜单栏、工具栏，大小通常也是固定不变的。从图中可以看出，对话框的基本元素有：

1）文本框：用于文本信息的输入。

2）列表框：提供一系列可供选择的项目，用户可从中选取可选项。

3）下拉列表框：作用与列表框相同，但仅占一行。单击下拉列表框的下拉箭头，就变成一个列表框，用户可从中选取可选项。

4）单选框：由一组圆形按钮组成，圆心处出现一个黑点表示选中。该按钮只能选择其中一个。

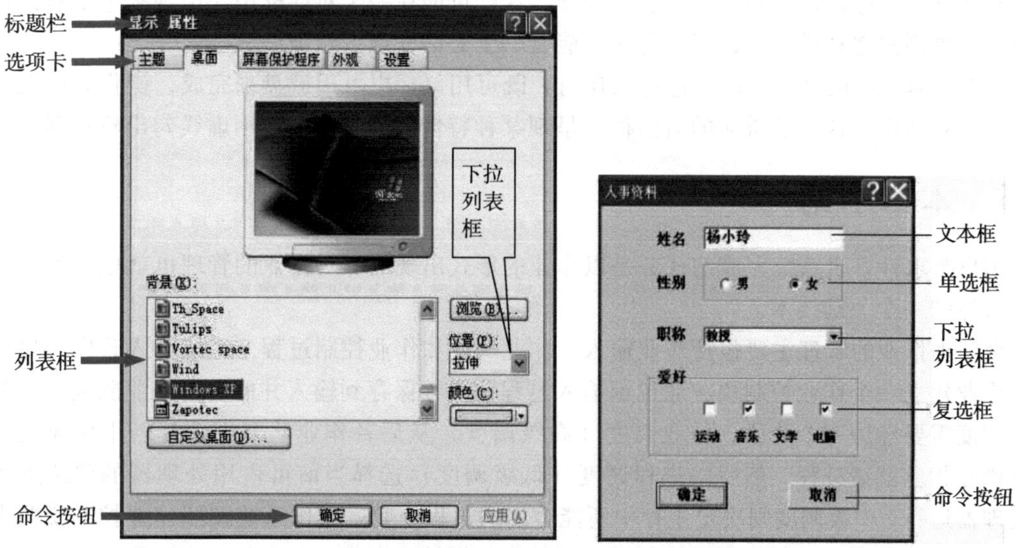


图 3-9 对话框示例

5）复选框：由一些小方格组成，内有“√”表示选中。复选框可同时选中多项。

6）命令按钮：单击命令按钮可执行相应的命令。

7）选项卡：作为对话框中的一个个项目，单击某个选项卡的标签时，则显示该选项卡上的内容。

8）数码器：单击向上或向下箭头，数码器内的数值会相应增大或减少。

### 2. 图形接口元素的基本操作

对于上述的四种基本图形接口元素，此处将简单介绍它们的基本操作。由于图标的操作非常简单，就不作介绍了。

#### (1) 窗口操作

当用户在使用应用程序和文档时，常常要打开多个窗口，同时还要合理安排这些窗口的位置及它们的大小。如果想将当前窗口可视范围扩大，可将窗口放大直至最大化；暂不用的窗口可缩小至图标以便腾出桌面空间；当窗口无法显示所有内容时，可将窗口中的内容进行滚动；当窗口不再使用时可关闭该窗口等。

#### (2) 菜单操作

每个应用程序窗口都有一个菜单条，为应用程序菜单；应用程序窗口标题栏左边还有一个控制菜单框，即为控制菜单。对于这两类菜单，既可通过鼠标也可用键盘操作完成，操作过程非常简单，但对于下拉菜单中的下述几种菜单命令需稍加注意：

1）命令后带有省略号“…”，用户在选择此命令后会立即出现该命令的对话框，提示用户输入与命令有关的各项信息；

2）命令后带有黑三角“▲”，表示用户在选择此命令后，还会再出现下一级菜单；

3）在命令前带有“√”，表示该命令正在执行，若再次选择该命令，该命令就不再起作用，所以又称开关命令。

#### (3) 对话框操作

前面已介绍了当在执行菜单中选择其后带有省略号“…”的命令时，就会弹出一个对话框，对话框中可能出现的基本选项有十来项，这样可能在一个对话框中又出现多个小对话框或命令按钮供用户选择或应答，但是每次只能有一个对话框或按钮被激活。

当需要对其中的某个对话框进行操作时，既可用鼠标也可用键盘来完成，操作时应先选择并激活该对话框，这样被激活的对话框可呈现某种特性，如高亮度或用虚线勾出轮廓等。

## 3.5 本章小结

用户要求计算机系统完成的任务是以作业的形式出现的，对作业的管理也就成为保证达到用户目标的一个关键技术。

批处理作业的管理主要包括作业输入、作业调度和作业控制过程。系统输入程序为每个批处理作业建立一个作业控制块，通过预输入过程输入并保存到输入井的后备作业队列中。整个作业调度需要经历三个阶段，作业调度（高级调度）从后备作业队列中选择若干作业装入主存并创建相应就绪进程，然后由进程调度（低级调度）选择当前可占用处理器的就绪进程进入处理器运行，中级调度则决定主存中所能容纳的进程个数。操作系统按照作业控制说明书中所规定的控制要求去控制作业的执行，直到结束并撤销。在作业调度的三个阶段中，高级调度是关键，理想的调度算法既能提高系统效率，又能使进入系统的作业及时得到计算结果。通过详细对比批处理作业的 FCFS、SJF、HRRF 等调度算法实例，可以发现 SJF 调度算法综合性能最佳。

交互式作业的管理过程以交互式方式控制终端作业的执行，历经终端的连接、用户注册、作业控制和用户退出四个阶段。

为了使用户能够快速有效地访问计算机系统资源，操作系统向用户提供了三种典型接口：命令接口（作业级接口）、程序级接口和图形接口。用户可以利用这些接口，向系统提交完成的任务，系统在接收到用户任务后，将其组织成作业，然后让其进入系统执行，从而完成用户的最终需求。作业级接口用于完成用户作业的组织和控制过程，提供了联机命令和脱机命令两种控制方式，以 MS-DOS 和 UNIX 为例详细介绍了联机控制命令的用法；程序级接口则提供用户进行系统调用需要；图形接口则为用户提供了图形化的操作界面，用非常容易识别的各种图标将系统的各项功能、各种应用程序和文件直观地表示出来，并以 Windows 操作系统为背景介绍了图形接口的使用过程。

## 习　题　三

1. 解释作业和作业步。
2. 计算机上运行一个用户作业通常要经过哪几个作业步？
3. 操作系统提供哪些手段控制和管理作业？
4. 用户交付计算机运行的作业有哪几种？
5. 作业管理功能包括哪几个部分？
6. 什么是 JCL 和 JCB，分别列举它的主要内容和作用。
7. 什么是作业调度程序？简述作业调度程序的主要功能。
8. 作业的状态分成哪几种？简述各种状态之间是如何转换的。
9. 什么是作业调度？影响作业调度的主要因素有哪些？
10. 试叙述作业、进程和程序三者的关系。

11. 简述作业调度包括的主要性能指标。
12. 批处理作业调度要经历哪几个阶段？
13. 简述作业调度与进程调度的关系。
14. 简述批处理作业三级调度层次关系。
15. 批处理作业调度有哪几种调度算法？
16. 试比较先来先服务、短作业优先和响应比最高者优先三种算法的各自特点。
17. 在单道批处理系统中，有四个作业到达输入井和需要的计算时间如下表所示，现分别采用先来先服务调度算法、最短作业优先算法和响应比最高者优先算法，忽略作业调度所花的时间。当第一个作业进入系统后就可开始调度。

(1) 填充表中空白处。

(2) 四个作业的执行次序为____________________。

(3) 四个作业的平均周转时间和带权平均周转时间为____________________。

| 作业 | 入井时间 | 计算时间 | 开始时间 | 完成时间 | 周转时间 | 带权周转时间 |
|---|---|---|---|---|---|---|
| JOB1 | 8:00 | 2小时 | | | | |
| JOB2 | 8:30 | 30分钟 | | | | |
| JOB3 | 9:00 | 6分钟 | | | | |
| JOB4 | 9:30 | 12分钟 | | | | |

18. 在单道批处理系统中，下列三个作业采用先来先服务调度算法、最短作业优先算法和响应比最高者优先算法进行调度，哪一种算法性能较好？请完成下表：

| 作业 | 提交时间 | 计算时间 | 开始时间 | 完成时间 | 周转时间 | 带权周转时间 |
|---|---|---|---|---|---|---|
| JOB1 | 10:00 | 2:00 | | | | |
| JOB2 | 10:10 | 1:00 | | | | |
| JOB3 | 10:25 | 0:25 | | | | |

作业平均周转时间 $T=$

作业平均带权周转时间 $W=$

19. 有一个具有两道作业的批处理系统，作业调度采用短作业优先的调度算法，进程调度采用以优先数为基础的抢占式调度算法，如下表所示的作业序列，作业优先数即为进程优先数，优先数越小优先级越低。

| 作业名 | 到达时间 | 估计运行时间 | 优先数 |
|---|---|---|---|
| A | 10:00 | 40分钟 | 5 |
| B | 10:20 | 30分钟 | 3 |
| C | 10:30 | 50分钟 | 4 |
| D | 10:40 | 20分钟 | 6 |

(1) 列出所有作业进入系统时间及结束时间。

(2) 计算作业平均周转时间和带权平均周转时间。

20. 若某系统采用可变分区方式管理主存中的用户空间，供用户使用的最大主存空间为100K，主存分配算法为最先适应分配法，系统配有4台磁带机，一批作业如下表所示：

| 作业名 | 进入时间 | 运行时间 | 主存需求量 | 磁带机需求量 |
|---|---|---|---|---|
| JOB1 | 10:00 | 40 分钟 | 35K | 3 台 |
| JOB2 | 10:10 | 30 分钟 | 70K | 1 台 |
| JOB3 | 10:15 | 20 分钟 | 50K | 3 台 |
| JOB4 | 10:35 | 10 分钟 | 25K | 2 台 |
| JOB5 | 10:40 | 5 分钟 | 20K | 2 台 |

该系统采用多道程序设计技术，对磁带机采用静态分配，忽略设备工作时间和系统进行调度所花的时间，进程调度采用先来先服务算法。请分别给出采用“先来先服务调度算法”、“最短作业优先算法”和“响应比最高者优先算法”选中作业执行的次序以及作业的平均周转时间和带权平均周转时间。假设不允许移动已在主存中的任何作业。

21. 有一个多道程序设计系统，仍采用可变分区方式管理主存中的用户空间，但允许移动已在主存中的任何作业。假设用户可使用的最大主存空间为100K，主存分配算法为最先适应分配法，作业序列如下表所示：

| 作业名 | 进入时间 | 运行时间 | 主存需求量 |
|---|---|---|---|
| JOB1 | 10:06 | 42 分钟 | 55K |
| JOB2 | 10:20 | 30 分钟 | 40K |
| JOB3 | 10:30 | 24 分钟 | 35K |
| JOB4 | 10:36 | 15 分钟 | 25K |
| JOB5 | 10:42 | 12 分钟 | 20K |

该系统采用多道程序设计技术，忽略设备工作时间和系统进行调度所花的时间，进程调度采用先来先服务算法。请分别给出采用“先来先服务调度算法”、“最短作业优先算法”和“响应比最高者优先算法”选中作业执行的次序以及作业的平均周转时间和带权平均周转时间。

22. 操作系统向用户提供了哪几种接口？
23. 根据作业控制方式的不同，可将命令接口分成哪几种？
24. 简述操作系统提供的系统调用功能类型。
25. 简述系统调用执行过程包括的主要阶段。
26. 批处理作业是如何控制执行的。
27. 终端用户的注册和退出过程各起什么作用？

# 第 4 章

# 存 储 管 理

## 4.1 存储管理概述

存储器是冯·诺伊曼型计算机的五大功能部件之一，用于存放程序（指令）、操作数（数据）以及操作结果。在计算机系统中，存储器一般分为主存储器和辅助存储器两大类。CPU可以直接访问主存储器中的指令和数据，但不能直接访问辅助存储器。在I/O控制系统管理下，辅助存储器与主存储器之间可以进行信息传递。

主存储器简称主存，或称为内存。主存可分为系统区和用户区两个区域。当系统初始化启动时，操作系统内核将自己的代码和静态数据结构加载到主存的低端，这部分主存空间将不再释放，也不能被其他程序或数据所覆盖，通常称为系统区。在系统初始化结束之后，操作系统内核开始对其余空间进行动态管理，为用户程序和内核服务例程的运行动态分配主存，并在执行结束时释放，这部分空间通常称为用户区。

存储管理是对主存中的用户区进行管理，其目的是尽可能地方便用户和提高主存空间的利用率，使主存在成本、速度和规模之间获得较好的权衡。

### 4.1.1 存储器的存储结构

在现代计算机系统中，存储部件通常是采用层次结构来组织，以便在成本、速度和规模等诸因素中获得较好的性价比。

现代通用计算机的存储层次至少应具有三级：最高层为CPU寄存器，中间层为主存，最底层为辅存。在较高档的计算机中，还可以根据具体的功能分工细化为寄存器、高速缓存、主存储器、磁盘缓存、磁盘、可移动存储介质等。如图4-1所示，在存储层次中越往上，存储介质的访问速度越快，价格越高，相对存储容量越小。对于不同层次的存储介质，由操作系统进行统一的管理。其中，寄存器、高速缓存、主存储器和磁盘缓存均属于操作系统存储管理的管辖范畴，掉电后它们存储的信息不再存在。固定磁盘和可移动存储介质属于设备管理的管辖范畴，它们存储的信息将被长期保存。而磁盘缓存本身并不是

图4-1 计算机系统存储器层次

一种实际存在的存储介质，它依托于固定磁盘，提供对主存储器存储空间的扩充。

主存储器（简称内存或主存）是计算机系统中的一个主要部件，用于保存进程运行时的程序和数据，也称为可执行存储器，目前其容量一般为数十 MB 到数 GB，而且容量还在不断增加，而嵌入式计算机系统一般仅有几十 KB 到几 MB。CPU 的控制部件只能从主存中取得指令和数据，数据能够从主存读取并将它们装入到寄存器中，或者从寄存器存入到主存中。CPU 与外围设备之间交换的信息一般也依托主存地址空间。由于主存的访问速度远远低于 CPU 的执行速度，为缓和这一矛盾，计算机系统引入了寄存器和高速缓存。

寄存器访问速度最快，完全能与 CPU 协调工作，但价格昂贵、容量小，一般以字（Word）为单位。一个计算机系统可能包括几十个甚至上百个寄存器，而嵌入式计算机系统一般仅有几个到几十个寄存器，其用于加速存储访问速度，如用寄存器存放操作数，或用做地址寄存器加快地址转换速度。

高速缓存（Cache）是现代计算机结构中的一个主要部件，其容量大于寄存器，从几十 KB 到几 MB，访问速度快于主存。将主存中一些经常访问的信息存放在高速缓存中，可以减少访问主存的次数，并大幅度提高程序执行速度。通常将运算的程序和数据存放在主存中，每当使用它时，被临时复制到一个速度较快的高速缓存中。当 CPU 访问一组特定信息时，首先检查它是否在高速缓存中，如果已存在，可直接从中取出使用；否则要从主存中读出信息，通常认为这批信息被再次使用的概率很高，所以同时把主存中读出的信息复制到高速缓存中。在 CPU 的内部寄存器和主存之间建立了一个高速缓存，而由程序员或编译系统实现寄存器的分配或替换算法，以决定信息是保存在寄存器还是主存中。有一些高速缓存是硬件实现的，如大多数计算机有指令高速缓存，用来暂存下一条欲执行的指令，如果没有指令高速缓存，CPU 将会空等若干个周期，直到下一条指令从主存中取出。所以，高速缓存的管理是一个重要的设计问题，仔细确定其大小和替换策略，能够做到 80% ~99% 的所需信息在高速缓存中找到，因而使系统性能极高。由于高速缓存的速度越快价格越贵，故有的计算机系统中设置了两级或多级高速缓存。紧靠主存的一级高速缓存的速度最快、容量最小，二级高速缓存的容量稍大，速度也稍慢。可见，高速缓存是解决主存速度与 CPU 速度不相匹配的一种部件。

由于目前磁盘的 I/O 速度远低于对主存的访问速度，因此将频繁使用的一部分磁盘数据和信息暂时存放在磁盘缓存中，可以减少访问磁盘的次数。磁盘缓存本身并不是一种实际存在的存储介质，它依托于固定磁盘，提供对主存空间的扩充。主存也可以看做是辅存的高速缓存，因为辅存中的数据必须复制到主存中才能使用；反之，数据也必须先存在主存中，才能输出到辅存。

一个文件的数据可能出现在存储器层次的不同级别中。例如，一个文件数据通常被存储在辅存中（如硬盘），当其需要运行或被访问时就必须调入主存，也可以暂时存放在主存的磁盘高速缓存中。大容量的辅存常常使用磁盘，磁盘数据经常备份到磁带或可移动磁盘组上，以防止硬盘故障时丢失数据。有些系统自动把旧文件数据从辅存转储到海量存储器中，如磁带上，这样做还能降低存储价格。

### 4.1.2 存储管理的功能

一个好的计算机系统只有一个容量大、存储速度快、稳定可靠的主存是不够的，更重要的是在多道程序设计系统中能合理有效地使用空间，提高存储器的利用率，方便用户的使用。具体地说，存储管理的功能如下。

1. 主存空间的分配和去配

要使主存空间能够同时容纳各种软件和多个用户作业，就必须解决主存空间的分配问题。当作业装入主存时，必须按规定的方式向操作系统提出申请，由存储管理进行具体分配。由于受到多种因素的影响，不同存储管理方式所采用的主存空间分配策略是不同的。

当主存中某个作业撤离或主动回收主存资源时，存储管理则收回它所占有的全部或部分主存空间。回收存储空间的工作称为空间的去配。

2. 实现地址转换

采用多道程序设计技术后，在主存中往往同时存放多个作业的程序，而这些程序在主存中的位置是不能预知的，所以在用户程序中使用逻辑地址，而 CPU 是按物理地址访问主存的。因此，为了保证程序的正确执行，存储管理必须配合硬件进行地址映射工作，把一组地址空间中的逻辑地址转换成主存空间中与之对应的物理地址。这种地址转换工作亦称为重定位。

3. 主存空间的共享和保护

主存空间的共享可以提高主存空间的利用率。主存空间的共享有两方面的含义。

1）共享主存资源。在多道程序的系统中，若干个作业同时装入主存，各自占用了某些主存区域，共同使用同一个主存。

2）共享主存的某些区域。不同的作业可能有共同的程序段或数据，可以将这些共同的程序段或数据存放在一个存储区域中，各个作业执行时都可以访问它。这个主存区域又称为各个作业的共享区域。

主存中不仅有系统程序，还有若干用户作业的程序。为了防止各作业相互干扰和保护各区域内的信息不受破坏，必须实现存储保护。存储保护的工作由硬件和软件配合实现。操作系统把程序可访问的区域通知硬件，程序执行时由硬件机构检查其物理地址是否在可访问的区域内。若在此范围则执行，否则产生地址越界中断，由操作系统的中断处理程序进行处理。一般对主存区域的保护可采取如下措施。

1）程序对属于自己主存区域中的信息，既可读又可写。

2）程序对共享区域中的信息或获得授权可使用的其他用户信息，只可读不可修改。

3）程序对非共享区域或非自己的主存区域中的信息，既不可读也不可写。

4. 主存空间的扩充

由于物理主存的容量有限，难以满足用户的需要，会影响系统的性能。在计算机软、硬件的支持下，可把磁盘等辅助存储器作为主存的扩充部分使用，使用户编制程序时不必考虑主存的实际容量，即允许程序的逻辑地址空间大于主存的物理地址空间，使用户感觉计算机系统提供了一个容量极大的主存。实际上，这个容量极大的主存空间并不是物理意义上的主存，而是操作系统的一种存储管理方式。这种方式为用户提供的是一个虚拟的存储器。虚拟存储器比实际主存的容量大，这起到了扩充主存空间的作用。

## 4.2 程序的装入与链接

### 4.2.1 物理地址和逻辑地址

主存的存储单元以字节（每个字节为8个二进制位）为单位编址，每个存储单元都有一个地址与其相对应。假定主存的容量为 $n$，则该主存就有 $n$ 个字节的存储空间，其地址编号为0，

1，2，…，$n-1$。这些地址称为主存的物理地址（也称为绝对地址），物理地址对应的主存空间称为物理地址空间。

在多道程序设计系统中，主存中同时存放了多个用户作业。每次调入运行时，操作系统将根据主存的使用情况为用户分配主存空间，每个用户不可能预先知道其作业存放在主存的具体位置。因此，在用户程序中不能使用主存的物理地址。为了方便程序的编制，每个用户可以认为自己作业的程序和数据存放在一组从 0 地址开始的连续空间中。用户程序中所使用的地址称为逻辑地址（也称为相对地址或虚地址），逻辑地址对应的存储空间称为逻辑地址空间。

## 4.2.2 程序的装入

将一个用户的源程序装入主存中并执行，通常需要经过以下几个步骤：首先编译，由编译程序（Compiler）将用户源代码编译成若干个目标模块（Object Module）；然后链接，由链接程序（Linker）将编译后形成的一组目标模块以及它们所需要的库函数链接在一起，形成一个完整的装入模块（Load Module）；最后装入，由装入程序（Loader）将装入模块装入主存，如图 4-2 所示。

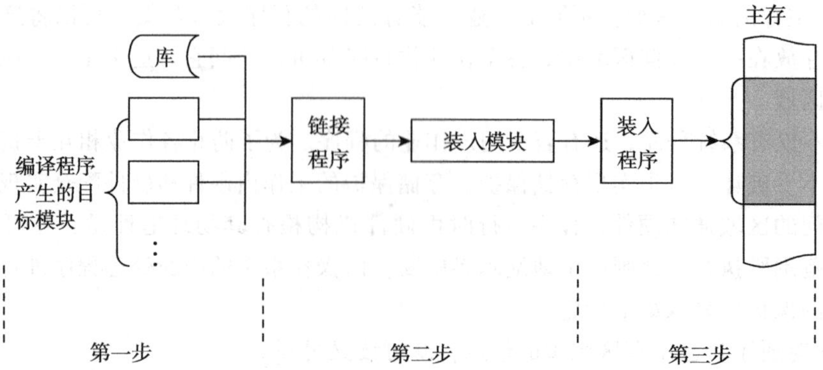


图 4-2　对用户程序的处理过程

将一个装入模块装入主存，可以有绝对装入方式、静态重定位装入方式和动态重定位装入方式。

### 1. 绝对装入方式

如果在编译时知道程序驻留在主存的具体位置，则编译程序将产生物理地址的目标代码。绝对装入程序按照装入模块中的地址，将程序和数据装入主存。模块装入后，由于程序中的逻辑地址与实际主存的地址完全相同，所以不需要对程序和数据的地址进行修改。

如果由程序员直接给出程序和数据的物理地址，则不仅要求程序员熟悉主存的使用情况，而且一旦需要对程序或数据进行修改或重新装入程序和数据，就可能要改变程序中的所有地址。所以，往往在程序中采用符号地址，在编译或汇编时将其转换为物理地址。

绝对装入方式只能将目标模块装入到主存事先指定的固定位置，只适用于单道程序环境。

### 2. 静态重定位装入方式

在装入作业时，把该作业中的指令地址和数据地址一次性全部转换成物理地址，这样在作业执行过程中无需再进行地址转换工作，这种地址转换方式称为静态重定位。这种作业装入的方式称为静态重定位装入方式。静态重定位装入的过程如图 4-3 所示。

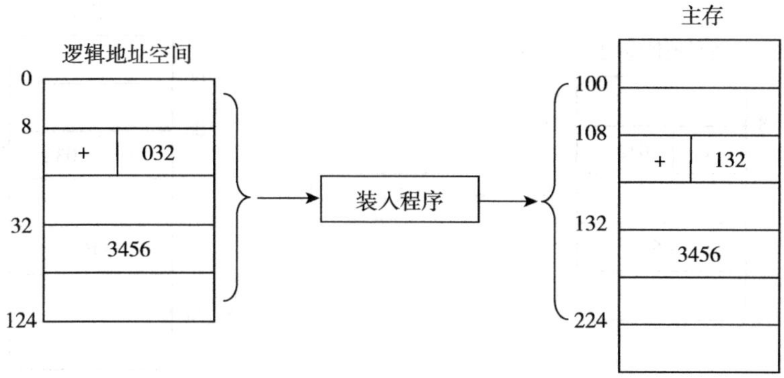


图 4-3 静态重定位

在图 4-3 中，假定用户作业的逻辑地址空间从 0 到 124，其中，8 号单元处有一条加法指令，该指令要求从 32 号单元处取出操作数 3456，然后进行加法操作。如果存储管理为该作业分配的主存区域是从 100 号单元开始，那么，逻辑地址 8 号单元在主存中的对应位置是 108 号单元，32 号单元在主存中的对应位置应该是 132 号单元。如果不修改上述指令的操作数地址，则 CPU 执行该指令时将从主存的 032 号单元中取操作数，这显然会得到错误的结果。应该把程序中所有逻辑地址，包括指令地址和数据地址，都转换成对应的物理地址。上述加法指令中的操作数地址应转换为 132，这样，在执行指令时可直接从 132 号单元中取得正确的操作数。

3. 动态重定位装入方式

在装入作业时，装入程序直接把作业装入到所分配的主存区域中。在作业执行过程中，随着每条指令或数据的访问，由硬件地址转换机制自动地将指令中的逻辑地址转换成对应的物理地址。这种地址转换的方式是在作业执行过程中动态完成的，故称为动态重定位。这种作业装入的方式称为动态重定位装入方式。图 4-4 所示为动态重定位装入过程。

动态重定位由软件和硬件相互配合实现。硬件需要有一个地址转换机制，该机制由一个基地址寄存器（简称基址寄存器）和一个地址转换线路组成。存储管理为作业分配存储区域后，装入程序把作业直接装入到所分配的区域中，并把该主存区域的起始地址存入相应进程的 PCB 中。当进程被调度占用 CPU 时，作业所占的主存区域的起始地址也被存放到基址寄存器中。进程执行中，CPU 每执行一条指令都会把指令中的逻辑地址与基址寄存器中的值相加得到相应的物理地址，然后按物理地址访问存储器。

采用动态重定位时，由于装入主存的作业仍保持逻辑地址，所以，必要时可改变作业在主存中的存放区域。作业在主存中被移动位置后，只需要把新区域的起始地址代替原来基址寄存器中的地址即可，这样，作业执行时，硬件地址转换机制将新区域的起始地址与逻辑地址相加，转换成新的物理地址，使作业仍可正确执行。

若改变了存储区域，作业仍能正确执行，则称程序是可浮动的。采用动态重定位的系统支持程序浮动。而采用静态重定位时，由于被装入主存中的作业信息都已转换为物理地址，在作业执行过程中不再进行地址的转换，故作业执行过程中是不能改变存放位置的，即采用静态重定位的系统不支持程序浮动。

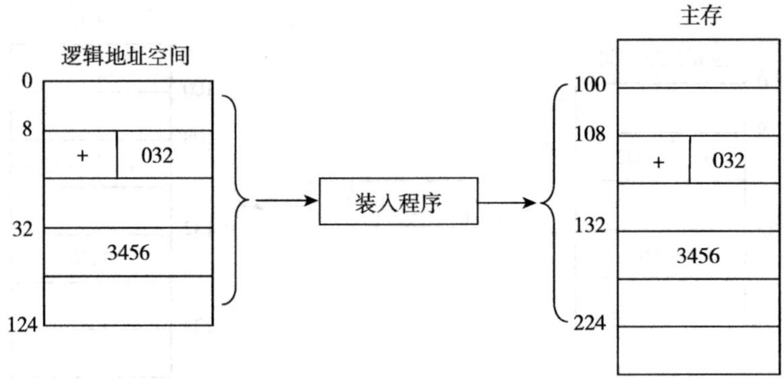


a）作业的装入

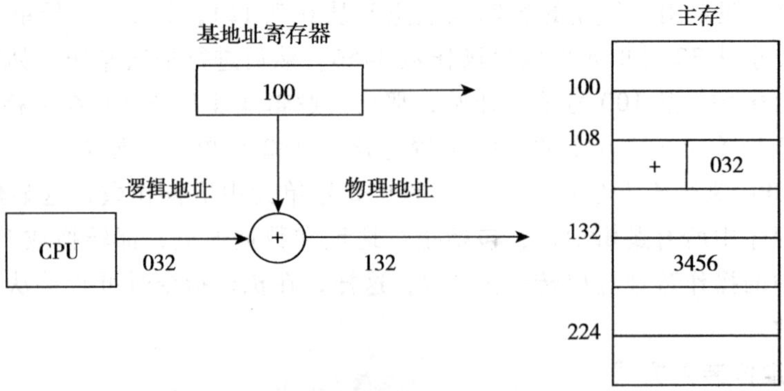


b）地址转换

图 4-4 动态重定位

## 4.2.3 程序的链接

源程序经过编译后，得到一组目标模块，再通过链接程序将这组目标模块链接起来，形成一个完整的装入模块。程序链接如图 4-5 所示，经过编译后得到三个目标模块 A、B、C，它们的长度分别为 $L$、$M$ 和 $N$。其中，B 和 C 属于外部调用符号。根据链接时间的不同，程序的链接可分为如下三种方式。

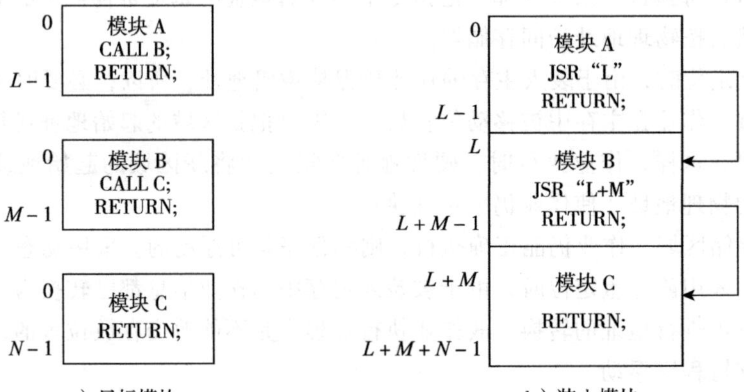


图 4-5 程序链接示意图

#### 1. 静态链接

在程序运行之前，首先将各个目标模块以及所需要的库函数链接成一个完整的装入模块，又称为可执行文件，运行时可直接将它装入主存。

经过编译后得到目标模块，每个模块的起始地址都为0。模块中的地址都是相对于起始地址计算的，在链接成一个装入模块后，程序中被调用模块的起始地址不再是0，此时必须修改被调用模块的逻辑地址，同时每个模块中使用的外部调用符号也相应转变为逻辑地址。如图4-5b所示，B和C模块的起始地址分别变更为$L$和$L+M$，而原B模块中的所有逻辑地址都要加上$L$，原C模块中的所有逻辑地址都要加上$L+M$。

#### 2. 装入时动态链接

用户源程序经编译后得到一组目标模块，在装入主存时，采用边装入边链接的方式，即在装入一个目标模块时，若需要调用另一个模块，则找出该模块，将它装入主存，并修改目标模块中的逻辑地址。

由于采用动态链接的各个目标模块是分开存放的，操作系统可以方便地将一个目标模块链接到几个应用模块上，所以采用动态链接方式可以很容易地实现对目标模块的修改和更新，同时便于实现对目标模块的共享。

#### 3. 运行时动态链接

在很多情况下，由于应用程序每次运行时的条件不同，故需要调用的模块有可能是不相同的。如果将所有目标模块装入主存并链接在一起，就会得到一个非常大的装入模块，其中某些目标模块可能根本就没有条件运行，这样会引起程序装入时间上和主存空间上的浪费。运行时动态链接是指在程序执行过程中当需要该目标模块时，才把该模块装入主存并进行链接。这样不仅可以加快程序装入的速度，而且可以节省大量的主存空间。

## 4.3 连续存储管理

连续存储管理是指把主存中的用户区作为一个连续区域或者分成若干个连续区域进行管理。连续存储管理方式可分为单一连续存储管理、固定分区存储管理以及可变分区存储管理等方式。

### 4.3.1 单一连续存储管理

单一连续存储管理又称为单用户连续存储管理，是一种最简单的存储管理方式。在单一连续存储管理方式下，操作系统占用一部分主存空间，其余的主存空间作为一个连续分区全部分配给一个作业使用，即在任何时刻主存中最多只有一个作业。这种存储管理方式适合于单用户、单任务的操作系统，在个人计算机和专用计算机系统中被采用。图4-6所示为单一连续存储管理的示意图。

在单一连续存储管理方式下，CPU中设置一个界限寄存器，用于指出主存中系统区域和用户区域的地址界限。

界限寄存器指示用户区域的起始地址。用户作业总是被装入到从该地址开始的一片连续区域中。如果作业的地址空间小于主存中的用户区，则作业占据用户区的一部分，其余部分为空闲区域。

单一连续存储管理每次只允许一个作业装入主存，因此可以不必考虑作业在主存中的移动问

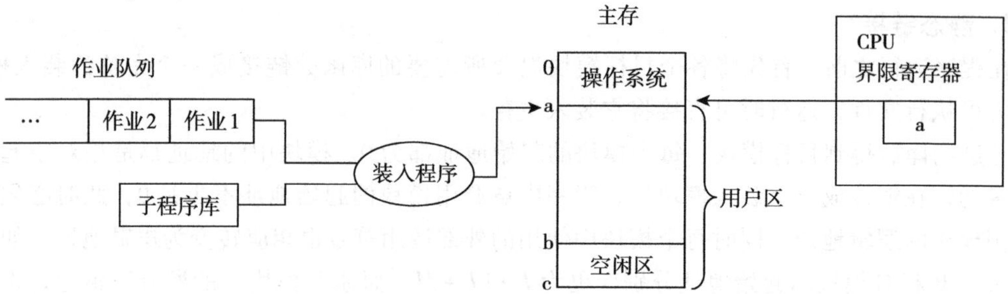


图 4-6 单一连续存储管理示意图

题。当作业被装入主存时，系统一般采用静态重定位方式进行地址转换。程序执行之前由装入程序完成逻辑地址到物理地址的转换工作。当然，也可以采用动态重定位方式进行地址转换。

单一连续存储管理方式下的存储保护比较简单，即判断物理地址是否大于或等于界限地址，并且物理地址是否小于或等于主存最大地址。若条件成立则可执行；否则有地址错误，形成地址越界程序性中断事件。当采用静态重定位装入方式时，由装入程序检查其物理地址是否超过界限地址。若超过则可以装入；否则将产生地址错误，程序不能装入。这样，一个被装入的作业，总能保证在用户区中执行时不破坏系统区中的信息，达到存储保护的目的。

单一连续存储管理方式适用于单道程序系统。在 20 世纪 70 年代，由于小型计算机和微型计算机的主存容量有限，这种管理方式曾得到了广泛应用。例如，IBM 7094 FORTRAN 监督系统、CP/M 系统、DJS 0520 系统等均采用单一连续存储管理方式，但采用这种管理方式存在几个主要缺点：

1）CPU 利用率比较低。当正在执行的作业出现某个等待事件时，CPU 便处于空闲状态。

2）存储器得不到充分利用。不管用户作业的程序和数据量有多少，都是一个作业独占主存的用户区。

3）计算机的外围设备利用率不高。

## 4.3.2 固定分区存储管理

固定分区存储管理是预先把主存中的用户区分割成若干个连续区域，每一个连续区域称为一个分区，每个分区的大小可以相同也可以不同。但是，一旦分割完成，主存中分区的个数就固定不变，每个分区的大小也固定不变。每个分区可以装入一个作业，不允许一个作业跨分区存储，也不允许多个作业同时存放在同一个分区中。因此，固定分区存储管理适合多道程序设计系统。图 4-7 为固定分区存储管理方式的示意图。

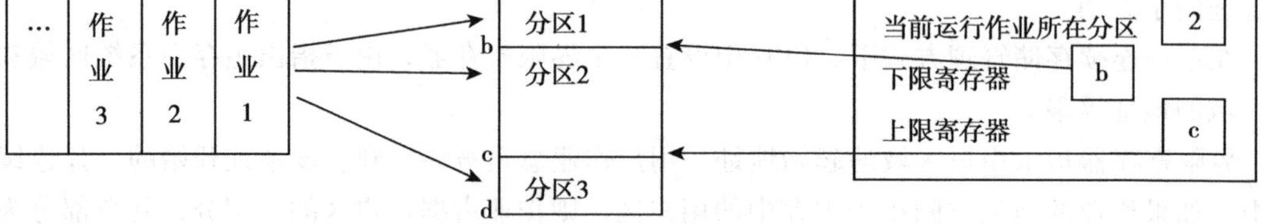


图 4-7 固定分区存储管理示意图

1. 空间的分配和去配

为了管理各分区的分配和使用情况，系统需要设置一张主存分配表，以说明各分区的分配情况。一个系统中主存分配表的长度固定，由主存中分区的个数所决定。主存分配表中记录了各个分区的起始地址和长度，并为每个分区设置一个状态标志位。当状态标志位为0时，表示该分区是空闲分区；当标志位为非0时，表示该分区已被占用。图4-8所示为主存被划分成四个分区，每个分区的大小并不相同，其中分区1、分区3和分区4分别被作业名为JOB A、JOB B和JOB C的作业所占用，分区2为空闲分区。

| 分区号 | 大小（KB） | 起址（KB） | 状态 |
|---|---|---|---|
| 1 | 12 | 20 | JOB A |
| 2 | 32 | 32 | 0 |
| 3 | 64 | 64 | JOB B |
| 4 | 128 | 128 | JOB C |

a）主存分配表

b）存储空间分配情况

图4-8 四个分区的分区分配表

当作业队列中有作业要求装入主存时，存储管理可采用顺序分配算法进行主存空间的分配。分配时顺序查找主存分配表，选择标志位为0的分区，将作业地址空间大小与该分区长度进行比较，如果能容纳该作业则将此分区分配给该作业，且在此分区的占用标志栏中填入该作业名。如果作业的地址空间大于此空闲分区的长度，则重复上述过程继续查找空闲区长度大于或等于该作业的地址空间且标志位为0的空闲分区。若有则分配；否则，该作业暂时不能装入主存。图4-9所示为固定分区顺序分配算法的流程。

装入后的作业在执行结束后必须归还所占用的分区。存储管理根据作业名查找主存分配表，找到该作业所占用的分区，将该分区的状态标志位重新设置为0，表示该分区现在是空闲区，可以装入新的作业。

2. 地址转换和存储保护

在固定分区存储管理下，作业在执行过程中是不会被改变存储区域的，因此可以采用静态重定位装入方式装入作业。

由装入程序把作业中的逻辑地址与分区的下限地址相加，得到对应的物理地址。当一个已经被装入主存的作业占有CPU运行时，进程调度程序将该作业所在分区的下限地址和上限地址分别存储在CPU的下限寄存器和上限寄存器中。CPU执行该作业指令时必须判断：

$$下限地址 \leqslant 物理地址 < 上限地址$$

如果物理地址在上、下限地址范围内，则可按物理地址访问主存；如果条件不成立，则产生地址越界的中断事件，达到存储保护的目的。

作业运行结束时，作业调度程序选择另一个可运行的作业，同时修改下限寄存器和上限寄

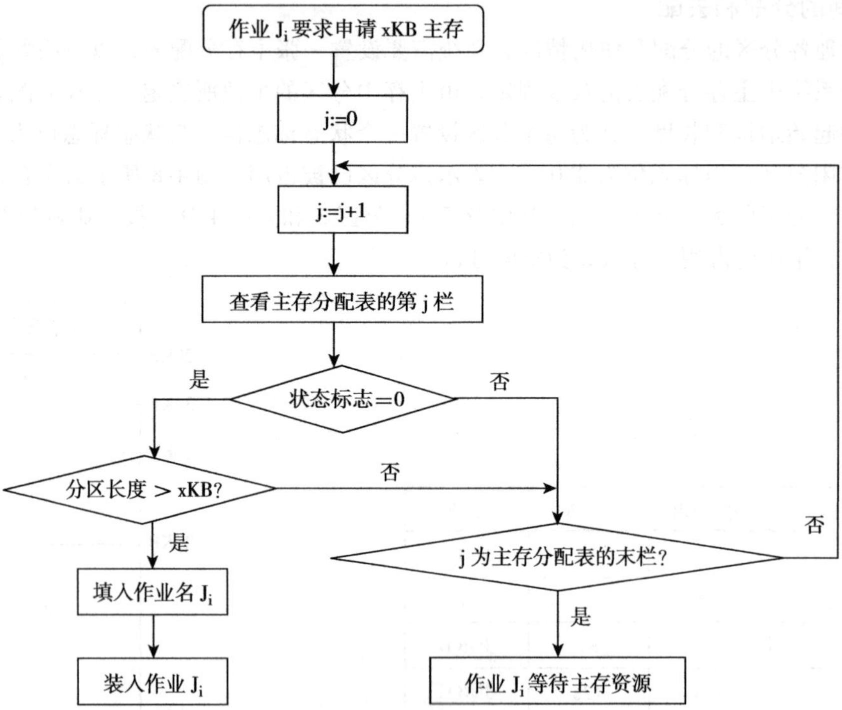


图 4-9　固定分区顺序分配算法流程

存器的内容，以保证 CPU 能控制该作业的正确执行。

3. 主存空间的利用率

固定分区存储管理方式总是为作业分配一个不小于作业地址空间的分区，因此在分区中产生了一部分空闲区域，影响了主存空间的利用率。但是固定分区存储管理方式简单，适合于程序大小和出现频率次数已知的情形。例如，IBM 的 OS/MFT 是任务数固定的多道程序设计系统，其主存空间管理就是采用固定分区方式。

为了提高主存空间的利用率，可以采用如下几种方法。

1）根据经常出现的作业的大小和频率划分分区，尽可能提高各个分区的利用率。

2）划分分区时按分区大小顺序排列。低地址部分是较小的分区，高地址部分是较大的分区。各分区按从小到大的次序依次登记在主存分配表中。于是，在采用顺序分配算法时，从当前的空闲区中就能方便地找出一个能满足作业要求的最小空闲区分配给作业。一方面使空闲的区域尽可能少，另一方面尽可能地保留较大的空闲区，以便有大作业请求装入时容易得到满足。

3）按作业对主存空间的需求量排成多个作业队列，规定每个作业队列中的各作业只能依次装入对应的分区中；不同作业队列中的作业分别依次装入不同的分区中，不同的分区中可同时装入作业；某作业队列为“空”时，该作业队列对应的分区也不能用来装其他作业队列中的作业。如图 4-10 所示为多个作业队列的固定分区法。图中队列 1 中的作业长度小于 L1，按规定只能被装入分区 1；队列 2 中的作业长度大于 L1，但是小于 L2，它们按规定只能被装入分区 2；队列 3 中的作业长度大于 L2，但是小于 L3，队列中的作业只能被装入分区 3。

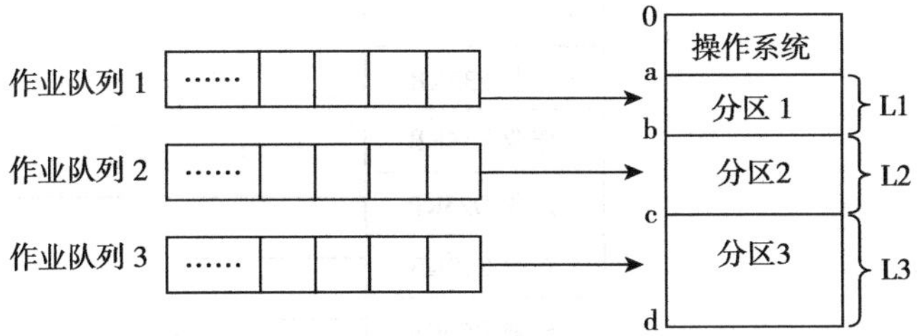


图 4-10 多个作业队列的固定分区法示意图

多个作业队列的固定分区法可以有效地防止小作业占用大分区，从而减少了闲置的主存空间量。但是如果分区划分不合适，则会造成某个作业队列经常为空队列，使对应分区经常无作业被装入，反而使分区的利用率降低。所以采用多个作业队列的固定分区法时，要结合作业的大小和出现的频率划分分区，以达到更好的空间利用率。

## 4.3.3 可变分区存储管理

可变分区存储管理并不是预先将主存中的用户区域划分成若干个固定分区，而是在作业要求装入主存时，根据作业需要的地址空间的大小和当时主存空间的实际使用情况决定是否为该作业分配一个分区。如果有足够的连续空间，则按需要分割一部分空间分区给该作业；否则令其等待主存空间。所以，在可变分区存储管理中，主存中分区的大小是可变的，可根据作业的实际需求进行分区的划分；主存中分区的个数是可变的，随着装入主存的作业数量而变化；主存中的空闲分区个数也随着作业的装入与撤离而发生变化。图 4-11 所示为可变分区存储管理方式的存储空间分配示意图。

### 1. 空间的分配和去配

系统初始时，把主存中整个用户区看做一个大的空闲分区。当作业要求装入主存时，系统根据作业对主存空间的实际需求量进行分配。设作业请求的空间大小为 u. size，空闲分区的大小为 m. size。如果 m. size - u. size ≤ size（size 为系统事先规定的不可再分割的剩余分区的大小），则将整个空闲分区分配给该作业；否则，从空闲分区中分割出一个分区分配给该作业，其余部分仍然为空闲分区。如果 u. size > m. size，则该作业暂时不能装入，处于等待主存空间的等待状态。图 4-11a 所示的为作业被装入时主存空间分配的情况。

装入主存中的作业执行结束后，它所占用的分区被收回，成为一个新的空闲区，可以用来装入新的作业。随着作业不断地装入和作业执行完后的撤离，主存区被分成若干分区，其中有的分区被作业占用，有的分区空闲。图 4-11b 所示为作业被装入并执行结束后撤离的主存空间分配情况。

（1）可变分区数据结构

可以看出，采用可变分区存储管理方式管理存储空间时，主存中已占用分区和空闲区的数目和大小都是可变的。为了实现可变分区存储管理，系统必须设置相应的数据结构，用来描述空闲分区和已分配分区的情况，为系统空间分配提供依据。常用的数据结构有以下两种形式。

1）分区表。系统设置空闲分区表和已分配分区表，用来描述空闲分区和已分配分区的情况，为系统空间分配提供依据。已分配分区表记录已装入的作业在主存空间中占用分区的始址和长度，用标志位指出占用该分区的作业名。空闲分区表记录主存中可供分配的空闲分区的始

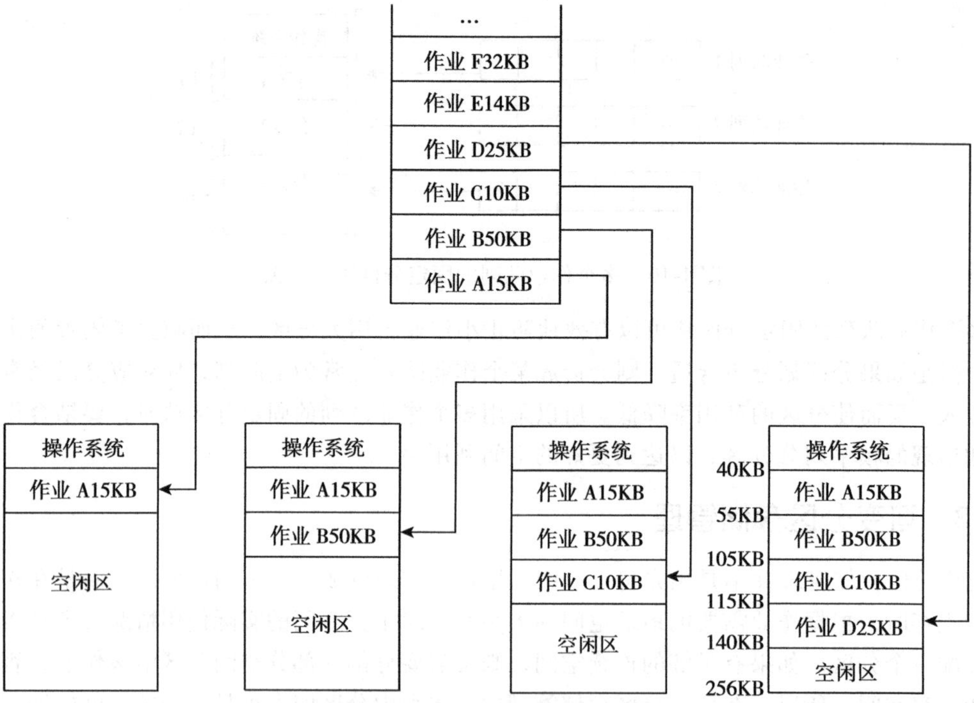


a）可变分区存储分配示意图

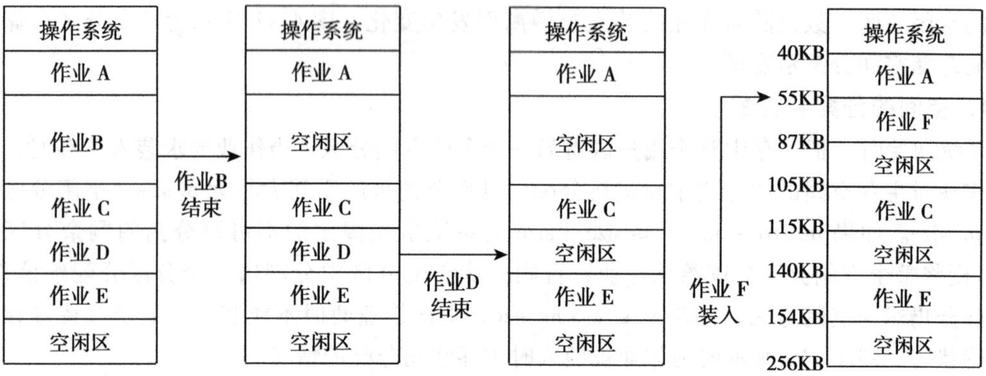


b）作业的撤离装入示意图

图 4-11　可变分区存储分配与回收示意图

址和长度，用标志位指出该分区是未分配的空闲分区。由于已占用分区和空闲分区的个数不断发生变化，因此，两张表格中都应设置适当的空栏目，分别用于登记新装入主存的作业所占用分区和作业撤离后的新空闲区。图 4-12 所示为可变分区存储管理方式的主存分配表，表中的内容是按图 4-11b 中情况填写。系统按一定的规则组织主存分配表，当作业要求装入时，从空闲分区表查找一个长度大于作业要求的空闲分区。

2）分区链。为了实现对空闲分区的分配和链接，在每个分区的起始部分设置一些用于控制分区分配的信息以及用于链接前一个分区的前向指针；在分区尾部则设置一个后向指针，通过前、后向链接指针，可以将所有的空闲分区连接成一个双向链。为了检索的方便，在分区尾部重复设置状态位和分区大小表目，如图 4-13 所示。

| 始址 | 长度 | 标志位 |
| --- | --- | --- |
| 40KB | 15KB | 作业 A |
| 55KB | 32KB | 作业 F |
| 105KB | 10KB | 作业 C |
| 140KB | 14KB | 作业 E |
| | | 空 |
| | … | |

a）已分配分区表

| 始址 | 长度 | 标志位 |
| --- | --- | --- |
| 87KB | 18KB | 未分配 |
| 115KB | 25KB | 未分配 |
| 154KB | 102KB | 未分配 |
| | | 空 |
| | … | |

b）空闲分区表

图 4-12　可变分区方式主存分配表

（2）可变分区分配算法

将一个作业装入主存，必须按照一定的分配算法，从空闲分区表或空闲分区链中选出一个分区分配给该作业。可变分区存储管理常用的空间分配算法有：最先适应分配算法、最优适应分配算法和最坏适应分配算法。以下以空闲分区表为例说明各种算法的原理。

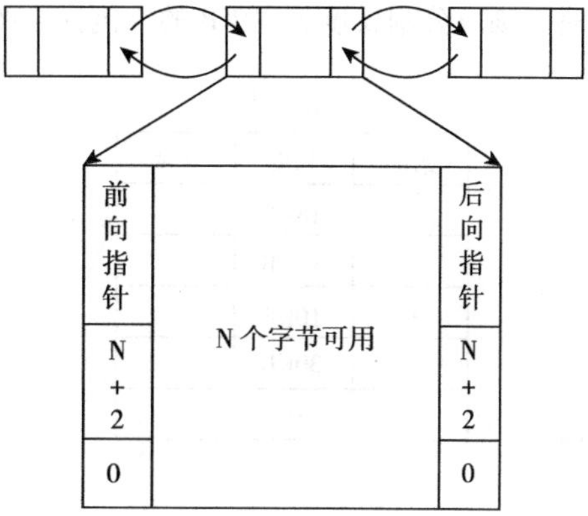


图 4-13　空闲链结构示意图

1）最先适应分配算法

最先适应分配算法在分配主存空间时，总是顺序查找空闲分区表，选择第一个满足作业地址空间要求的空闲分区进行分割，一部分分配给作业，而剩余部分仍为空闲分区。

最先适应分配算法实现简单，但是经过若干次作业的装入与撤离后，有可能把较大的主存空间分割成若干个小的、不连续的新空闲分区，这些空闲分区的长度可能比较小，不能满足主存再次分配的需要，从而使主存空间的利用率大大降低，这些空闲分区称为“碎片”。

系统在实现最先适应分配算法过程中，往往按空闲分区的起始地址从小到大的顺序登记在空闲分区表中。这样，在分配时总是优先分配低地址部分的空闲分区，保留了高地址部分的较大空闲区，有利于大作业的装入。但是，在作业归还主存空间时，则需要按起始地址的顺序插入到空闲分区表的适当位置。

2）最优适应分配算法

最优适应分配算法总是选择一个满足作业地址空间要求的最小空闲分区进行分配，这样每次分配后总能保留下较大的分区，使装入大作业时比较容易获得满足。

在实现过程中，空闲分区按其长度以递增顺序登记在空闲分区表中。这样，系统分配时顺序查找空闲分区表，找到的第一个满足作业地址空间要求的空闲分区一定是能够满足该作业要求的所有分区中的一个最小分区。

采用最优适应分配算法，每次分配后分割的剩余空间总是最小的，这样形成的“碎片”非常零散，往往难以再次分配使用，从而影响了主存空间的利用率。

3）最坏适应分配算法

最坏适应分配算法与最优适应分配算法相反，总是选择一个满足作业地址空间要求的最大空闲分区进行分割，按作业需要的空间大小分配给作业使用后，剩余部分的空间不至于太小，仍然可以供系统再次分配使用。这种分配算法对中小型作业是有利的。

实现最坏适应分配算法时，空闲分区按其长度以递减顺序登记在空闲分区表中。系统分配时顺序查找空闲分区表，表中的第一个登记项即对应着当前主存的最大空闲分区。同样，当作业归还主存空间时，则需要按分区的大小以递减顺序登记到空闲分区表的适当位置。

以上三种算法各有优缺点。最先适应算法被认为是最好和最快的；而最优适应算法，因为它保证装入的作业大小与所选择的空闲区大小最接近，因此减少了碎片量，但是由于每次分配后剩余的碎片太小，难以满足不断到来的大多数对存储空间的分配请求，因而性能最差。图 4-14 给出了最先适应、最优适应、最坏适应分配算法的示例。假定现在有一个作业要求分配 13KB 大小的主存空间，按图 4-14 中指示的空闲分区情况，采用最先适应分配算法时应分割长度为 16KB 的空闲区；若采用最优适应分配算法时，则应分割长度为 14KB 的空闲区；若采用最坏适应分配算法时，则应分割长度为 30KB 的空闲区。图中阴影部分表示已被占用的主存空间。

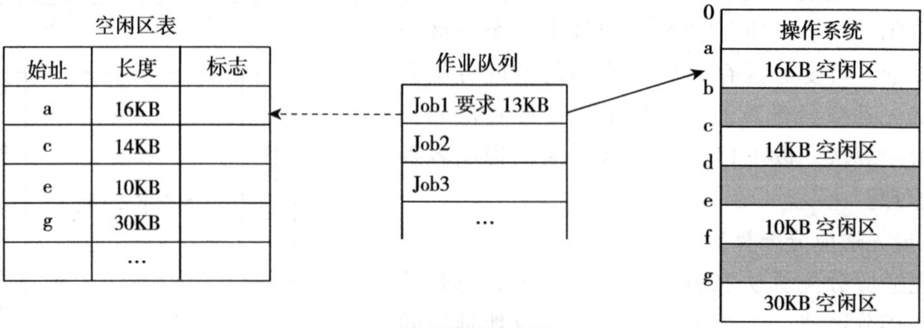


a）最先适应分配

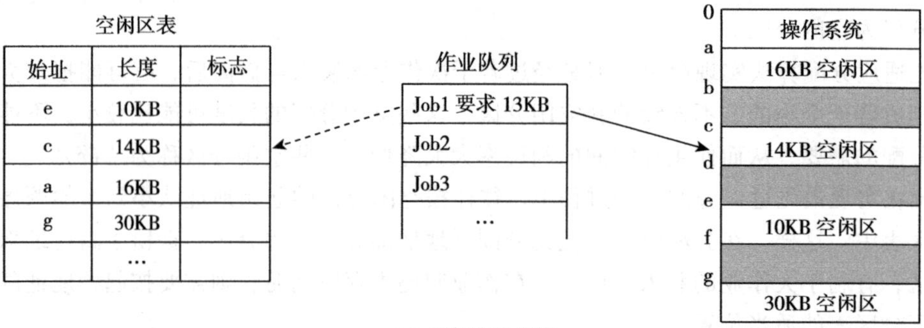


b）最优适应分配

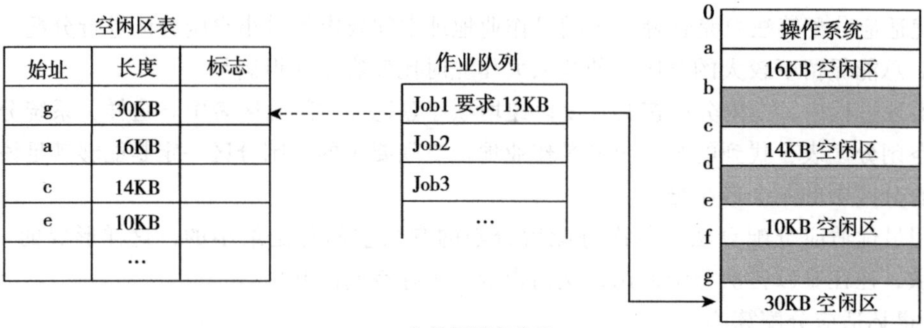


c）最坏适应分配

图 4-14　可变分区分配算法示例

(3) 空间的回收

装入的作业执行结束后，它所占据的分区将被回收，回收后的空闲区登记在空闲区表中，用于装入新的作业。回收空间时应检查是否存在与回收区相邻的空闲分区，如果有，则将其合并成一个新的空闲分区进行登记管理。

一个回收区可能存在上邻空闲区，也可能存在下邻空闲区，或既存在上邻空闲区又存在下邻空闲区，或既无上邻空闲区又无下邻空闲分区，如图4-15所示。

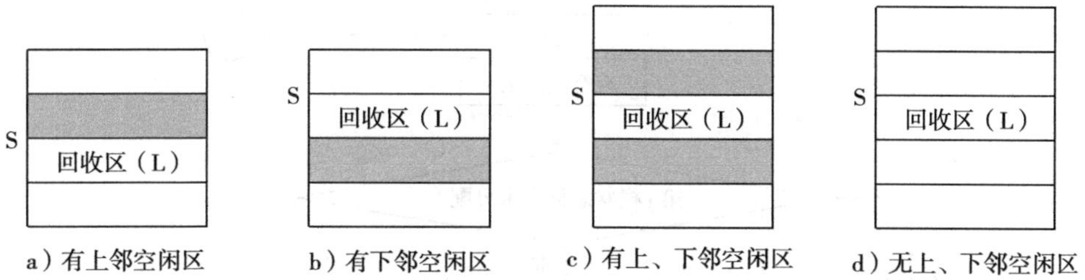


图4-15 主存回收示意图

假定作业归还的区始址为S，长度为L，则有以下几种计算方法。

1）回收区有下邻空闲区

如果S+L正好等于空闲区表中某个登记栏目（假定为第j栏）所示分区的始址，则表明归还区有一个下邻空闲区。这时应将回收区与下邻空闲分区合并，形成新的空闲分区，不必为回收区分配新的空闲分区表项，但需要修改空闲分区表中第j栏登记项的内容：始址修改为回收区的始址，长度为二者之和。

始址：=S

长度：=原长度+L

则此时第j栏指示的空闲区是回收区与下邻空闲区合并后的一个大空闲区。

2）回收区有上邻空闲区

如果空闲区表中第j个登记栏中的“始址+长度”正好等于S，则表明回收区有一个上邻空闲区。这时应将回收区与上邻空闲分区合并，此时，不必为回收区分配新的空闲分区表项，只要修改第j栏登记项的内容：始址不变，长度为上邻空闲区长度加上回收区长度L。于是，归还区便与上邻空闲区合并在一起了。

3）归还区既有上邻空闲区又有下邻空闲区

如果S正好等于第j个登记栏中的“始址+长度”，并且S+L正好等于空闲区表中某个登记栏目（假定为第k栏）所示分区的始址，则表明归还区既有上邻空闲区，又有下邻空闲区，此时不必为回收区分配新的空闲分区表项，应将三个分区合并为一个新的分区。可以进行如下修改：第j栏始址不变；第j栏长度为三者之和；第k栏的标志应修改成“空”状态。于是，第j栏中登记的空闲区就是合并后的空闲区，而第k栏成为空表目。

4）归还区既无上邻空闲区又无下邻空闲区

如果在检查空闲区表时无上述三种情况出现，则表明归还区既无上邻空闲区又无下邻空闲区。这时，应为回收区单独建立一个新表项，查找一个标志为“空”的登记栏，把归还区的始址和长度登记入表，且把该栏目中的标志位修改成“未分配”，表示该登记栏中指示了一个空闲区。

图4-16给出了合并下邻/上邻空闲区的回收算法流程。

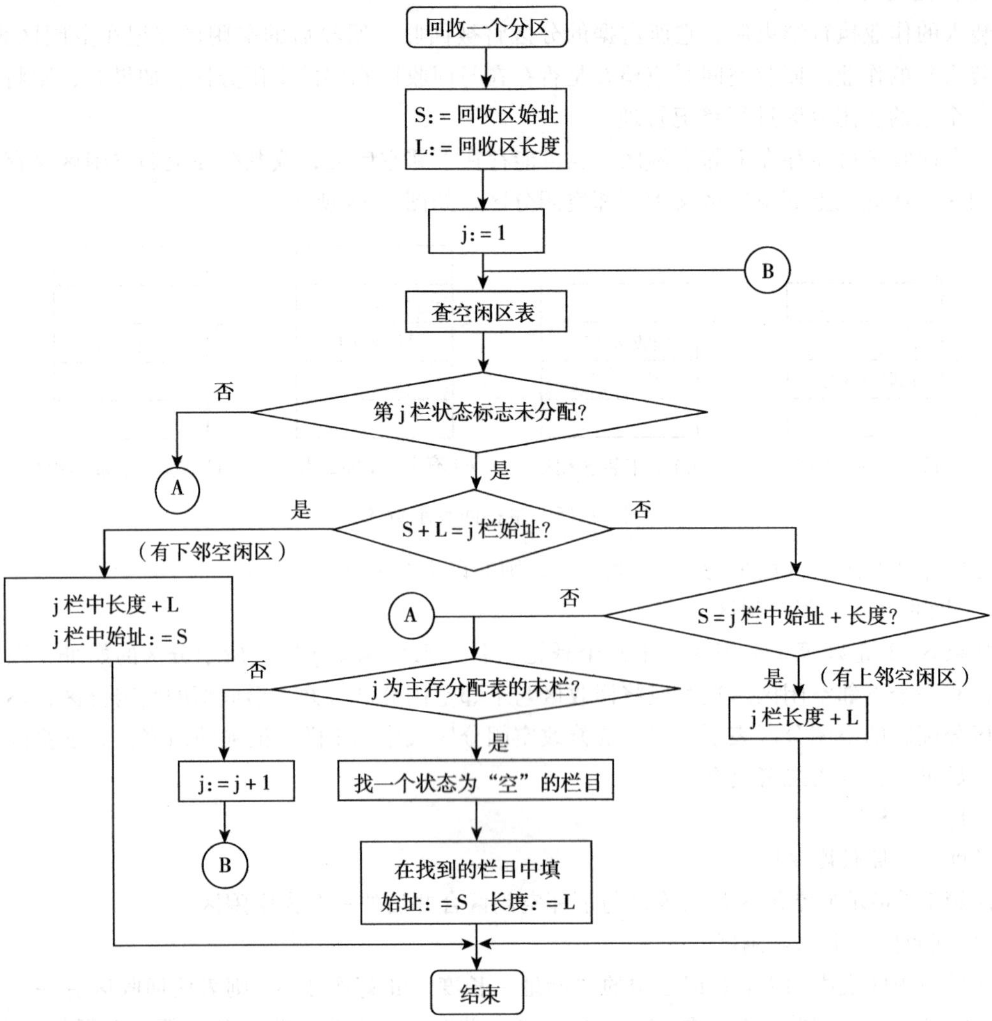


图 4-16 合并下邻/上邻空闲区的回收算法流程

### 2. 地址转换和存储保护

在可变分区存储管理方式下，一般均采用动态重定位方式装入作业。为使地址的转换不影响指令的执行速度，必须有硬件地址转换机构的支持。硬件地址转换机构包括两个专用控制寄存器：基址寄存器和限长寄存器，以及一些加法、比较线路等。基址寄存器用来存放作业所占分区的起始地址，限长寄存器用来存放作业所占分区长度。

正在运行的作业所占分区的起始地址和长度被送入基址寄存器和限长寄存器中。执行过程中，CPU 每执行一条指令都要将该指令的逻辑地址与限长寄存器中的值进行比较，当逻辑地址小于限长值时，把逻辑地址与基址寄存器的值相加就可得到对应的物理地址。当逻辑地址大于限长寄存器中的限长值时，表示欲访问的地址超出了所分配的分区范围，这时形成一个“地址越界”的程序性中断事件，达到存储保护的目的。图 4-17 所示为可变分区存储管理的地址转换示例。

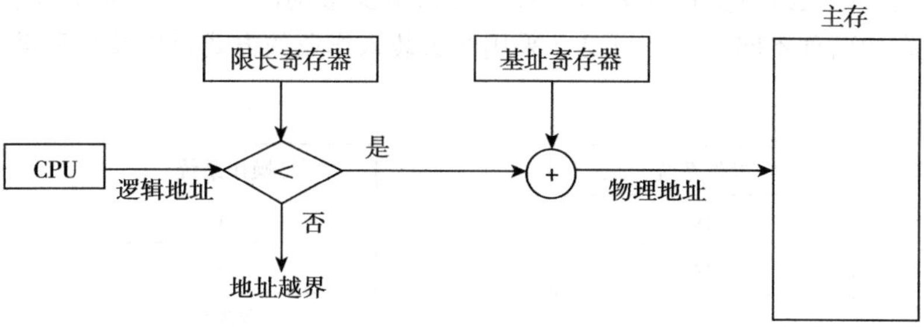


图4-17 可变分区存储管理地址转换示意图

### 3. 移动技术

采用可变分区存储管理主存时，可采用移动技术使分散的空闲区集中起来以容纳新的作业，如图4-18所示。当主存中各个空闲区的长度都不能满足作业的要求，而主存中空闲区的总大小又大于作业需要的空间时，则可以移动已在主存中的作业，使分散的空闲区连成一片，形成一个较大的空闲区，使主存空间得到充分利用。

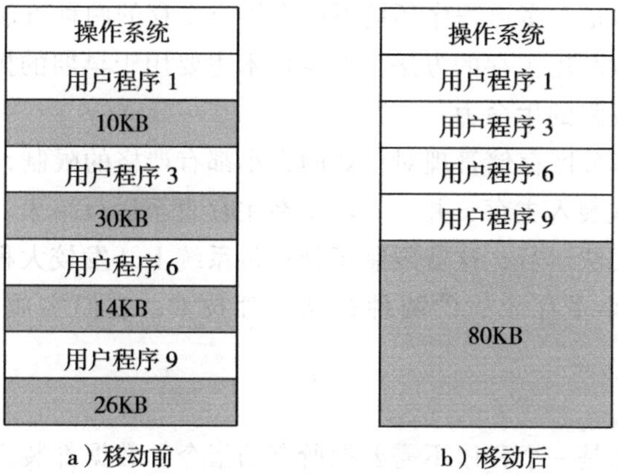


图4-18 移动技术示意图

移动技术为作业执行过程中扩充主存空间提供方便，一道作业在执行中要求增加主存量时，只要适当移动邻近的作业就可增加它所占的分区长度。

移动技术可以集中分散的空闲区，提高主存空间的利用率，移动技术也为作业动态扩充主存空间提供了方便。但是，采用移动技术时必须注意以下几点。

1）移动会增加系统开销。移动作业时，需要进行作业信息的传送，作业移动后，作业占用的分区和空闲区的位置和长度都发生了变化，需要修改主存分配表和保存在进程控制块中的分区始址和长度，这些都增加了操作系统的工作量，也增加了操作系统占用CPU的时间，所以应尽量减少移动。

2）移动是有条件的。不是任何作业在任何时候都可以移动的。例如，外围设备与主存之间的信息交换时，通道按确定了的主存物理地址进行传输，如果此时移动作业，改变作业的存放地址，那么作业就得不到从外围设备传送来的信息或不能将正确的信息传送到外围设备。所以，移动一道作业时，首先需要判断它是否正在与外围设备交换信息。若否，则可以移动该作业；若是，则暂时不能移动该作业，必须等待信息交换结束后才可移动。

因此，采用移动技术时应该尽量减少移动的作业数和信息量，以降低系统的开销、提高系统的效率。我们可以通过改变作业装入主存的方式减少移动的作业数和信息量。图4-19所示为作业装入主存的两种不同方式。可见，采用两头装入作业的方式可以减少移动的作业数和信息量。

| a）一头装入 |
| --- |
| 操作系统 |
| J1 |
| J2 |
| J3 |
| J4 |
| 空闲区 |

| b）两头装入 |
| --- |
| 操作系统 |
| J1 |
| J3 |
| 空闲区 |
| J4 |
| J2 |

a）一头装入　　b）两头装入

图4-19　作业的装入方式

## 4.3.4　覆盖与交换技术

覆盖技术和交换技术是在多道程序环境下用来扩充主存的两种方法。这两种技术都是用来解决主存容量不足及有效利用主存的方法。覆盖技术主要用于早期的操作系统中，而交换技术在现代操作系统中仍有较强的生命力。

单一连续存储管理和分区存储管理对作业的大小都有严格的限制，当作业要求运行时，系统将作业的全部信息一次装入主存，并一直驻留在主存直至运行结束。当作业的大小大于主存可用空间时，该作业就无法运行，这就限制了计算机系统上开发较大程序的可能。覆盖和交换技术正是解决大作业与小主存矛盾的两种存储管理技术，它们实质上是对主存进行了逻辑扩充。

### 1. 覆盖技术

覆盖技术的基本思想是一个程序不需要把所有的指令和数据都装入主存。程序被划为若干功能上相对独立的程序段，让那些不会同时执行的程序段共享一块主存。这样使用户看起来好像主存扩大了，从而达到了主存扩充的目的。

将程序的必要部分（即常用功能）的代码和数据常驻主存；可选部分（即不常用功能）在其他程序模块中实现，平时存放在外存中（覆盖文件），在需要用到时才装入到主存；不存在调用关系的模块不必同时装入到主存，从而可以相互覆盖（即不同时用的模块可共用一个分区）。把可以相互覆盖的程序段叫做覆盖段，可共享的主存区叫做覆盖区。如图4-20所示。

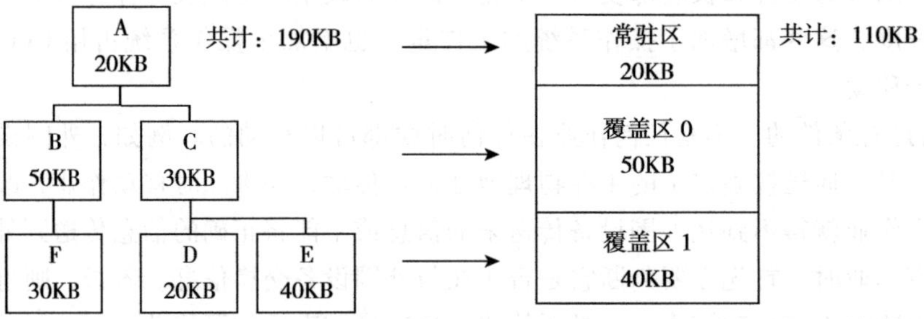


图4-20　覆盖技术示意图

为了实现覆盖管理，系统必须提供相应的覆盖管理控制程序。当作业装入运行时，由系统根据用户提供的覆盖结构进行覆盖处理。当程序中引用当前尚未装入覆盖区的覆盖中的例程时，则调用覆盖管理控制程序，请求将所需的覆盖装入覆盖区中，系统响应请求，并自动将所需覆盖装入主存覆盖区中。

覆盖技术要求程序员提供一个清楚的覆盖结构。通常，一个作业的覆盖结构要求编程人员事先给出，即程序员必须完成把一个程序划分成不同的程序段，并规定好它们的执行和覆盖顺序的工作。操作系统根据程序员提供的覆盖结构来完成程序段之间的覆盖。对于一个规模较大或比较复杂的程序来说是难以分析和建立它的覆盖结构的，这对程序员的要求较高。因此覆盖技术主要用于系统程序的主存管理上，如操作系统程序等设计人员清楚地了解虚空间和内部结构的程序中。例如，磁盘操作系统分为两部分，一部分是操作系统中经常用到的基本部分，它们常驻主存且占有固定区域。另一部分是不经常用的部分，它们放在磁盘上，当调用时才被装入主存覆盖区中运行。

覆盖技术打破了必须将一个作业的全部信息装入主存后才能运行的限制。在一定程度上解决了小主存运行大作业的矛盾。但是，采用覆盖技术编程时必须划分程序模块和确定程序模块之间的覆盖关系，增加了编程复杂度；而从外存装入覆盖文件，是以时间延长来换取空间节省。

### 2. 交换技术

交换最早用在麻省理工学院的兼容分时系统CTSS中，其基本思想是把主存中暂时不能运行的进程或暂时不使用的程序和数据换出到外存，以腾出足够的主存空间，把已具备运行条件的进程或进程所需要的程序和数据换入主存。

交换技术并不要求程序员做特殊的工作。交换完全由操作系统进行，整个过程对进程是透明的。交换的对象可以是整个进程，此时成为“整体交换”或“进程交换”。图4-21为作业交换的示意图。

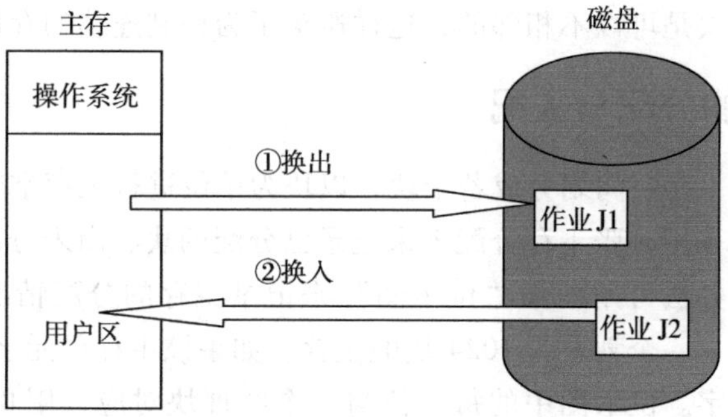


图4-21 作业交换示意图

实现交换技术需要后援存储器，通常是硬盘，它必须具备两个显著的特征：数据传输快，容量足够大。交换技术可以和许多存储管理技术结合使用，如页式存储管理、段式存储管理、请求页式存储管理等。

交换技术主要是在进程或作业之间进行，而覆盖则主要是在同一个作业或进程内进行。另外覆盖技术只能用于处理相互之间较为独立的程序段。交换技术被广泛用于小型分时系统中，交换技术的发展促使虚存技术的出现。

## 4.4 页式存储管理

连续分配方式要求作业一次性、连续装入在主存空间，对空间的要求较高，而且经过若干个作业的装入与撤销后，有可能形成很多“碎片”，虽然可能通过移动技术将零散的空闲区汇集成可用的大块空间，但需要增加系统的额外开销。如果采用不连续存储的方式把逻辑地址连续的作业分散存放到几个不连续的主存区域中，并能保证作业的正确执行，那么就既可充分利用主存空间、减少主存的碎片，又可避免移动所带来的额外开销。页式存储管理的出现很好地解决了以上问题。

### 4.4.1 基本原理

页式存储管理是把主存划分成大小相等的若干区域，每个区域称为一块，并对它们加以顺序编号，如$0^{\#}$块、$1^{\#}$块等。与此对应，用户程序的逻辑地址空间划分成与块大小相等的若干页，同样为它们加以顺序编号，从 0 开始，如第 0 页、第 1 页等。

分页式存储管理的逻辑地址由两部分组成：页号和页内地址。其格式为：

| 31　　　　　12 | 11　　　　　0 |
|---|---|
| 页号 P | 页内地址 W |

地址结构确定了主存的分块大小，也就决定了页面的大小。图中的地址长度为 32 位，其中 0～11 位为页内地址；12～31 位为页号。那么块的大小为 $2^{12}=4$KB，逻辑地址有 $2^{20}$ 页，每一页有 4096 个字节，编号为 0～4095。从地址结构来看，逻辑地址是连续的，用户在编制程序时无需考虑如何分页。

进行存储空间分配时，以块为物理单位进行主存空间分配，即把作业信息按页存放到块中。根据作业的长度可确定它的页面数，一个作业有多少页，在装入主存时就给它分配多少块主存空间，而这些主存块是可以不相邻的，这样避免了为得到连续的存储空间而进行的移动。

### 4.4.2 存储空间的分配与去配

分页式存储管理把主存空间划分成若干块，以块为单位进行主存空间的分配。由于块的大小是固定的，系统可以采用一张主存分配表来记录已分配的块、尚未分配的块以及当前剩余的空闲块总数。最简单的办法可用一张“位示图”来记录主存的分配情况。位示图需要占据一部分的主存空间。例如，一个划分为 1024 块的主存，如果该主存单元字长为 32 位，则位示图要占据 1024/32 = 32 个字。位示图中的每一位与一个物理块对应，用 0/1（空闲/已占用）表示对应块的占用标志，另用一个字节记录当前系统的剩余空闲块总数，如图 4-22 所示。

进行主存分配时，首先查看剩余空闲块总数是否能够满足作业要求，若不能满足，则不进行分配，作业不能装入主存；若能满足，则从位示图中找出为 0 的位，并且将其占用标志置为 1，从空闲块总数中减去本次占用的块数，按找到的位计算出对应的块号，建立该作业的页表，并把作业装入对应的物理块中。

由于每一块的大小相等，在位示图中查找到一个为 0 的位后，根据它所在的字号、位号，按如下公式计算出对应的块号：

$$块号 = 字号 \times 字长 + 位号$$

| 0 | | | | | | | | | | | | | 31 |
|---|---|---|---|---|---|---|---|---|---|---|---|---|---|
| 0 | 1 | 1 | 0 | 0 | 0 | 1 | 1 | 0 | 1 | 1 | … | 1 | 1 |
| 0 | 0 | 0 | 0 | 1 | 1 | 0 | 1 | 0 | 0 | 0 | … | 0 | 1 |
| 0 | 1 | 1 | 0 | 0 | 1 | 0 | 1 | 0 | 1 | 0 | … | 0 | 0 |
| 0 | 1 | 1 | 1 | 1 | 1 | 0 | 1 | 0 | 0 | 1 | … | 1 | 1 |
| ⋮ | ⋮ | ⋮ | ⋮ | ⋮ | ⋮ | ⋮ | ⋮ | ⋮ | ⋮ | ⋮ | ⋮ | ⋮ | ⋮ |
| 0 | 1 | 0 | 0 | 1 | 1 | 0 | 1 | 0 | 0 | 0 | … | 0 | 0 |
| 0 | 0 | 1 | 1 | 0 | 1 | 1 | 0 | 1 | 0 | 1 | … | 1 | 1 |
| 剩余空闲块数 | | | | | | | | | | | | | |

（行号：0～15，第16字为剩余空闲块数）

图 4-22 页式存储管理位示图

当一个作业执行结束时，则应该收回作业所占的主存块。根据归还的块号计算出该块在位示图中对应的位置，将占用标志修改为0，同时把归还块数加入到空闲块总数中。假定归还块的块号为 i，则在位示图中对应的位置为：

$$字号 = [\frac{i}{字长}], \quad 位号 = i \bmod 字长$$

其中，[ ] 表示对 i 除以字长后取其整数；mod 表示对 i 除以字长后取其余数部分。

## 4.4.3 页表与地址转换

在分页式存储管理系统中，允许将作业的每一页离散地存储在主存的物理块中，但系统必须能够保证作业的正确运行，即能在主存中找到每个页面所对应的物理块。为此，系统为每个作业建立了一张页面映像表，简称页表。页表实现了从页号到主存块号的地址映像。作业中的所有页（0～n）依次地在页表中记录了相应页在主存中对应的物理块号，如图 4-23 所示。页表的长度由进程或作业拥有的页面数决定。

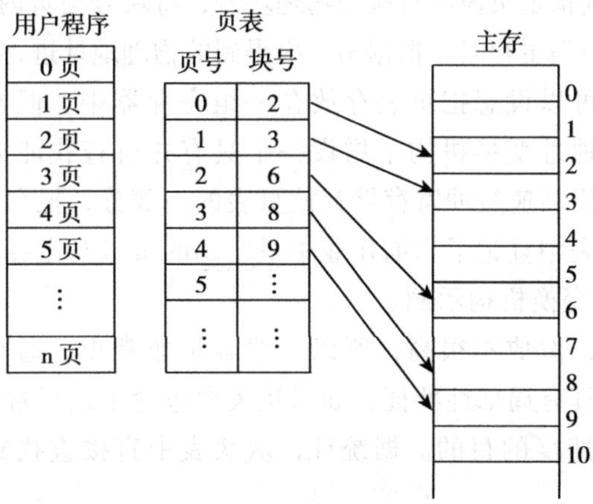


图 4-23 页表示意图

分页式存储管理采用动态重定位方式装入作业，作业执行时通过硬件的地址转换机构实现从用户空间中的逻辑地址到主存空间中物理地址的转换工作。由于页内地址和物理块内的地址是一一对应的（例如，对应页面大小是 1KB 的页内地址是 0～1023，其对应的物理块内的地址也是0~1023，无须再进行转换)，因此，地址变换机构的任务实际上是将逻辑地址中的页号转换成为主存中的物理块号。页表是硬件进行地址转换的依据。

调度程序在选择作业后，将选中作业的页表始址送入硬件设置的页表控制寄存器中。地址转换时，只要从页表寄存器中就可找到相应的页表。当作业执行时，分页地址变换机构会自动将逻辑地址分为页号和页内地址两部分，以页号位索引检索页表。如果页表中无此页号，则产生一个“地址错”的程序性中断事件；如果页表中有此页号，则可得到对应的主存块号，再按逻辑地址中的页内地址计算出欲访问的主存单元的物理地址。因为块的大小相等，所以

$$物理地址 = 块号 \times 块长 + 页内地址$$

上述地址变换过程全部由硬件地址变换机构自动完成。图 4-24 所示为分页式存储管理的地址变换机构示例。

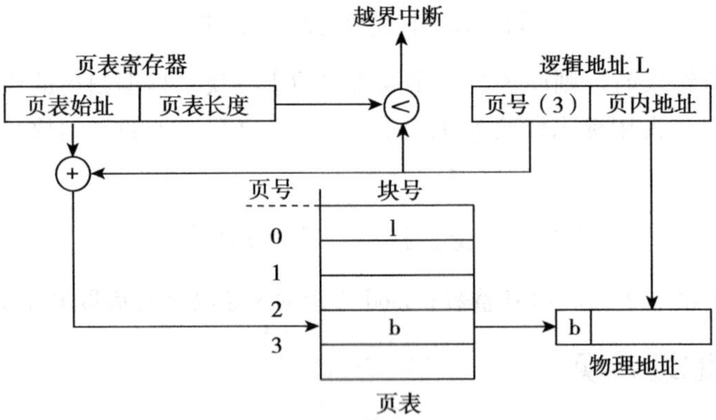


图 4-24　分页系统的地址变换机构示意图

## 4.4.4 快表

由于页表是存放在主存中的，这样取一个数据或指令至少需要访问主存两次以上。第一次是访问主存中的页表，查找到指定页面所对应的物理块号，将块号与页内地址拼接，计算出数据或指令的物理地址。第二次访问主存时，根据第一次得到的物理地址进行数据或指令的存取操作。

为了提高存取速度，可以设想把页表存放在一组寄存器中，但寄存器成本太高、数量有限，因此不可行。通常在地址变换机构中增设一个具有并行查找能力的小容量高速缓冲寄存器，又称相联寄存器。利用高速缓冲寄存器存放页表的一部分，把存放在高速缓冲寄存器中的这部分页表称为快表。快表中登记了当前作业中最常用的页号与主存中块号的对应关系，图 4-25 所示为具有快表的地址变换机构示例。

快表的查找速度极快，但成本很高，所以一般容量非常小，通常只存放 16~512 个页表项。由于程序的执行往往具有局部性特征，如果快表中包含了最近常用的页表信息，则可实现快速查找并提高指令执行速度的目的。据统计，从快表中直接查找到所需页表项的概率可达 90% 以上。

整个系统提供一个页表寄存器和一个相联寄存器，只有当前占用 CPU 的进程才能占用页表寄存器和相联寄存器。在多道程序设计系统中，当某个作业让出 CPU 时，应同时让出页表寄存器和相联寄存器。由于快表是动态变化的，所以在让出相联寄存器时，应将快表保护好，以便再次执行时使用。

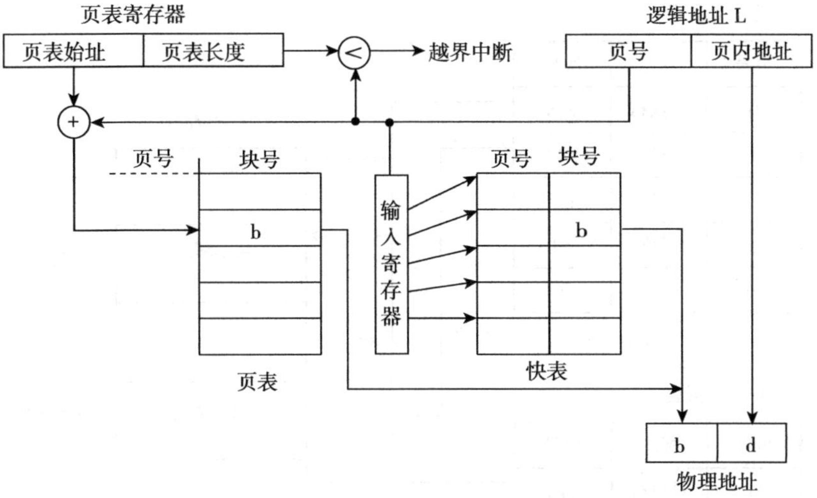


图 4-25 具有快表的地址变换机构示意图

### 4.4.5 页的共享与保护

分页式存储管理能方便地实现程序和数据的共享。在多道程序系统中，编译程序、编辑程序、解释程序、公共子程序、公共数据等都是可共享的，这些共享的信息在主存中只需要保留一个副本，大大提高了主存空间的利用率。

在实现共享时，必须区分数据的共享和程序的共享。实现数据共享时，可允许不同的作业对共享的数据页采用不同页号，只需要将各自的有关表目指向共享的数据信息块即可。而实现程序共享时，由于页式存储结构要求逻辑地址空间是连续的，所以在程序运行前它们的页号是确定的。假设有一个共享程序 EDIT，其中含有转移指令，转移指令中的转移地址必须指明页号和页内地址，如果是转向本页，则转移地址中的页号应与本页的页号相同。设有两个作业共享该程序 EDIT，一个作业定义它的页号为 3，另一个作业定义它的页号为 5。既然一个 EDIT 程序要为两个作业以同样的方式服务，那么这个程序一定是可再入程序，转移地址中的页号不能按作业的要求随机地改成 3 或 5，因此对共享程序必须规定一个统一的页号。当共享程序的作业数较多时，规定一个统一的页号就比较困难。图 4-26 所示为两个作业共享一个程序和一个数据段的情况。

页的共享可节省主存空间，但实现程序和数据的共享必须解决共享信息的保护问题。通常，系统可以在页表中增加一些标志位，指出该页的信息可读/写、只读、只执行、不可访问等，CPU 在执行指令时进行核对，如果向只读块执行写入操作，则系统将停止该条指令的执行并产生中断。

## 4.5 段式存储管理

用户编制的程序是由若干段组成的：一个程序可以由一个主程序、若干子程序、符号表、栈以及数据等若干段组成。每一段都有独立、完整的逻辑意义，每一段程序都可独立编制，且每一段的长度可以不同。

段式存储管理支持用户的分段观点，具有逻辑上的清晰和完整性，它以段为单位进行存储空间的管理。

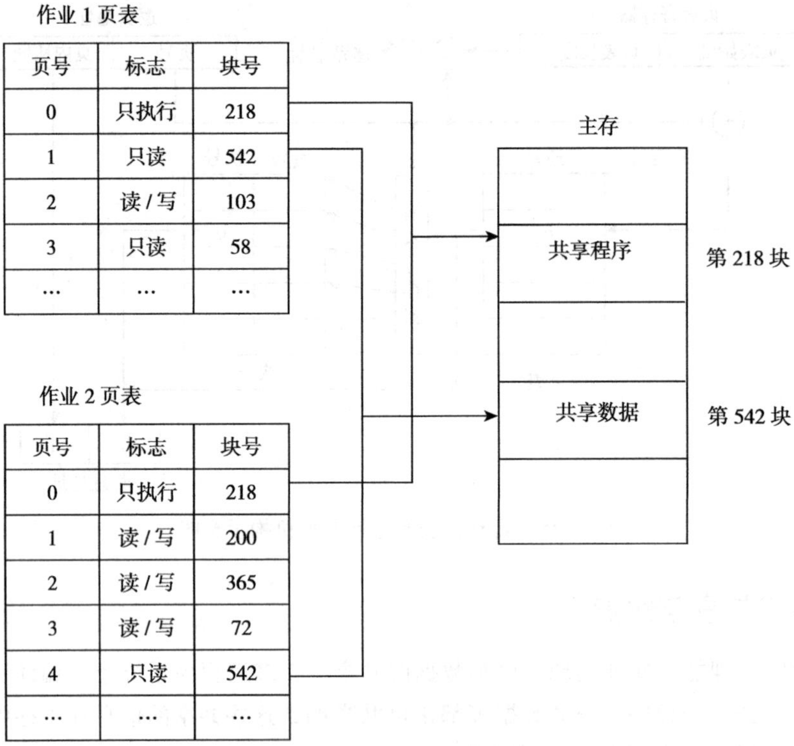


图 4-26　页的共享示意图

## 4.5.1　基本原理

每个作业由若干个相对独立的段组成，每个段都有一个段名。为了实现简单，通常可用段号代替段名，段号从 0 开始，每一段的逻辑地址也从 0 开始编址，段内地址是连续的，而段与段之间的地址可以是不连续的。

段式存储管理的逻辑地址由段号和段内地址两部分组成，其地址结构如下：

| 31　　　　　　16 | 15　　　　　　0 |
|---|---|
| 段号（S） | 段内地址（W） |

地址结构一旦确定，那么允许作业的最多段数及每段的最大长度也就限定了。在上述地址结构中，允许一个作业最多有 $2^{16}$ = 64KB 个段，每个段的最大长度为 $2^{16}$ = 64KB。随着若干次作业的装入与撤离，主存空间被动态地划分为若干个长度不等的区域，这些区域被称为物理段，每个物理段由起始地址和长度确定。

分段方式已得到许多编译程序的支持，编译程序能自动地根据源程序的情况而产生若干个段。例如，Pascal 编译程序可以为全局变量、用于存储相应参数及返回地址的过程调用栈、每个过程或函数的代码部分、每个过程或函数的局部变量等，分别建立各自的段。装入程序将装入所有这些段，并为每个段赋予一个段号。

## 4.5.2　空间的分配与去配

分段式存储管理是在可变分区存储管理方式的基础上发展而来的。在分段式存储管理方式中，以段为单位进行主存分配，每一个段在主存中占有一个连续空间，但各个段之间可以离散地存放在主存中不同的区域。为了使程序能正常运行，即能从主存中正确找出每个段所在的分区位置，系统为每个进程建立一张段映射表，简称段表。每个段在表中占有一个表项，记录该段在主存中的起始地址和长度，如图4-27所示。段表实现了从逻辑段到主存空间之间的映射。

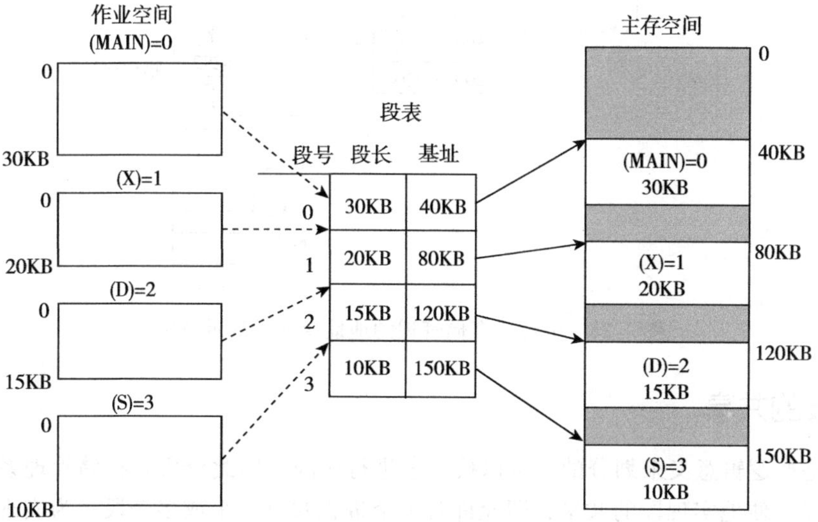


图4-27 段的装入示意图

如果在装入某段信息时找不到满足该段地址空间大小的空闲区，则可采用移动技术合并分散的空闲区，以利于大作业的装入。

当分段式存储管理的作业执行结束后，它所占据的主存空间将被回收，回收后的主存空间登记在空闲区表中，可以用来装入新的作业。系统在回收空间时同样需要检查是否存在与回收区相邻的空闲区。如果有，则将其合并成为一个新的空闲区进行登记管理。

段表存放在主存中，在访问一个数据或指令时至少需要访问主存两次以上。为了提高对段表的存取速度，通常也增设一个相联寄存器，利用高速缓冲寄存器保存最近常用的段表项。

### 4.5.3 地址转换与存储保护

段式存储管理采用动态重定位方式装入作业。作业执行时通过硬件的地址转换机构实现从逻辑地址到物理地址的转换工作。段表的表目起到了基址寄存器和限长寄存器的作用，是硬件进行地址转换的依据。

调度程序在选择作业后，将选中作业的段表始址送入硬件设置的段表控制寄存器中。地址转换时，只要从段表控制寄存器中就可找到相应的段表。每执行一条指令时，将其段号与段表寄存器中的段表长度进行比较，若大于该作业的段表长度，则该地址无效，产生一个“地址越界”的程序性中断；否则，地址转换机构按逻辑地址中的段号查找段表，得到该段在主存中的起始地址。将逻辑地址中的段内地址与段表中的段长进行比较，若小于该段长，则起始地址加上段内地址就得到欲访问的主存物理地址；否则，该逻辑地址无效，产生一个“地址越界”的程序性中断事件。图4-28所示为分段式存储管理的地址变换示例。

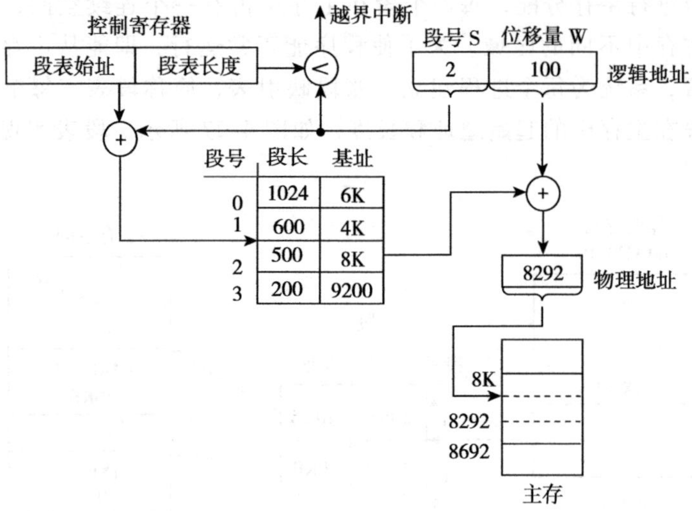


图 4-28　分段式存储管理的地址变换过程示意图

## 4.5.4　段的共享

由于段是按逻辑意义来划分的，可以按段名进行访问。因此分段式存储管理系统的一个突出优点是可以方便地实现段的共享，即允许若干个进程共享一个或多个段。为实现某段代码的共享，在分段式存储管理系统中，各个进程对共享段使用相同的段名，在各自的段表中填入共享段的起始地址，并置以适当的读/写控制权，即可做到共享一个逻辑上完整的主存段信息。例如，一个多用户系统可同时接纳 40 个用户，他们都需要执行一个文本编辑程序（Text Editor），如果文本编辑程序有 160KB 的代码和 40KB 的数据区，则总共需要 8MB 的主存空间来支持 40 个用户的访问。如果 160KB 的代码是可重入的，则该代码只需要在主存中保留一份文本编辑程序的副本，此时所需要的主存空间仅为 1760（$40\times40+160$）KB，只需要在每个进程的段表中为文本编辑程序设置一个段表项，如图 4-29 所示。

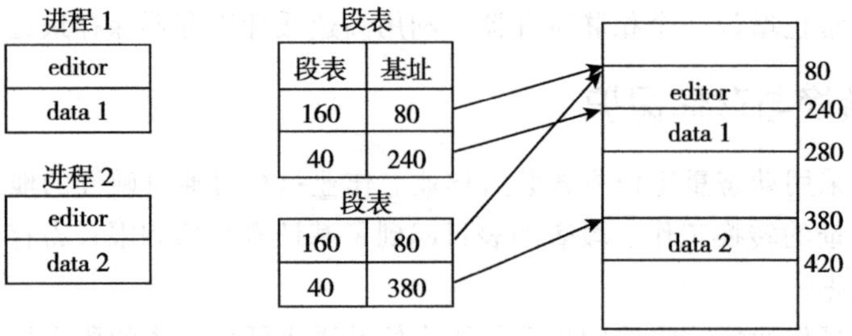


图 4-29　段的共享示意图

在多道程序设计系统中，由于进程的并发执行，一个程序段为多个进程共享时，有可能出现多次同时重复执行该段程序的情况，而该共享程序段的指令和数据在执行过程中是不能被修改的。此外，共享段也有可能被置换出主存。显然，一个正在被某个进程使用或即将被某个进程使用的共享段是不应该置换出主存的，因此，可以在段表中设置共享位来判别该段是否正在被某个进程调用。

### 4.5.5 分页和分段存储管理的主要区别

分页和分段系统都采用离散分配主存方式，都需要通过地址映射机构来实现地址变换，有许多相似之处。但两者又是完全不同的，具体表现如下：

1）页是信息的物理单位，是系统管理的需要而不是用户的需要；而段则是信息的逻辑单位，它含有一组意义相对完整的信息，分段是为了更好地满足用户的需要。

2）页的大小固定且由系统决定，因而一个系统只能有一种大小的页面；而段的长度却不固定，由用户所编写的程序决定，通常由编译程序对源程序进行编译时根据信息的性质来划分。

3）分页式作业的地址空间是一维的，页间的逻辑地址是连续的；而分段式作业的地址空间是二维的，段间的逻辑地址是不连续的。

## 4.6 段页式存储管理

段式存储管理支持了用户的观点，但每段必须占据主存的连续区域，有可能需要采用移动技术汇集主存空间。为此，可兼用分段和分页的方法构成可分页的段式存储管理，通常被称为段页式存储管理。段页式存储管理兼顾了段式在逻辑上的清晰和页式在管理上方便的优点。

用户对作业采用分段组织，每段独立编程；在主存空间分配时，再把每段分成若干个页面，这样每段不必占据连续的主存空间，可把它按页存放在不连续的主存块中。

段页式存储管理的逻辑地址格式如下：

| 段号（S） | 页号（P） | 页内地址（W） |
|---|---|---|

段页式存储管理为每一个装入主存的作业建立一张段表，且对每一段建立一张页表。段表的长度由作业分段的个数决定，段表中的每一个表目指出本段页表的始址和长度。页表的长度则由对应段所划分的页面数所决定，页表中的每一个表目指出本段的逻辑页号与主存物理块号之间的对应关系。段页式存储管理中段表、页表与主存之间的关系如图4-30所示。

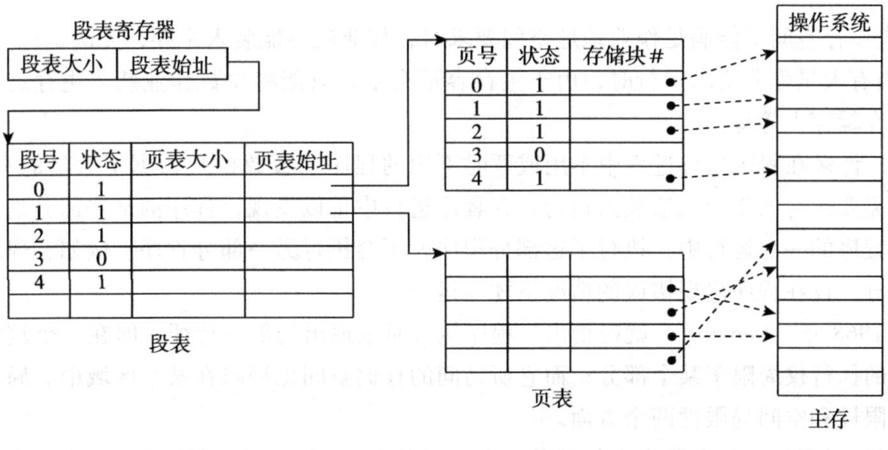


图4-30 段页式存储管理中段表、页表与主存的关系

执行指令时，地址机构根据逻辑地址中的段号查找段表，得到该段的页表始址，然后根据逻辑地址中的页号查找该页表，得到对应的主存块号，由主存块号与逻辑地址中的页内地址形

成可访问的物理地址。如果逻辑地址中的段号超出了段表中的最大段号或者页号超出了该段页表中的最大页号，都将产生“地址越界”程序性中断事件。可以看出，由逻辑地址到物理地址的变换过程中，需要三次访问主存。第一次是访问主存中的段表，获得该段对应页表的始址；第二次是访问页表，获得指令或数据的物理地址；第三次按物理地址存取信息。段页式存储管理的地址转换机构如图 4-31 所示。

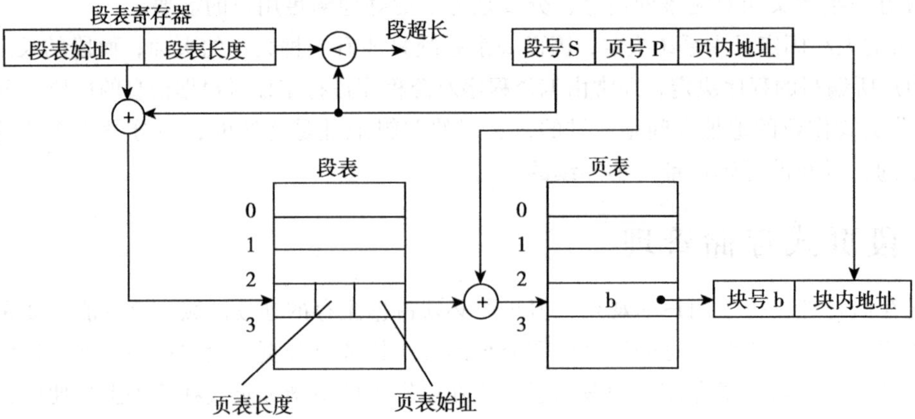


图 4-31　段页式存储管理的地址转换机构示意图

段页式管理是段式管理和页式管理结合而成的，具有二者的优点。但由于管理软件的增加，复杂性和系统开销也随之增加；此外需要的硬件以及占用的主存空间也有所增加。如果不采用相联寄存器方式提高 CPU 访问主存的速度，就会使得执行速度大大降低。

## 4.7　虚拟存储管理

前面所介绍的各种存储管理方式具有一个共同的特点，即作业必须一次性全部装入主存空间后才能运行，直至作业运行结束后才释放所占有的全部主存资源。这样就会出现以下情况。

1）当主存空间不能满足作业地址空间要求时，作业就不能装入主存，无法运行。

2）当有大量作业要求运行时，由于主存容量有限，只能将少数作业装入主存运行，而其他作业留在辅存上等待。

然而，许多在程序运行过程中不用或暂时不用的程序（或数据）占据了大量的主存空间，使得一些需要运行的作业无法装入运行。在程序运行中可以发现，程序的某些部分是相互排斥的，即在程序的一次运行中，执行了这部分程序就不会执行另一部分程序。例如，程序中的错误处理部分，仅在程序出现错误的情况下才会运行。

早在 1968 年，Denning. P 就曾指出：程序执行时呈现出局部性特征，即在一个较短的时间内，程序的执行仅局限于某个部分；而它所访问的存储空间也局限在某个区域中。局限性表现在时间局限性和空间局限性两个方面。

1）时间局限性：如果程序中的某条指令一旦执行，则不久以后该指令可能再次执行；如果某数据被访问，则不久以后该数据可能再次被访问。例如，程序中存在着大量的迭代循环、临时变量和子程序调用等。

2）空间局限性：一旦程序访问了某个存储单元，在不久以后其附近的存储单元也将被访问，即程序在一段时间内所访问的地址可能集中在一定的范围之内。例如，对数组、表或数据堆栈进行操作。

## 4.7.1 虚拟存储器

基于局部性原理，可以把作业信息保存在磁盘上，当作业请求装入时，只需将当前运行所需要的一部分信息先装入主存。作业执行过程时，如果所要访问的信息已调入主存，则可继续执行；如果信息尚未装入主存，再将这些信息调入主存，使程序继续执行；如果此时主存已满，无法再装入新的信息，则系统将主存中暂时不用的信息置换到磁盘上，腾出主存空间后再将所需要的信息调入主存，使程序继续执行。这样，可使一个大的用户程序得以在比较小的主存空间中运行，也可以在主存中同时装入更多的作业使它们并发执行。这不仅使主存空间能充分地被利用，而且在用户编制程序时可以不必考虑主存的实际容量，允许用户的逻辑地址空间大于主存的实际容量。从用户的角度来看，好像计算机系统提供了一个容量很大的主存，我们称它为虚拟存储器。

虚拟存储器是指一种实际上并不存在的虚假存储器，它是系统为了满足应对存储器容量的巨大需求而构造的一个非常大的地址空间。它使用户在编程时无需担心存储器容量不足，感觉有一个无限大的存储器供其使用一样。

虚拟存储器建立在离散分配的存储管理方式的基础上，它允许将一个作业分多次调入主存。虚拟存储器实际上是为了扩大主存容量而采用的一种设计技巧，虚拟存储器的容量由计算机的地址结构和辅助存储器的容量所决定，与实际主存的容量无关。其逻辑容量由主存和辅助存储器容量之和决定，其运行速度接近于主存的速度，而每位的成本却又接近于辅助存储器。

可见，虚拟存储技术是一种性能非常优越的存储器管理技术。早在20世纪60年代初期就已出现了虚拟存储器的思想；60年代中期，较完整的虚拟存储器在两个分时系统MULTICS和IBM系列中得到实现，到70年代初开始推广应用，现在被广泛地应用于大、中、小型计算机和微型计算机中。

虚拟存储器具有离散性、多次性、对换性和虚拟性四大主要特征。

### 1. 离散性

离散性是虚拟存储器存在的基础。如果进程的主存空间必须分配在连续的物理空间中，则在将进程的某部分换出并将其他进程换入后，将很难保证下次载入时，进程的前后恰好有足够的空闲空间。有此限制，进程需要的部分往往无法载入主存，进程将无法继续执行下去。相反，如果将进程按照页或者段进行离散化放置，则可以将页或者段单独换出，而不必考虑载入时的位置问题。因此，分页或者分段是虚拟存储器产生的基础。

### 2. 多次性

多次性是指一个作业被分成多次调入主存运行，亦即在作业运行时没有必要将其全部装入，只需将当前要运行的那部分程序和数据装入主存即可；以后每当要运行到尚未调入的那部分程序时，再将其调入。多次性是虚拟存储器最重要的特征，任何其他的存储管理方式都不具备这一特征。

### 3. 对换性

对换性是指允许在作业的运行过程中进行换进、换出，即在进程运行期间，允许将那些暂时不使用的程序和数据，从主存调至外存的对换区，待以后需要时再将它们从外存调至主存；甚至还允许将暂时不运行的进程调至外存，待它们重新又具备运行条件时再调入主存。换进和换出能有效地提高主存利用率。

4. 虚拟性

虚拟性是指能够从逻辑上扩充主存容量，使用户所看到的主存容量远远大于实际的主存容量。这是虚拟存储器所表现出来的最重要的特征，也是实现虚拟存储器的最重要的目标。

虚拟性是以多次性和对换性为基础的，或者说，仅当系统允许将作业分多次调入主存，并能将主存中暂时不运行的程序和数据对换至外存时，才有可能实现虚拟存储器；而多次性和对换性又必须建立在离散分配的基础上。

## 4.7.2 请求分页式存储管理

虚拟分页式存储管理分为请求分页式管理和预调入页式管理。请求分页式管理与预调入页式管理的主要区别在它们的调入方式上。

请求分页式管理的调入方式是，当需要执行某条指令而发现它不在主存时或当执行某条指令需要访问其他的数据或指令时，这些指令和数据不在主存，从而发生缺页中断，于是系统将外存中相应的页面调入主存。这种策略的主要优点是确保只有被访问的页面才调入主存，节省主存空间。但是处理缺页中断次数过多和调页的系统开销较大，由于每次仅调入一页，增加了磁盘的I/O启动次数。

预调入页式管理的调入方式是，操作系统依据某种算法动态预测进程最可能访问哪些页面，在使用前预先调入主存，尽量做到进程在访问页面之前已经预先调入该页，而且每次可以调入若干页面，能减少磁盘的I/O启动次数。但是如果调入的页面多数未被使用，则效率就很低了。可见，预调入页式管理要建立在预测的基础上，目前所用预调入页面的成功率在50%左右。除了在调入方式上请求分页式管理和预调入页式管理有些区别外，其他方面这两种方式基本相同。因此，下面以请求分页式存储管理为例介绍虚拟页式存储管理。

请求分页式存储管理是在页式存储管理的基础上，增加了请求分页功能和页面置换功能实现的虚拟存储系统。请求分页式存储管理允许作业只装入部分页面就启动运行，在执行过程中，如果所要访问的页已调入主存，则进行地址转换得到欲访问的主存物理地址；如果所要访问的页面不在主存中，则产生一个缺页中断，如果此时主存能容纳新页，则启动磁盘I/O将其调入主存；如果主存已满，则通过页面置换功能将当前所需的页面调入。

1. 请求分页式存储的管理

为了实现请求分页和页面置换功能，系统必须提供必要的硬件支持和相应的软件支持。一般需要以下支持：

- 请求分页的页表机制；
- 缺页中断机构；
- 地址变换机构；
- 页面置换算法。

(1) 页表机制

请求分页式存储管理的主要依据就是页表。由于只是将作业的部分页面调入主存，其余部分仍存放在辅存上，因此必须指出哪些页面已在主存，哪些页面还没有装入。为此需要将页表增加若干项，修改后的页表格式如下所示：

| 页号 | 物理块号 | 状态位 | 访问字段 | 修改位 | 辅存地址 |
|---|---|---|---|---|---|

其中，“状态位”用来指出该页是否已经调入主存，如果某页对应栏的状态位为1，则表示该页已经调入主存，此时“物理块号”指出该页在主存中的占用块；如果状态位为0，则表示该页还未调入主存，此时“辅存地址”中指明了该页在磁盘上的地址，以便系统从辅存中将其调入。“访问字段”用于记录该页在一段时间内被访问的次数，或记录该页最近已有多长时间未被访问。“修改位”则表示该页在调入主存后是否被修改，由于作业在磁盘上保留一份备份，若此次调入主存后未被修改，则在置换该页时不需要再将该页写回磁盘，以减少系统的开销；如果已被修改，则必须将该页回写到磁盘上，以保证信息的更新与完整。

（2）缺页中断机构

请求分页式存储管理中，当所要访问的页面不在主存时，则由硬件发出一个缺页中断，操作系统必须处理这个中断，将所需要的页面调入主存，图4-32所示为缺页中断处理流程。在处理缺页中断的过程中，同样需要保护现场、分析中断源、转入中断处理程序进行处理、恢复现场等步骤，但缺页中断又与一般的中断有着明显的区别，主要表现在以下几方面。

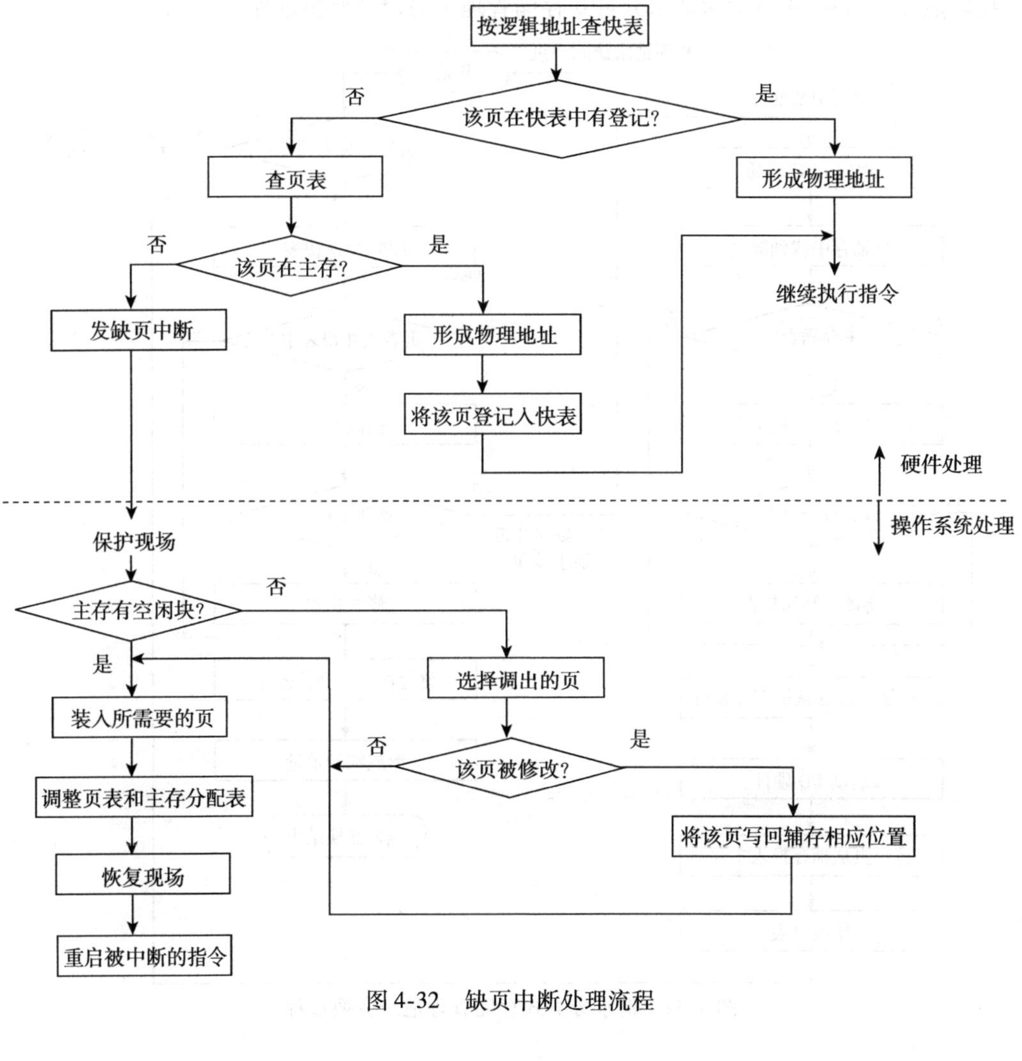


图4-32 缺页中断处理流程

1）在指令执行期间产生和处理中断信号。通常，CPU 在一条指令结束后接收中断请求并响应，而缺页中断则是在指令执行期间所要访问的指令或数据不在主存时所产生和处理的。

2）一条指令在执行期间可能产生多次缺页中断。如图 4-33 所示，指令"copy A to B"本身跨越两个页面，A 和 B 分别是一个数据块并都跨页面存储，那么执行这条指令将可能要产生 6 次缺页中断。所以系统中的硬件机构应该能够保存多次中断时的状态，以保证中断处理后能正确返回并继续执行。

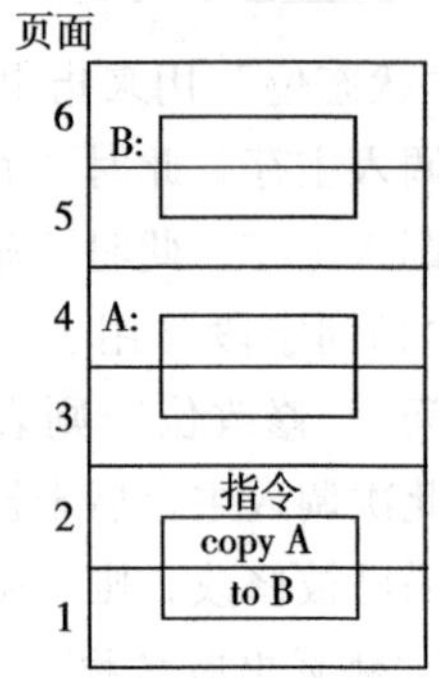


图 4-33　涉及 6 次缺页中断的指令

(3) 地址变换机构

在请求分页式存储管理中，当作业访问某页时，硬件的地址转换机构首先查找快表，若找到，并且其状态位为 1，则按指定的物理块号进行地址转换，得到其对应的物理地址；若该页的状态位为 0，则由硬件发出一个缺页中断，按照页表中指出的辅存地址，由操作系统将其调入主存，并在页表中填上其分配的物理块号，修改状态位、访问位，对于写指令，置修改位为 1，然后按页表中的物理块号和页内地址形成物理地址。图 4-34 所示为请求分页式存储管理中的地址变换过程。

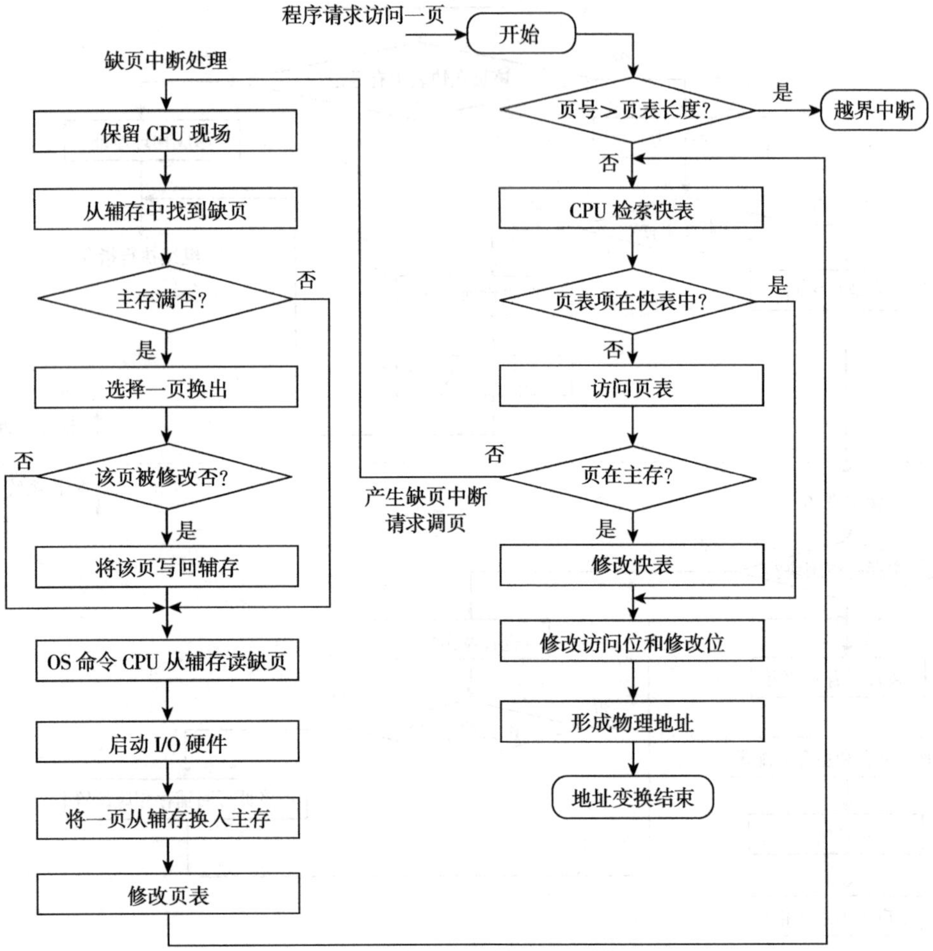


图 4-34　请求分页式存储管理地址变换过程

如果在快表中未找到该页的页表项，则到主存中查找页表。若该页尚未调入主存，则系统产生缺页中断，请求操作系统将该页面调入，同时将此页表项写入快表。

### 2. 页面置换策略

在请求分页式存储管理中，可采用两种主存分配策略，即固定分配和可变分配策略。在进行页面置换时，也可采用两种策略，即全局置换和局部置换。于是可组合成以下三种适用的策略。

#### (1) 固定分配局部置换策略

基于进程的类型（交互型或批处理型等），或根据用户、系统管理员的建议，为每个进程分配一定数目的主存物理块，在整个运行期间都不再改变。采用该策略时，如果进程在运行中发生缺页，则只能从该进程在主存的n个页面中选出一页换出，然后再调入一页，以保证分配给该进程的主存空间不变。实现这种策略的困难在于，应该为每个进程分配多少个物理块难以确定。若太少，会频繁的出现缺页中断，降低系统的吞吐量；若太多，又必然使主存中驻留的进程数目减少，可能造成CPU空闲或其他资源空闲的情况，而且在实现进程对换时会花费更多的时间。

采用固定分配策略时，可采用以下几种物理块分配方法：

1）平均分配算法。将系统中所有可供分配的物理块平均分配给每个进程。

2）按比例分配算法。根据进程的大小按比例分配物理块。

3）考虑优先权的分配算法。该方法是把主存中可供分配的所有物理块分为两部分，一部分按比例分配给各进程；另一部分则根据进程的优先权，适当地增加其相应份额后分配给各进程。

#### (2) 可变分配局部置换策略

基于进程的类型，或根据用户、系统管理员的建议，为每个进程分配一定数目的主存物理块；但当进程发生缺页中断时，只允许从该进程在主存的页面中选择淘汰页，而不影响其他进程的运行。如果进程在运行中频繁地发生缺页中断，则系统须再为该进程分配若干附加的物理块，直至该进程的缺页率减少到适当程度为止；反之，若一个进程在运行过程中的缺页率特别低，则可适当减少分配给该进程的物理块数，但不应引起其缺页率的明显增加。

#### (3) 可变分配全局置换策略

最易于实现的一种页面分配和置换策略。系统先为每个进程分配一定数目的物理块，而操作系统保持一个空闲块队列。当一个进程发生缺页中断时，系统从空闲块队列中取出一块，分配给该进程。当空闲物理块队列中物理块用完时，操作系统才能从主存中选择页面进行置换，该页可能是系统中任一进程的页。

### 3. 页面置换算法

在作业运行过程中，如果所要访问的页面不在主存中，就需要把它们调入主存。当主存中已没有空闲空间时，为了保证作业的运行，系统必须按一定的算法选择一个已在主存中的页面，将它暂时调出主存，让出主存空间，用来存放所需调入的页面，这个工作称为页面置换。选择换出页面的算法称为页面置换算法。置换算法的好坏将直接影响到系统的性能。如果选用一个不合适的算法，就会出现这样的现象：刚被调出的页面又立即要用，因而又要把它调入，而调入不久又被选中调出，调出不久又被调入，如此反复使调度非常频繁，以至于大部分时间都花费在来回调度上。这种现象称为“抖动”或称“颠簸”。一个好的置换算法应该尽可能地减少和避免抖动现象的发生。

从理论上讲，系统应将那些以后不再访问的页面换出，或把那些在今后较长时间不会访问的页面调出。这是一种理想化的算法，具有很好的性能，但实际却难以实现。常用的页面置换算法有最佳置换算法、先进先出置换算法、最近最少用置换算法、时钟置换算法和最近最不常用置换算法等，它们都试图接近理论上的目标。

（1）最佳置换算法

最佳（Optimal，OPT）置换算法是由 Belady 于 1966 年提出的。用该算法选择的被淘汰的页面将是以后永远不再使用，或者是在将来最长时间内不再被访问的页面，这样产生的缺页中断次数将会是最少的。采用 OPT 算法通常可获得最低的缺页中断率，然而，却需要预测出程序的页面引用串，这是无法预知的，不可能对程序的运行过程做出精确的断言，所以说这是一种理想化的算法，无法实现。但是这个算法可以作为衡量其他算法的标准。

假定某进程共有 8 页，且系统为之分配了三个物理块，并有以下页面调度序列：

7，0，1，2，0，3，0，4，2，3，0，3，2，1，2，0，1，7，0，1

进程运行时，首先通过缺页中断，把 7，0，1 三个页面顺序装入主存。当进程访问页面 2 时，将会产生缺页中断，操作系统根据 OPT 算法，得出：0 号页面的下次访问将是本进程第 5 次被访问的页面，1 号页面的下次访问将是第 14 次被访问的页面，而 7 号页面将要在第 18 次页面访问时才需要调入，所以将选择 7 号页面予以淘汰。接下来访问 0 号页面，由于它已调入主存，不会产生缺页中断，当系统访问 3 号页面时，由于在已调入主存的 1、2、0 三个页面中，1 号页面将会最迟才被访问，因此将 1 号页面淘汰。图 4-35 所示的为 OPT 算法的置换过程。可以看出，采用 OPT 算法只发生了 9 次页面置换，缺页中断率为 45%。

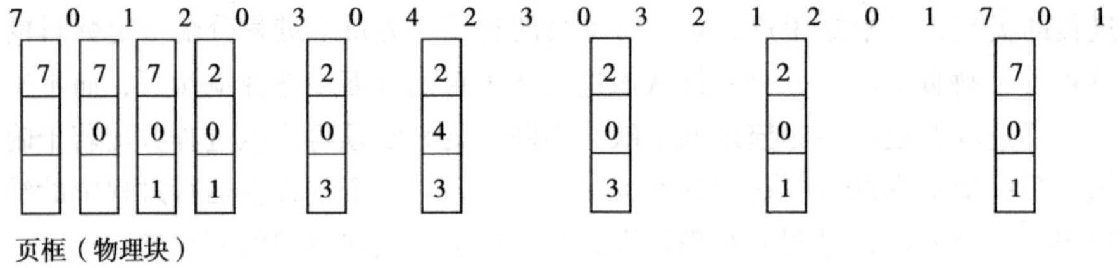


图 4-35 最佳页面置换算法的置换图

（2）先进先出置换算法

先进先出（First In First Out，FIFO）置换算法认为刚被调入的页面在最近的将来被访问的可能性很大，而在主存中驻留时间最长的页面在最近的将来被访问的可能性最小。因此，FIFO 算法总是淘汰最先进入主存的页面，即淘汰在主存中驻留时间最长的页面。

FIFO 算法只需要把装入主存的页面按调入的先后次序链接成一个队列，并设置一个替换指针，指针始终指向最先装入主存的页面，每次页面置换时，总是选择替换指针所指示的页面调出。图 4-36 所示为在 OPT 算法的例子中采用 FIFO 算法时保留在主存中页面变化的情况。进程运行时，通过缺页中断，先将 7、0、1 三个页面顺序装入主存。当进程访问 2 号页面时，系统将会产生缺页中断。由于 7 号页面是最先调入主存的，因此将它换出，下面访问 0 号页面。由于它已调入主存，不产生缺页中断。当系统访问 3 号页面时，由于在已调入主存的 1、2、0 三个页面中，0 号页面最早进入主存，因此将 0 号页面换出。从图 4-36 所示可以看出，采用

FIFO 算法一共发生了15次页面置换，缺页中断率为75%，页面淘汰的顺序为7，0，1，2，3，0，4，2，3，0，1，2。

| | 7 | 0 | 1 | 2 | 0 | 3 | 0 | 4 | 2 | 3 | 0 | 3 | 2 | 1 | 2 | 0 | 1 | 7 | 0 | 1 |
|---|---|---|---|---|---|---|---|---|---|---|---|---|---|---|---|---|---|---|---|---|
| 最后进入主存的页 → | 7 | 0 | 1 | 2 | 2 | 3 | 0 | 4 | 2 | 3 | 0 | 0 | 0 | 1 | 2 | 2 | 2 | 7 | 0 | 1 |
| | | 7 | 0 | 1 | 1 | 2 | 3 | 0 | 4 | 2 | 3 | 3 | 3 | 0 | 1 | 1 | 1 | 2 | 7 | 0 |
| 最先进入主存的页 → | | | 7 | 0 | 0 | 1 | 2 | 3 | 0 | 4 | 2 | 2 | 2 | 3 | 0 | 0 | 0 | 1 | 2 | 7 |
| | + | + | + | + | | + | + | + | + | + | + | | | + | + | | | + | + | + |

（+表示产生一次缺页中断）

图4-36 FIFO 页面置换算法主存中页面变化示意图

FIFO 算法简单易实现，但效率不高。因为在主存中驻留时间最久的页面未必是不久的将来最长时间不再被访问的页面，比如页面中含有全局变量、常用函数、例程等，如果将它淘汰，可能立即又要使用，必须重新调入，尽管这些页面变“老”了，但它们被访问的概率仍然很高。据估计，采用 FIFO 算法产生的缺页中断率约为最佳置换算法的三倍。

FIFO 算法存在一种异常现象。一般来说，对于任一个作业，系统分配给它的主存物理块数越接近于它所要求的页面数，发生缺页中断的次数会越少。如果一个作业能获得它所要求的全部物理块数，则不会发生缺页中断现象。但是，采用 FIFO 算法时，在未给作业分配足够要求的页面数时，有时会出现这样的奇怪现象：分配的物理块数增多，而缺页中断次数反而增加。这种现象称为 Belady 现象，如图4-37所示。

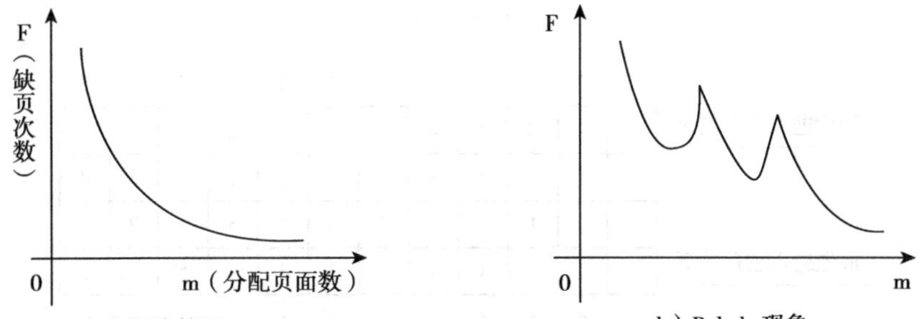


a）正常情况　　b）Belady 现象

图4-37 FIFO 算法的 Belady 现象

下面举例说明 FIFO 算法的正常置换页面情况和 Belady 现象。假如某进程共有8页，依次访问页面的序列为：7，0，1，2，0，3，0，4，2，3，0，3，2，1，2，0，1。当系统为该进程分配的物理块数 M=3 时，缺页中断次数为12次，其缺页中断率为12/17=70.5%，如图4-38a 所示；而分配的物理块数 M=4 时，缺页中断次数为9次，其缺页中断率为9/17=52.9%，如图4-38b 所示。

以上是采用 FIFO 算法正常置换页面的例子，下面看看另一个示例。某进程共有5页，依次访问页面的序列为：1，2，3，4，1，2，5，1，2，3，4，5。当系统为该进程分配的物理块数 M=3 时，缺页中断次数为9次，其缺页中断率为9/12=75%，如图4-38c 所示；但是如果为进程分配的物理块数 M=4 时，缺页中断次数为10次，其缺页中断率为10/12=83.3%，如图4-38d 所示。

先进先出算法产生 Belady 现象的原因在于它根本没有考虑程序执行的动态特征。

| | 7 | 0 | 1 | 2 | 0 | 3 | 0 | 4 | 2 | 3 | 0 | 3 | 2 | 1 | 2 | 0 | 1 |
|---|---|---|---|---|---|---|---|---|---|---|---|---|---|---|---|---|---|
| 最后进入主存的页→ | 7 | 0 | 1 | 2 | 2 | 3 | 0 | 4 | 2 | 3 | 0 | 0 | 0 | 1 | 2 | 2 | 2 |
| | | 7 | 0 | 1 | 1 | 2 | 3 | 0 | 4 | 2 | 3 | 3 | 3 | 0 | 1 | 1 | 1 |
| 最先进入主存的页→ | | | 7 | 0 | 0 | 1 | 2 | 3 | 0 | 4 | 2 | 2 | 2 | 3 | 0 | 0 | 0 |
| | + | + | + | + | | + | + | + | + | + | + | | | + | + | | |

a）M = 3，无 Belady 现象示例

| | 7 | 0 | 1 | 2 | 0 | 3 | 0 | 4 | 2 | 3 | 0 | 3 | 2 | 1 | 2 | 0 | 1 |
|---|---|---|---|---|---|---|---|---|---|---|---|---|---|---|---|---|---|
| 最后进入主存的页→ | 7 | 0 | 1 | 2 | 2 | 3 | 3 | 4 | 4 | 4 | 0 | 0 | 0 | 1 | 2 | 2 | 2 |
| | | 7 | 0 | 1 | 1 | 2 | 2 | 3 | 3 | 3 | 4 | 4 | 4 | 0 | 1 | 1 | 1 |
| | | | 7 | 0 | 0 | 1 | 1 | 2 | 2 | 2 | 3 | 3 | 3 | 4 | 0 | 0 | 0 |
| 最先进入主存的页→ | | | | 7 | 7 | 0 | 0 | 1 | 1 | 1 | 2 | 2 | 2 | 3 | 4 | 4 | 4 |
| | + | + | + | + | | + | | + | | | + | | | + | + | | |

b）M = 4，无 Belady 现象示例

| | 1 | 2 | 3 | 4 | 1 | 2 | 5 | 1 | 2 | 3 | 4 | 5 |
|---|---|---|---|---|---|---|---|---|---|---|---|---|
| 最后进入主存的页→ | 1 | 2 | 3 | 4 | 1 | 2 | 5 | 5 | 5 | 3 | 4 | 4 |
| | | 1 | 2 | 3 | 4 | 1 | 2 | 2 | 2 | 5 | 3 | 3 |
| 最先进入主存的页→ | | | 1 | 2 | 3 | 4 | 1 | 1 | 1 | 2 | 5 | 5 |
| | + | + | + | + | + | + | + | | | + | + | |

c）M = 3，Belady 现象示例

| | 1 | 2 | 3 | 4 | 1 | 2 | 5 | 1 | 2 | 3 | 4 | 5 |
|---|---|---|---|---|---|---|---|---|---|---|---|---|
| 最后进入主存的页→ | 1 | 2 | 3 | 4 | 4 | 4 | 5 | 1 | 2 | 3 | 4 | 5 |
| | | 1 | 2 | 3 | 3 | 3 | 4 | 5 | 1 | 2 | 3 | 4 |
| | | | 1 | 2 | 2 | 2 | 3 | 4 | 5 | 1 | 2 | 3 |
| 最先进入主存的页→ | | | | 1 | 1 | 1 | 2 | 3 | 4 | 5 | 1 | 2 |
| | + | + | + | + | | | + | + | + | + | + | + |

d）M = 4，Belady 现象示例

（+表示产生一次缺页中断）

图 4-38　Belady 现象示例

(3) 最近最少用置换算法

最近最少用（Least Recently Used，LRU）置换算法总是选择最近一段时间内最长时间没有被访问过的页面调出。

LRU 置换算法的提出基于程序执行的局部性原理，即认为那些刚被访问的页面可能在最近的将来还会经常访问它们，而那些在较长时间里未被访问的页面，一般在最近的将来再被访问的可能性较小。为了记录页面自上次被访问以来所经过的时间，需要在页表中增加一个引用位标志，在每次被访问后将引用位置 0，重新计时。这样，在发生缺页中断需要调入新的页面时，通过检查页表中各页的引用位，选择最长时间没有被访问过的页面淘汰，并且把主存中所有页面的引用位全部清零，重新计时。

图 4-39 所示为在 OPT 算法的例子中采用 LRU 算法时，保留在主存中页面的变化情况。该

进程执行过程中，共产生了12次缺页中断，缺页中断率为60%，页面淘汰的顺序为7，1，2，3，0，4，0，3，2。

| | | | | | | | | | | | | | | | | | | | | |
|---|---|---|---|---|---|---|---|---|---|---|---|---|---|---|---|---|---|---|---|---|
| | 7 | 0 | 1 | 2 | 0 | 3 | 0 | 4 | 2 | 3 | 0 | 3 | 2 | 1 | 2 | 0 | 1 | 7 | 0 | 1 |
| 最近被访问的页→ | 7 | 0 | 1 | 2 | 0 | 3 | 0 | 4 | 2 | 3 | 0 | 3 | 2 | 1 | 2 | 0 | 1 | 7 | 0 | 1 |
| | | 7 | 0 | 1 | 2 | 0 | 3 | 0 | 4 | 2 | 3 | 0 | 3 | 2 | 1 | 2 | 0 | 1 | 7 | 0 |
| 最长时间未被访问的页→ | | | 7 | 0 | 1 | 2 | 2 | 3 | 0 | 4 | 2 | 2 | 0 | 3 | 3 | 1 | 2 | 0 | 1 | 7 |
| | + | + | + | + | | + | | + | + | + | + | | | + | | + | | + | | |

（+表示产生一次缺页中断）

图4-39 LRU置换算法主存页面变化示意图

(4) 时钟置换算法（Clock）

要完全实现LRU算法是一件非常困难的事情。因为需要对每一页被访问的情况进行实时记录和更新，这显然要花费巨大的系统开销，所以在实际系统中往往使用LRU近似算法。

LRU近似算法（也称为时钟置换算法Clock）是在页表中为每一页增加一个引用位信息，当该页被访问时，由硬件将它的引用位信息置为1，操作系统选择一个时间周期T，每隔一个周期T，将页表中所有页面的引用位信息置0。这样，在时间周期T内，被访问过的页面的引用位为1，而没有被访问过的页面的引用位仍为0。当产生缺页中断时，可以从引用位为0的页面中选择一页调出，同时将所有页面的引用位信息全部重置0。这种近似算法的实现比较简单，但关键在于时间周期T大小的确定。T太大，可能所有的引用位都变成1，找不出最近最少使用的页面淘汰；T太小，引用位为0的页面可能很多，而无法保证所选择的页面是最近最少使用的。

淘汰一个页面时，如果该页面已被修改过，必须将它重新写回磁盘；但如果淘汰的是未被修改过的页面，就不需要写盘操作了，这样看来淘汰修改过的页面比淘汰未被修改过的页面开销要大。如果把页表中的“引用位”和“修改位”结合起来使用，可以改进时钟页面替换算法，它们一共组合成四种情况：

1）最近没有被引用，没有被修改（$r=0$，$m=0$）

2）最近被引用，没有被修改（$r=1$，$m=0$）

3）最近没有被引用，但被修改（$r=0$，$m=1$）

4）最近被引用过，也被修改过（$r=1$，$m=1$）

改进的时钟页面替换算法就是扫描队列中的所有页面，寻找一个既没有被修改且最近又没有被引用过的页面，把这样的页面挑出来作为首选页面淘汰是因为它没有被修改过，淘汰时不用把它写回磁盘。如果第一步没找到这样的页面，算法再次扫描队列，欲寻找一个被修改过但最近没有被引用过的页面；虽然淘汰这种页面需写回磁盘，但依据程序局部性原理，这类页面一般不会被马上再次使用。如果第二步也失败了，则所有页面已被标记为最近未被引用，可进入第三步扫描。Macintosh的虚存管理采用了这种策略，其主要优点是没有被修改过的页面会被优先选出来，淘汰这种页面时不必写回磁盘，从而节省时间。但查找一个淘汰页面可能会经过多轮扫描，算法的实现开销较大。

(5) 最近最不常用置换算法

最近最不常用置换算法（Least Frequently Used，LFU）总是选择被访问次数最少的页面调出，即认为在过去的一段时间里被访问次数多的页面可能经常需要访问。

一种简单的实现方法是为每一页设置一个计数器，页面每次被访问后其对应的计数器加1，每隔一定的时间周期T，将所有计数器全部清0。这样，在发生缺页中断时，选择计数器值最小的对应页面被淘汰，显然它是最近最不常用的页面，同时把所有计数器清0。这种算法的实现比较简单，但代价很高，同时有一个关键问题是如何选择一个合适的时间周期T。

4. 缺页中断率分析

虚拟存储系统解决了有限主存的容量限制问题，能使更多的作业同时多道运行，从而提高了系统的效率。但缺页中断处理需要系统的额外开销，影响了系统效率，因此应尽可能地减少缺页中断的次数，降低缺页中断率。

假定一个作业共有n页，系统分配给它的主存块是m块（m、n均为正整数，且$1 \leqslant m \leqslant n$），则该作业最多有m页可同时被装入主存。如果作业执行中访问页面的总次数为A，其中，有F次访问的页面尚未装入主存，故产生了F次缺页中断。现定义：

$$f = F/A$$

则f称为缺页中断率。

显然，缺页中断率与缺页中断的次数有关。因此影响缺页中断率的因素有以下几点。

（1）分配给作业的主存块数

一般情况下，系统分配给作业的主存块数越多，则该作业同时装入主存的页面数就越多，那么缺页中断次数就少，缺页中断率就低，反之，缺页中断率就高。

从理论上说，在虚拟存储器的环境下，每个作业只要获得一块主存空间就可以开始执行，这样可以增加在主存中多道程序的道数，但是每个作业将会频繁地发生缺页中断，效率非常低下。但是如果为每个作业分配很多主存块，必然会降低系统的多道程序度，影响系统的吞吐量。图4-40给出了CPU的利用率与进程数之间的关系。

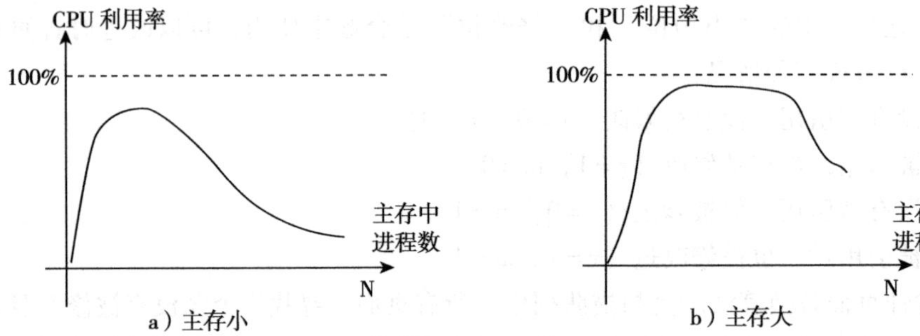


图4-40 CPU利用率与进程数的关系

进程的缺页中断率和进程占有主存页面数的关系如图4-41所示。一个程序面对较少的主存物理块数时，发生的缺页中断次数就多；当分配的主存物理块数增加时，缺页中断次数就减少。但从图中可以看出，主存物理块数增加到临界值以后，即使再增加较多的物理块，进程的缺页中断次数也不再明显减少。大多数程序都有这样一个特定点，在这个特定点以后再增加主存容量，缺页中断次数的减少并不明显。

工作集（如图4-41所示）的理论是由Denning提出来的。他认为，程序在运行时对页面的访问是不均匀的，即往往在某段时间内访问仅局限于较少的若干页面，如果能够预知程序在某段时间间隔内要访问哪些页面，并能将它们提前调入主存，将会大大地降低缺页率，从而减少置换工作，提高 CPU 的利用率。

对于给定的访问序列选取定长的时间间隔（Δ），称为工作集窗口，落在工作集窗口中的页面集合称为工作集。即工作集是指在某段时间间隔里，进程实际要访问的页面的集合。Denning 认为，虽然程序只需要有少量的几页在主存就可以运行，但为了使程序能够有效运行，较少地产生缺页，就必须使程序的工作集全部在主存中。把某进程在时间 t 的工作集记为 w（t，Δ），把变量 Δ 称为工作集“窗口尺寸”。由于无法预知一个程序在最近的将来会访问哪些页面，所以，只好用最近的过去在 Δ 时间间隔内访问过的页面作为实际工作集的近似。正确选择工作集窗口尺寸的大小对系统性能有很大影响。如果 Δ 过大，甚至把作业地址空间全包括在内，就成了实存管理；如果 Δ 过小，则会引起频繁缺页，降低了系统的效率。图 4-42 给出了不同窗口尺寸的工作集变化示意图，其中列出了进程的引用序列，* 表示这个时间单位里工作集没有发生改变。从图中可以看出，工作集窗口尺寸越大，工作集就越大，产生缺页中断的频率就越低。

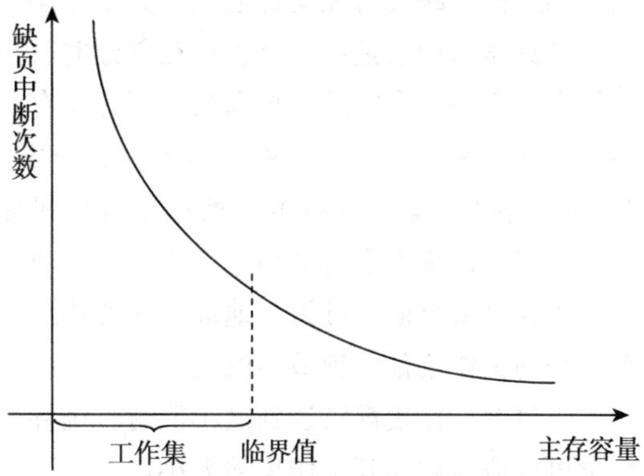

图 4-41 主存容量与缺页中断的关系

| 页面访问序列 | 窗口尺寸 2 | 3 | 4 | 5 |
|---|---|---|---|---|
| 24 | 24 | 24 | 24 | 24 |
| 15 | 15 24 | 15 24 | 15 24 | 15 24 |
| 18 | 18 15 | 18 15 24 | 18 15 24 | 18 15 24 |
| 23 | 23 18 | 23 18 15 | 23 18 15 24 | 23 18 15 24 |
| 24 | 24 23 | 24 23 18 | * | * |
| 17 | 17 24 | 17 24 23 | 17 24 23 18 | 17 24 23 18 15 |
| 18 | 18 17 | 18 17 24 | * | * |
| 24 | 24 18 | * | * | * |
| 18 | 18 24 | * | * | * |
| 17 | 17 18 | * | * | * |
| 17 | 17 | * | * | * |
| 15 | 15 17 | 15 17 18 | 15 17 18 24 | * |
| 24 | 24 15 | 24 15 17 | * | * |
| 17 | 17 24 | * | * | * |
| 24 | 24 17 | * | * | * |
| 18 | 18 24 | 18 24 17 | * | * |

图 4-42 进程工作集

假如有以下页面访问序列，窗口尺寸 Δ = 9：

2615777516234123444343444 1327

|--------|　　　　|--------|

Δ　t1　　　　Δ　t2

则 t1 时刻的工作集 w（t1） = {1，2，5，6，7}；t2 时刻的工作集 w（t2） = {3，4}。

在有些操作系统中，如 Windows，虚拟存储管理程序为每一个进程分配固定数量的物理块，并且这个数目可以进行动态的调整。这个数目就是由每个进程的工作集来确定，并且根据主存的负荷和进程的缺页情况动态地调整其工作集。

其具体的做法是：一个进程在创建时就指定了一个最小工作集，该工作集的大小是保证进程运行在主存中应有的最小页面数。但在主存负荷不太大时，虚存管理程序还允许进程拥有尽可能多的页面作为其最大工作集。当主存负荷发生变化时，如空闲页不多了，虚存管理程序就使用“自动调整工作集”的技术来增加主存中可用的自由页面数。方法是检查主存中的每一个进程，将它当前工作集大小与最小工作集进行比较，如果大于最小值则从它们的工作集中移去一些页面作为主存自由页面，可为其他进程所使用。若主存自由页面仍然太小，则不断进行检查，直到每个进程的工作集都达到最小值为止。

当每个工作集都已达到最小值时，虚存管理程序跟踪进程的缺页数量，根据主存中自由页面数量可以适当增加其工作集的大小。

(2) 页面的大小

页面的大小影响页表的长度、页表的检索时间、置换页面的时间、可能的页内零头的大小等，对缺页中断的次数也有一定的影响。如果划分的页面大，则一个作业的页面数就少，页表所占用的主存空间少且查表速度快，在系统分配相同主存块的情况下，发生缺页中断的次数减少，降低了缺页中断率。但是，一次换页需要的时间延长，可能产生的页内零头所带来的空间浪费较大。反之，所划分的页面小，一次换页需要的时间就短，可能产生的页内零头少，空间利用率提高；但是一个作业的页面数就多，页表所占用的主存空间长，且查表速度慢，在系统分配相同主存块的情况下，发生缺页中断的次数增多，增加了缺页中断率。

因此，页面的大小应根据实际确定，对于不同的计算机系统，页面大小有所不同。一般页面大小在 1KB 至 4KB 之间。

(3) 程序编制方法

程序编制的方法不同对缺页中断的次数也有很大影响，缺页中断率与程序的局部化程度密切相关。一般希望编制的程序能经常集中在几个页面上进行访问，以减少缺页中断次数，降低缺页中断率。

例如，一个程序要将 128×128 数组置初值 0。现假设分配给该程序的主存块数只有一块，页面的大小为每页 128 个字，数组中每一行元素存放在一页中。开始时，第一页已经调入主存。若程序如下编制：

```
int A[128][128];
for(j=0;j<128;j++)
    for(i=0;i<128;i++)
        A[i][j]=0;
```

则每执行一次 A [i] [j] =0 就要产生一次缺页中断，总共需要产生（128×128－1）次缺页中断。

如果重新编制这个程序：

```
int A[128][128];
for(i=0;i<128;i++)
    for(j=0;j<128;j++)
        A[i][j]=0;
```

则总共产生（128－1）次缺页中断。显然，虚拟存储器的效率与程序局部性程度密切相关，局部性程度因程序而异。

(4) 页面调度算法

页面调度算法对缺页中断率的影响也很大，如果选择不当，则有可能产生抖动现象。理想的调度算法是当要装入一个新页而必须调出一个页面时，所选择的调出页应该是以后再也不使用的页或者是距离当前最长时间以后才使用的页。算法的优劣影响缺页中断的次数，从而影响缺页中断率。

### 4.7.3 请求分段式存储管理

请求分段式存储管理以段式存储管理为基础，为用户提供比主存实际容量更大的虚拟空间。请求分段式存储管理把作业的各个分段信息保留在磁盘上，当作业被调度进入主存时，首先把当前需要的一段或几段装入主存，便可启动执行，若所要访问的段已在主存，则将逻辑地址转换成绝对地址；如果所要访问的段尚未调入主存，则产生一个缺段中断，请求操作系统将所要访问的段调入。为实现请求分段式存储管理，需要有一定的硬件支持和相应的软件。

请求分段式存储管理所需要的硬件支持有，段表机制、缺段中断机构以及地址变换机构等。

1. 段表机制

在请求分段式存储管理中，段表是进行段调度的主要依据。在段表中需要增设段是否在主存、各段在磁盘上的存储位置，已在主存的段需要指出该段在主存中的起始地址和占用主存区的长度，还可设置该段是否被修改、是否可扩充等标志信息。请求分段式存储管理的段表结构如下：

| 段名 | 段长 | 段的基址 | 存取方式 | 访问字段A | 修改位M | 状态位P | 扩充位 | 辅存始址 |
|---|---|---|---|---|---|---|---|---|

其中，“存取方式”标识本段的存取属性（只执行或只读或读/写）；“访问字段A”记录该段被访问的频繁程度；“修改位M”表示该段进入主存后，是否已被修改，供置换段时参考；“状态位P”指示本段是否已调入主存，若已调入则“段的基址”给出该段在主存中的起始地址，否则在“辅存始址”中指示出本段在辅存中的起始地址；“扩充位”是请求分段式存储管理中所特有的字段，表示本段在运行过程中是否有动态增长。

2. 缺段中断机构

在请求分段式存储管理中，当所要访问的段尚未调入主存时，则由缺段中断机构产生一个缺段中断信号，请求操作系统将所要访问的段调入主存。操作系统处理缺段中断的步骤如下。

1）空间分配。查主存分配表，找出一个足够大的连续区以容纳该分段。如果找不到足够大的连续区，则检查主存中空闲区的总和，若空闲区总和能满足该段要求，则进行适当移动，将分散的空闲区集中；若空闲区总和不能满足该段要求，则可选择将主存中的一段或几段调出，然后把当前要访问的段装入主存。

2）修改段表。段被移动、调出和装入后都要对段表中的相应表目进行修改。

3）新的段被装入后应让作业重新执行被中断的指令，这时就能在主存中找到所要访问的段，可以继续执行下去。

3. 地址变换机构

请求分段式存储管理方式中的地址变换是在分段式存储管理系统的地址变换机构的基础上增加缺段中段请求及处理等形成的。图 4-43 所示为请求分段式存储管理系统的地址变换过程。

## 4.7.4 请求段页式存储管理

请求分段式存储管理还是以段为单位进行主存空间的分配。整段信息的装入、调出有时需要主存空间的移动，这些都要增加系统的开销。如果按段页式存储管理方式，则每个作业仍然按逻辑分段，把每一段再分成若干页面。这样，在请求式存储管理中，每一段不必占用连续的存储空间，可按页存放在不连续的主存块中，甚至当主存块不足时，可以将一段中的部分页面装入主存。这种管理方式称为请求段页式存储管理。

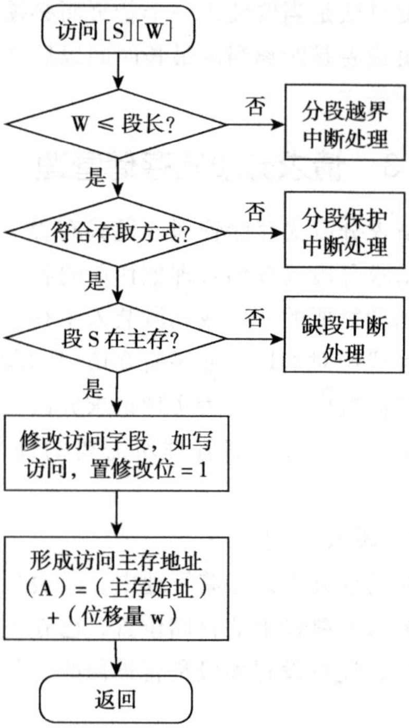


图 4-43 请求分段式存储管理的地址变换过程

采用请求段页式存储管理时，需要对每一个装入主存的作业建立一张段表，并对每一段建立一张页表。段表中指出该段对应页表所存放的起始地址及其长度，页表中应指出该段的每一页在磁盘上的位置以及该页是否在主存，若在主存上，则指出占用的主存块号。作业执行时按段号查找段表，找到相应的页表再根据页号查找页表，由状态位判定该页是否已在主存，若在，则进行地址转换，否则进行页面调度。

请求段页式存储管理结合了请求分段式存储管理和请求分页式存储管理的优点，但增加了设置表格（段表、页表）和查表等开销。目前将实现虚拟存储所需支持的硬件集成在 CPU 芯片上，例如，Intel 80386 以上的 CPU 芯片都支持请求段页式存储管理。段页式虚拟存储管理一般只在大型计算机系统中采用。

# 4.8 本章小结

存储器是计算机系统的重要组成部分。存储管理对主存中的用户区进行管理，其目的是尽可能地提高主存空间的利用率，使主存在成本、速度和规模之间获得较好的权衡。存储管理的基本功能有：主存空间的分配与去配、地址转换、主存空间的共享与保护、主存空间的扩充。

在现代计算机系统中，存储部件采用层次结构来组织，具体可分为寄存器、高速缓存、主存储器、磁盘缓存、磁盘、可移动存储介质等，这样在成本、速度和规模等诸因素中能获得较好的性能价格比。

在多道程序设计系统中，为了方便程序编制，用户程序中使用的地址是逻辑地址，而 CPU

则是按物理地址访问主存、读取指令和数据。为了保证程序的正确执行，需要进行地址转换。地址转换又称为重定位，有静态重定位和动态重定位。采用动态重定位的系统支持程序的浮动。

早期单用户单任务操作系统中主存管理采用单用户连续存储管理方式。现代操作系统支持多道程序设计，满足多道程序设计最简单的存储管理技术是分区管理，有固定分区管理和可变分区管理。固定分区管理采用顺序分配算法进行主存空间的分配，采用静态重定位方式将作业装入主存，通过上、下限寄存器实现存储保护。可变分区管理的空间分配算法包括：最先适应、最优适应和最坏适应等算法。回收空间时检查是否存在与回收区相邻的空闲分区，如果有则将其合并成为一个新的空闲分区进行登记管理。可变分区管理一般采用动态重定位方式将作业装入主存，通过基址寄存器和限长寄存器等硬件实现存储保护。可变分区管理可以有条件地采用移动技术使分散的空闲区汇集起来容纳新的作业。分区管理中，当主存空间不足时，交换技术和覆盖技术可以达到扩充主存的目的。分区管理方式要求作业信息一次性连续装入主存，对空间的要求较高，为了解决这个矛盾，操作系统引入离散存储管理方式。离散存储管理方式主要有页式存储管理、段式存储管理和段页式存储管理。离散存储管理允许将一个作业信息存储在不相邻的主存空间中，通过操作系统建立页表（或段表）数据结构实现逻辑地址空间与物理地址空间的映射，实现地址空间的保护。

虚拟存储器的实现借助于大容量的辅助存储器（如磁盘）存放作业信息。操作系统利用作业执行在时间上和空间上的局部性特点，把当前需要使用的作业信息装入主存，并且利用页表、段表等数据结构构造一个用户的虚拟空间。操作系统根据中断（缺页中断、缺段中断）进行处理，选择一种合适的调度算法对主存和辅存中的信息进行调入和调出，尽可能地避免“抖动”现象的发生。虚拟存储管理有请求分页式存储、请求分段式存储和请求段页式存储。请求分页式存储管理的实现需要必要的硬件支持和相应的软件支持，涉及请求分页的页表机制、缺页中断机构、地址变换机构、页面置换算法等。其中页面置换算法主要有：最佳置换算法、先进先出置换算法、最近最少用置换算法、Clock置换算法和最近最不常用置换算法等。在请求分页式存储管理方式下，虚拟存储器的性能与缺页中断率密切相关，系统分配给作业的主存物理块数、页面的大小以及程序的编制方法等对缺页中断率都有影响。

## 习 题 四

1. 什么是静态链接、装入时动态链接和运行时动态链接？
2. 什么是重定位？为什么要引入动态重定位？
3. 试设计和描述最先适应算法的主存分配和回收过程。
4. 在可变分区存储管理方式下，采用移动技术有什么优点？移动一道作业时操作系统需要做哪些工作？
5. 设某系统中作业 $J_1$、$J_2$、$J_3$ 占用主存的情况如下图。今有一个长度为20KB的作业 $J_4$ 要装入主存，当采用可变分区分配方式时，请回答：

   (1) $J_4$ 装入前的主存已分配表和未分配表的内容。

   (2) 写出装入 $J_4$ 时的工作流程，并说明你采用什么分配算法。

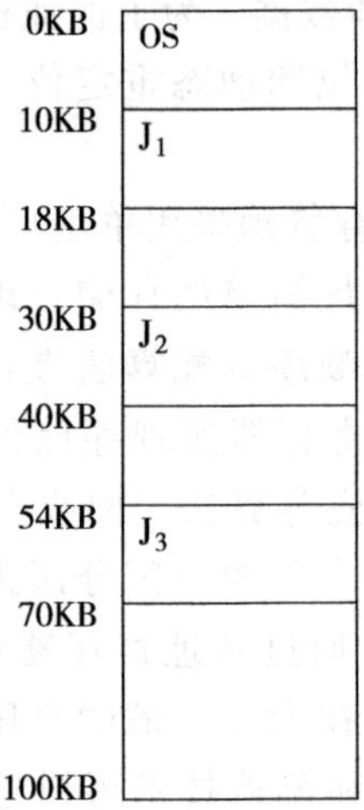


6. 给定主存空闲分区，按地址从小到大为：100KB、500KB、200KB、300KB 和 600KB。现有用户进程依次分别为 212KB、417KB、112KB 和 426KB：
   (1) 分别采用最先适应、最优适应和最坏适应算法将它们装入到主存的哪个分区？
   (2) 哪个算法能最有效利用主存？
7. 为什么要引入页式存储管理方法？在这种管理中硬件提供了哪些支持？
8. 在页式存储管理中为什么要设置页表和快表？
9. 在页式存储管理中如何实现多个作业共享一个程序或数据？
10. 在段式存储管理中如何实现共享？与页式存储管理的共享有何不同？
11. 分页式存储管理和分段式存储管理有何区别？
12. 在具有快表的段页式存储管理系统中如何实现地址变换？
13. 在一个分页式存储管理系统中，某作业的页表如下表所示。已知页面大小为 1024B，试将逻辑地址 1011、2148、3000、4000、5012 转化为相应的物理地址。

| 页号 | 块号 |
|---|---|
| 0 | 2 |
| 1 | 3 |
| 2 | 1 |
| 3 | 6 |

14. 给定段表如下：

| 段号 | 段首址 | 段长 |
|---|---|---|
| 0 | 219 | 600 |
| 1 | 2300 | 14 |
| 2 | 90 | 100 |
| 3 | 1327 | 580 |
| 4 | 1952 | 96 |

给定地址为段号和位数，试求出对应的主存物理地址。

(1) [0, 430]　(2) [3, 400]　(3) [1, 1]　(4) [2, 500]　(5) [4, 42]

15. 一个页式存储管理系统使用FIFO、OPT和LRU页面置换算法，如果一个作业的页面走向为：

(1) 2、3、2、1、5、2、4、5、3、2、5、2

(2) 4、3、2、1、4、3、5、4、3、2、1、5

(3) 1、2、3、4、1、2、5、1、2、3、4、5

当分配给该作业的物理块数分别为3和4时，试计算访问过程中发生的缺页中断次数和缺页中断率。

16. 在一个请求分页式系统中，假如一个作业共有5个页面，其页面调度次序为：1，4，3，1，2，5，1，4，2，1，4，5。若分配给该作业的主存块数为3，分别采用FIFO、LRU、Clock页面置换算法，试计算访问过程中所发生的缺页中断次数和缺页中断率。

17. 在一个分页虚存系统中，用户编程空间32个页，页长1KB，主存为16KB。如果用户程序有10页长，若已知虚页0、1、2、3，已分配主存8、7、4、10物理块中，试把虚地址0AC5H和1AC5H转换成对应的物理地址。

18. "FIFO算法有时比LRU算法的效果好。"这句话对吗？为什么？"LRU算法有时比OPT算法的效果好。"这句话对吗？为什么？

19. 什么是抖动？产生抖动的原因是什么？

20. 试设计和描述一个请求分页式存储管理的主存页面分配和回收算法。

21. 什么是Belady现象？试找出一个产生Belady现象的例子。

22. 试全面比较主存空间的连续分配和离散分配方式。

23. 试述缺页中断与一般中断的主要区别。

24. 在虚拟存储器管理中，淘汰页面时为什么要进行回写？通常采用什么方式来减少回写次数和回写量？

25. 在请求分页式存储管理中，可采用工作集模型以决定分给进程的物理块数，有如下页面访问序列：

```
……25163378916234343444344 3……
        |-------|  |-------|
          Δ  t1      Δ  t2
```

窗口尺寸 $\Delta=9$，试求t1和t2时刻的工作集。

26. 一个程序要将100×100数组置初值0。现假设分配给该程序的主存块数有两块，页面的大小为每页100个字，数组中每一行元素存放在一页中。开始时，第一页已经调入主存。若采用LRU算法，则下列两种对数组的初始化程序段引起缺页中断次数各是多少？

(1)
```
for(j=0;j<100;j++)
    for(i=0;i<100;i++)
        A[i][j]=0;
```

(2)
```
for(i=0;i<100;i++)
    for(j=0;j<100;j++)
        A[i][j]=0;
```

27. 试叙述虚拟存储器的基本原理，如何确定虚拟存储器的容量？

28. 设某计算机的逻辑地址空间和物理地址空间均为64KB，按字节编址。若某进程最多需要6页数据存储空间，页的大小为1KB。操作系统采用固定分配局部置换策略为此进程分配4个物理块。

| 页号 | 块号 | 装入时刻 | 访问位 |
|---|---|---|---|
| 0 | 7 | 130 | 1 |
| 1 | 4 | 230 | 1 |
| 2 | 2 | 200 | 1 |
| 3 | 9 | 160 | 1 |

当该进程执行到时刻 260 时，要访问逻辑地址为 17CAH 的数据，请问答下列问题：

(1) 该逻辑地址对应的页号是多少？

(2) 若采用先进先出（FIFO）置换算法，该逻辑地址对应的物理地址是多少？要求给出计算过程。

(3) 若采用时钟（Clock）置换算法，该逻辑地址对应的物理地址是多少？要求给出计算过程。(设搜索下一页的指针沿顺时针方向移动，且当前指向 2 号物理块，示意图如下。)

# 第5章

# 设备管理

## 5.1 设备管理概述

现代计算机系统配置了大量不同类型的外围设备，包括用于实现信息输入、输出和存储功能的设备以及相应的设备控制器。这些设备种类繁多，物理特性和操作方式有很大区别，在运行速度、控制方式、数据表示以及传送单位上存在着很大的差异。因此，计算机系统对外围设备的管理是操作系统中最具有多样性和复杂性的部分。

### 1. 外围设备的分类

早期的计算机系统由于速度慢、应用面窄，外围设备主要以纸带、卡片等作为输入输出介质，相应的设备管理程序也比较简单。进入20世纪80年代以后，由于个人计算机、工作站以及计算机网络等的发展，外围设备开始走向多样化、复杂化和智能化。用户可以从不同的角度对外围设备进行分类。

1）按照外围设备的从属关系，可以将它们分成系统设备和用户设备。系统设备是指在操作系统安装、配置时，已登记在系统中的标准设备。如各种终端机、磁盘、磁带、显示器等。用户设备是指在操作系统生成时，未登入系统的非标准设备。通常这类设备由用户提供，并通过适当的方式连接到系统，由系统对它们进行管理，如声卡、图像处理系统的图像设备、实时系统中的A/D和D/A转换器等。

2）按照工作特性，可将外围设备分为存储设备和I/O设备两类。存储设备又称为辅助存储器，以存储大量信息、实现快速检索为目标，在计算机系统中作为主存的扩充，如磁带机、磁盘机等。I/O设备可分为输入设备、输出设备两类，它们负责把外界信息输入计算机，将运行结果从计算机输出，如显示器、打印机、键盘、鼠标等。

### 2. 设备管理的功能

现代计算机系统要方便用户使用，就要为用户提供使用外围设备的统一界面，尽可能地提高I/O设备的使用效率，发挥系统的并行性。因此，设备管理的主要功能如下：

1）实现对外围设备的分配与去配。现代计算机系统拥有种类繁多的外围设备，设备管理系统根据用户进程的I/O请求、系统现有的资源情况以及按照某种设备分配策略，为之分配所需要的设备。如果在I/O设备和CPU之间还存在设备控制器和I/O通道时，则需为分配的设备分配相应的控制器和通道。当进程释放这些设备时，应及时回收以利于下次分配。

2）实现外围设备的启动。现代计算机系统不允许用户直接启动外围设备，一方面是减少用户的负担，用户可以不需要了解和掌握I/O系统的原理、接口和控制器以及设备物理特性等；另一方面是防止用户错误使用而影响到系统的可靠性。所以，外围设备的启动工作由操作系统统一完成。

3）实现对磁盘的驱动调度。磁盘是一个共享型设备，允许若干个用户同时对它提出I/O请求，但每一时刻只能为一个用户服务，系统必须按照一定的策略选择一个进程为其服务，这项工作称为驱动调度。

4）实现设备处理。设备处理程序又称为设备驱动程序。其基本任务是用于实现CPU和设备控制器之间的通信，即由CPU向设备控制器发出I/O命令，要求它完成指定的I/O操作；反之由CPU接受从控制器发来的中断请求，并给予迅速的响应和相应的处理。

5）实现虚拟设备。为了提高独占型设备的利用率，用共享型设备来模拟独占型设备的工作，把一个物理设备变换为多个对应的逻辑设备，供多个用户共享，以提高设备的利用率和提高作业的执行速度。模拟的独占型设备称为虚拟设备。虚拟设备的存取速度比相应的物理设备的存取速度快，使每个用户都感觉到在独自使用该设备。

## 5.2 I/O系统

通常把I/O设备及其接口线路、控制部件、通道以及管理软件统称为I/O系统；主存与外围设备之间的信息传输操作，称为I/O操作。多道程序设计技术引入后，I/O操作能力成为影响计算机系统综合处理能力及性能价格比的重要因素。

### 5.2.1 I/O系统结构

典型的I/O系统具有四级结构：主机、通道、设备控制器和I/O设备，如图5-1所示。

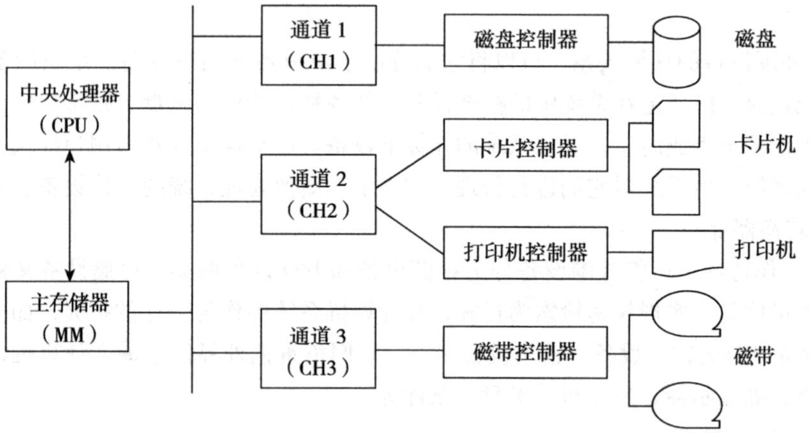


图5-1 I/O系统四级结构

#### 1. I/O设备

I/O设备的种类繁多，其重要性能指标有：数据传输单位、数据传输速率和设备的共享属性等。用户从不同角度可以对I/O设备进行不同分类。

(1) 按传输速率分类

按传输速率的高低，可以把I/O设备分为三类。第一类是低速设备，其传输速率仅为每秒钟几个字节到数百个字节，如键盘、鼠标等设备；第二类是中速设备，其传输速率在每秒钟数千个字节到数万个字节，如行式打印机、激光打印机等；第三类是高速设备，其传输速率在每秒钟数十万个字节到数十兆字节，如磁带、磁盘、光盘等。

（2）按信息交换的单位分类

按设备与主存之间信息交换的物理单位，可以将 I/O 设备分为两类。第一类是块设备，以块为单位与主存交换信息，属于有结构设备，如磁盘（每个盘块的大小为 0.54KB）、磁带等。块设备的基本特征是传输速率较高，通常每秒钟为几兆位；可寻址，即允许对指定的块进行读/写操作；在 I/O 操作时，常采用直接存储器访问（DMA）方式。第二类是字符设备，以字符为单位与主存交换信息，属于无结构设备。字符设备种类繁多，如交互式终端、打印机等。字符设备的基本特征是传输速率较低，通常每秒钟为几个字节到数千个字节；不可寻址，即不能指定输入时的源地址以及输出时的目标地址；在 I/O 操作时，常采用中断驱动方式。

（3）按设备的共享属性分类

按设备的共享属性，可将设备分为三类。第一类是独占型设备，在一段时间内只能被一个作业独占使用，如输入机、磁带机和打印机等。独占型设备通常采用静态分配方式，即在一个作业执行前，将作业需要使用的这类设备分配给作业，在作业执行期间独占该设备，直到作业结束才释放。第二类是共享型设备，在一段时间内允许几个作业同时使用，如磁盘，对共享型设备允许多个作业同时使用，即一段时间内多个作业可以交替地启动共享设备，但在每一时刻仍只有一个作业占用。第三类是虚拟设备，通过虚拟技术用共享型设备来模拟独占型设备的工作。

### 2. 设备控制器

（1）接口线路

通常，外围设备并不是直接与 CPU 进行通信，而是与设备控制器通信。在设备与设备控制器之间有一个接口，通过数据线、控制线和状态线传输数据、控制和状态三种类型信号，如图 5-2 所示。

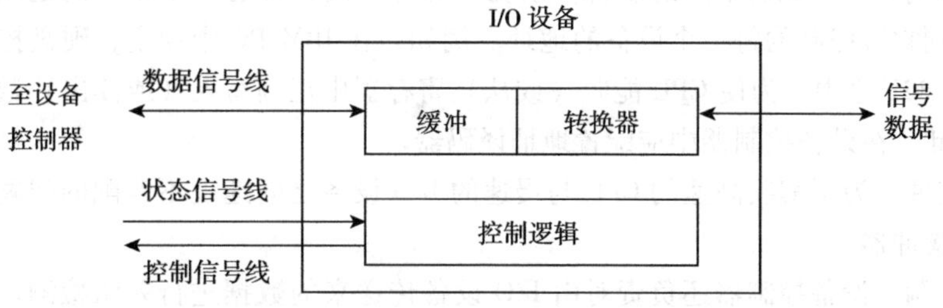


图 5-2 设备与设备控制器之间的接口

1）数据信号线用于设备和设备控制器之间数据信号的传送。对输入设备而言，由外界输入的信号经转换后所得到的数据，通常先送入缓冲器中，再从缓冲器中通过一组数据信号线传送给设备控制器。对输出设备而言，则是从设备控制器经过数据信号线传来的一批数据，先暂存于缓冲器中，经转换器转换后，再逐个字符地输出。

2）控制信号线作为设备控制器与 I/O 设备之间控制信号的传送通道。该信号规定了设备将要执行的操作，如读操作（指由设备向控制器传送数据）、写操作（指由控制器接收数据）或执行磁头移动等操作。

3）状态信号线用于传送指示设备当前状态的信号。设备的当前状态有正在读、正在写、设备已完成等。

设备控制器位于 CPU 与设备之间，控制一个或多个 I/O 设备，以实现 I/O 设备和主机之间的数据交换。设备控制器既要与 CPU 通信，又要与设备通信，由它接收从 CPU 发出的命令，并控制 I/O 设备的工作，是 CPU 与 I/O 设备之间的接口，能有效地将 CPU 从设备控制事务中解脱出来。

不同种类设备的控制器是不同的，其复杂性也因设备不同而相差很大。可以把设备控制器分为两类：控制字符设备的控制器和控制块设备的控制器。设备控制器是一个可编址设备，它含有多少个设备地址就可以连接多少个同类型设备，并且为它所控制的每一个设备分配一个地址。微型计算机和小型计算机中的控制器往往做成印制电路卡形式，常被称为接口卡，插入计算机，可控制一个、两个、四个或八个同类型设备。

（2）设备控制器的基本功能

设备控制器的基本功能包括以下六个方面。

1）接收和识别命令。设备控制器接收并识别 CPU 向控制器发出的各种不同命令。为此，在设备控制器中应具有相应的控制寄存器，用来存放接收的命令和参数，并对所接收的命令进行译码。例如，磁盘控制器可以接收 CPU 发出的 read、write、format 等 15 条不同的命令，而且有的命令还带有参数，相应地，在磁盘控制器中有多个寄存器和命令译码器等。

2）数据交换。设备控制器实现 CPU 与控制器、控制器与设备之间的数据交换。CPU 与控制器之间的数据交换是通过数据总线，由 CPU 并行地把数据写入控制器中或从控制器中并行地读出数据。控制器与设备之间的数据交换，则是设备将数据输入到控制器或从控制器传送到设备。为此，在控制寄存器中必须设置数据寄存器。

3）表示和报告设备的状态。设备控制器应记录外围设备的工作状态。例如，仅当设备处于发送就绪状态时，CPU 才能启动设备控制器从设备中读出数据。为此，在设备控制器中应设置一个状态寄存器，其中的每一位表示设备的某一种状态，CPU 通过读入状态寄存器的值，即可掌握该设备的当前状态，做出正确判断并发出操作指令。

4）地址识别。为了识别不同的设备，系统中的每个设备都有一个惟一的地址，而设备控制器必须能够识别它所控制的每一个设备的地址。例如，在 IBM PC 中规定，硬盘控制器中寄存器的地址在 320 ~ 32F 之中。为使 CPU 能向（或从）寄存器中正确写入（或读出）数据，必须做到正确识别。为此，在设备控制器中应配置地址译码器。

5）数据缓冲。为了解决高速的 CPU 与慢速的 I/O 设备之间速度不匹配的问题，在设备控制器中必须设置缓冲器。

6）差错控制。设备控制器还负责对由 I/O 设备传送来的数据进行差错检测。如果发现在传送中出现错误，则通常将差错检测码置位，并向 CPU 报告；为保证数据的正确性，CPU 重新进行一次传送。

（3）设备控制器的组成

设备控制器一般由设备控制器与 CPU 接口、设备控制器与设备接口以及 I/O 逻辑三部分组成，如图 5-3 所示。

1）设备控制器与 CPU 的接口。该接口通过数据线、地址线和控制线实现 CPU 与设备控制器之间的通信。数据线通常与数据寄存器、控制/状态寄存器相连接。

2）设备控制器与设备的接口。一个设备控制器可以有一个或多个设备接口，一个接口连接一台设备，在每个接口中都存在数据、控制和状态三种类型的信号。设备控制器中的 I/O 逻辑根据 CPU 发来的地址信号选择一个设备接口。

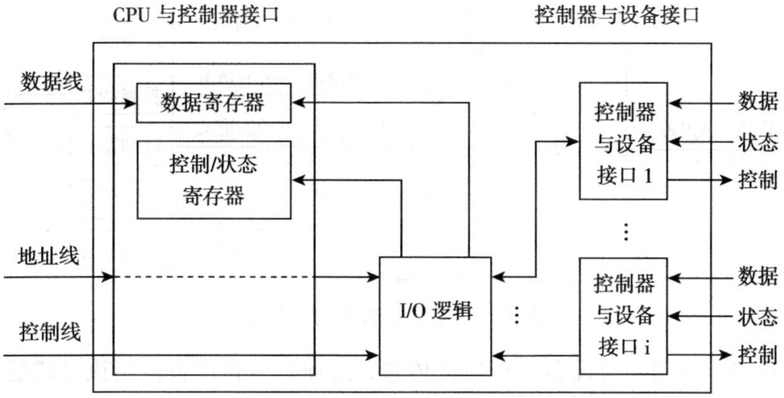


图5-3 设备控制器的组成

3）I/O 逻辑。设备控制器中的 I/O 逻辑用于实现对设备的控制。通过一组控制线与 CPU 交互，CPU 利用该逻辑向控制器发出 I/O 命令；I/O 逻辑对收到的命令进行译码。当 CPU 要启动一个设备时，首先将启动命令发送给控制器；同时通过地址线把地址发送给控制器，由控制器的 I/O 逻辑对收到的地址进行译码，再根据所译出的命令对所选设备进行控制。

### 3. 通道

在 CPU 与 I/O 设备之间增加了设备控制器后，大大减少了 CPU 对 I/O 的干预，但是当主机所配置的外围设备很多时，CPU 的负担仍然很重。为了获得 CPU 与外围设备之间更高的并行工作能力，也为了让种类繁多、物理特性各异的外围设备能以标准的接口连接到系统中，计算机系统在 CPU 与设备控制器之间增设了自成独立体系的通道结构，这不仅使数据的传送独立于 CPU，而且对 I/O 操作的组织、管理及其处理也尽量独立，使 CPU 有更多的时间进行数据处理。

通道又称 I/O 处理器。它具有执行 I/O 指令的能力，并通过执行通道程序来控制 I/O 操作，完成主存和外围设备之间的信息传送。通道技术解决了 I/O 操作的独立性和各部件工作的并行性，实现了外围设备与 CPU 之间的并行操作、通道与通道之间的并行操作、各个通道上的外围设备之间的并行操作，提高了整个系统效率。

具有通道装置的计算机系统，其主机、通道、设备控制器和设备之间采用四级连接，实施三级控制，如图5-1所示。通常，一个 CPU 可以连接若干通道，一个通道可以连接若干个控制器，一个控制器可以连接若干台设备。

根据信息交换方式的不同，通道可分为三种类型：字节多路通道、数组选择通道和数组多路通道。

（1）字节多路通道

字节多路通道是以字节为单位采用交叉方式工作的通道。它通常含有许多非分配型子通道，其数量可达数百个，每一个子通道连接一台 I/O 设备并控制该设备的 I/O 操作，这些子通道按时间片轮转方式共享主通道，如图5-4所示。字节多路通道主要用于连接大量的低速外围设备，如软盘输入/输出机、纸带输入/输出机、卡片输入/输出机、控制台打印机等设备。

（2）数组选择通道

数组选择通道以块为单位成批传送数据。它只含有一个分配型子通道，在一段时间内只能

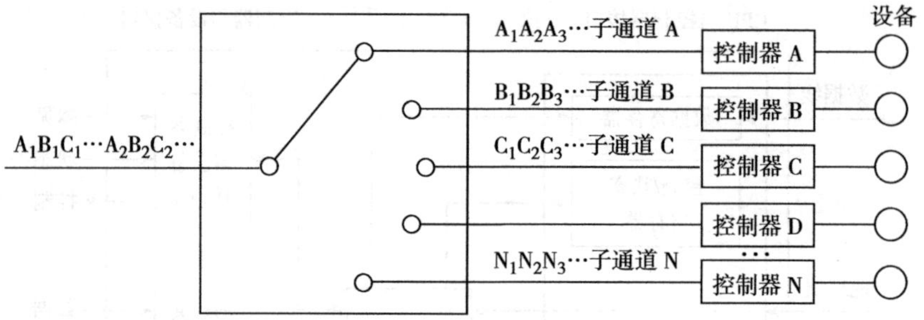


图 5-4 字节多路通道的工作原理

执行一道通道程序、控制一台设备进行数据传送，致使当某台设备占用该通道后，便一直独占使用，即使无数据传送、通道被闲置，也不允许其他设备使用该通道，直至设备释放该通道为止。可见，数组选择通道可以连接多台高速设备，每次传送一批数据，传送速度快，但通道的利用率很低，如磁带、磁盘等设备。

（3）数组多路通道

数组多路通道是将数组选择通道传送速率高与字节多路通道能使各子通道（设备）分时并行操作的优点相结合而形成的一种新通道。它含有多个非分配型子通道，以分时方式同时执行几道通道程序，因而数组多路通道既具有很高的数据传送速率，又能获得令人满意的通道利用率。该通道已被广泛地用于连接多台高、中速的外围设备的场合。数组多路通道的实质是对通道程序采用多道程序设计技术的硬件实现。

由于通道的成本高，在系统中通道数量有限，这往往成为 I/O 的“瓶颈”，造成整个系统的吞吐量降低。如图 5-5 所示单通路 I/O 系统，为了驱动设备 1，必须连通控制器 1 和通道 1。若通道 1 已被其他设备（如设备 2、设备 3 或设备 4）所占用或存在故障，则设备 1 无法启动。这就是由于通道不足而造成 I/O 操作中的“瓶颈”现象。解决“瓶颈”问题的最有效办法，便是增加设备到主机之间的通路而不增加通道，如图 5-6 所示。即把一个设备连接到多个控制器上，而一个控制器又连接到多个通道上，实现多路交叉连接，即使个别通道或控制器出现故障，也不会使设备和存储器之间没有通路。多通路方式不仅解决了“瓶颈”问题，而且提高了系统的可靠性。

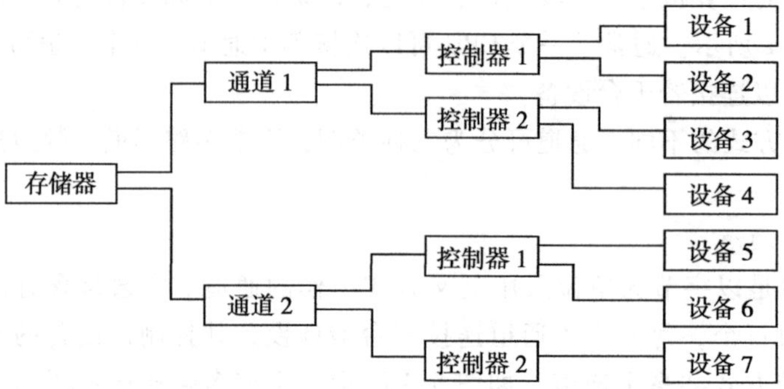


图 5-5 单通路 I/O 系统

在一个计算机系统中，由于外围设备种类繁多，为了获得更高的 I/O 效率，可能同时存在多种类型的通道。如图 5-7 所示为 IBM 370 系统结构，它包括上述三种类型通道。

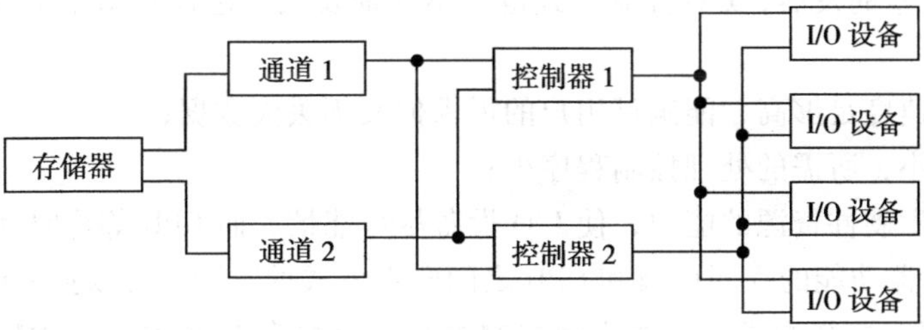


图 5-6 多通路 I/O 系统

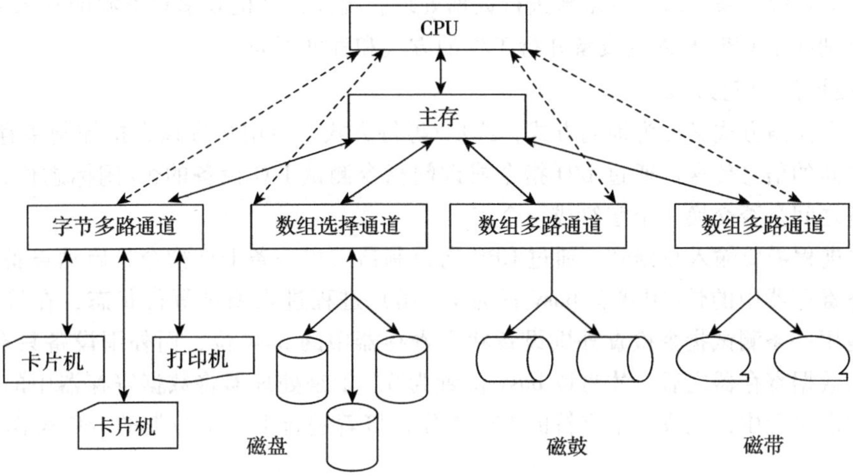


图 5-7 IBM 370 系统结构

4. 总线系统

计算机系统中的各个部件，如 CPU、存储器以及各种 I/O 设备通过总线实现各种信息的传递，如图 5-8 所示。总线的性能通过总线的时钟频率、带宽和相应的总线传送速率等指标来衡量。随着计算机的 CPU 和主存速率的提高、字长的增加以及新型设备的推出，推动着总线的发展，由早期的 ISA 总线发展为 EISA 总线、VESA 总线以及现在广为流行的 PCI 总线。

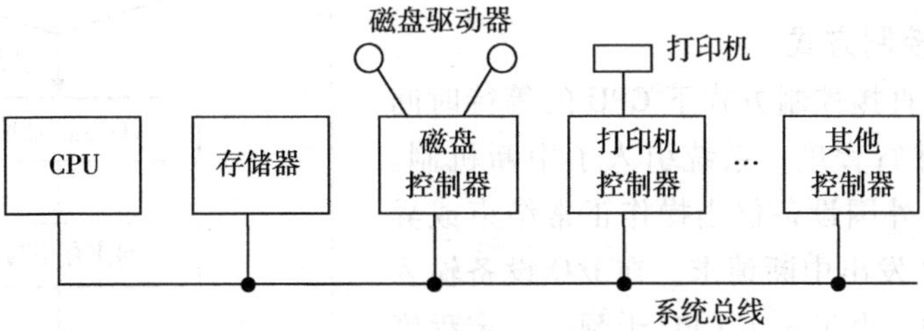


图 5-8 总线型 I/O 系统结构

## 5.2.2 I/O 控制方式

为了有效地实现物理 I/O 操作，必须通过硬件和软件技术，对 CPU 和 I/O 设备的职能进行合理的分工，以调节系统性能和硬件成本之间的矛盾。

随着计算机技术的发展，I/O 控制方式也在不断地发展。选择和衡量 I/O 控制方式有如下三条原则：

1）数据传送速度足够高，能满足用户的需求但又不丢失数据；

2）系统开销小，所需的处理控制程序少；

3）能充分发挥硬件资源的能力，使 I/O 设备尽可能忙，而 CPU 等待时间尽可能少。

按照 I/O 控制器功能的强弱以及和 CPU 之间联系方式的不同，可以把 I/O 设备的控制方式分为四类：直接程序控制方式、中断驱动控制方式、直接存储器访问（DMA）控制方式和通道控制方式。I/O 控制方式发展的目标是尽量减少主机对 I/O 控制的干预，把主机从繁杂的 I/O 控制事务中解脱出来，以便更多地进行数据处理，提高计算机效率和资源的利用率。它们之间的主要差别在于 CPU 与外围设备并行工作的方式和程度不同。

### 1. 直接程序控制方式

直接程序控制方式又称为询问方式，或忙/等待方式。由用户进程直接控制主存或 CPU 和外围设备之间的信息传送。通过 I/O 指令或询问指令测试 I/O 设备的忙/闲标志位，决定主存与外围设备之间是否交换一个字符或一个字。

当用户进程需要输入数据时，通过 CPU 向控制器发出一条 I/O 指令，启动设备输入数据，同时把状态寄存器中的忙/闲状态 busy 置为 1。用户进程进入测试等待状态，在等待过程中，CPU 不断地用一条测试指令检查外围设备状态寄存器中的 busy 位，而外围设备只有在数据送入控制器的数据寄存器之后，才将该 busy 位置为 0。于是处理器将数据寄存器中的数据取出，送入主存指定单元中，完成一个字符的 I/O 操作，接着进行下一个数据的 I/O 操作，如图 5-9 所示。

直接程序控制方式虽然简单，不需要多少硬件的支持，但由于高速的 CPU 和低速的 I/O 设备之间在速度上不匹配，因此，CPU 与外围设备只能串行工作，使 CPU 的绝大部分时间都处于等待是否完成 I/O 操作的循环测试中，造成 CPU 的极大浪费，外围设备也不能得到合理的使用，整个系统的效率很低。直接程序控制方式只适合于 CPU 执行速度较慢，且外围设备较少的系统。

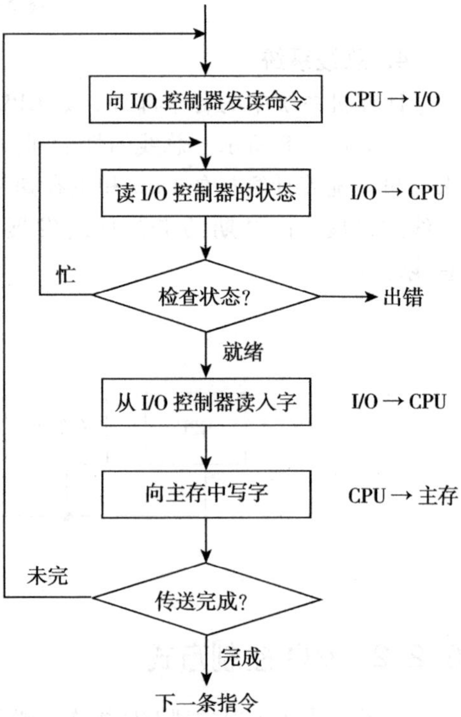

图 5-9　直接程序控制方式流程

### 2. 中断驱动控制方式

为了减少程序直接控制方式下 CPU 的等待时间以及提高系统的并行程度，系统引入了中断机制。中断机制引入后，外围设备仅当操作正常结束或异常结束时才向 CPU 发出中断请求。在 I/O 设备输入每个数据的过程中，由于无需 CPU 干预，一定程度上实现了 CPU 与 I/O 设备的并行工作。仅当输入或输出完一个数据时，才需 CPU 花费极短的时间做中断处理，如图 5-10 所示。显然，这样可使 CPU 和 I/O 设备都处于忙碌状态，从而提高了整个系统的资源利用率及吞吐量。例如，从终端输入一个字符的时间约为100ms，而将字符送入终端缓冲区的时间小于0.1ms。若采用程序I/O控制方式，CPU约有99.9ms的时间处于等待中。采用中断驱动控制方式后，CPU可利用这99.9ms的时间去做其他事情，而仅用0.1ms的时间来处理由控制器发来的中断请求。可见，中断驱动控制方式可以成百倍地提高CPU的利用率，并且能支持多道程序和设备的并行操作。但是由于I/O操作直接由CPU控制，每传送一个字符或一个字，都要发生一次中断，仍然占用了大量的CPU处理时间，因此可以通过为外围设备增加缓冲寄存器存放数据来减少中断次数。

上述两种方法的特点都是以CPU为中心，数据传送通过一段程序来实现，软件的传送手段限制了数据传送的速度。而后面两种方式采用硬件的方法来实现I/O的控制。

### 3. 直接存储器访问控制方式

直接存储器访问控制方式又称DMA（Direct Memory Access）方式。为了进一步减少CPU对I/O操作的干预，防止因并行操作设备过多使CPU来不及处理或因速度不匹配而造成的数据丢失现象，我们引入DMA控制方式。它不仅设有中断机构，而且增加了DMA控制机构。在DMA控制器的控制下，采用窃取或挪用总线控制权，占用CPU的一个工作周期把数据缓冲器中的数据直接送到主存地址寄存器所指向的主存区域中，在设备和主存之间开辟直接数据交换通道，成批地交换数据，而不必受CPU的干预。DMA方式的工作流程如图5-11所示。该方式的特点如下。

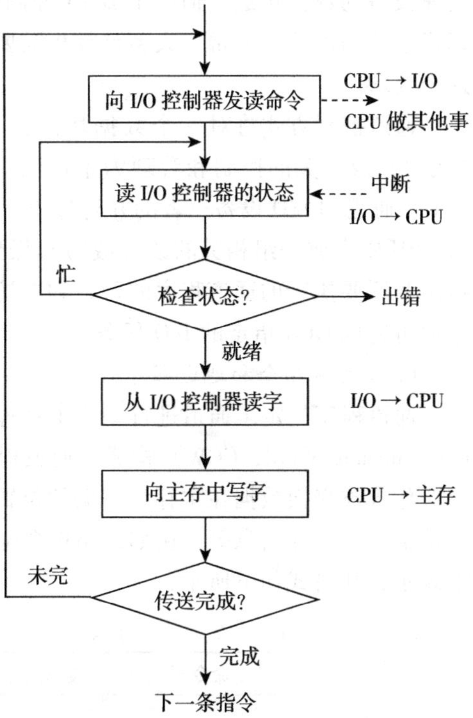


图5-10 中断驱动方式流程

1）数据传送以数据块为基本单位。

2）所传送的数据从设备直接送入主存，或者从主存直接输出到设备上。

3）仅在传送一个或多个数据块的开始和结束时才需CPU的干预，而整块数据的传送则是在控制器的控制下完成。

可见，DMA方式与中断驱动控制方式相比，减少了CPU对I/O操作的干预，进一步提高了CPU与I/O设备的并行操作程度。

DMA的操作全部由硬件实现，不影响CPU寄存器的状态。为了实现在主机与控制器之间成块数据的直接交换，在DMA控制器中设置了如下四类寄存器。

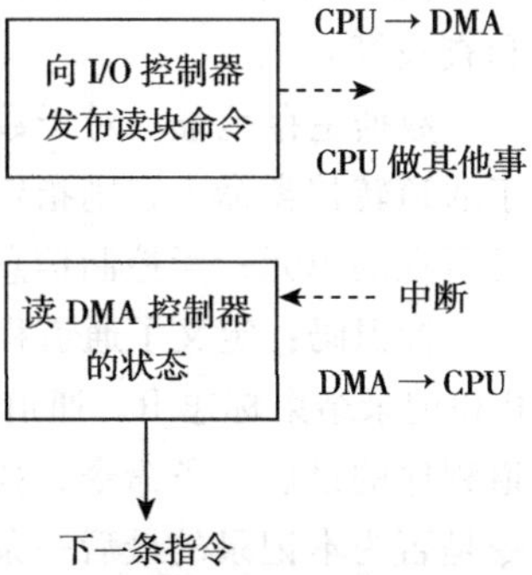


图5-11 DMA控制方式

1）命令/状态寄存器CR：用于接收从CPU发来的I/O命令或有关控制信息，或设备的状态。

2）主存地址寄存器MAR：在输入时，它存放把数据从设备传送到主存的起始目标地址；在输出时，它存放由主存到设备的主存源地址。

3）数据寄存器DR：用于暂存从设备到主存或从主存到设备的数据。

4）数据计数器 DC：存放本次 CPU 要读或写的字（节）数。

DMA 方式的线路简单、价格低廉，适合高速设备与主存之间的成批数据传送，小型、微型机中的快速设备均采用这种方式，但其功能较差，不能满足复杂的 I/O 要求。

### 4. 通道控制方式

（1）通道控制方式的引入

直接程序控制方式和中断控制方式适合于低速设备的数据传送，而 DMA 方式虽然适合于高速设备的数据传送，但一个 DMA 控制器只能控制少量的同类设备，这远远不能满足大型计算机系统的需要。通常，大型计算机需要连接大量的高速和低速设备，通道控制方式可以满足这个要求。

通道控制方式将对一个数据块的读（或写）为单位的干预，减少为对一组数据块的读（或写）及有关的控制和管理为单位的干预，可以进一步减少 CPU 的干预程度。同时可实现 CPU、通道和 I/O 设备三者的并行操作，从而更加有效地提高整个系统的资源利用率。例如，当 CPU 要完成一组相关的读（或写）操作及有关控制时，只需向 I/O 通道发送一条 I/O 指令，指出其所要执行的通道程序的首址和要访问的 I/O 设备，通道接收该指令后，通过执行通道程序便可完成 CPU 指定的 I/O 任务。

（2）通道指令和通道程序

通道程序规定了通道进行一次 I/O 操作应执行的操作及顺序，由一系列通道指令（Channel Command Word，CCW）构成。通道程序在进程要求数据传送时由系统自动生成。通道指令一般包含被交换数据在主存中占据的位置、传送方向、数据块的长度以及被控制的 I/O 设备的地址信息、特征信息等。例如，IBM 系统的通道指令用双机器字表示，每条通道指令用 8 个字节表示，其格式如下所示：

| 0　　　　7 | 8　　　　31 | 32　　　　39 | 40　　　　63 |
|---|---|---|---|
| 命令码 | 数据主存地址 | 标识码 | 传送字节数 |

其中，各部分的含义如下：

命令码：规定了指令所执行的操作。通道操作分为三类：数据传送类（读、反读、写、取状态），通道转移类（转移），设备控制类（如磁带反绕到始点、打印走纸和换页、磁盘搜索和查找等）。

数据主存地址：对于数据传送类命令，数据主存地址指明了数据传送的主存起始地址；对于通道转移类命令，则指定转移地址；对于设备控制类命令，则指出与外围设备有关的控制信息所在的单元；无控制信息时，数据主存地址可默认。

标识码：定义了通道程序的连接方式或表示通道命令的特点，其中，包含通道程序结束位 P 和记录结束标志 R。通道程序结束位 P 表示该通道程序是否结束。P = 0，表示本条命令是通道程序的最后一条命令，执行完本条命令后，一次 I/O 操作结束。记录结束标志 R 表示本条命令是否为本记录的最后一条命令。R = 0，表示本命令是处理某记录的最后一条命令。

传送字节数：对于数据传送类命令，指出本命令剩余的传送字节个数，每传送一个字节，传送字节数就减 1，当传送字节个数为 0 时，表示该命令结束。对于非数据传送类命令，需要填上一个非 0 数。

下面给出一个由三条通道指令所组成的简单通道程序。该程序的功能要求在新的一页第 4 行的位置打印输出一行信息：“Operating System”。假定用户要求输出的信息已经存放在主存

L单元开始的区域中，连空格在内共16个字符。组织好的通道程序在主存K单元开始的区域中。其中，命令码07表示“对折页线”（即走到新的一页开始），命令码EF表示“走纸3行”（即走纸到第4行的位置），命令码F9表示“打印一行信息”，标识码60表示有后续命令。最后一条命令要求打印从L单元开始的16个字符，打印结束后本操作结束。

| 主存地址 | 命令码 | 数据主存地址 | 标识码 | 传送字节数 |
|---|---|---|---|---|
| K | 07 | 000000 | 60 | 0001 |
| K+8 | EF | 000000 | 60 | 0001 |
| K+16 | F9 | L | 00 | 0010 |

(3) I/O通道的启动与结束

当进程提出I/O请求后，操作系统首先分配通道和外设，然后按照I/O请求编制通道程序并存入主存，将其起始地址送入通道地址寄存器（CAW），接着CPU发出“启动I/O”指令启动通道工作。启动成功后，通道逐条执行通道程序中的通道指令，控制设备实现I/O操作。

CPU启动通道后，通道的工作过程如下：

1）从主存固定单元取出通道地址寄存器（CAW）中的起始地址，根据该地址从主存中取出通道指令，执行通道控制字寄存器（CCW）中的通道命令，将I/O地址送入CCW，发出读、写或控制命令，并修改CAW使其指向下一条通道指令地址。

2）控制器接收通道发来的命令之后，检查设备状态，若设备不忙，则告知通道释放CPU，开始I/O操作。执行完毕后，如果还有下一条通道指令，则返回1），否则转3）。

3）通道完成I/O操作后，向CPU发出中断请求，CPU根据通道状态字了解通道和设备的工作情况，处理来自通道的中断。

可见，只是在I/O操作的起始和结束时，通道向CPU发出I/O中断申请，把产生中断的通道号、设备号存入中断寄存器，同时形成通道状态字汇报情况，等待处理。CPU用极短的时间参与控制管理工作，其他时间则处理与I/O无关的操作。这样实现了CPU与通道、外围设备的并行操作，从而提高了整个系统的利用率。

## 5.3 缓冲技术

计算机系统中各个部件速度的差异是显而易见的。为了缓解CPU与外围设备之间速度不匹配和负载不均衡的问题，为了提高CPU和外围设备的工作效率和系统中各部件的并行工作程度，在现代操作系统中普遍采用了缓冲技术。缓冲管理的主要职责是组织好缓冲区并提供获得和释放缓冲区的手段。

### 5.3.1 缓冲的引入

在操作系统中引入缓冲区的主要原因有以下三点：

(1) 缓和CPU与I/O设备间速度不匹配的矛盾

高速的CPU与低速I/O设备之间存在着速度差异很大的问题，CPU以微秒甚至微毫秒时间量级高速工作，而I/O设备则一般以毫秒甚至秒时间量级的速率工作。在不同阶段，系统各部分的负载往往很不平衡。例如，当作业需要打印大批量数据时，由于CPU输出数据的速度大大高于打印机的速度，因此CPU只能停下来等待；反之，在CPU计算时，打印机又因为无数据输出而处于空闲状态。设置缓冲区后，CPU 可以把数据首先输出到缓冲区中，然后继续它的其他工作，同时打印机从缓冲区中取出数据缓慢打印，这样提高了 CPU 的工作效率，并使设备尽可能均衡地工作。

（2）减少对 CPU 的中断频率，放宽对 CPU 中断响应时间的限制

在数据通信中，如果仅有一位数据缓冲接收数据，则必须在每收到一位数据时便中断一次 CPU，进行数据的处理，否则缓冲区内的数据将被新传送来的数据冲掉。若设置一个具有 8 位的缓冲器，则可使 CPU 被中断的频率降低为原来的 1/8，如图 5-12 所示。这样减少了 CPU 的中断次数和中断处理时间。

（3）提高 CPU 和 I/O 设备之间的并行性

缓冲的引入可显著提高 CPU 与 I/O 设备之间的并行操作程度，提高系统的吞吐量和设备的利用率。例如，在 CPU 与打印机之间设置缓冲区后，可实现 CPU 与打印机之间的并行工作。

根据 I/O 控制方式，缓冲的实现方法有两种：一种方法是采用专用硬件缓冲器，如 I/O 控制器中的数据缓冲寄存器；另一种方法是在主存中划出一个具有 n 个单元的专用区域，以便存放 I/O 数据；主存缓冲区又称为软件缓冲。

对于不同的系统，可以采用不同类型的缓冲区机制。最常见的缓冲区机制有单缓冲机制、能实现双向同时传送数据的双缓冲机制以及能供多个设备同时使用的公共缓冲机制等。

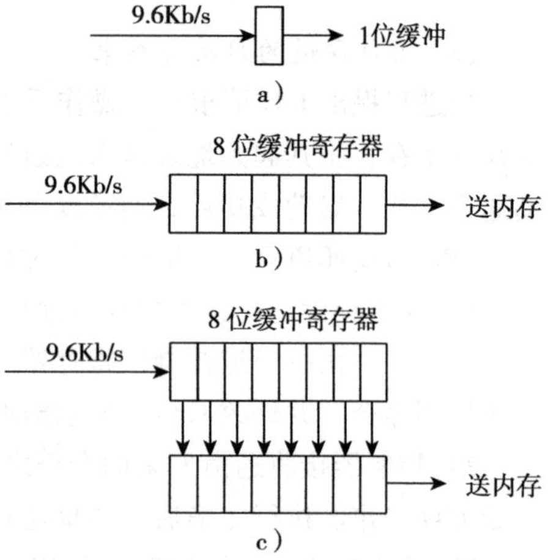


图 5-12　利用缓冲寄存器实现缓冲

## 5.3.2　单缓冲

单缓冲是在设备和 CPU 之间设置一个缓冲器，由输入和输出设备共用。设备和 CPU 交换数据时，先把被交换数据写入缓冲器，然后需要数据的设备或 CPU 从缓冲器中取走数据，如图 5-13 所示。由于缓冲器属于临界资源，所以输入设备和输出设备以串行方式工作，这样尽管单缓冲能匹配设备和 CPU 的处理速度，但是设备和设备之间并不能通过单缓冲达到并行操作。

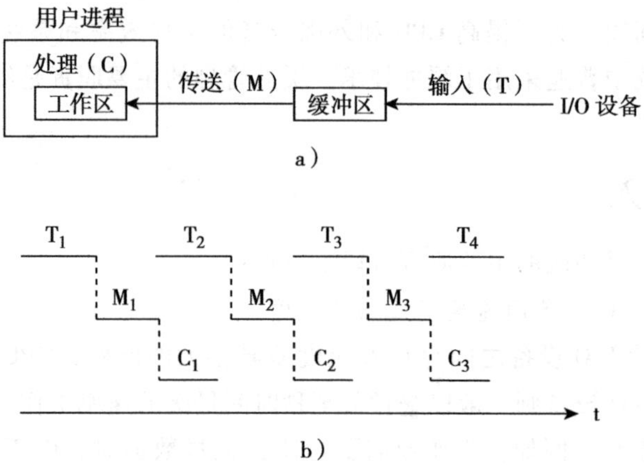


图 5-13　单缓冲工作示意图

## 5.3.3 双缓冲

双缓冲机制又称为缓冲对换。双缓冲是为I/O设备设置两个缓冲区的缓冲技术。在设备输入数据时，可以把数据放入其中一个缓冲区中，在进程从缓冲区中取数据使用的同时，将输入数据继续放入另一个缓冲区中。当第一个缓冲区的数据处理完时，进程又可以从另一个缓冲区中获得数据，同时，输入数据继续存入第一个缓冲区，如图5-14所示。仅当输入设备的速度高于进程处理这些数据的速度，两个缓冲区都存满时，才会造成输入进程等待。这样，两个缓冲区交替使用，使CPU和I/O设备的并行性进一步提高，但在I/O设备和处理进程速度不匹配时仍不能适应。

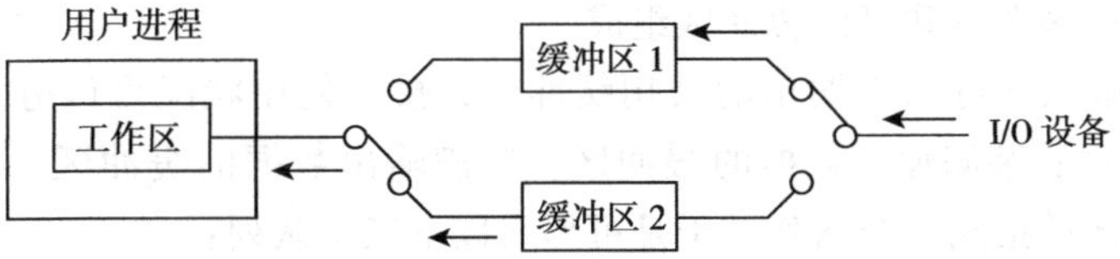


a）

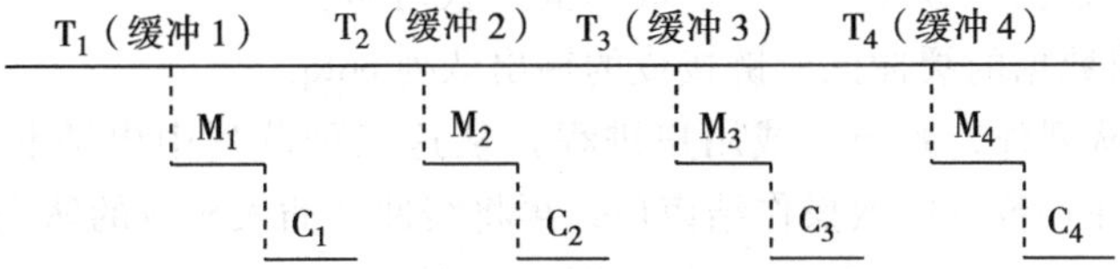


b）

图5-14 双缓冲工作示意图

显然，双缓冲只是一种说明设备和设备、CPU和设备之间并行操作的简单模型。由于计算机系统中的外围设备较多，而双缓冲也难以匹配设备和CPU的处理速度，所以，双缓冲并不能用于实际系统中的并行操作。在现代计算机系统中一般使用多缓冲或缓冲池结构。

## 5.3.4 多缓冲

系统从主存中分配一组缓冲区组成多缓冲。多缓冲中的缓冲区是系统的公共资源，可供各个进程共享，并由系统统一分配和管理。多个缓冲区组织成循环缓冲形式，对于用做输入的循环缓冲，通常是提供给输入进程或计算进程使用。输入进程不断向空缓冲区输入数据，而计算进程则从中提取数据进行计算。循环缓冲如图5-15所示，其中每个缓冲区的大小相同，包括用于装输入数据的空缓冲区R、已装满数据的缓冲区G以及计算进程正在使用的现行工作缓冲区C。指针nextg用于指示计算进程下一个可用缓冲区G，指针nexti用于指示输入进程下次可用的空缓冲区R，指针current用于指示计算进程正在使用的缓冲区C。

在UNIX系统中，无论是块设备管理还是字符设备管理，都采用多缓冲技术。UNIX的块设备共设置了15个512B的缓冲区；字符设备共设置了100个6B的缓冲区。

## 5.3.5 缓冲池

一组多缓冲仅适用于某个特定的I/O进程和计算进程，当系统较大时，需要设置若干组多缓冲，这不仅消耗大量的存储空间，而且其利用率不高。为了提高缓冲区的利用率，公用缓冲

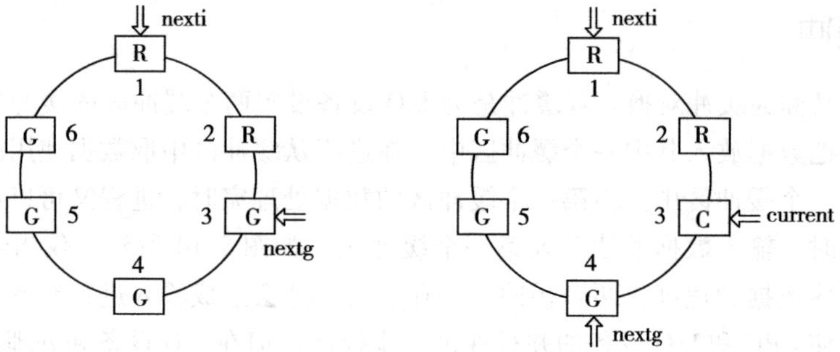


图 5-15 循环缓冲工作示意图

池被广泛使用，它由多个可共享的缓冲区组成。

对于既可用于输入又可用于输出的公用缓冲池，按其使用状况可以分成三种类型的缓冲区：空（闲）缓冲区；装满输入数据的缓冲区；装满输出数据的缓冲区。为了便于管理，可将相同类型的缓冲区链接成一个队列，于是可形成以下三个队列：

1）由空缓冲区所链接成的空缓冲队列 emq。

2）由装满输入数据的缓冲区所链接成的输入队列 inq。

3）由装满输出数据的缓冲区所链接成的输出队列 outq。

除了三种缓冲队列外，系统（或用户进程）从这三种队列中申请和取出缓冲区，并进行存数、取数操作，在存数、取数操作结束后，再将缓冲区插入相应的队列。这些缓冲区被称为工作缓冲区。在缓冲池中，有四种工作缓冲区，分别工作在收容输入、提取输入、收容输出和提取输出四种工作方式下，如图 5-16 所示。

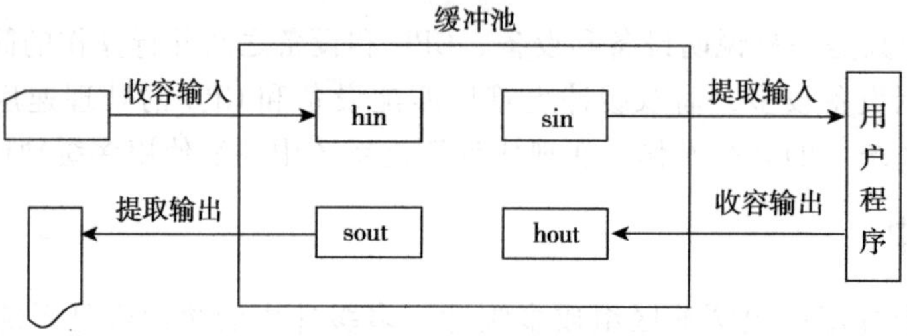


图 5-16 缓冲池的工作缓冲区

四个工作缓冲区为：

1）用于收容设备输入数据的工作缓冲区 hin；

2）用于提取设备输入数据的工作缓冲区 sin；

3）用于收容 CPU 输出数据的工作缓冲区 hout；

4）用于提取 CPU 输出数据的工作缓冲区 sout。

## 5.4 独占设备的分配

在多道程序设计系统中，不允许用户直接启动外围设备，而必须由系统进行统一分配。当进程向系统提出 I/O 请求时，只要是可能和安全的，设备分配程序按照一定的策略，将设备分配给请求用户（进程）。在有的系统中，还应分配相应的控制器和通道。

## 5.4.1 设备的逻辑号和物理号

计算机系统中配置了各种不同类型的外围设备，每一类型外围设备可以有若干台。为了对设备进行管理，计算机系统为每一台设备确定一个编号，以便区分和识别，这个编号称为设备的物理号。

在多道程序设计系统中，由于用户无法知道当前计算机系统中设备的使用状态，因此，一般用户不直接使用设备的绝对号，用户可以向系统说明所要使用的设备类型。至于实际使用哪一台设备，由系统根据该类设备的分配情况来决定。为了避免使用时产生混乱，用户可以在程序中对自己要求使用的若干台同类型设备给出编号。由用户在程序中定义的设备编号称为设备的逻辑号。这样，用户总是用设备类、逻辑号向系统提出使用设备的要求，而系统为用户分配一个物理号设备供用户使用。

逻辑设备名是用户命名的，可以更改，而物理设备名（地址）是系统规定的，是不可更改的。设备管理的功能之一就是将逻辑设备名映射为物理设备名。

## 5.4.2 设备的独立性

设备的独立性也称为设备的无关性，指应用程序独立于具体使用的物理设备，能有效地提高操作系统的可适应性和可扩展性。用户编制程序时，不必指明特定的设备，而是在程序中使用用“设备类、逻辑号”定义的逻辑设备，程序执行时系统根据用户指定的逻辑设备将其转换成对应的具体物理设备，并启动该物理设备工作。于是，用户在编制程序时使用的设备与实际使用哪台设备无关，这种特性称为设备的独立性。具有设备独立性的计算机系统，在设备分配时具有以下优点。

1）设备分配灵活性强。用户应用程序与物理外围设备无关，系统增减或变更设备时程序不必修改，系统只需要从指定的该类设备中找出“好的且尚未分配的”设备进行分配，仅当该类设备中没有相应设备时，进程才会阻塞。

2）设备分配适应性强，易于实现I/O重定向。当用户使用的设备出现了故障时，系统可以从同类型设备中找到另一台“好的且尚未分配的”设备进行替换。更换I/O操作的设备而不必改变应用程序的特性称为I/O重定向。

操作系统提供了设备独立性后，程序员可利用逻辑设备进行输入输出，而逻辑设备与物理设备之间的转换通常由操作系统的命令或语言来实现。由于操作系统大小和功能的不同，具体实现逻辑设备到物理设备的转换就有差别，一般使用以下方法：利用作业控制语言实现批处理作业的设备转换；利用操作命令实现设备转换；利用高级语言的语句实现设备的转换。

设备驱动程序是一个与硬件（或设备）紧密相关的软件。为了实现设备的独立性，往往需要在设备驱动程序之上设置一层软件，称为设备独立性软件，其主要功能包括以下两方面：

（1）执行所有设备的公有操作

这些公有操作包括：对独立设备的分配与回收；将逻辑设备名映射为物理设备名；对设备进行保护，禁止用户直接访问设备；缓冲管理；差错控制。

由于在I/O操作中的绝大多数错误都与设备无关，所以I/O操作主要由设备驱动程序处理，而设备独立性软件只是处理那些设备驱动程序无法处理的错误。

(2) 向用户层（或文件层）软件提供统一的接口

虽然各种设备内部的具体操作各不相同，但它们向用户提供的接口却是相同的。例如，对各种设备的读操作使用 read，而对各种设备的写操作都使用 write。

## 5.4.3 独占设备的分配

设备分配方式有两种，即静态分配方式和动态分配方式。静态分配方式是在用户作业开始执行之前，由系统一次性分配该作业所要求的全部设备、控制器和通道。一旦分配之后，这些设备、控制器和通道就一直为该作业所占用，直到该作业被撤销为止。静态分配方式不会出现死锁，但是设备的使用效率低。独占型设备的分配采用静态分配策略。

动态分配方式是指在进程执行过程中根据执行的需要进行分配的方式。当进程需要设备时，通过系统调用指令向系统提出设备请求，由系统按照事先规定的策略给进程分配所需要的设备、控制器和通道，一旦使用完毕便立即释放。动态分配方式有利于提高设备的利用率，但如果分配策略使用不当，则有可能造成进程死锁。

为了实现设备分配，系统设置了设备控制表、控制器控制表、通道控制表和系统设备表等数据结构，记录相应设备或控制器的状态以及对设备或控制器进行控制所需要的信息。

### 1. 设备控制表

系统为设备配置了一张设备控制表（DCT），用于记录设备的基本情况，包括设备类型、设备标识符、设备状态（好/坏，已/未分配，等待/不等待通道）、设备队列队首指针、与设备链接的控制器指针等。如图 5-17 所示。

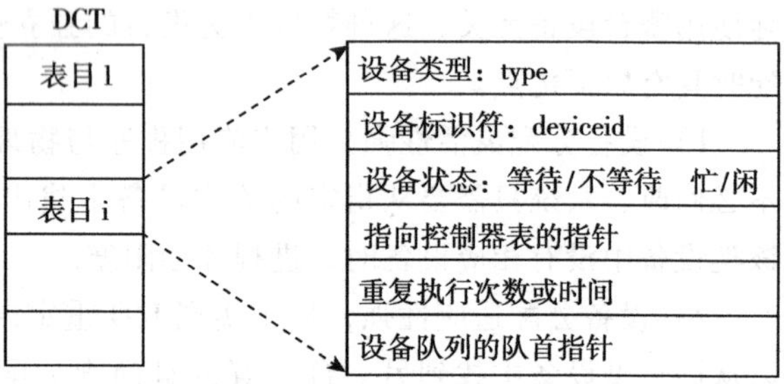


图 5-17 设备控制表示意图

### 2. 控制器控制表

系统为每一个控制器设置一张控制表，称为控制器控制表（COCT），用于记录本控制器的使用状态以及与通道的连接情况等，如图 5-18 所示。该表在 DMA 方式的系统中是不存在的。

### 3. 通道控制表

系统为每一个通道配置了一张通道控制表（CHCT），如图 5-19 所示。

| |
|---|
| 控制器标识符：controllerid |
| 控制器状态：忙/闲 |
| 与控制器链接的通道表指针 |
| 控制器队列的队首指针 |
| 控制器队列的队尾指针 |

图 5-18 控制器控制表 COCT

| |
|---|
| 通道标识符：charmelid |
| 通道状态：忙/闲 |
| 与通道链接的控制器表首址 |
| 通道队列的队首指针 |
| 通道队列的队尾指针 |

图 5-19 通道控制表 CHCT

### 4. 系统设备表

系统设备表（SDT）又称为设备类表。整个系统有一张系统设备表，用于记录已被连接到系统中所有类型设备的基本情况，包括设备类型、设备标识符、拥有同类型设备的数量、DCT

及设备驱动程序的入口地址等，如图 5-20 所示。

5. 逻辑设备表

为了实现设备的独立性，系统还必须设置一张逻辑设备表（Logical Unit Table，LUT），用于将应用程序中使用的逻辑设备名映射为物理设备名。该表的每个表目包括逻辑设备名和物理设备名，如图 5-21 所示。在多用户系统中，系统为每个用户设置一张 LUT，并将该表放入进程的 PCB 中。当进程用逻辑设备名请求分配 I/O 设备时，系统为之分配相应的物理设备，并在 LUT 中建立一个表目，填上应用程序中使用的逻辑设备名和系统分配的物理设备名。

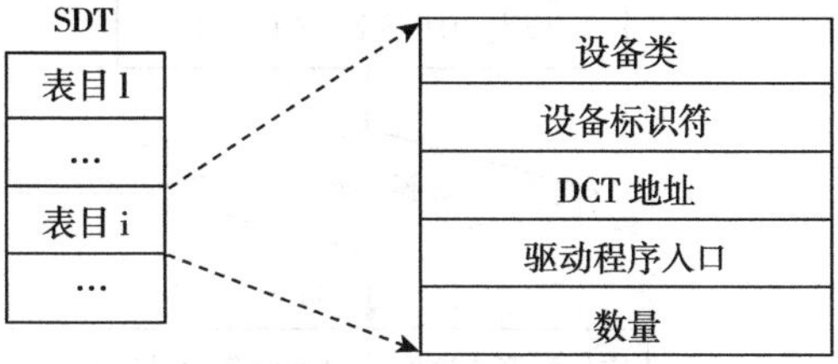


图 5-20 系统设备表 SDT

| 逻辑设备名 | 物理设备名 | 驱动程序入口地址 |
|---|---|---|
| /dev/tty | 3 | 1024 |
| /dev/printer | 5 | 2046 |
| … | … | … |

a)

| 逻辑设备名 | 系统设备表指针 |
|---|---|
| /dev/tty | 3 |
| /dev/printer | 5 |
| … | |

b)

图 5-21 逻辑设备表 LUT

当进程提出 I/O 请求后，首先根据 I/O 请求中的设备名查找 SDT，查找该类设备的 DCT；再根据 DCT 中的设备状态字段，按照一定的算法，选择一台“好的且尚未分配的”设备进行分配，分配后修改系统设备表中现存台数。把分配给作业的设备标志改成“已分配”且填上占用该设备的作业名和作业程序中定义的逻辑号，否则，将该进程的 PCB 插入设备等待队列。

当系统将设备分配给请求进程后，再到 DCT 中找到与该设备连接的 COCT，从 COCT 的状态字段中判断出是否可以将该控制器分配。若不可以，则将该进程的 PCB 挂在该控制器的等待队列上。

通过 COCT 可找出与该控制器连接的 CHCT。根据 CHCT 内的状态字段，判断出该通道是否可以进行分配。若忙，则将该进程的 PCB 挂在该通道的等待队列上。

显然，进程只有在获得设备、控制器和通道三者之后，才能启动设备进行 I/O 操作。设备的分配流程如图 5-22 所示。

## 5.5 磁盘管理

磁盘存储器是一种高速、大容量的随机存储设备。现代计算机系统均配置了磁盘存储器，并以它为主存放大量的文件和数据。因此，了解磁盘的结构、空间管理和工作原理是十分必要的。

### 5.5.1 磁盘结构

磁盘设备由一张或多张盘片组成，每张盘片分正、反两面，每面可划分成若干磁道，各磁道之间留有必要的间隙。每条磁道又分为若干个扇区，各扇区之间留有一定的空隙，每个扇区的大小相当于一个盘块大小。磁盘在存储信息之前，必须进行磁盘格式化。图 5-23 给出了温

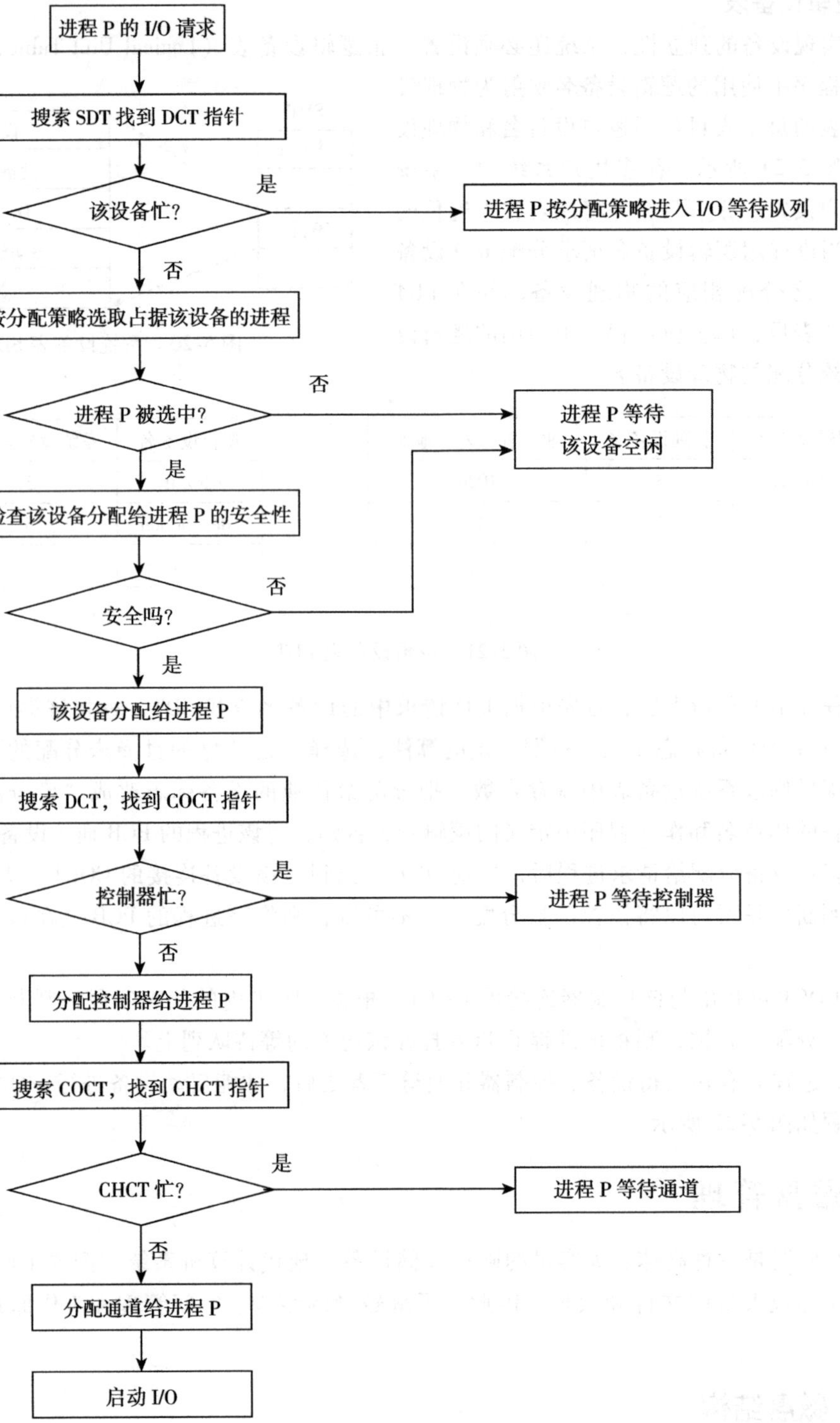


图 5-22　设备的分配流程

式（温切斯特）硬盘中一条磁道格式化的情况。其中，每条磁道含30个固定大小的扇区，每个扇区为600B，其中512B存储数据，其余字节用于存放控制信息。SYNCH作为该字段的定界符，具有特定的位图像；CRC用于段校验。

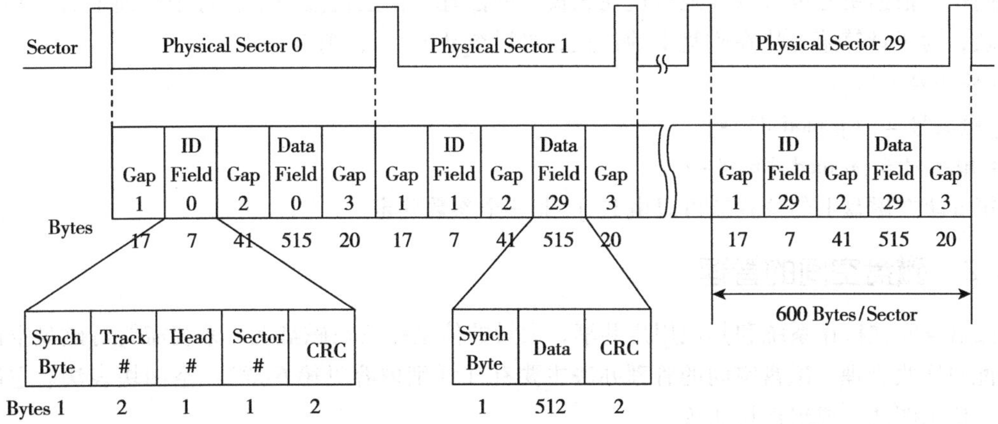


图5-23 磁盘的格式化

在微型计算机上配置的温盘和软盘一般采用移动磁头结构。一个盘组中的所有盘片被固定在一根旋转轴上，沿着一个方向高速旋转。每个盘面配有一个读/写磁头，所有的读/写磁头被固定在惟一的移动臂上同时移动，如图5-24所示。将磁头按从上到下的次序进行编号，称为磁头号。每个盘面上有许多磁道，磁头位置下各个盘面上的磁道处于同一个圆柱面上，称这些磁道组成了一个柱面。每个盘面上的磁道从0开始，由外向里顺序编号，通过移动臂的移动，读/写磁头可定位在任何一个磁道上，可见，移动磁头仅能以串行方式进行读/写。当移动臂移到某一个位置时，所有的读/写磁头处在同一个柱面上，盘面上的磁道号即为柱面号。每个盘面被划分成若干个扇区，沿与磁盘旋转相反的方向给每个扇区编号，称为扇区号。为了减少移动臂移动花费的时间，系统存放信息时，并不是按盘面上的磁道顺序存满一个盘面后再存放到下一个盘面，而是按柱面顺序存放。当同一柱面上的磁道存满后，再存放到下一个柱面上。所以，磁盘存储空间的位置可以由三个参数决定：柱面号、磁头号和扇区号（每个参数均从0开始编号）。而磁盘空间的盘块按柱面（从0号柱面开始）、磁头、扇区顺序编号。

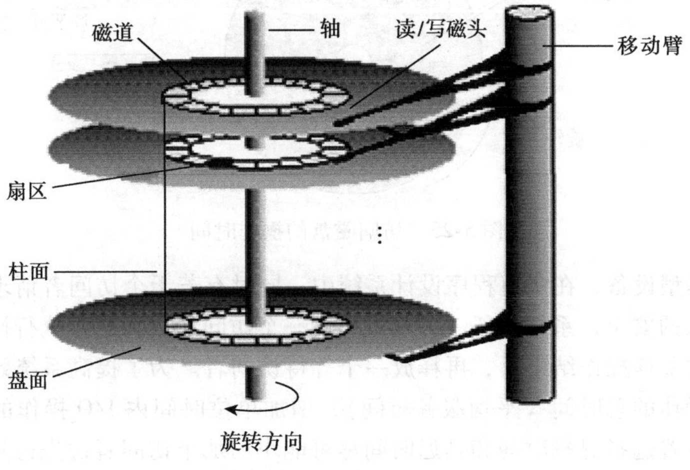


图5-24 磁盘结构

假定在磁盘存储器中用 t 表示每个柱面上的磁道数，用 s 表示每个磁道上的扇区数，则第 i 柱面号、j 磁头号、k 扇区号所对应的块号 b 可用如下公式确定：

$$b = k + s \times (j + i \times t)$$

同样，根据块号也可以确定该块在磁盘上的位置。在上述假设下，每个柱面上有：s×t 个磁盘块，为了计算第 p 块在磁盘上的位置，可以令 d = s×t，则有：

i 柱面号 = [p/d]

j 磁头号 = [(p mod d)/s]

k 扇区号 = (p mod d mod s)

第 p 块在磁盘上的位置就可以由 i、j、k 三个参数确定。

### 5.5.2 磁盘空间的管理

磁盘空间被操作系统和其他用户共享，大量的信息存放在磁盘上，系统需要对磁盘空间进行分配与回收管理。磁盘空间的管理办法主要有（详细内容见第 6 章）：空闲块表法、空闲块链法、位示图法、成组链接法等。

### 5.5.3 驱动调度

磁盘是目前使用最典型而又最广泛的一种块设备。任何一个对磁盘的访问请求，应给出访问磁盘的存储空间地址：柱面号、磁头号和扇区号。在启动磁盘执行 I/O 操作时，先把移动臂移动到指定的柱面，再等待指定的扇区旋转到磁头位置下，最后让指定的磁头进行读/写，完成信息传送。启动磁盘完成一次 I/O 操作所花的时间包括：寻找时间、延迟时间和传送时间。

- 寻找时间（Seek Time）：磁头在移动臂带动下移动到指定柱面所花的时间。
- 延迟时间（Latency Time）：指定扇区旋转到磁头下方位置所需的时间。
- 传送时间（Transfer Time）：由磁头进行读/写，完成信息传送的时间。

其中，信息的传送时间是相同的，所花时间是由硬件设计时固定的，而寻找时间和延迟时间与信息在磁盘上的位置有关。如图 5-25 所示为访问磁盘的操作时间。

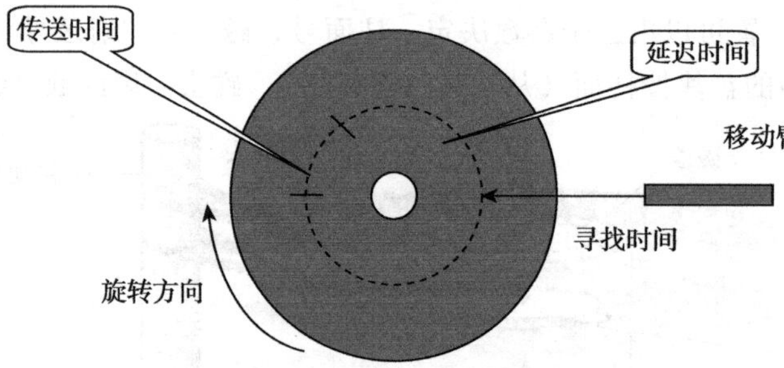


图 5-25　访问磁盘的操作时间

磁盘属于共享型设备，在多道程序设计系统中，同时有若干个访问者请求磁盘执行 I/O 操作。为了保证信息的安全，系统在任一时刻只允许一个访问者启动磁盘执行操作，其余的访问者必须等待。一次 I/O 操作结束后，再释放一个等待访问者。为了提高系统效率，降低若干个访问者执行 I/O 操作的总时间（平均服务时间），增加单位时间内 I/O 操作的次数，系统应根据移动臂的当前位置选择寻找时间和延迟时间尽可能小的那个访问者优先得到服务。由于在访问磁盘时间中，寻找时间是机械运动时间，通常在几十毫秒时间量级上，因此，设法减小寻找时间是提高磁盘传送效率的关键。

系统采用一定的调度策略来决定各个请求访问磁盘者的执行次序，这项工作称为磁盘的驱动调度，采用的调度策略称为驱动调度算法。对磁盘来说，驱动调度先进行移臂调度，以尽可能地减少寻找时间，再进行旋转调度，以减少延迟时间。

### 1. 移臂调度

根据访问者指定的柱面位置来决定执行次序的调度称为移臂调度。移臂调度的目标是尽可能地减少I/O操作中的寻找时间。常用的移臂调度算法有先来先服务调度算法、最短寻道时间优先调度算法、电梯调度算法、单向扫描算法和双向扫描算法等。

(1) *先来先服务调度算法*

先来先服务调度算法（First Come First Server，FCFS）是一种最简单的移臂调度算法。该算法只是根据访问者提出访问请求的先后次序进行调度，并不考虑访问者所要求访问的物理位置。例如，现在读/写磁头正在53号柱面上执行I/O操作，而访问者请求访问的柱面顺序为：98、183、37、122、14、124、65、67，那么，当53号柱面上的操作结束后，移动臂将按请求的先后次序先移动到98号柱面，最后到达67号柱面。如图5-26所示为按先来先服务算法决定访问者执行I/O操作的次序，移动臂将来回地移动，读/写磁头总共移动了640个柱面的距离。

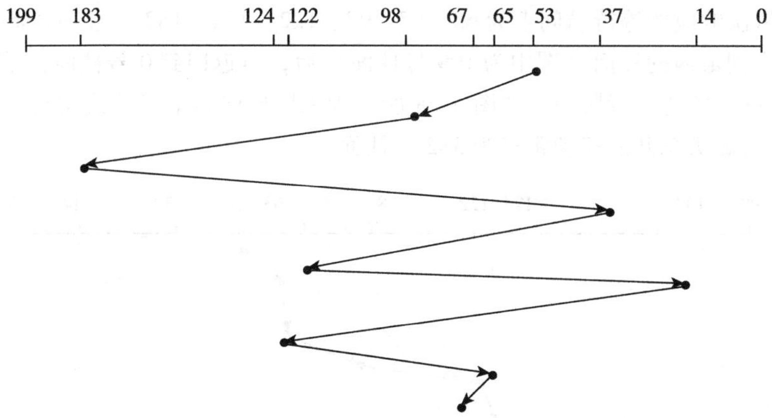


图5-26 先来先服务调度

此算法简单且公平。但由于未对寻道进行优化，移动臂来回地移动，致使寻道时间可能比较长。故先来先服务算法仅适合于磁盘I/O请求数目较少的场合。

(2) *最短寻找时间优先调度算法*

最短寻找时间优先调度算法（Shortest Seek Time First，SSTF）总是从若干请求访问者中挑选与当前磁头所在的磁道距离最近、每次寻道时间最短的那个请求进行调度，而不管访问者到达的先后次序。下面还是以先来先服务算法中的同一个例子来加以说明。现在当对53号柱面的操作结束后，应该先处理65号柱面的请求，然后到达67号柱面执行操作。随后应处理37号柱面的请求而不是98号柱面（67号与37号柱面相距30个柱面，而它与98号柱面相距31个柱面）的，然后操作的次序应该是14、98、122、124、183。图5-27所示的为采用最短寻找时间优先算法决定访问者执行I/O操作的次序，读/写磁头总共的移动距离为236个柱面。

该算法与先来先服务算法相比，大幅度地减少了寻找时间，从而缩短了为各请求访问者服务的平均时间，提高了系统效率。但它并未考虑访问者到来的先后次序，可能存在某进程由于

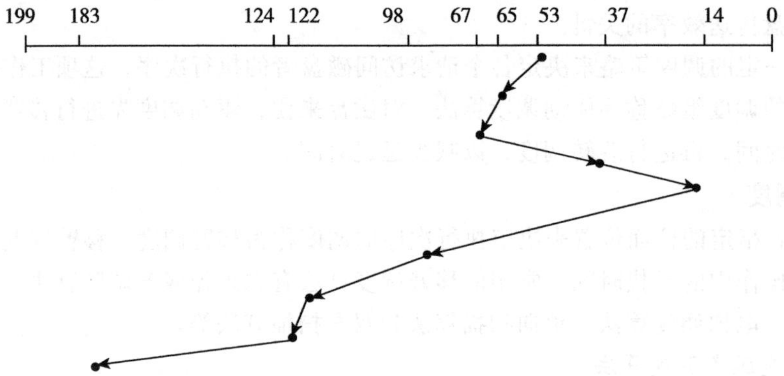


图 5-27　最短寻找时间优先调度

距离当前磁头较远而致使该进程的请求被大大地推迟，即发生“饥饿”现象。

(3) 单向扫描调度算法

单向扫描调度算法又称循环扫描调度算法。该算法无论访问者的先后次序，总是从 0 号柱面开始向里扫描，依次选择所遇到的请求访问者。移动臂到达盘面的最后一个柱面时，立即带动读/写磁头快速返回到 0 号柱面。返回时不为任何请求访问者服务，返回 0 号柱面后再次进行扫描。在同一个例子中，已假设读/写磁头的当前位置在 53 号柱面，则移动臂从当前位置继续向里扫描，依次响应的等待访问者为 65、67、98、122、124、183 号柱面，此时，移动臂继续向里扫描，直到最内的柱面（图中为 199 号柱面）后，再返回到 0 号柱面，重新扫描时依次为 14、37 号等柱面的访问者服务。如图 5-28 所示为采用单向扫描算法决定访问者执行 I/O 操作的次序，读/写磁头总共的移动距离为 382 个柱面。

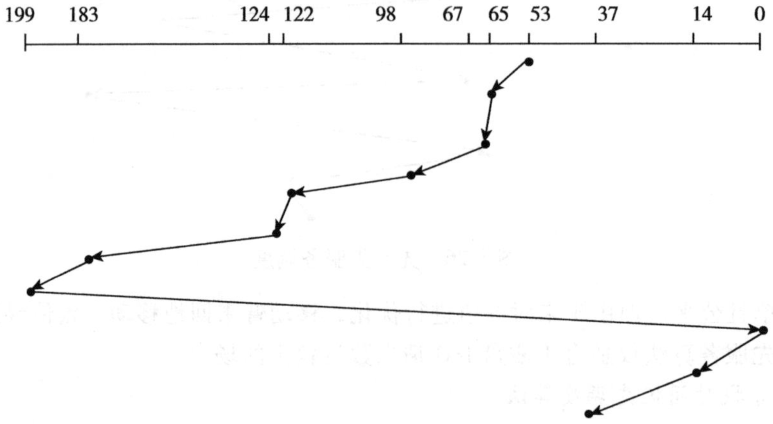


图 5-28　单向扫描调度

该算法虽然考虑了移动臂的移动距离问题，但由于存在一趟空扫描，故系统的效率并未得到较大的提高。

(4) 双向扫描算法

双向扫描调度算法从 0 号柱面开始向里扫描，依次选择所遇到的请求访问者；移动臂到达最后一个柱面时，调转方向从最后一个柱面向外扫描，依次选择所遇到的请求访问者。图 5-29 给出了采用双向扫描算法决定访问者执行 I/O 操作的次序，读/写磁头总共的移动距离为 331 个柱面。

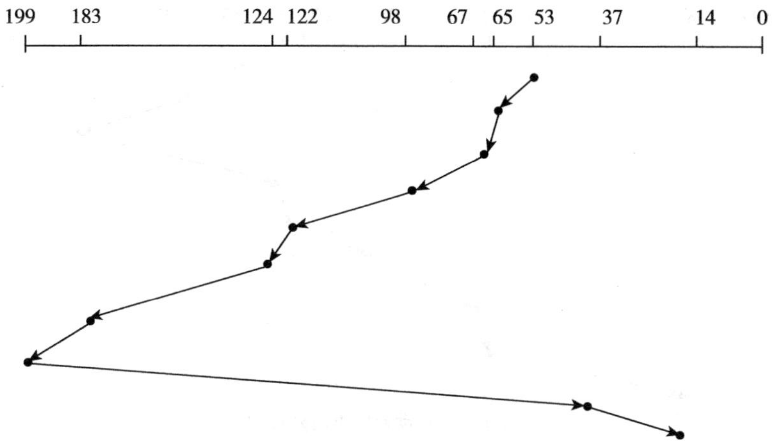


图 5-29 双向扫描调度

双向扫描算法解决了单向扫描算法中的一趟空扫描问题，减少了寻找时间，提高了系统的访问效率，但在每次扫描过程中必须从最外磁道扫描到最内磁道，有可能存在部分空扫描。

（5）电梯调度算法

电梯调度算法总是从移动臂当前位置开始，沿着移动臂的移动方向选择距离当前移动臂最近的那个访问者进行调度，若沿移动臂的移动方向暂无访问请求，则改变移动臂的方向再选择。电梯调度算法不仅考虑到请求访问者的磁头与当前磁头之间的距离，而且优先考虑磁头当前的移动方向。其目的是尽量减少移动臂移动所花的时间。

以下仍然以上面同一个例子来讨论。由于该算法与当前移动臂的移动方向有关，由图 5-30 可以看出，当前移动臂由里向外移动时，读/写磁头共移动了 208 个柱面的距离，如图 5-30a 所示；当前移动臂由外向里移动时，则读/写磁头共移动了 299 个柱面的距离，如图 5-30b 所示。

电梯调度与最短寻找时间优先都是以尽量减少移动臂移动所花的时间为目标，所不同的是：最短寻找时间优先不考虑移动臂的当前移动方向，总是选择距离当前读/写磁头最近的那个柱面的访问者，这样可能会导致某个进程发生“饥饿”现象，且移动臂来回改变移动方向；而电梯调度算法总是沿着移动臂的移动方向，选择距离当前读/写磁头最近的那个柱面的访问者，仅当沿着移动臂的移动方向无等待访问者时，才改变移动臂的方向。由于移动臂改变方向是机械动作，故速度相对较慢。所以说，电梯调度算法是一种简单、实用且高效的调度算法，能获得较好的寻道性能，又能防止“饥饿”现象，但是实现时需要增加开销，除了要记住读/写磁头的当前位置外，还必须记住移动臂的移动方向。电梯调度算法被广泛应用于大、中、小型计算机和网络的磁盘调度。

### 2. 旋转调度

（1）旋转调度分析

在多道程序设计系统中，若干个请求磁盘访问者中可能有这样的请求：要求访问同一个柱面号，但不是同磁道上的信息；或者是同一柱面同一磁道的不同扇区的信息。所以，在一次移臂调度将移动臂定位到某一柱面后，允许进行多次旋转调度。旋转调度是指选择延迟时间最短的请求访问者执行的调度策略。

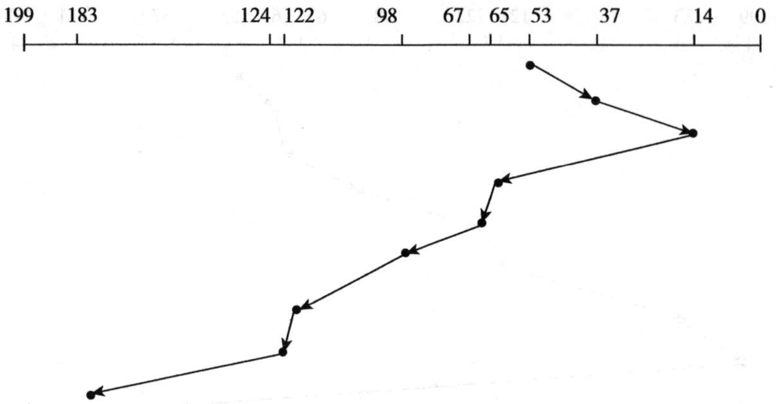


a）当前移动臂由里向外移动

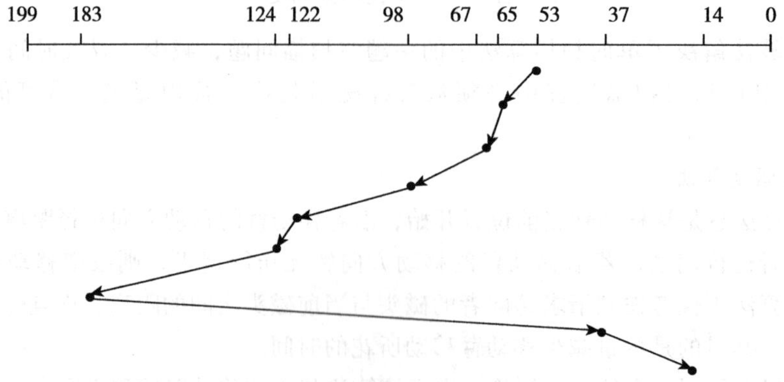


b）当前移动臂由外向里移动

图 5-30　电梯调度算法

进行旋转调度时应分析下列情况：

1）若干等待访问者请求访问同一磁道上的不同编号的扇区；

2）若干等待访问者请求访问不同磁道上的不同编号的扇区；

3）若干等待访问者请求访问不同磁道上具有相同编号的扇区。

对于前两种情况，旋转调度总是让首先到达读/写磁头位置下的扇区先进行传送操作。对于第三种情况，这些扇区同时到达读/写磁头位置下，旋转调度可任意选择一个读/写磁头进行传送操作。例如，有 4 个访问请求者，它们的访问要求如图 5-31 所示。

| 请求次序 | 柱面号 | 磁头号 | 扇区号 |
|---|---|---|---|
| 1 | 5 | 4 | 1 |
| 2 | 5 | 1 | 5 |
| 3 | 5 | 4 | 5 |
| 4 | 5 | 2 | 8 |

图 5-31　旋转调度

对它们进行旋转调度后，它们的执行顺序可能是 1、2、4、3 或 1、3、4、2。其中，第 2、3 两个请求都是访问第 5 个扇区，当第 5 个扇区转到磁头位置下方时，只有一个请求可执行传送操作，而另一个请求必须等磁盘再一次将第 5 扇区旋转到磁头位置下方时才可执行。

（2）影响I/O操作时间的因素

1）记录在磁道上的排列方式会影响I/O操作的时间。例如，某系统在对磁盘初始化时，把每个盘面分成8个扇区，有8条逻辑记录被存放在同一个磁道上供处理程序使用。处理程序要求顺序处理这8条记录，每次请求从磁盘上读一条记录，然后对读出的记录要花5ms的时间进行处理，以后再读下一条记录进行处理，直至8条记录全部处理结束。假定磁盘的转速为每周20ms，现把这8条逻辑记录依次存放在磁道上，如图5-32a所示。

a）顺序存放　　b）优化分布

图5-32　记录的优化分布

显然，在不知道当前磁头位置的情况下，磁头旋转到第1条记录位置的平均时间为周期的一半，即第1条记录的延迟时间为10ms，读一条记录要花2.5ms的时间。当花了2.5ms的时间读出第1条记录并花5ms时间进行处理后，读/写磁头已经在第4条记录的位置。为了顺序处理第2条记录，必须等待磁盘将第2条记录旋转到读/写磁头位置的下面，即要有15ms的延迟时间。于是，处理这8条记录所要花费的时间为：

$$8 \times (2.5 + 5) + 10 + 7 \times 15 = 175(\text{ms})$$

如果把这8条逻辑记录在磁道上的位置重新安排一下，图5-32b是这8条逻辑记录的最优分布示意图。当读出一条记录并处理后，读/写磁头正好位于顺序处理的下一条记录位置，可立即读出该记录，不必花费等待延迟时间。于是，按图5-32b，处理这8条记录所要花费的时间为：

$$10 + 8 \times (2.5 + 5) = 70(\text{ms})$$

可见，记录的优化分布有利于减少延迟时间，从而缩短了I/O操作的时间。因此，对于一些能预知处理要求的信息采用优化分布可以提高系统的效率。

2）扇区的编号方式也会影响I/O操作的时间。一般常将盘面扇区交替编号，磁盘组中不同盘面错开命名。假设每盘面有8个扇区，磁盘组共有8个盘面，则扇区编号如图5-33所示。磁盘是连续自转的I/O设备，磁盘读/写一条物理记录后，必须经短暂的处理时间后才能开始读/写下一条记录。逻辑记录在磁盘空间的存储具有局部连续性，若在磁盘上按扇区交替编号连续存放，则连续读/写多条记录能减少磁头的延迟时间；同柱面不同盘面的扇区如果能错开命名，则连续读/写相邻的两个盘面的逻辑记录时，也能减少磁头延迟时间。

## 5.5.4　提高磁盘I/O速度的一些方法

目前，磁盘的I/O速度通常要比主存的访问速度低上4~6个数量级，因此磁盘I/O速度已经成为计算机系统的“瓶颈”。为提高磁盘I/O速度通常为磁盘设置高速缓存，它能显著减少等待磁盘I/O的时间。

磁盘高速缓存并非主存和CPU之间增设的一个小容量高速存储器，而是指利用主存中的存储空间，暂时存放从磁盘中读出的一系列盘块中的信息。因此这里所说的高速缓存是一组在

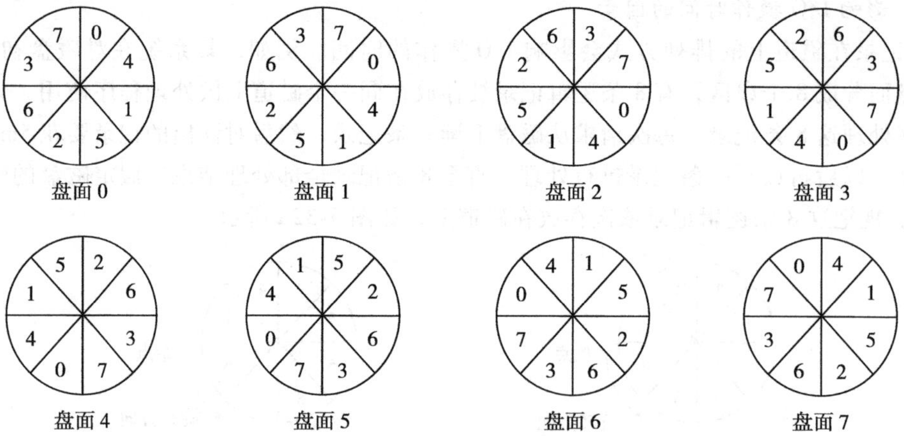


图 5-33　磁盘组扇区编号

逻辑上属于磁盘，而物理上是驻留在主存中的盘块信息。高速缓存在主存中可分为两种形式，第一种是在主存中开辟一个单独的存储空间来作为磁盘高速缓冲，其大小是固定的，不容易受到应用程序的影响；第二种是把当前所有未利用的主存空间作为一个缓冲池，供请求分页系统和磁盘 I/O 时共享，这种情况下缓存的大小显然不再是固定的。

除了磁盘高速缓存技术外，还有一些能有效提高磁盘 I/O 速度的方法也被许多系统采纳。

### 1. 提前读

用户经常采用顺序方式访问文件中各个盘块上的数据，在读当前盘块时可以预知下次要读出的盘块。因此，可在读当前盘块的同时，提前把下一个盘块数据也读入磁盘缓冲区，这样当下次要读该盘块中的信息时，由于该数据已经提前读入到缓冲区中，便可直接使用数据，而不必再启动磁盘 I/O，减少了读数据的时间，即提高了磁盘的 I/O 速度。“提前读”功能已被许多操作系统如 UNIX、OS/2、Windows 等广泛采用。

### 2. 延迟写

在执行写操作时，磁盘缓冲器中的数据本来应该立即写回磁盘，但考虑到该缓冲区中的数据不久后可能会再次被本进程或其他进程访问，因此并不立即将该数据写入磁盘，而是将它挂在空闲缓冲区队列的末尾，随着空闲缓冲区的使用此缓冲区也不断地向队列头移动，直至移至空闲缓冲区队列之首。当再有进程申请缓冲区，且分配了该缓冲区时，才将其中的数据写入磁盘，于是这个缓冲区可作为空闲缓冲区分配。只要存储该数据的缓冲区仍在队列中，任何访问该数据的进程，都可直接从中读取数据而不必再去访问磁盘。这样，可以减少磁盘的 I/O 速度。在 UNIX、OS/2、Windows 中也采用了该技术。

### 3. 虚拟盘

虚拟盘是指用主存空间去仿真磁盘，又称 RAM 盘。该盘的设备驱动程序可以接受所有标准的磁盘操作，但这些操作的执行不是在磁盘上而是在主存中，操作过程对用户是透明的。虚拟盘是易失性存储器，一旦系统或电源发生故障或重新启动系统，原来保存在虚拟盘中的数据将会丢失。因此，虚拟盘常用于存放临时文件，如编译程序所产生的目标程序等。虚拟盘与磁盘高速缓存的主要区别在于：虚拟盘内容完全由用户控制，而磁盘高速缓存中的内容由操作系统控制。

## 5.6 设备处理

具有通道结构的计算机系统，从启动外围设备到完成I/O操作，没有考虑不同类型的物理设备的特性，采用统一的方法进行处理。这种不考虑具体特性（实际上，设备特性已隐含在通道程序中）的处理方法称为设备处理的一致性。

设备处理的一致性技术使得I/O操作的处理既简单又不易出错。

设备处理程序通常又称为设备驱动程序，它是I/O进程与设备控制器之间的通信和转换程序，是驱动物理设备和DMA控制器或I/O控制器等直接进行I/O操作的子程序的集合，负责设置相应设备有关寄存器的值、启动设备进行I/O操作、指定操作的类型和数据流向等。它将I/O请求转换后，发送给设备控制器并启动设备执行，同时将设备控制器中记录的设备状态和I/O操作完成的情况传送给I/O请求者，起着上传下达的作用。由于设备驱动程序与I/O设备的硬件特性密切相关，因此对不同类型的设备需要配置不同的驱动程序，而设备驱动程序中的一部分必须用汇编语言书写。此外，设备驱动程序与I/O设备所采用的I/O控制方式紧密相关。在不同的I/O控制方式下，驱动程序启动设备以及中断处理的方式也不同。

为了实现I/O进程与设备控制器之间的通信，设备驱动程序应具有以下功能。

1）接收由I/O进程发来的命令和参数，并将命令中的抽象要求转换为具体要求。例如，将磁盘块号转换为磁盘的柱面号、磁道号及扇区号。

2）检查用户I/O请求的合法性，了解I/O设备的状态，传递有关参数，设置设备的工作方式。

3）发出I/O命令。如果设备空闲，便立即启动I/O设备去完成指定的I/O操作。如果设备处于忙碌状态，则将请求者的请求挂在设备队列上等待。

4）及时响应由控制器或通道发来的中断请求，并根据其中断类型调用相应的中断处理程序进行处理。

5）对于设置有通道的计算机系统，驱动程序还应能够根据用户的I/O请求自动地构成通道程序。

### 5.6.1 设备驱动程序的处理过程

设备驱动程序的主要任务是启动指定的设备。为了封装不同设备的细节与特点，将操作系统的内核设计成使用设备驱动程序模块的结构。设备驱动程序为I/O系统提供了统一的设备访问接口，就像系统调用为应用程序与操作系统之间提供了统一的标准接口一样。

在启动设备之前，必须完成必要的准备工作。设备驱动程序首先检查I/O请求的合法性，了解设备状态是否是空闲的，了解有关的传递参数及设置设备的工作方式。然后，向设备控制器发出I/O命令，启动I/O设备去完成指定的I/O操作。设备驱动程序还应及时响应由控制器发来的中断请求，并根据该中断请求的类型，调用相应的中断处理程序进行处理。对于设置了通道的计算机系统，设备驱动程序还应能根据用户的I/O请求自动地构成通道程序。

设备驱动程序的处理过程如下：

(1) 预置设备

系统在初始或启动设备传送时，预置设备的初始状态，其中包括以下五个步骤。

1）将上层软件对设备的抽象要求转换为具体要求。例如，将抽象要求中的盘块号转换为磁盘中的柱面号、磁道号及扇区号。

2）检查I/O请求的合法性。

3）读出和检查设备的状态。启动设备进行I/O操作的前提条件是该设备正处于空闲状态；在启动设备之前，应从设备控制器的状态寄存器中读出设备的状态并检查。

4）传送必要的参数。许多设备（如块设备），在发出启动命令外，还需要传送必要的参数。例如，启动磁盘进行读/写之前，需要将本次传送的字节数和数据应到达的主存始址送入控制器相应的寄存器中。

5）工作方式的设置。有些设备可具有多种工作方式，在启动设备前必须指定。

（2）启动I/O设备

在完成预置工作后，设备驱动程序可以向控制器中的命令寄存器传送相应的控制命令，负责启动设备的传送。对于具有通道的I/O系统，还将形成通道指令，并启动相应通道。

（3）设备中断处理

负责处理设备（或通道）发出的各种中断，如一次I/O操作完成时的结束中断、I/O传送过程中的故障中断等。

## 5.6.2 设备的中断处理

设备中断是外围设备（或通道）和CPU协调工作的一种手段。设备（或通道）借助I/O中断请求CPU进行干预，CPU根据产生的I/O中断事件了解I/O操作的执行情况。中断处理流程如图5-34所示。I/O中断事件由设备（或通道）工作引起或由外界的原因产生，对于不同的中断事件操作系统应采用不同的处理方法。

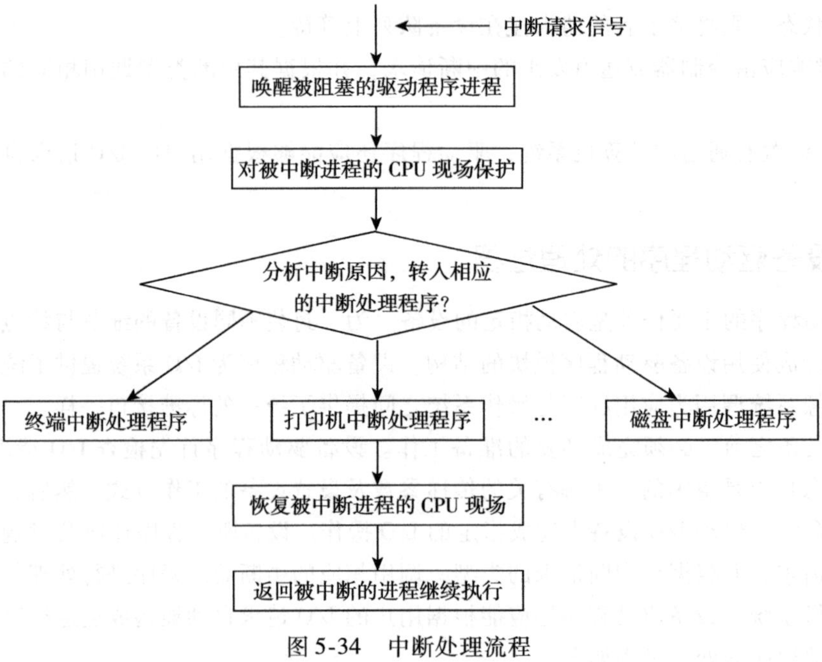


图5-34 中断处理流程

### 1. 操作正常结束

当通道状态字（CSW）中有通道结束、控制器结束和设备结束时，表示已完成一次I/O操作，形成I/O操作正常结束的中断事件。

### 2. 操作异常结束

当在 I/O 传送过程中出现设备故障或设备特殊情况时，形成操作异常结束的 I/O 中断事件。

(1) 设备故障

如果发现硬件故障，如接口错、控制错、通道程序错以及数据错（如校验码不符合）等，则表示设备或通道不正常，出现了设备故障。操作系统对此类事件的处理原则是先组织通道程序复执。若经复执后故障被排除，则通道可继续执行通道程序；若经多次复执，故障仍未排除，则操作系统在屏幕上输出一些信息，请求人工排除故障。

(2) 设备特殊情况

各种设备在工作时会出现一些特殊情况，操作系统将分析发生的事件并进行分别处理。例如，打印纸用完了往磁带上写信息时磁带到了末端等。

## 5.7 虚拟设备

对独占型设备采用静态分配方式往往不能充分利用设备，不利于提高系统效率，具体表现在以下三个方面。

1）占有独占设备的作业只有一部分时间在使用它们，在其余时间里这些设备处于空闲状态，而在设备空闲时不允许其他作业去使用它们，因此不能有效地利用这些设备。

2）当系统只配有一台独占设备时，就不能接受两个以上要求使用独占设备的作业同时执行，不利于多道并行工作。

3）这些独占设备大多是低速设备，在作业执行中往往由于等待这些设备的信息传送而延长了作业的执行时间。

为此，现代操作系统提供了虚拟设备的功能来解决这些问题。

### 5.7.1 脱机外围设备操作

早期采用脱机外围设备操作技术来解决上述系统效率不高的问题。即使用两台外围计算机和一台主计算机，其中一台外围计算机专门负责把一批作业信息从读卡机上读取并记录到输入磁盘上；然后，把含有输入信息的输入磁盘人工地移动到主计算机上。在多道程序环境下，每个作业执行时不再启动输入机读取信息，而是让作业从磁盘上读取各自的信息，把作业运行的结果写入到输出磁盘上；最后把存储输出结果的输出磁盘移动到另一台外围计算机上打印输出，如图 5-35 所示。

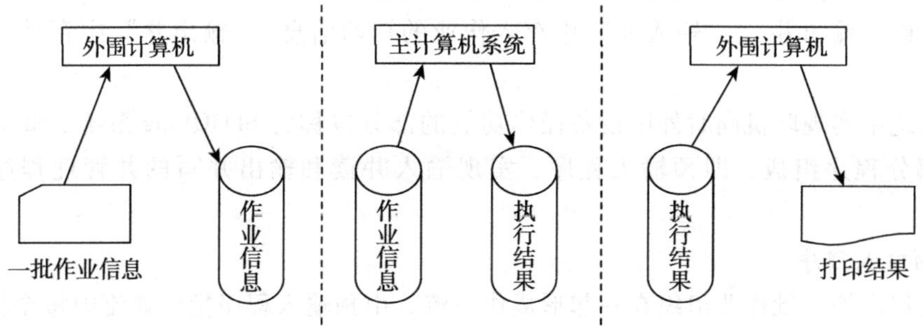


图 5-35 脱机外围设备操作

两台外围计算机并不进行计算，只是将低速 I/O 设备上的数据从一台外围计算机传送到高速磁盘上或者相反，这种操作是独立于主计算机的，即不在主计算机的直接控制下进行，因此称为脱机外围设备操作。

由于脱机外围设备操作中，主计算机只是专门进行计算，而将与低速外围设备打交道的工作交给外围计算机去做，在一定程度上提高了主计算机的效率，但使用多台外围计算机增加了系统的成本；且在主计算机与外围计算机之间来回移动磁盘，增加了操作人员的手工操作，既费时又增加了出错的机会，同时增加了每个作业的周转时间。

## 5.7.2 联机同时外围设备操作

现代计算机系统有足够的功能和大容量的磁盘，具有 CPU 与通道的并行工作能力，可以在执行计算的同时进行联机外围设备操作。事实上，当系统中引入了多道程序技术后，完全可以利用其中的一道程序来模拟脱机输入时的外围计算机功能，把低速 I/O 设备上的数据传送到高速磁盘上；再用另一道程序来模拟脱机输出时外围计算机的功能，把数据从磁盘传送到低速输出设备上。这样，便可在主计算机的直接控制下，实现脱机 I/O 功能。此时的外围设备操作与 CPU 对数据的处理同时进行，我们把这种在联机情况下实现的同时外围设备操作称为 SPOOLing（Simultaneous Peripheral Operating On-Line），或称为假脱机操作。如图 5-36 所示为联机同时外围设备操作。

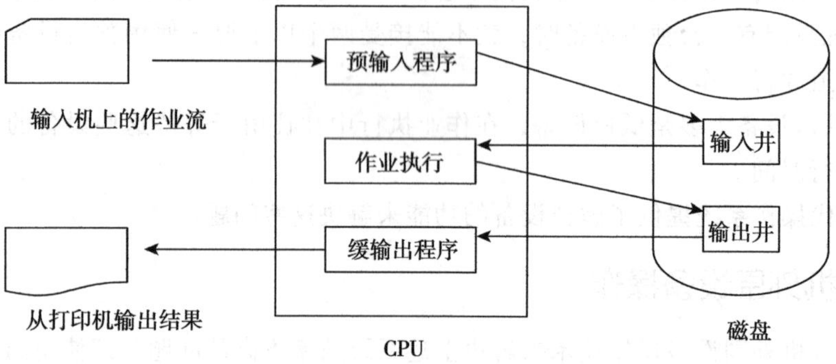


图 5-36 联机同时外围设备操作

SPOOLing 思想首先在曼彻斯特大学的 Atalas 计算机上实现，但术语却是由 IBM 公司后来给出的。可以看出，SPOOLing 技术是对脱机 I/O 系统的模拟。它必须建立在具有多道程序功能的操作系统上，需要有高速的、大容量的随机存储器支持。在磁盘上划出专用存储空间，称为“井”，用以存放作业的初始信息和执行结果。为了便于管理，把“井”分为“输入井”和“输出井”。“输入井”中存入作业的初始信息，“输出井”中存放作业的执行结果。

操作系统中实现联机同时外围设备操作功能的部分也称为 SPOOLing 系统。SPOOLing 系统主要由三部分程序组成，即预输入程序、实现输入井读和输出井写的井管理程序和缓输出程序。

(1) 预输入程序

预输入程序把一批作业组织在一起形成作业流，由预输入程序把作业流中每个作业的初始信息输入到输入井保存，并填写好输入表，以便在作业执行中要求输入信息时可以随时找到它们的存放位置，以备作业调度。

系统拥有一张作业表用来登记进入系统的所有作业的作业名、状态、预输入表位置等信息。每个用户作业拥有一张预输入表用来登记该作业的各个文件的情况，包括设备类、信息长度及存放位置等。

输入井中的作业有四种状态：

1）输入状态：作业的信息正从输入设备上预输入。

2）收容收态：作业预输入结束但未被选中执行。

3）执行状态：作业已被选中运行，运行过程中，它可从输入井中读取数据信息，也可向输出井写信息。

4）完成状态：作业已经撤离，该作业的执行结果等待缓输出。

作业表指示了哪些作业正在预输入，哪些作业已经预输入完成，哪些作业正在执行等。作业调度程序根据预定的调度算法选择收容状态的作业执行，作业表是作业调度程序进行作业调度的依据，是SPOOLing系统和作业调度程序共享的数据结构。

（2）井管理程序

作业执行过程中要求启动输入机（或打印机）读文件信息（或输出结果）时，操作系统根据作业请求，调出井管理程序工作，不必再启动I/O设备，而转换成从磁盘的输入井读信息（或把结果写入输入井）。

对系统来说，从“井”中存取信息可以缩短信息的传送时间，从而加快作业的执行。对用户来说，只要保证信息的正确存取就行，至于信息是从“井”中存取还是从独占设备上存取无关紧要。由于磁盘是共享型设备，因此从“井”中存取信息可以同时满足多个用户的读/写要求，使每个用户都感觉有供自己独立使用的输入机（或打印机）且速度与磁盘一样快。

井管理程序包括井管理读程序和井管理写程序两部分：当作业请求从输入机上读文件信息时，就把任务转交给井管理读程序，从输入井中读出信息供用户使用。当作业请求从打印机上输出结果时，就把任务转交给井管理写程序，把产生的结果保存到“输出井”中。

（3）缓输出程序

缓输出程序负责查看输出井中是否有等待输出的结果信息，若有，则启动打印机把作业的结果文件打印输出。当一个作业的文件信息输出完毕后，将它占用的井区回收以供其他作业使用。

SPOOLing系统提高了I/O速度，缓和了CPU与低速的I/O设备之间速度不匹配的矛盾；提高了多道程序的道数，提高了作业调度的灵活性，将独占型设备改造为共享型设备。宏观上，虽然十多个进程在同时使用一台独占型设备，而对每一个进程而言，它们都认为自己独占了一个设备，实现了将独占型设备变换为若干台对应的逻辑设备的功能，即实现了虚拟设备功能。

### 5.7.3 SPOOLing应用实例

SPOOLing是在多道程序系统中处理独占设备的一种技术，已经被广泛应用于许多设备和场合：早期的读卡机、穿卡机；现在的打印机、网络等。

（1）打印机SPOOLing守护进程

对于打印机，尽管可以让用户进程采用打开其设备文件来进行申请和使用，但往往一个进程打开它后可能长达几个小时不用，这期间其他进程又都无法打印。为解决这个问题，可创建一个特殊的进程即守护进程（Daemon）以及一个特殊的目录，称为 SPOOLing 打印目录。在打印一个文件之前，进程首先产生完整的待打印文件并将其放在 SPOOLing 打印目录下。规定系统中该守护进程是惟一有特权能够使用打印机设备文件的进程，当打印机空闲时，守护进程便启动打印待输出的文件。通过禁止用户直接使用打印机设备文件解决了上述打印机空占的问题。

（2）网络通信 SPOOLing 守护进程

SPOOLing 技术不仅可用于打印机，还可用于其他场合。例如，在网络上传送文件常使用网络守护进程，发送文件前先将其放在一特定目录下，而后由网络守护进程将其取出并发送出去。这种文件传送方式的用途之一是 Internet 电子邮件系统。当向某用户发送 E-mail 时，使用一个类似 send 的程序发出，网络守护进程接收要发的信件并将其送入一个固定的 SPOOLing 电子邮件目录下等待以后发送。整个 E-mail 邮件系统在操作系统之外作为一种应用程序运行。

## 5.8 本章小结

设备管理在实现各类外围设备和 CPU 进行 I/O 操作的同时，要尽量提高设备与设备、设备与 CPU 的并行性，使得系统效率得到提高，同时为用户使用 I/O 设备屏蔽硬件细节，提供方便易用的接口。设备管理的功能主要有：外围设备的分配和去配，外围设备的启动，磁盘的驱动调度，设备处理以及虚拟设备。

按照 I/O 控制功能的强弱以及和 CPU 之间联系方式的不同，可以把 I/O 控制方式分为四类：直接程序控制方式、中断驱动控制方式、直接存储器访问（DMA）控制方式和通道控制方式。其中通道具有执行 I/O 指令的能力，并通过执行通道程序来控制 I/O 操作，完成主存和外围设备之间的信息传送。通道技术实现了外围设备与 CPU 之间、通道与通道之间以及各个通道上外围设备之间的并行操作，提高了整个系统效率。

为了缓解 CPU 与外围设备之间速度不匹配和负载不均衡的矛盾，提高 CPU 和外围设备的工作效率和系统中各部件的并行工作程度，现代操作系统普遍采用缓冲技术。常见的缓冲机制有单缓冲机制、能实现双向同时传送数据的双缓冲机制以及能供多个设备同时使用的公共缓冲机制等。

现代计算机系统具有设备的独立性，使得设备分配灵活性强、适应性强，易于实现 I/O 重定向。独占型设备往往采用静态分配方式。系统通过设置设备控制表、控制器控制表、通道控制表和系统设备表等数据结构，记录相应设备或控制器的状态以及对设备或控制器进行控制所需要的信息，来实现设备的分配。共享型设备的分配则更多地采用动态分配方式。磁盘属于共享型设备，启动磁盘完成一次 I/O 操作所花费的时间包括：寻找时间、延迟时间和传送时间。移臂调度的目标是尽可能地减少 I/O 操作的寻找时间。常用的移臂调度算法有先来先服务调度算法、最短寻找时间优先调度算法、电梯调度算法、单向扫描算法和双向扫描算法等。旋转调度是指选择延迟时间最短的请求访问者执行的调度策略。记录在磁道上的排列方式、盘组中扇区的编号方式等都会影响 I/O 操作的时间。通过优化记录的分布、交错编排盘面扇区号等方式可以达到减少延迟时间的目的。

设备驱动程序中包括了所有与设备相关的代码，它把用户提交的逻辑 I/O 请求转化为物理

I/O 操作的启动和执行，如设备名转化为端口地址、逻辑记录转化为物理记录、逻辑操作转化为物理操作等，它对其上层的软件屏蔽所有硬件细节，并向用户层软件提供一个一致性的接口，如设备命名、设备保护、缓冲管理、存储块分配等。

为了提高独占设备的使用效率，创造多道并行工作环境，在中断和通道硬件的支持下，操作系统采用多道程序设计技术合理分配和调度各种资源，实现联机同时外围设备操作。SPOOLing 技术将一个物理设备虚拟成多个虚拟（逻辑）设备，用共享型设备模拟独占型设备，实现了虚拟设备功能。SPOOLing 系统主要由三部分组成，即“预输入”程序、“井管理”程序和“缓输出”程序，已被用于打印控制和电子邮件收发等许多场合。

# 习 题 五

1. 试说明各种 I/O 控制方式及其主要优缺点。
2. 试说明 DMA 的工作流程。
3. 简述采用通道技术时 I/O 操作的全过程。
4. 试叙述引入缓冲的主要原因，其实现的基本思想是什么？
5. 何谓设备的独立性？如何实现设备的独立性？
6. 假定磁带记录密度为每英寸 800 字符，每一条逻辑记录为 160 个字符，块间隙为 0.6 英寸。现有 1500 条逻辑记录需要存储，试计算磁带利用率？若要使磁带空间利用率不少于 50%，至少应以多少条逻辑记录为一组？
7. 目前常用的磁盘调度算法有哪几种？每种算法优先考虑的问题是什么？
8. 假设某磁盘共 200 个柱面，编号为 0～199，如果在访问 143 号柱面的请求服务后，当前正在访问 125 号柱面，同时有若干请求者在等待服务。它们依次请求的柱面号为：86，147，91，177，94，150，102，175，130。

   请回答：分别采用先来先服务算法、最短寻找时间优先算法、电梯调度算法和单向扫描算法，确定实际的服务次序以及移动臂分别移动的距离。
9. 假定在某移动臂磁盘上，刚刚处理了访问 75 号柱面的请求，目前正在 80 号柱面读信息，并且有下述请求序列等待访问磁盘：

| 请求次序 | 1 | 2 | 3 | 4 | 5 | 6 | 7 | 8 |
|---|---|---|---|---|---|---|---|---|
| 欲访问的柱面号 | 160 | 40 | 190 | 188 | 90 | 58 | 32 | 102 |

   试采用：（1）电梯调度算法

   （2）最短寻找时间优先算法

   分别列出实际处理上述请求的次序。
10. 除 FCFS 外，所有磁盘调度算法都不公平，如造成有些请求饥饿。试分析：

    （1）为什么不公平？

    （2）提出一种公平性调度算法。

    （3）为什么公平性在分时系统中是一个很重要的指标？
11. 假定磁盘的移动臂现在处于第 8 号柱面，有如下 6 个请求者等待访问磁盘，请列出最省时间的响应次序。

| 序号 | 柱面号 | 磁头号 | 扇区号 |
|---|---|---|---|
| 1 | 9 | 6 | 3 |
| 2 | 7 | 5 | 6 |
| 3 | 15 | 20 | 6 |
| 4 | 9 | 4 | 4 |
| 5 | 20 | 9 | 5 |
| 6 | 7 | 15 | 2 |

12. 一个软盘有40个柱面，查找移过每个柱面花6ms。若文件信息块零乱存放，则相邻逻辑块平均间隔13个柱面；但优化存放，相邻逻辑块平均间隔2个柱面。如果搜索延迟为100ms，传送速度为每块25ms，问：在这两种情况下传送100块的文件各需要多长的时间？
13. 假定某磁盘的旋转速度是每圈20ms，格式化时每个盘面分成10个扇区，现有10条逻辑记录顺序存放在同一个磁道上。处理程序要处理这些记录，每读出一条记录后要花4ms的时间进行处理，然后再顺序读下一条记录进行处理，直到处理完这些记录。请回答：
    (1) 顺序处理完这10条记录总共花费多少时间？
    (2) 请给出一个优化方案，使处理能在最短时间内完成，并计算出优化分布时需要花费的时间。
14. 试说明设备驱动程序应具备哪些功能？
15. 何谓虚拟设备？简述虚拟设备的设计思想。
16. SPOOLing系统由哪些部分组成？简述它们的功能。
17. 实现虚拟设备的主要条件是什么？

# 第 6 章

# 文 件 管 理

## 6.1 文件管理概述

计算机系统处理的大量信息有的需要长期保存，有的只是临时使用。信息的存储和检索是一项相当复杂而繁琐的工作。因此，现代操作系统设计了对信息进行管理的功能，称文件管理或文件系统。文件管理的主要工作是管理用户信息的存储、检索、更新、共享和保护。用户把信息组织成文件，交给操作系统统一管理，这样用户可不必考虑文件如何输入到系统、在系统中存储的具体位置、如何从系统中最终输出等工作；此外，操作系统还可为用户提供“按名存取”的功能。

### 6.1.1 文件和文件系统

1. 文件

用户的作业中需要用到各种各样的信息，例如，源程序、目标程序、编译程序以及各种实用程序等。文件是一组在逻辑上有完整意义的相关信息的集合，每个文件都要用一个名字标识，称为文件名。例如，一个源程序、一个目标程序、各种语言的编译程序以及实用程序都可看成一个文件。标识符是用来标识文件的，每一个文件必须要有一个文件名，它通常是由一串ASCII码或汉字构成，名字的长度因系统不同而异。一般的系统把文件名规定为8个字符。用户利用文件名来访问文件。

一个文件可以是一系列的二进制数、字符、字或记录，它们的含义和命名都是由文件的创建者或所有者用户来定义。一个文件一旦被命名后，就可以单独处理。大多数操作系统设置了专门的文件属性用于文件的管理控制和安全保护，它们虽非文件的信息内容，但对于系统的管理和控制是十分重要的。这组属性包括：

1）文件的基本属性：文件名字、文件所有者、文件授权者、文件长度等。

2）文件的类型属性：如普通文件、目录文件、系统文件、隐式文件、设备文件等。也可按文件信息分为ASCII码文件、二进制码文件等。

3）文件的保护属性：如可读、可写、可执行、可更新、可删除等，可改变保护等。

4）文件的管理属性：如文件创建时间、最后存取时间、最后修改时间等。

5）文件的控制属性：逻辑记录长、文件当前长、文件最大长，以及允许的存取方式标志，关键字位置、关键字长度等。

文件的保护属性用于防止文件被破坏，称为文件保护。它包括两个方面：一是防止系统崩溃所造成的文件破坏；二是防止文件主和其他用户有意或无意的非法操作所造成的文件不安全性。

2. 文件系统

文件系统是操作系统中负责存取和管理文件信息的软件。文件系统由管理文件所需的数据结构（如文件控制块、存储分配表等）和相应的管理软件以及访问文件的一组操作组成，可管理文件的存储、检索、更新，提供安全可靠的共享和保护手段，方便用户使用。

### 6.1.2 文件的分类

为方便管理和控制文件，文件系统要能正确识别和区分文件的类型，如果是文件系统所确认的文件类型，则可根据文件类型对文件进行合理的操作。一般地，可把文件类型包含在文件名中。例如，在 MS-DOS 操作系统中文件名由两部分组成：文件基本名和文件扩展名，其中扩展名为“com”、“exe”和“bat”的文件都是可直接在 DOS 系统提示下执行的可执行文件。由于文件众多，常将系统中的文件分成若干类型，根据不同的文件系统管理方法，文件分类方法也不同。通常对文件有以下六种主要分类方法：

1. 按文件的用途分类

根据文件的用途不同可把文件分成系统文件、库文件和用户文件。

1）系统文件。该类文件主要由操作系统核心程序、各种系统应用程序等组成，一般不允许对其直接读写和修改，只允许用户通过系统调用来执行。

2）库文件。该类文件允许用户对其进行读和执行，但一般不允许修改，如 C 语言子程序库等。

3）用户文件。该类文件一般只能被其拥有者及其被授权的其他用户使用，如源程序、目标程序和用户数据库等。

2. 按保护级别分类

根据限定的使用文件的权限不同可把文件分成只读文件、读写文件、执行文件和不保护文件。

1）只读文件。该类文件只允许授权用户对其执行读操作，系统对于写操作将拒绝执行并给出错误提示。

2）读写文件。该类文件允许授权用户对其进行读写操作，但拒绝其他操作。

3）执行文件。该类文件允许授权用户对其进行执行操作，如 DOS 系统中扩展名为 exe 的文件。

4）不保护文件。不加任何访问限制的文件，即普通文件。

3. 按信息流向分类

物理设备的特性决定了文件信息的流向，根据信息流向的不同可把文件分成输入文件、输出文件和输入输出文件。

1）输入文件。该类文件只允许用户对其执行读操作，如读卡机或键盘上的文件。

2）输出文件。该类文件只允许用户对其进行写操作，如打印机上的文件。

3）输入输出文件。该类文件允许用户对其进行读和写操作，如磁盘、磁带上的文件。

#### 4. 按存放时限分类

根据系统保留文件的时间长短不一，可把文件分成临时文件、永久文件和档案文件。

1）临时文件。该类文件是用户在某次操作过程中建立的中间文件，保存在存储介质上，是该用户的私有文件，随用户撤离系统而消失，因此不能共享。

2）永久文件。该类文件是用户经常要使用的文件，可保留文件副本。

3）档案文件。该类文件仅保留在作为“档案”的存储介质上，以备查询及恢复。

#### 5. 按文件中的数据形式分类

可把文件分成源文件、目标文件和可执行文件。

1）源文件。该类文件一般指利用某种程序设计语言或编辑工具编辑的文件，大多数文件内容是由 ASCII 码构成，可正常显示。

2）目标文件。在编译、翻译程序或工具的控制下，由源文件转换来的文件，可在当前环境下执行。

3）可执行文件。该类文件允许用户对其直接执行，不需要其他语言或支撑环境的支持。

#### 6. 按文件的性质分类

1）普通文件。该类文件是我们平常所说的具有一般格式的文件，包括系统文件、用户文件、库函数文件及实用程序文件。

2）目录文件。该类文件是由文件的目录信息构成的特殊文件，是用来维护文件系统结构的文件。对其处理同普通文件。

3）特殊文件。该类文件一般指的是系统中的输入输出设备名，使用时与普通文件相同，都要查找目录、验证使用权限、进行读写等，但必须在设备处理程序的控制下转入到对不同的设备进行操作。

### 6.1.3 文件系统的功能

文件系统对文件实现统一管理，目的是方便用户且提供安全可靠的共享和保护手段。从用户角度看，文件系统主要是实现“按名存取”。为能正确实现按名存取，文件系统应具有以下功能：

#### 1. 目录管理

文件目录是实现按名存取的一种重要手段。一个好的目录结构应既能方便检索，又能保证文件的安全。

#### 2. 文件的组织

用户按信息的使用和处理方式组织文件，称为文件的逻辑结构或称为逻辑文件。把逻辑文件保存到存储介质上的工作由文件系统来完成，这样可减轻用户的负担。根据用户对文件的存取方式和存储介质的特性的不同，文件在存储介质上可以有多种组织形式。把文件在存储介质上的组织方式称为文件的物理结构或称为物理文件。因此，当用户要求保存文件时，文件系统必须把逻辑文件转换成物理文件，而当用户要求读文件时，文件系统又要把物理文件转换成逻辑文件。

#### 3. 文件存储空间的管理

要把文件保存到存储介质上时，必须记住哪些存储空间已被占用，哪些存储空间是空闲的。文件只能保存到空闲的存储空间中，否则会破坏已保存的信息。当文件没有必要再保留而被删除时，该文件所占的存储空间应释放成为空闲空间。

4. 文件操作

为了保证文件系统正确地存储和检索文件，规定了在一个文件上可执行的操作，这些可执行的操作统称为“文件操作”。文件系统提供的基本文件操作有建立文件、打开文件、读文件、写文件、关闭文件和删除文件等。“文件操作”是文件系统提供给用户使用文件的一组接口，用户调用“文件操作”提出对文件的操作要求。

5. 文件的共享、保护和保密

在多道程序设计的系统中，有些文件是可以共享的，如编译程序、库文件等。实现文件共享既能节省文件的存储空间，又能减少 I/O 操作次数，从而可减少传送文件的时间。但必须对文件采取安全保护措施，既要防止有意或无意地破坏文件，又要避免随意地剽窃文件。

## 6.1.4 文件系统的层次结构

从文件系统的定义和功能可以看出，文件系统实际上就是文件管理的承担者。按照这一定义，我们可以把文件系统分成三个层次，即最底层的描述层、中间的管理层和最上面的接口层。图 6-1 给出了文件系统的具体模型。

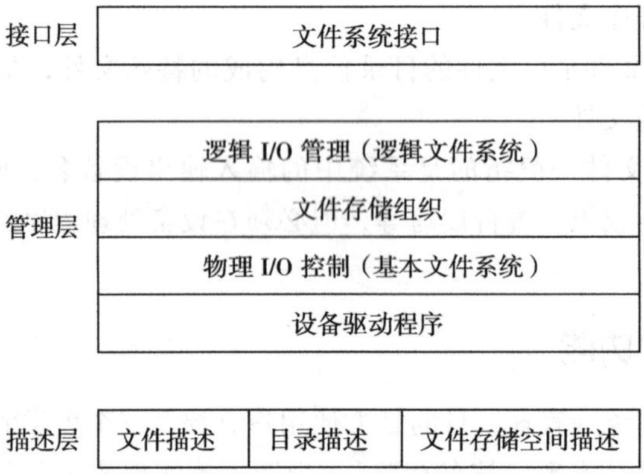


图 6-1 文件系统模型

1. 描述层

描述层负责说明系统中所有文件和文件存储介质的使用状况，具体包括：对单个文件的说明、对多个文件组织成的目录的说明、对文件存放的存储介质如磁盘空间的说明等。

2. 管理层

管理层包括对文件进行管理的绝大多数手段，因而成为文件系统的最关键部分。管理层又可进一步划分成如下几个层次（这样划分的原因在于文件管理是与 I/O 管理密切相关的，因为 I/O 的基本目的就是实现信息的传送）。

1）设备驱动管理层。该层实现最底层的文件管理功能，实际上是 I/O 管理模块的一个部分。在文件系统中，由该层负责启动、控制 I/O 以及支持文件传送。从上述角度看，在操作系统设计中，将 I/O 管理与文件管理结合在一起是合理的，许多操作系统都遵循这一设计思路。

2）物理 I/O 控制层。该层又称为基本文件系统，具体负责磁盘与内存之间的数据交换。本层只需向设备驱动程序发出传送指令，然后就可以在设备驱动程序的支持下完成数据的传送。该层无需了解所传送的信息在对应文件的组织方式。

3）文件存储组织层。该层负责与文件物理存储相关的管理，具体包括：选定文件所在的设备、磁盘空间（主要是空闲磁盘块）的组织与管理、文件逻辑地址到物理地址的变换（实际上是文件逻辑块号到磁盘物理块号的变换，因为磁盘空间以磁盘物理块为最小存储单位）等。

4）逻辑I/O管理层。该层又称逻辑文件系统，负责对文件逻辑操作的管理，具体包括：文件检索、文件保护等操作。

3. 接口层

接口层负责为用户使用文件系统提供相应的接口，如命令接口和程序接口。命令接口是用户与文件系统之间直接交互的接口；程序接口提供一组系统调用进程，用户通过在程序中调用它们来获得文件系统的相关服务。

因此，文件系统作为文件管理者，覆盖了文件管理模块的所有内容。文件管理在设计与实现时首先要了解文件定义、文件的逻辑和物理构造方式、文件的存取方式和存储介质特性等基础知识，然后掌握典型目录结构如何实现按名存取、文件存储空间如何组织、文件如何存储、共享和保护等关键技术的实现方法。

## 6.2 文件的组织结构和存取方式

文件的组织结构是指文件的构造方式。往往从用户和文件系统这两个不同的角度对待同一个文件。

1. 用户的角度

用户从使用的角度出发，按信息的使用和处理方式来组织文件。此时文件的组织结构是用户所观察到的文件组织形式，是用户可以直接处理的数据及结构，它独立于物理特性而构造。由用户构造的文件称文件的逻辑结构，又称逻辑文件。

2. 文件系统的角度

文件系统从文件的存储和检索的角度，根据用户对文件的存取方式和存储介质的特性来组织文件，决定用户文件如何存放在存储介质上。这种文件在存储介质上的组织方式称为文件的物理结构，又称物理文件。

文件的物理结构对用户来说是不必关心的，但对文件系统来说却至关重要，因为它直接影响存储空间的使用和检索文件信息的速度。把逻辑文件保存到存储介质上的工作由文件系统来实现，这样可减轻用户的负担。根据用户对文件的存取方式和存储介质特性的不同，文件在存储介质上可以有多种组织方式。

用户按逻辑结构使用文件，而文件系统按物理结构管理文件。因此，当用户请求读写文件时，文件必须实现文件的逻辑结构与物理结构之间的转换。

### 6.2.1 文件的逻辑结构

一般情况下，文件系统选择逻辑结构应遵循以下原则：

1）便于修改，即方便在文件中插入、修改和删除数据。当用户对文件内容修改时，文件的逻辑结构应尽可能减少对已存数据的变动。

2）有利于检索效率的提高，即当用户需要对文件进行访问时，文件的逻辑结构应使文件系统在尽可能短的时间内找到所需数据，从而提高访问速度。

3）有利于减少文件所占存储空间。

4）便于用户操作。

根据上述原则，文件的逻辑结构可分成两大类：无结构的文件和有结构的文件。

### 1. 无结构文件

无结构文件又称流式文件。组成流式文件的基本信息单位是字节或字，文件是有逻辑意义、无结构的一串字符的集合，文件内的信息不可再划分，文件长度是文件中所含字节的数目。例如，大量的源程序、库函数及文本文件等采用的就是流式结构。

显然，对于流式文件来说，由于结构和管理都很简单，用户可方便地在其上进行各种操作，但要查找其中的某段信息则只能顺序检索，花费较大。因此，一般流式文件只适合于存储在各种慢速字符型存储设备中，如磁带。

### 2. 有结构文件

有结构文件是指由若干个相关的记录构成的文件，又称记录式文件。因此，一个记录式文件是由若干个逻辑记录组成的，每个逻辑记录都是逻辑上具有独立意义的基本信息单位。记录式文件中的逻辑记录可依次编号，其序号称为逻辑记录号（简称记录号）。因此，一般记录式文件适合于存储在各种高速块存储设备中，如磁盘。

在记录式文件中，每条记录都记录着相同或不同数目的数据项。记录的长度可分为定长和变长两大类。定长记录的长度都相同，所有记录中的数据项都位于记录中相同位置，具有相同顺序和长度。因此，对于定长记录的处理简单方便、开销小，被广泛用于数据处理。变长记录相比于定长记录而言，各个记录的长度可长可短，不尽相同。产生变长记录的原因一方面在于记录中所包含的数据项目并不相同，也可能是数据项本身的长度不确定，但是在处理记录前每个记录的长度是可知的。

对于记录式文件，当用户请求文件系统读出或写入一个逻辑记录时，用户可对该记录内的各个数据项进行读写操作。例如，某校计算机专业学生成绩管理文件，在该文件中每个学生的完整信息可看做一个逻辑记录，每个逻辑记录又由学号、姓名、性别、课程成绩等若干数据项组成，如表 6-1 所示。

**表 6-1 逻辑文件示例表**

| 记录号 | 学号 | 姓名 | 性别 | 操作系统 | …… |
|---|---|---|---|---|---|
| 1 | 03080601 | 李芳 | 女 | 86 | |
| 2 | 03080602 | 张涵 | 女 | 81 | |
| 3 | 03080603 | 赵靖 | 男 | 85 | |

为了能正确快速地对该文件中的记录进行存取，可对每个逻辑记录设置一个特殊数据项，通过它可把同一个文件中的各个逻辑记录区分开来，我们将能惟一标识某个逻辑记录的数据项称为“主键”。在一个记录式文件中，主键必不可少但并不一定惟一。如表 6-1 中的“学号”可作为主键，如果“姓名”不重名也可作为主键。

根据用户和系统管理上的实际需要，可采用多种方式来组织这些记录，从而形成顺序文件、索引文件和索引顺序文件等几种类型的文件。

1）顺序文件。该文件通常由一系列定长记录按照某种顺序排列而成，每个记录的逻辑地址等于前一个记录的逻辑地址加上前一个记录的长度，因而可用较快的速度查找文件中的记录。

2）索引文件。当记录的长度不确定时，直接访问记录很难。为解决这一问题，可以为其中的每条记录建立一张索引表，每个记录在索引表中用一个表项登记该记录的索引号、记录长度和指向该记录的指针，以加快对记录的检索速度。

3）索引顺序文件。该文件是上述两种文件构成方式的结合，既保留了顺序文件中记录按照某种顺序排列而成的特征，又通过建立索引表来支持对文件的直接访问特征。在建立索引表时，首先将所有记录分组，同组内的记录仍然采用顺序文件的组织方式；然后为所有的组构建一个索引表，每组在索引表中建立一个表项，用于登记该组中第一条记录的主键值和指向该记录的指针。

## 6.2.2　文件的存储介质

### 1. 存储介质

存储介质是可用来记录信息的媒体。常用的存储介质有磁带、硬磁盘组、软磁盘片、光盘及U盘等，当前大量使用的文件存储介质是磁盘。要把信息存储到存储介质上或从存储介质上读取信息必须首先启动相应的磁带机、磁盘驱动器等存储设备。在这里，不应将存储介质和存储设备混为一谈，一般地，存储介质可从存储设备上卸下来，也可把存储介质安装到相应的存储设备上，并通过存储设备的驱动实现存储介质上信息的存取。

存储介质的物理单位是“卷”。例如，一盘磁带、一张软盘片、一个硬盘组都可称为一个卷。一个卷上只保存一个文件，称单文件卷；一个卷上保存了多个文件，称多文件卷；反之若把一个文件保存在多个卷上，则称多卷文件；把多个文件保存在多个卷上，则称多卷多文件。

### 2. 块

块又称物理记录，是存储介质上连续信息所组成的一个存储区域。块是辅存与主存之间进行信息交换的基本物理单位，每次总是把一块或几个整数块大小的信息读入主存，或是把主存中的信息写到一块或几块中。

块大小的划分应综合考虑用户要求、存储设备类型、信息传送效率等多种因素。不同类型的存储介质，块的大小常常各不相同，甚至同一类型的存储介质，块的大小也可不同。例如，对磁盘进行格式化时，则将磁盘空间划分成若干扇区，每个磁道上对应的同一扇区中都有相同长度的连续数据存储区域，该区域称磁盘上的数据块。数据块的大小通常在32～4096个字节范围内，在MS-DOS和UNIX系统中，磁盘上的数据块长一般都定为512个字节或1024个字节；磁带上块的大小可以根据用户的要求来划分，原则上没有限制，有些块可很大有些也可很小。但是为了保证可靠性，块的大小应该适中，块长过小时不易区分有效信息和干扰信息；块长过大时对产生的误码则难以发现和校正。一般地，磁带上的块以10～32768个字节大小为宜。

对于磁盘机或磁带机等存储设备，由于启动和停止该设备所发生的机械动作要求，两个相邻物理块之间必须预留一定的间隙空间，该间隙空间是块与块之间保留区域，不用做记录信息的。有时根据这点，可以确定块所在的物理位置。

## 6.2.3　文件的存取

用户在一个文件上的操作主要是“读”和“写”过程。当用户要求写一个文件时，文件系统便把用户组织好的逻辑文件保存到存储介质上；当用户要求读一个文件时，文件系统就要从存储介质上取出文件信息并把它存放到主存中。

1. 存取方式

从对文件信息的存取次序考虑，存取方式有顺序存取、随机存取和按键存取，但主要采用前两种方式。

(1) 顺序存取

顺序存取是对文件中的信息按顺序依次进行读写的存取方式。顺序存取是最简单的存取方式，它严格按照文件中的逻辑信息单位排列的逻辑地址顺序依次存取，后一次存取总是在前一次存取的基础上进行，所以不必给出具体的存取位置。因此，对于流式逻辑文件，顺序存取完当前信息后，读写指针会自动加上该段信息长度，以便指出下次存取位置；而对于记录式文件，若当前存取的记录号为 i，则下次存取的记录号被自动确定为 i+1。

(2) 随机存取

随机存取又称直接存取，即可以按任意次序随机地读写文件中的信息。在存取时必须先确定进行存取时的起始位置，如记录号、字符序号等，然后根据起始位置来直接存取文件中的任意一个记录，而无需存取其前面的记录，或者是根据存取命令直接把读写指针移到欲读写的信息处。磁盘是典型的直接存取设备。

(3) 按键存取

按键存取是一种用于复杂文件系统，特别是数据库管理系统中的存取方法。采用按键存取时，文件的存取是根据给定的键或记录名进行的。该存取方法必须先检索到要进行存取的记录的逻辑位置，再将其转换到存储介质上的相应物理地址后进行存取。

2. 存取方式的采用所考虑的因素

文件到底以何种方式存取，主要取决于下面两个方面的因素：

(1) 文件的性质

文件的性质决定了文件的使用，也决定了存取方式的选择。对于流式文件的存取一般采用顺序存取的方式；对于记录式文件的存取一般采用随机存取的方式。例如，一个 C 语言源文件，它由一系列顺序字符组成，编译程序对该源程序编译时，也必须按字符原有的顺序进行存取；而一个数据库表文件则由若干记录组成，适合于采用随机存取的方式。

(2) 存储设备的特性

存储设备的特性既决定了文件存取方式，也与文件采用何种存储结构密切相关。

磁带机是一种从磁头当前位置顺序读写的设备，适合顺序存取。磁带机每次读写时总是从磁头的当前位置开始读写磁带上的信息。当磁头读写了第 i 块的信息后，跳过其后的间隙就到达了第 i+1 块的位置，当磁带机继续工作时，一定是读写第 i+1 块的信息。

磁盘机是一种可按指定的块地址进行信息存取的设备。磁盘地址用“柱面号、磁头号和扇区号”三个参数表示。磁盘机能根据给定的地址移动读写磁头到达指定柱面后，让指定的磁头存取指定扇区上的信息。磁盘既可采用顺序存取方式，又可采用随机存取方式，但在建立文件时应定义好存取方式，使用文件时必须与预定义的存取方式一致。

## 6.2.4 文件的物理结构

文件的物理结构又称文件的存储结构，它是指文件在辅存上的存储组织形式，与存储介质的存储性能有关。因此，操作系统的文件管理虽然是属于软件管理，但是与辅存管理密切相关。一般操作系统课程中的存储管理多数是指主存管理，其实，主存、辅存和文件管理都是密切相关的。从实际观点看，物理设备的记录与存储设备的特性有关。例如，硬磁盘由柱面、扇区和磁道等划分，软磁盘又分单面、双面、单密、双密和高密等种类。

文件在存储介质上的物理组织形式可以有多种，究竟选择哪种取决于存储设备类型、存储空间、响应时间、应用目标等多种因素。常见的文件物理结构有三种。

1. 顺序结构

一个文件在逻辑上连续的信息存放到存储介质依次相邻的物理块上，则此文件的物理组织形式称为顺序结构。采用顺序结构的文件称为顺序文件，又称连续文件，其结构如图 6-2 所示。磁带上的文件都采用顺序结构，磁盘上的文件也可采用顺序结构。

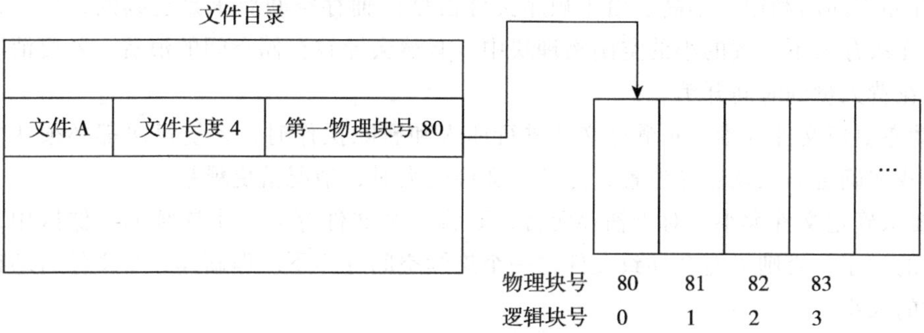


图 6-2 文件的顺序结构

例如，磁带上的每个文件都有文件头标、文件信息和文件尾标三个组成部分。

1）文件头标。文件头标用于标识一个特定的文件、说明文件的属性，头标的内容包括用户名、文件名、文件的分块数和分块的长度等。

2）文件信息。文件信息是文件中的主要内容，分别存放在文件的若干数据块中，这些数据块中信息的顺序与逻辑文件中的信息顺序一致。

3）文件尾标。文件尾标用于标识一个特定文件信息的结束。

其中文件头标和文件尾标属于控制信息。当用户需要读出磁带上的某个文件时，文件系统就从磁带的始点开始搜索，先读出第一个文件头标，比较用户名和文件名，若确定是用户指定的文件，则读出文件信息；否则让磁头前进到下一个文件头标位置，然后再读出该位置上的头标继续比较，一直到找到指定的文件。若比较到最后一个文件头标还找不到指定的文件，则表示要找的文件不在该卷磁带上。如图 6-3 所示。

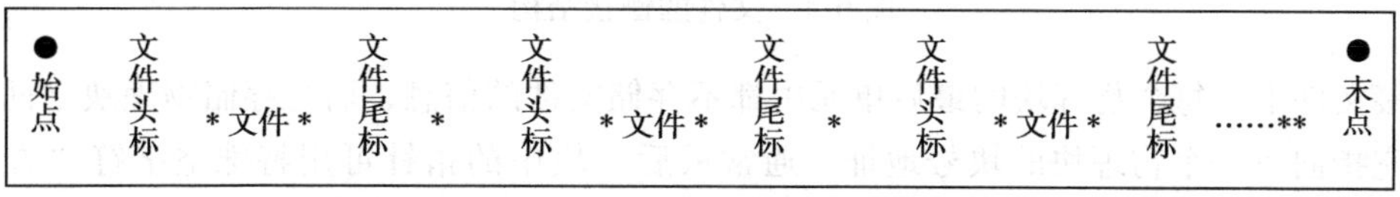


图 6-3 磁带文件的组织形式

为了能方便、快速地检索磁带文件，在磁带上的各类信息之间用一个称为“带标”的特殊字符将其隔开，最后用两个带标表示磁带上的有效信息到此结束。如图 6-3 所示，“ * ”表示带标。磁带机工作时能正确识别带标，当文件系统读出一个文件头标并确认是用户指定的文件时，则只要让磁带机前进一个带标，磁头即停在文件的开始位置；然后，用户可顺序读出文件信息。如果文件系统在读文件数据块时磁带机识别到下一个带标，则磁带机立即暂停工作，文件系统继续读出下一数据块。当读到文件尾标时，表示文件数据块已读完，文件信息结束，这时让磁带机再前进一个带标，使磁头停在下一个文件头标位置。反之，当文件系统读出一个文件头标并确认不是用户指定的文件时，则只要让磁带机前进并连续经过一个文件尾标和一个带标，就可使磁头停在下一个文件头标位置，并可继续搜索。最后，磁带机识别到带标，磁头却没发现文件头标，说明在文件尾标后连续出现了两个带标，此时磁带上已没有了有效文件，搜索宣告结束。

通常，根据要访问的文件大小计算出该文件需占据磁带的块数。由于文件是连续存储的，只要确定了文件在磁带上的起始地址，结束地址也就确定了。用户访问该文件时，总是按照文件内容的先后顺序依次访问，不必每次都对内容进行定位，因此文件的存取速度快。但文件连续存储也存在以下问题：

1）存储空间的利用率不高。由于顺序文件占据的辅存空间要求是连续的，这样，当一个大的文件无法存入不连续的小的空闲物理块中，必然会导致存储空间的浪费。若要消除空闲碎片，又需花费大量的时间开销。

2）动态更新文件困难。对顺序文件进行插入和删除操作时，系统每次都必须从文件起始处逐个查找和确定插入及删除位置，尤其当文件较大时，情况就更糟糕。

3）要求确定文件大小。对于辅存而言，要将一个文件存入一个连续的存储区中，必须先知道文件的大小，否则可能会导致文件在一个连续空间存不下。但新建一个文件时却很难事先知道文件的大小。

2. 链接结构

一个文件中的信息可以存放在若干不相邻的物理块中，各块之间通过指针链接，前一个物理块的链接指针指向后一个物理块的块号地址，则此文件的物理组织形式称为链接结构。链接结构是实现非连续存储的一种方法，采用链接结构的文件称为链接文件，又称串联文件。如图6-4所示。磁盘文件大多采用该结构。

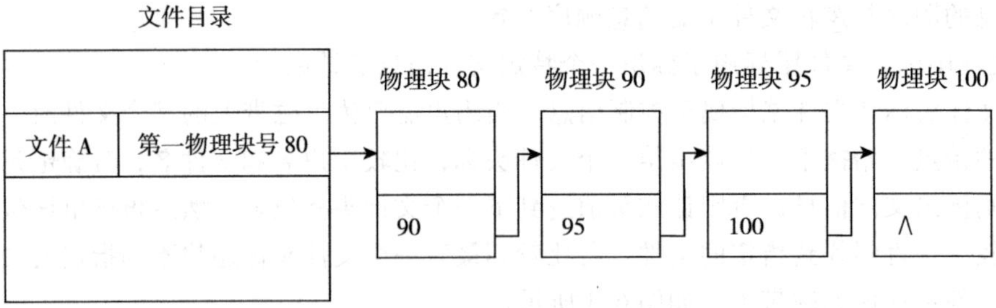


图 6-4 文件的链接结构

链接文件中，每个物理块的最后单元中都不存储文件的信息，而是存储物理块之间的链接指针，它指向下一个物理块的块号地址。通常最后一块中的指针可用特殊空字符“∧”表示文件结束。显然，链接文件实现了文件的逻辑记录顺序与物理存储顺序相独立，使得逻辑上连续的记录在存储空间上可以是任意不连续的物理块，从而解决了顺序结构中存在的问题，大大提高了存储空间的利用率。

采用链接结构建立文件时也不必事先考虑文件的长度，只要存储空间足够大，可在文件的任何位置插入一个记录或删除一个记录。插入记录时，先寻找磁盘上的空闲块用以存放文件数据块，然后修改数据块的链接指针，使新插入的数据块能链接到文件的适当位置上；删除一个记录时，只要修改数据块的链接指针，把该记录所占的磁盘数据块从链接文件中脱离出来，并将该磁盘块置成空闲块即可。

文件按链接结构组织好后，用户若要读出该文件，则文件系统首先从文件目录中得到第一个逻辑记录在磁盘上的物理位置，然后读出该数据块信息，并能从该数据块链接指针指向的位置上顺序读出第二个逻辑记录，如此继续，直到读出的数据块指针指向的位置为“∧”，此时文件信息已全部读完。从上述过程可以看出，每读出一个记录，总能得到下一个记录的物理存储位置，因此效率明显高于顺序文件。

链接结构虽然解决了顺序结构中的主要问题，但也有其固有的缺点：

1）链接指针占用了一定的空间。文件中的每个物理块都包括一个链接指针，该指针本身要占据一定空间，而且还将文件中数据信息相互隔离。显然，这种文件结构降低了存储空间的利用率，而且在读出一块信息时，并不能马上使用，首先要将其中的指针分离出来，才能保证用户使用信息的正确性。

2）不适于随机存取。链接文件一般也只适合于顺序存取，因为存储块通过指针实现链接，只有读出前一物理块信息才能从链接指针中获取下一物理块地址。例如，要想得到第 i 个记录数据块，则必须从文件的首块开始，按照指针先后顺序依次读出前面的（i－1）个逻辑记录块，才能得到第 i 个记录的存储物理块位置，然后到指定的位置上读出第 i 个记录，本质上仍然是顺序存取。另外，文件记录信息分散存储在不连续的存储块上，要想访问第 i 个记录，必须按照顺序存取方式从头依次查找和跳过前 i－1 个记录，导致查找过程在整个访问中所占比例较大。

3）可靠性无法得到保证。文件的存取完全依赖指针的链接，若指针发生错误或被破坏时，则错误的指针可能指向其他文件的数据块而导致混乱，使存取过程无法正常进行。

### 3. 索引结构

所谓索引结构是指系统为每个文件建立一个专用数据结构——索引表，用于指出每个逻辑记录的物理存储位置。索引表本身是一个顺序文件，集中存储了指示每个逻辑记录存储位置的指针，内容包括记录关键字和该记录对应的存储地址（即物理块号），并通常按照关键字值的大小从小到大排列，其结构如图 6-5 所示。在索引表中，关键字是包含在每个记录中的主要数据项。索引结构是实现非连续存储的另一种方法，采用索引结构的文件称为索引文件。

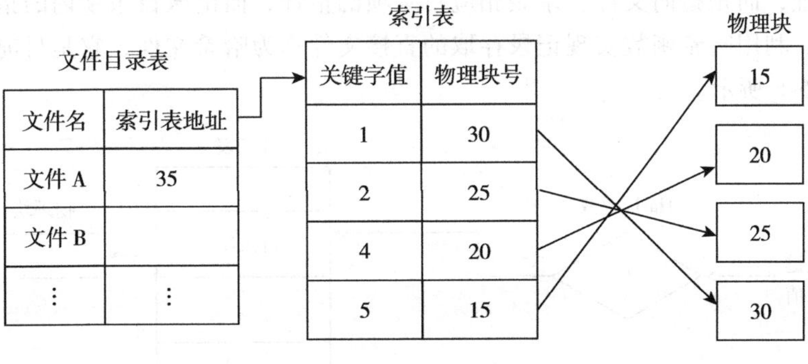


图 6-5　文件的索引结构

采用索引表存取文件时，系统先检查该文件的索引表是否已在主存，若不在主存，则根据文件目录指示的物理位置将索引表先读入主存。在对索引文件进行访问时，既可采用顺序存取方式，又可采用按关键字进行随机存取方式。当顺序存取时，只要顺序检查索引表中的登记项，就可按记录存储的物理位置依次读出记录；当随机访问时，则根据要访问的记录关键字值的大小（通常采用某种快速检索算法（如二分法）检索索引表），找到该记录的存储地址，然后再直接访问该记录。所以，引入索引表大大提高了文件的访问速度。

很显然，索引文件能方便地实现文件的扩展、记录的插入和删除。若某索引文件有 n 条逻辑记录，同时在相应的索引表中记录了 n 个登记项，当增加一条记录时，只要先找出一个空闲物理块，然后直接把待插入的记录存入该物理块中，并且在索引表中适当位置登记该记录的关键字值和存储地址；当删除一条记录时，只要把该记录在索引表中的登记项清“0”，并收回该记录所占用的存储物理块，最后将收回的物理块置成空闲块即可。对索引文件进行修改后，相应的索引表也同时被修改了，为了使以后使用文件时不出现错误，应把修改后的索引表写回磁盘原始位置并覆盖原始的索引表。

由于索引结构既适合顺序存取记录，又可方便地按任意顺序随机存取记录，且很容易实现记录的插入、删除和修改，所以索引结构被广泛应用。但对索引文件存储时，必须额外增加索引表占用的空间和读写索引表的时间。当一个索引文件存储的记录量很大时，相应的索引表也会很长，对索引表本身的检索速度会变得很慢，开销也会过大。为了克服检索索引表速度慢和开销大的缺点，还可以采取建立二级甚至多级索引表的办法，其中主索引表指出次索引表的位置，次索引表指出该文件按关键字顺序排列的包含若干记录的子集。

**4. 直接文件**

直接文件是针对记录式文件存储在磁盘上的一种物理存储方式。在直接存取存储设备上，记录的关键字与其物理地址间可通过某种方式建立起对应关系，利用这种关系实现记录存取的文件称为直接文件。因此，对于直接文件，可根据给定的记录的关键字值直接获得指定记录的物理地址，与记录次序无关，即记录关键字值本身就决定了记录的物理地址。组织直接文件的关键在于用什么方法实现记录的关键字值到记录的物理地址的转换。

一般地，记录的关键字值与记录的物理地址总数并不一定存在一一对应关系，往往不同关键字值经过变换可能得到相同的物理地址（即产生地址冲突），而有的地址没有关键字值与之对应。因此，直接文件结构的好坏关键在于转换技术，并且还要能处理好物理地址冲突问题。

目前最常用的转换技术是哈希技术。该技术通过构造哈希函数（Hash 函数），将记录的关键字值转换为记录的相应物理地址。在地址分配时，通常由 Hash 函数变换得到的并非是相应记录的物理地址，而是指向文件目录表相应目录项的指针，而由该目录项内的指针指向相应记录的物理地址。利用哈希函数实现记录存取的直接文件称为哈希文件，它是目前最为广泛的直接文件。如图 6-6 所示。

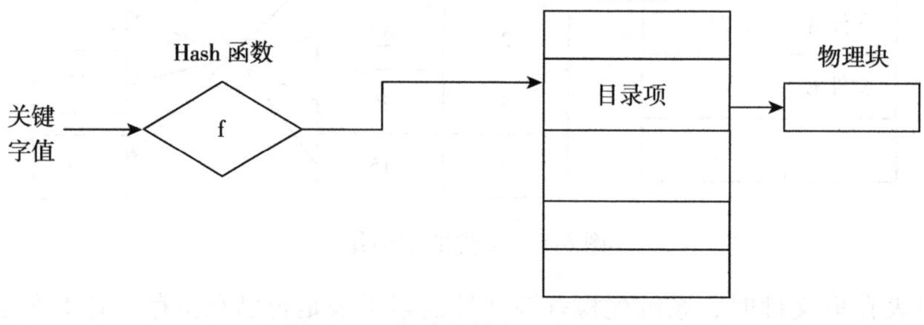


图 6-6　哈希文件的逻辑结构

## 6.2.5 记录的成组和分解

逻辑记录是按信息在逻辑上的独立含义划分的单位，块是存储介质上连续信息所组成的区域。由于每个用户的文件都是用户根据自己的需要组织的，因此，逻辑记录的大小由文件的性质决定。但是，存储介质上的物理块是根据存储介质的特性划分的，特别是磁盘，其物理块的大小是在磁盘进行初始化时预先划分好的，因此逻辑记录往往与存储介质上物理块的大小不一致，一个逻辑记录被存放到存储介质上时可能占用一块或多块，也可能一个物理块包含多个逻辑记录。当逻辑记录比物理块小得多时，把一个逻辑记录写入一个物理块中就会造成存储空间的浪费。为了提高存储空间的利用率，可以考虑把若干个逻辑记录合并成一组再写入一个物理块中，当用户需要逻辑记录时再设法从物理块中分解出来。

1. 记录的成组

把若干个逻辑记录合并成一组存入一个物理块的过程称记录的成组。采用记录成组方式存储逻辑记录时，每块中存储的逻辑记录可以有多个。显然，一个物理块中存储的逻辑记录个数越多，存储效率越高。一个物理块中包含的逻辑记录的整数个数称为块因子。

记录的成组在不同存储介质上进行数据转存时很有用。例如，有一批原始数据记录在一叠卡片上，每张卡片最多记录60个字符，为了携带方便，现要将8张卡片数据转存磁带上。若磁带的记录密度为每英寸600个字符，块与块的间隙为0.6英寸。假设每次通过卡片输入机读入一张卡片信息后立即就转存到磁带上，则每个磁带物理块只存储一张卡片数据，即存储数据块实际占用磁带长为60/600 = 0.1英寸，与块间隙空间比为1∶6，显然存储空间的利用率很低，只有14%；若每次通过卡片输入机连续读入10张卡片信息后再集中转存到磁带上，取600个字符为一块，则一个物理块可存储10张卡片的数据，存储数据块与块间隙空间比提高到10∶6，存储空间的利用率为62.5%，大大提高了。

记录的成组操作一般发生在写文件过程中，由于主存与辅存之间的数据交换以块为单位，所以成组操作必须使用主存缓冲区，且缓冲区的大小等于物理块的块因子乘以逻辑记录的长度。如图6-7所示。

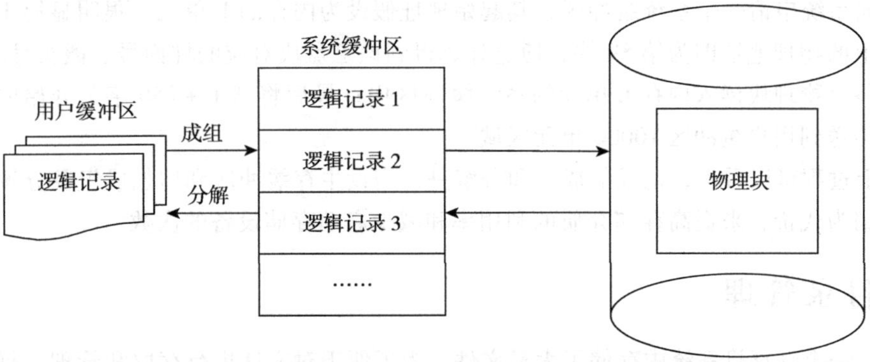


图6-7 记录的成组与分解

在上例中，若取块因子数为3，则主存缓冲区的大小为60×3个字符长，即180个字符长。实现时，用户依次在用户缓冲区中逐个准备好逻辑记录内容，然后按照记录的先后顺序依次写入起始地址为K的某个系统缓冲区中，只有当系统缓冲区已满或逻辑记录已写完时，操作系统才响应用户写入磁盘的请求，然后启动磁盘并把三个记录同时写入同一个磁盘物理块中。显然，操作系统对用户前两次的写入请求并不响应。这样记录的成组操作不仅提高了存储空间的利用率，而且还减少了启动外设的次数，因此大大提高了系统的工作效率。

在实现记录的成组操作时，还应考虑逻辑记录的格式。上述过程中的每个逻辑记录的长度相同，称“定长记录”，其实也可以不相同，称“变长记录”。显然，对于定长记录，按成组方式将逻辑记录存储到存储介质上，则除最后一块外，每块中存储的逻辑记录个数都相同；而对于变长记录，每个记录的长度可能不相等，则每块中存储的逻辑记录个数可多可少，但长度是确定的，因此在进行记录的成组操作时，应在每个逻辑记录前面附加说明记录长度的控制信息。

2. 记录的分解

从一组逻辑记录中把一个个逻辑记录分离出来的操作过程称为记录的分解。记录的分解发生在读文件过程中，由于读写存储介质上的信息以块为单位，而用户处理信息要以逻辑记录为单位，所以当逻辑记录以成组方式存储到存储介质上后，用户要处理记录时必须要进行记录的分解操作。

很显然，记录的分解与成组操作一样也要使用系统缓冲区。当把一个物理块读入系统缓冲区中时，利用记录的分解操作可将一个个逻辑记录从物理块中读出来并处理。实现时，当用户要求读一个文件中的某个逻辑记录，文件系统首先找出该记录所在物理块的位置，然后将含有该记录的物理块读入系统缓冲区，再从中分解出指定的记录并传送到用户缓冲区中，如图 6-7 所示。对于定长记录，只要按照记录的长度就可轻松地进行分解；对于变长记录，则要根据附加在记录前说明记录长度的控制信息，计算出用户指定的记录在系统缓冲区中的地址，才能把记录分解出来。

例如，某文件以顺序结构形式存放在磁盘上。该文件有 9 个等长逻辑记录，每个逻辑记录的长度为 256 字节。文件在磁盘上的起始块号为 88，磁盘物理块长度为 512 字节，系统缓冲区数据长度也为 512 字节。则：若采用记录成组方式存放该文件时，最合适的块因子应该为 512/256 个，即 2 个；该文件至少要占用磁盘块的数目为 9/2 块，即整数块 5 块；若把文件的第 4 个逻辑记录读入用户区 10000 单元开始区域，则主要过程如下：

首先向系统申请一个系统缓冲区，其起始地址假设为内存的 L 单元，很明显第 4 个逻辑记录在磁盘上的物理地址即为第 89 块，通过计算得到该磁盘块对应的柱面号、磁头号和扇区号；启动磁盘将该物理块读入内存 L 单元的系统缓冲区中；最后将从 L + 256 字节开始的 256 字节记录数据传送到用户缓冲区 10000 单元区域。

从以上过程可以看出，记录的成组和分解是以增设主存缓冲区和增加成组及分解操作过程的系统开销为代价，来提高存储介质的利用率和减少启动存储设备的次数。

## 6.3 目录管理

通常，一个计算机系统中存储了大量文件，为了便于对文件进行存取和管理，每个计算机系统都有一个目录，用于标识系统中的文件及其存储地址，以供检索文件时使用。目录管理的具体要求如下：

1）实现按名存取，即用户只须向系统提供所需访问文件的名字，便能快速准确地找到文件在辅存上的存储位置。按名存取既是目录管理的基本功能，也是文件系统为用户提供的基本服务。

2）提高检索目录的速度，即通过合理组织目录结构，加快目录的检索速度，从而提高文件的存取速度。这也是设计大、中型文件系统所追求的主要目标。

3）实现文件共享，即在多用户系统中允许多个用户共享一个文件，但须在辅存中保留共享文件的副本供不同用户访问，以提高存储空间的利用率。

4）允许文件重名，即允许不同用户按照各自的使用习惯给不同文件取相同的文件名称而不产生冲突。

## 6.3.1 文件目录

### 1. 文件控制块

为了能对系统中存储的大量文件进行正确的存取和有效的管理，必须设置一定的数据结构，用于标识文件的有关信息，该数据结构即称之为文件控制块。因此，文件控制块可以惟一标识出一个文件，并与文件一一对应。借助文件控制块中存储的文件信息，可对文件进行各种操作。把所有的文件控制块有机地组织在一起，就构成了整个文件目录，即一个文件控制块就是一个文件目录项。一般地说，文件控制块应包含如下内容：

1）文件基本信息，包括创建文件的用户名、文件名和文件类型等。用户名用于标识文件的创建者，文件名标识文件，在一级目录中用于惟一定义一个文件。

2）文件结构信息，包括文件的逻辑结构、文件的物理结构、文件大小、文件在存储介质上的物理存储位置等。

3）文件管理信息，包括文件的建立日期和时间、文件上一次被修改的日期和时间、文件保留期限和记账信息等。

4）文件存取控制信息，包括文件的可写、只读、可执行和读写等存取权限授予给什么用户，是文件创建者，还是文件创建者所在组或是一般用户。

例如，在MS-DOS系统中，文件控制块包括文件名和文件扩展名、文件所在第一个存储块块号、文件属性、文件建立日期、建立时间及文件长度等，文件控制块的总长度为32个字节。具体内容如表6-2所示。

表6-2 MS-DOS文件控制块

| 文件名 | 扩展名 | 属性 | 备用 | 时间 | 日期 | 首块号 | 总块数 |
|---|---|---|---|---|---|---|---|

### 2. 文件目录

文件目录通常用于检索文件，它是文件系统实现按名存取的重要手段。把所有的文件目录项有机地组织在一起，就构成了文件目录。

当用户要求访问某个文件时，文件系统可顺序查找文件目录中的目录项，通过比较文件名，可找到指定文件的目录项，根据该目录项中给出的有关信息可进行核对使用权限等工作，并读出文件供用户使用。

## 6.3.2 文件目录结构

文件目录结构组织的好坏，直接关系到文件存取速度的快慢，关系到文件共享程度的高低和安全性能的好坏。因此，组织好文件目录是设计好文件系统的重要环节。常用的文件目录结构有一级目录、二级目录和多级目录，复杂的目录结构还包括无环图目录。

### 1. 一级目录结构

最简单的文件目录是一级目录结构。所谓一级目录结构是指在整个文件系统中只建立一张目录表，所有文件都登记在该目录表中，每个文件占据目录表中的一项，称目录项。每个目录项包括如下数据：文件名及扩展名、文件的物理地址、文件建立日期和时间、文件长度及文件类型等其他信息，如图6-8所示。

| 文件名 | 物理地址 | 日期 | 时间 | 其他信息 |
|---|---|---|---|---|
| File1 | | | | |
| File2 | | | | |
| File3 | | | | |
| … | | | | |

图6-8 一级目录结构

一级目录结构比较简单，易实现。整个目录结构就是一张线性表，所有文件都登记在同一个文件目录表中，管理非常方便。

当要建立一个新文件时，首先顺序查找目录表中的目录项，以确定新文件名与现有文件名不冲突，然后从目录表中找出一个空目录项，并将新文件的相关信息添加入其中。删除一个文件时，先从目录表中找到该文件对应的目录项，从中找到该文件存储的物理地址，对它们进行回收，然后再清除所占用的目录项。

一级目录结构虽然能够实现目录管理的基本功能——按名存取，但存在以下几个明显的缺点：

1）查找速度慢。当系统中管理的文件数量太多时，会导致文件目录表也很大，使得查找一个文件的目录检索时间增加很多。

2）不允许文件重名。所有的文件都登记在同一张目录表中，不可能出现同名的文件。但在多道程序设计中，重名又是在所难免的。

3）不能实现文件共享。通常，每个用户都有各自的文件命名习惯，应允许不同用户使用不同的文件名访问同一文件。但一级目录结构只能要求所有用户以同一文件名访问同一文件，因而不能实现多道程序设计的文件共享功能，只适宜单用户的操作系统。

### 2. 二级目录结构

为了克服一级文件目录存在的缺点，可以为每个用户建立一个独立的文件目录表，并记录该用户所属的所有文件的控制块信息，该文件目录表称为用户文件目录表。所有用户文件目录表的结构相似。此外，系统另建立一张文件目录表，记录每个用户的用户名及指向该用户文件目录表起始地址的指针，称为主文件目录表。

二级目录结构是由一张主文件目录表和它所管辖的若干张用户文件目录表构成，其中每个用户都在主目录表中只占一个目录项，每个用户都管理着自己的用户文件目录表，两张表格的结构相同。二级目录结构是一种多用户环境下常用的目录组织形式，图6-9显示了二级目录结构图。

采用二级目录结构可以方便实现文件访问。当某个用户要建立一个新文件时，若该用户是一个新用户，则操作系统为其先在主文件目录表中分配一个目录项，再分配存储该用户目录表的存储空间并创建用户目录表，然后把用户名及指向该用户目录表起始地址的指针

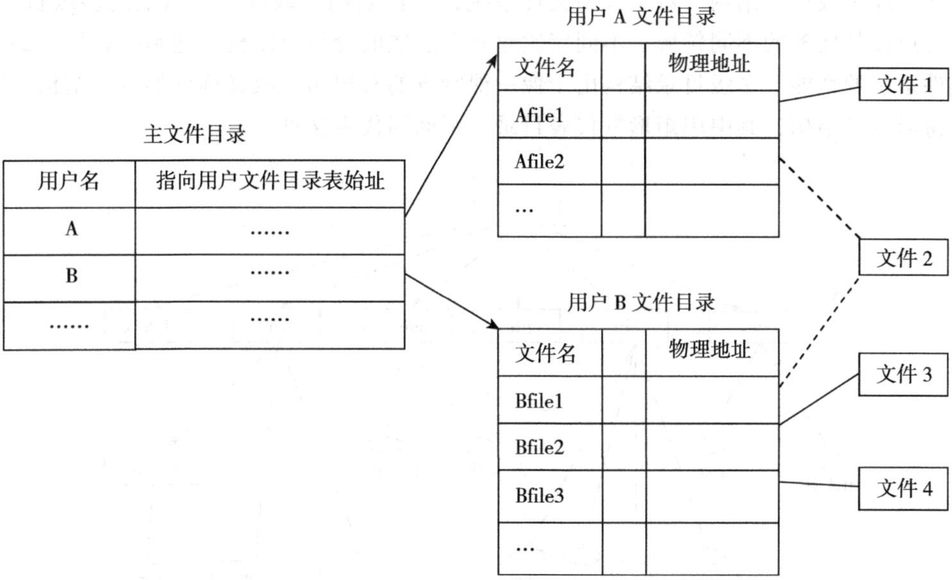


图 6-9 二级目录结构

登记在主文件目录表的空目录项中，同时为新建的文件在下一级用户目录表中分配一个空目录项，分配文件存储块并把文件有关信息登记入目录项。若不是新用户，则根据用户名检索主目录表找到该用户的用户目录表，然后判断新文件名与现有文件名重名否，若不重名，则从用户目录表中找出一个空项，分配文件存储块并将文件相关信息填入其中，否则重新命名后再完成后续过程。

当某个用户要删除一个文件时，先按用户名在主目录表中找到该用户的下一级用户目录表，然后从用户目录表中按文件名找到该文件对应的目录项，从中找到该文件存储的物理地址，然后对它们进行回收，并清除所占用的目录项。如果用户不再需要自己的用户文件目录表时，可向系统申请撤销用户目录表。

二级目录结构基本克服了一级目录结构的缺点，并具有以下优点：

1）提高了查找速度。若系统中管理的所有文件隶属于 n 个用户，每个用户最多管理 m 个文件，则采用一级目录结构检索文件时最多需检索目录项 $m \times n$ 次，但采用二级目录管理，只需 $m + n$ 次。特别当 m 和 n 都很大时，可以大大提高检索速度。

2）允许文件重名。不同用户完全可以使用相同的文件名，因为每个用户管理的文件都登记在自己的目录表中，只要用户目录表中的文件名惟一即可，而与主目录表无关。例如，用户 A 和 B 都可用文件 2 来命名自己的文件名，完全与对方无关。

3）可实现文件共享。允许不同用户使用不同的文件名访问同一共享文件，但此时的目录结构已经不再是简单的层次结构，而是演变为复杂的环形目录结构。

采用二级目录结构也存在一些问题。该结构虽然能有效地隔离管理多个用户，但只有当用户之间完全无关时，这种隔离才显示其优点；若用户之间需要相互合作共同去完成一个大任务，且一个用户又随时需要去访问其他用户的文件时，这种隔离便成了缺点，因为这样便使得用户不便于共享文件。

### 3. 多级目录结构

如果允许用户在自己的用户文件目录中根据不同类型的文件再建立子目录，则可把二级目录结构推广成多级目录结构。对于大型文件系统，往往采用三级或三级以上的多级目录结构，以方便用户按其任务的不同领域、不同层次建立多层次的分目录结构，达到提高目录的检索速度和文件系统的性能。多级目录结构由于像一棵倒置的有根树，故又称树形目录结构。图6-10显示了树形目录结构，其中用矩形框代表目录，用椭圆代表文件。

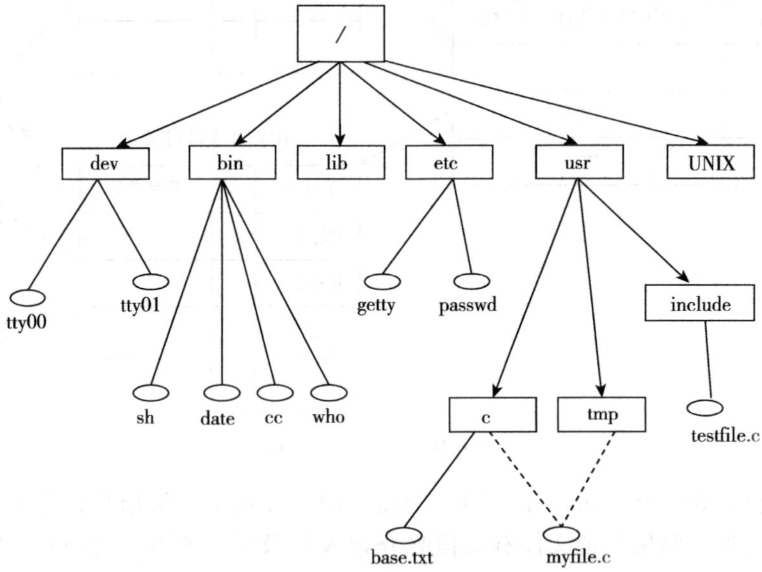


图6-10 树形目录结构

与二级目录结构相比，在树形目录结构中，主文件目录作为树的根也只有一个且称为根目录；其他目录按层次分级，可分别称为一级子目录、二级子目录等，但均作为树的结点；数据文件可放于任何一层目录下管理，统称为树叶。显然，树形目录结构具备二级目录的所有优点，具有检索效率高、允许文件重名、便于文件共享等一系列优点，故被广泛采用，已成为目前最流行的目录结构。UNIX 系统和 Windows 系统都采用树形目录结构。

(1) 绝对路径

在树形目录结构中，从根目录开始访问任何文件，都只有惟一的一条路径。从根目录出发到某个文件的通路上，所有各级子目录名的顺序组合称为该文件的路径名，又称为绝对路径名，UNIX 系统在各级子目录名和文件名之间用“/”隔开，而 Windows 系统则用“\”隔开。用户存取文件时必须给出文件所在的路径名，文件系统根据用户指定的路径名检索各级目录，从而确定文件所在的位置。

(2) 相对路径

如果每访问一个文件时总是从根目录开始经过若干结点，直到树叶的数据文件为止，这样包括所有中间各级子目录名在内的完整路径名就很长，因而查找的时间较长。事实上，每个作业在运行中所要访问的文件，大多都局限于某个范围内。因此，用户在一段时间内会经常访问某一子目录下的文件，这样为了提高文件检索速度和方便用户，文件系统就引进了“当前目录”的概念。

当前目录是文件系统向用户提供的当前正在使用的目录。系统初始化启动后，当前目录就是根目录。当前目录可根据需要任意改变，用户也可以用“改变当前目录”命令指定自己当前的工作目录。例如，用户若把/usr 置为当前目录，则此时用户若要使用当前目录下的文件，只需从当前目录开始直到到达所需的文件。

有了当前目录后，文件系统把路径名分成两类，即绝对路径和相对路径。相对路径名是指从当前目录出发到指定文件的路径名。若要检索的文件就在当前目录中，则存取文件时不需指出相对路径，只要指出文件名就行，文件系统将在当前目录中寻找该文件；若不在当前目录但在当前目录的下级目录中，则可用相对路径名指定文件，文件系统就从当前目录开始沿着指定的路径查找该文件。因此，使用相对路径名可以减少查找文件所花费的时间。例如，当前目录名为 usr，则对于文件名 testfile. c 来说：绝对路径名为 /usr/include；相对路径名则为 include；两者都指向同一文件。

#### 4. 无环图目录结构

二级目录和树形目录结构均可方便实现文件分类，建立多层次的分目录结构，但在严格意义上还是不能实现文件共享。事实上，可能会出现一个同样的文件，用户希望在不同的目录中都能正常访问。例如，图6-10 中文件 myfile. c 既要存放在 C 目录又要存放在 tmp 目录中，正常情况下在层次目录结构中只能生成两份文件拷贝，这样显然浪费了存储空间，而且不利于保证拷贝的一致性。

组织合理的目录结构对实现文件共享非常重要，因此在这里引入一种无环图目录结构。无环图目录结构允许若干目录共同描述或共同指向被共享的子目录及文件，如图6-11 所示。

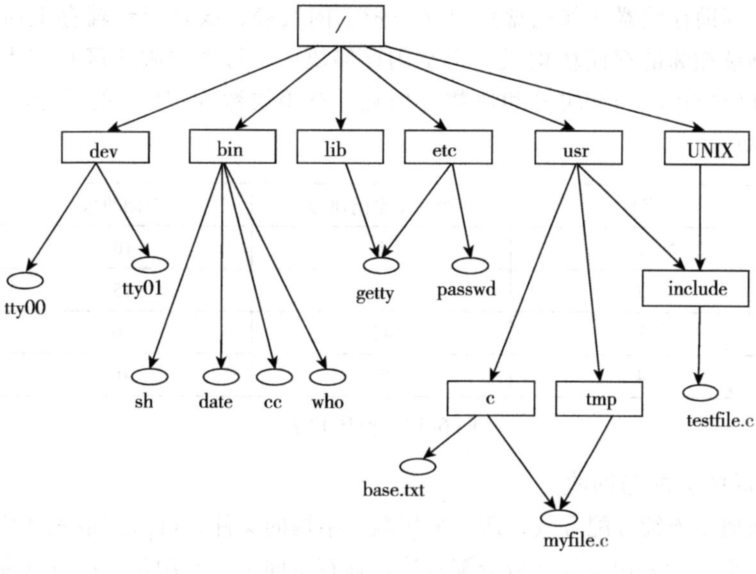


图6-11　无环图目录结构

由图可知，这实际上可被看做在树形目录结构中增加一些未形成环路的链，当需要共享目录或者文件时，只需要建立一个称为链的新目录项，并由此链接指向共享目录或文件。

仅从文件共享而言，无环图目录结构比树形目录结构更加灵活，但目录的管理则变得复杂多了。例如，对于被两个目录共享的文件 myfile. c 而言，若在创建该文件的目录 C 中简单删除该文件，那么另一个目录 tmp 原来的共享链便指向了一个当前不存在的文件，即仍指向已删文件的物理地址，因而发生错误。另外，如果在不同目录中存放同一文件的文件控制块，则很难保证其一致性。具体文件共享及改进技术将在 6. 6 节详细介绍。

# 6.4 辅存空间的管理

日常生活中，有很多“空间管理”的经验。例如，旅店的客房管理、单位的房管科、仓库的物品管理、商店或“超市”的货架、书店的书架甚至个人的抽屉、书架等等。空间安排的好坏直接影响到分配和使用的效率。

文件系统不但要对系统中的文件进行管理，而且要为用户新建的文件分配辅存空间，把用户执行完的旧文件所占据的辅存空间收回。磁盘是一种具有大容量的辅存空间，它被操作系统和许多用户所共享，用户作业执行期间经常需要在磁盘上存储文件或删除文件，因此，必须对磁盘空间进行有效管理。当用户需要存储文件时，就要为它分配磁盘空间；当用户需要删除文件时，则要收回它所占据的磁盘空间。

为了有效管理磁盘等辅存空间，首先必须定义相应的数据结构记录辅存空间的使用情况，然后选择最合适的存储空间管理方法以提高辅存空间的利用效率。常用的辅存空间的管理方法有以下四种。

## 6.4.1 空闲块表法

### 1. 空闲块表

系统为每个辅助存储器（如磁盘）建立一张空闲块表，该表记录辅存上所有空闲存储块的使用情况，连续相邻的存储块构成一个空闲存储块区，每个空闲块区对应表中的一个登记项，记录一组连续空闲块的首块号和块数等信息。空闲块数为“0”的登记项为“空”登记项。如图 6-12 所示。

| 序号 | 第一个空闲块号 | 空闲块数 |
|---|---|---|
| 1 | 6 | 10 |
| 2 | 18 | 15 |
| 3 | 42 | 60 |
| 4 | 空 | 0 |

图 6-12 空闲块表

### 2. 存储空间的分配与回收

空闲块表法属于连续分配方式，适合采用顺序结构的文件，可采用最先适应、最优适应和最坏适应算法，但一般采用最先适应分配算法。辅存空间上的空闲块区的分配和回收过程与主存的可变分区方式类似。当用户创建一个新文件时，系统将为该文件分配一个连续的存储块空间。分配时，系统首先顺序检索空闲块表中的登记项，直到找到第一个大小能满足文件要求的空闲块区，然后将该连续块区分配给用户文件使用，同时修改空闲块表，并将剩下的空闲块仍写回到空闲登记项中。

当用户文件从辅存上被删除时，系统将对用户释放的辅存空间进行回收。回收时，根据被删文件的名字查找文件目录中对应的目录项，找到该文件的存储地址并回收，然后考虑回收物理地址是否与空闲块表中的空闲块区相邻，并按照类似主存可变分区方式的回收方法对相邻的块区进行前后合并。

空闲块表法可减少访问辅存的 I/O 操作次数，因此具有较高的分配速度。但该方法在反复分配时会产生较多的存储碎片，这也会影响辅存空间的利用率。

## 6.4.2 空闲块链法

把所有空闲块链接在一起构成空闲块链，分配空间时从链中取出若干空闲块，回收空间时则把回收的物理块加入到空闲块链中。这种管理辅存空间的方式不需要外加专门记录空闲块分配情况的表格。根据构成链的元素对象的不同，可有两种链表形式：空闲块链表和空闲区链表。

1. 空闲块链表

该种链表是以单个空闲块为基本链表元素，把所有空闲块用指针链接起来，每一个空闲块中都设置一个指向下一个空闲块物理地址的指针，所有的空闲块就构成了一张空闲块链表。系统设置一个链首指针，指向链中的第一个空闲块，最后一个空闲块中的指针为“∧”，标志该空闲块为链尾，如图6-13所示。

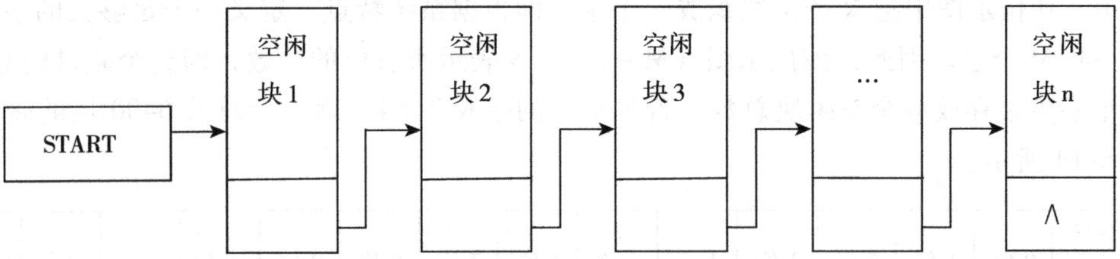


图6-13 空闲块链表

当用户创建一个新文件而请求分配存储空间时，系统将为该文件分配若干不连续的存储块空间。分配时系统从链首指针开始，顺序分配满足文件要求的若干个物理块给用户。每次分配时，都是把链首指针指向的第一个空闲块分配给用户，然后修改链首指针。

当用户文件从辅存上被删除时，系统将对用户释放的辅存空间进行回收。每次回收时，都是将被删文件的物理块号顺序逐个插入到空闲块链的末尾，然后修改链尾指针。因此，该方法分配和回收过程非常简单，实现容易，但一个文件有多少个物理块，就要重复访问辅存多少次，特别当辅存空间很大时，链表就会变得很长，不易管理。

2. 空闲区链表

为了减少访问辅存的I/O次数，可考虑将链表中的每个空闲块结点换成空闲区结点，即将磁盘上的所有空闲区（每个区可包含若干个物理块）链成一条空闲区链。

该种链表是以连续空闲块构成的空闲区为基本链表元素，把所有空闲区用指针链接起来，每一个空闲区中除设置一个指向下一个空闲区首地址的指针外，还应标明本空闲区中空闲块的个数，所有的空闲区就构成了一张空闲区链表。系统设置一个链首指针，指向链中的第一个空闲区，直到最后一个空闲区中的指针为“∧”，标志该空闲区为链尾。

当用户创建一个新文件而请求分配存储空间时，系统将基本按照可变分区类似方式进行分配。分配时系统从链首指针开始，通常按照最先适应分配算法，顺序分配满足文件要求的若干个物理块给用户。每次分配时，都是把链首指针指向的第一个空闲区中的空闲块分配给用户使用，并修改该区中的起始地址和剩余空闲块数，只有当第一空闲区中空闲块用完后才修改链首指针。

当用户文件从辅存上被删除时，系统将对用户释放的辅存空间进行回收。每次回收时，同样也要将与回收区邻接的空闲区与之合并。

与空闲块链表法相比，空闲区链表法的优缺点刚好与前者相反，即分配和回收过程较复杂，但链表长度较短，且访问辅存的次数大大减少，因此效率更高。

### 6.4.3 位示图法

1. 位示图

位示图法是一种比较通用的方法。对每个磁盘可以用一张位示图来指示磁盘空间的使用情况，位示图中的每一位与一个磁盘块对应，该位的值为“1”时表示相应块已被占用，为“0”时表示所对应的块是空闲的。因此，磁盘上的所有盘块都有一个二进制位与之相对应，一个磁盘的分块确定后，根据总块数可以决定所需要的位数，这样，由所有物理块对应的位构成的集合称为位示图。为了表示方便，位示图通常可描述成一个二维数组 map：

int map [M] [N];

其中，在位示图中把 N 个位组织成一个字，即根据系统特点，定义一个足够大的字，字长为 N，一共 M 个字。因此，该位示图 (M－1) ×N 表示所有位的个数，即整个磁盘的总块数，并用一个字单独存放剩余空闲块总数。若位示图的字长为 64，则一个总共 6400 块的磁盘位示图如图 6-14 所示。

| 位号<br>字号 | 0 位 | 1 位 | 2 位 | 3 位 | 4 位 | 5 位 | 6 位 | 7 位 | 8 位 | 9 位 | 10 位 | … | 62 位 | 63 位 |
|---|---|---|---|---|---|---|---|---|---|---|---|---|---|---|
| 0 字 | 0 | 1 | 1 | 0 | 0 | 0 | 1 | 1 | 0 | 1 | 1 | … | 1 | 1 |
| 1 字 | 0 | 0 | 0 | 0 | 1 | 1 | 0 | 1 | 0 | 0 | 0 | … | 0 | 1 |
| 2 字 | 0 | 1 | 1 | 0 | 0 | 1 | 0 | 1 | 0 | 1 | 0 | … | 0 | 0 |
| 3 字 | 0 | 1 | 1 | 1 | 1 | 1 | 0 | 1 | 0 | 0 | 1 | … | 1 | 1 |
| ⋮ | ⋮ | ⋮ | ⋮ | ⋮ | ⋮ | ⋮ | ⋮ | ⋮ | ⋮ | ⋮ | ⋮ | ⋮ | ⋮ | ⋮ |
| 98 字 | 0 | 1 | 0 | 0 | 1 | 1 | 0 | 1 | 0 | 0 | 0 | … | 0 | 0 |
| 99 字 | 0 | 0 | 1 | 1 | 0 | 1 | 1 | 0 | 1 | 0 | 1 | … | 1 | 1 |
| 100 字 | 剩余空闲块数 | | | | | | | | | | | | | |

图 6-14 位示图

2. 存储空间的分配

采用位示图对磁盘存储空间进行分配时，可以分三个阶段完成：

1）当用户创建一个新文件时，根据文件的大小，系统顺序扫描位示图，若图中剩余的空闲块总数大于文件长度，则从中找出一组值为“0”的二进制空闲位进行分配。

2）将所找到的二进制空闲位逐个转换成与之相对应的用柱面号、磁头号、扇区号标识的某个磁盘物理块号。转换成的磁盘物理块号为：

块号 =（字号 – 起始字号）× 字长 +（位号 – 起始位号）+ 起始块号

然后将物理块号表示成磁盘上对应的物理地址为：

柱面号 =（(块号 – 起始块号) div 柱面长）+ 起始柱面号

磁头号 =（((块号 – 起始块号) mod 柱面长) div 每个磁道上的扇区数）+ 起始磁头号

扇区号 =（((块号 – 起始块号) mod 柱面长) mod 每个磁道上的扇区数）+ 起始扇区号

这里，柱面长 = 磁头数 × 每个磁道上的扇区数，div 表示整除，mod 表示取余数，字、位、块、柱面、磁头和扇区等的起始编号既可为 0 也可为 1，但为了计算方便，一般都可设置默认起始编号为 0。

3）将文件存入磁盘指定地址块上，同时修改位示图，将找到的空闲二进制位的值置“1”表示占用，并修改剩余的空闲块总数。

**【例 1】** 若一个硬盘共有 100 个柱面，每个柱面上有 9 个磁道（即该磁盘共有 9 个磁头），每个磁道划分成 8 个扇区，位示图是由字长为 64 位的二进制位构成。给定字、位、块、柱面、磁头和扇区等的起始编号均为 0，假设现在要将位示图中 10 字号上的 20 位号对应的空闲块分配给用户使用，则可以很容易确定磁盘上的物理块地址：

磁道长 = 8，即每个磁道含 8 个扇区数据

柱面长 = 9 × 8 = 72

块号 = 10 × 64 + 20 = 660

柱面号 = 660 div 72 = 9

磁头号 = （660 mod 72） div 8 = 1

扇区号 = （660 mod 72） mod 8 = 4

于是，系统便把文件存放到磁盘的 9 号柱面上的 1 号磁头指向的 4 号扇区的物理块中。

上题中，若字、位、块、柱面、磁头和扇区等的起始编号均为 1 时，则在确定对应磁盘上的物理块地址时就要特别细心，每次计算时都要考虑起始编号，求解过程如下：

块号 = (10 − 1) × 64 + (20 − 1) + 1 = 596

柱面号 = (596 − 1) div 72 + 1 = 9

磁头号 = ((596 − 1) mod 72) div 8 + 1 = 3

扇区号 = ((596 − 1) mod 72) mod 8 + 1 = 4

于是，系统便把文件存放到磁盘的 9 号柱面上的 3 号磁头指向的 4 号扇区的物理块中。

### 3. 存储空间的回收

采用位示图对磁盘存储空间进行回收时，也可以分三个阶段完成：

1）当用户删除一个文件时，根据要回收的磁盘柱面号、磁头号和扇区号对应的具体物理地址，计算出磁盘物理块号：

块号 = (柱面号 − 起始柱面号) × 柱面长 + (磁头号 − 起始磁头号) × 扇区数 + (扇区号 − 起始扇区号) + 起始块号

2）将回收的磁盘物理块号转换成位示图中对应的字号和位号：

字号 = (块号 − 起始块号) div 字长 + 起始字号

位号 = (块号 − 起始块号) mod 字长 + 起始位号

3）修改位示图，将计算出的二进制位的值清“0”，并修改剩余的空闲块总数。

**【例 2】** 给定字号和位号的起始编号均为 0，块号、柱面号、磁头号和扇区号等的起始编号均为 1，若硬盘的结构不变，假设现在要将磁盘上的 72 号柱面上的 1 号磁头指向的 4 号扇区的物理块回收，则在确定对应位示图中字号和位号时也要特别小心，每次计算时都要考虑起始编号的不同，求解过程如下：

物理块号 = (72 − 1) × 72 + (1 − 1) × 8 + (4 − 1) + 1 = 5116

字号 = (5116 − 1) div 64 + 0 = 79

位号 = (5116 − 1) mod 64 + 0 = 59

即将位示图中 79 字 59 位对应位置“1”。

上题中，若给定字号和位号的起始编号均为 1，而块、柱面、磁头和扇区等的起始编号均为 0，则也可以确定位示图中的相应位置：

$$物理块号 = (72-0)\times 72+(1-0)\times 8+(4-0)+0=5196$$

$$字号 = (5196-0)\ \mathrm{div}\ 64+1=82$$

$$位号 = (5196-0)\ \mathrm{mod}\ 64+1=13$$

即将位示图中 82 字 13 位对应位置“1”。

用位示图管理磁盘空间，占用的空间很小，因此可将位示图直接装入主存，从而减少了频繁启动磁盘的次数。另外算法实现也容易，只须根据文件的大小快速找到值为“0”的空闲位并置“1”即可。

## 6.4.4 成组链接法

空闲块表法和空闲块链法都只适合小型文件系统，否则会使空闲块表和空闲块链太长。成组链接法既能克服两者的不足，又可集两种方法优点于一身，是大型文件系统经常采用的方法。

### 1. 空闲块组链

成组链接法把辅存空间的所有空闲块分成若干组。为管理方便，每组中管理的空闲块数取适当值 N，每一组的第一个空闲块中登记下一组空闲块的物理块号和空闲块数，登记最后一组空闲块号和块数的那个空闲块中第 2 单元填“0”，表示该块中指出的块号是最后一组的块号，空闲块组链到此结束，余下不足 N 块的那部分空闲块的块号及块数登记在一个专用块中。这样每组中第一个块指针可链接成一个链，称空闲块组链。一般地，可将所有块组设置成堆栈结构，栈底存放第一个空闲块号，栈顶存放最后一个空闲块号。若假设每组中管理的空闲块数 N 为 100，则空闲块成组链接示意图如图 6-15 所示。

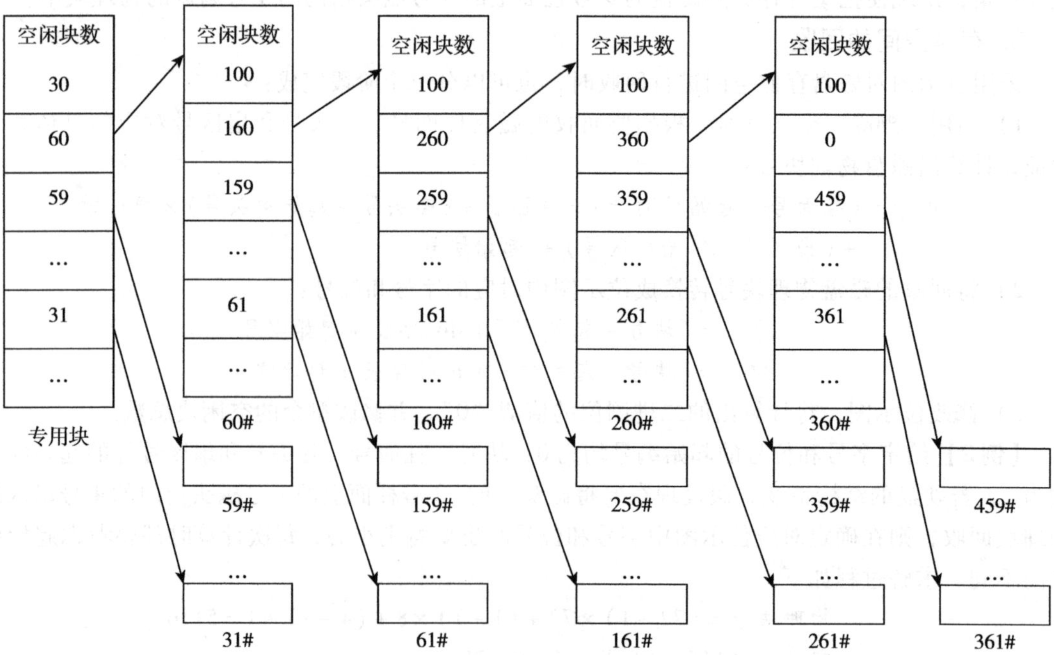


图 6-15 空闲块组链

从图中可以看出，31#～60#共30个空闲块放在专用块组中，块组中的60#空闲块为该块组栈栈底，登记了下一空闲块组的空闲块总数100和具体物理块号61#～160#。依此类推，160#空闲块为第一个普通块组栈的栈底，也登记了下一组空闲块的空闲块总数100和具体物理块号161#～260#，倒数第二组的360#空闲块中登记了最后一组空闲块的空闲块总数100和具体物理块号361#～459#，其中第2单元填“0”，表明该块中指出的块号是最后一组块号，空闲块组链到此结束。这样将各块组的第一个空闲块号链接而成一条块组链。与其他块组相比，第一个专用块组中物理块数少于100，最后一组的有效物理块数只有99块，分别是361#～459#，0号栈底块中存放空闲块组链的结束标志。

该链既可方便查找，又可减少为修改指针而启动磁盘的次数。

### 2. 存储空间的分配过程

系统初始化时先把专用块内容读到主存，指针指向专用块栈的栈顶，每当用户提出存储空间的分配请求时，系统只需直接查找和调用主存中的专用块进行分配。

分配块时，直接在主存专用块堆栈中可找到哪些块是空闲的，首先取出栈顶指针指向的第一个空闲块号（栈顶块），即上图中的31#，并把该块对应的存储物理地址分配给用户文件使用；然后栈顶指针下移一位，每分配一块后把空闲块数减1。若指针指向专用块的栈底块号时（空闲块数为1），即上图中的60#，由于该块是当前栈中最后一个块，并记录了下一空闲块组的全部空闲块号，因此在把该块分配出去之前，应先执行一次I/O操作，把登记在该块中的内容（下一组的块号及块数）从磁盘读入主存，并登记到新的专用块堆栈中，然后再把该块分配给用户使用。

若初始化时系统已把专用块读入主存L单元开始的区域中，则分配一个空闲块的分配算法如下：

```
查L单元内容（即空闲块数）：
若空闲块数>1，则i=L+空闲块数（i为主存地址单元）；
从i单元得到一空闲块号；
把该块分配给申请者；
空闲块数减1。
若空闲块数=1，则取出L+1单元内容（一组的第一块块号或0）；
若其值=0，无空闲块，申请者等待；
否则其值≠0把该块内容复制到新的专用块；
把该块分配给申请者使用；
把专用块内容读到主存L开始的区域。
```

### 3. 存储空间的回收过程

当归还物理块时，只要把归还块的块号登记到当前专用块堆栈的栈顶，且空闲块数加1。若当前专用块的块数已满N块时，则表示块栈已满，只需把主存当前专用块栈中的N个块号写到刚归还的那个块中，同时该归还块作为新的专用块栈的栈底（即第一块）。假设初始化时系统已把专用块读入主存L单元开始的区域中，则归还一个空闲块的回收算法如下：

```
取出L单元的空闲块数；
若空闲块数<N，则空闲块数加1；
j=L+空闲块数（j为主存地址单元）；
归还块号填入j单元。
若空闲块数=N，则把主存中登记的信息写入归还块中；
把归还块号填入L+1单元中；
将L单元的空闲块数置成1。
```

采用成组链接后，分配和回收物理块时均在主存中查找和修改，只是在一组空闲块分配完或空闲的物理块构成一组时才启动磁盘读写。因此，成组链接比单块链接方式效率更高。

## 6.5 文件的使用

文件在存储介质上的存储结构不仅与存储设备的物理特性有关，而且与用户如何使用文件有关。文件系统中提供了对文件的各种操作，这些操作可方便、灵活地使用文件及文件系统，其形式分别为系统调用或命令。因此，为了正确实现对文件的存储和检索等过程，用户必须按照系统规定的操作要求来使用文件。

### 6.5.1 主存打开文件表

文件存储在辅存空间，当要访问某个文件时，必须从辅存上读入主存。从程序局部性执行理论可知，一个文件被访问后可能还要被多次访问。为了防止每次访问都执行 I/O 操作，降低系统效率，各系统都提供了主存打开文件表供系统调用，其中为整个系统提供一张系统打开文件表和为每个用户提供一张用户打开文件表。

1. 系统打开文件表

该表放在主存，用于保存已打开文件的文件号、文件控制块信息、共享计数及修改标志等内容，如图 6-16 所示。

| 文件控制块 | 文件号 | 共享计数 | 修改标志 |
|---|---|---|---|
| … | … | … | … |
| … | … | … | … |
| … | … | … | … |

图 6-16　系统打开文件表

2. 用户打开文件表

该表保存文件描述符、打开方式、读写指针及系统打开文件表入口地址等内容。用户每一次执行进程且需要访问该文件时，就把用户打开文件表的位置记录到进程控制块中，同时利用该表中的系统打开文件表的入口地址找到要访问的文件信息，以备访问。如图 6-17 所示。

| 文件描述符 | 打开方式 | 读写指针 | 系统打开文件表入口地址 |
|---|---|---|---|
| … | … | … | … |
| … | … | … | … |
| … | … | … | … |

图 6-17　用户打开文件表

从两张表的结构可知，用户打开文件表指向系统打开文件表。若多个进程共享同一个文件时，则多个用户打开文件表目必须对应系统打开文件表的同一入口地址。两张表的对应关系如图 6-18 所示。

### 6.5.2 文件基本操作

文件系统提供给用户使用文件的一组接口，用户通过调用文件操作提出对文件的基本操作要求。文件系统提供的主要文件操作有六种：

1. 建立文件操作

当用户想要建立一个新文件并存储到存储介质上时，他首先必须调用文件系统提供的建立

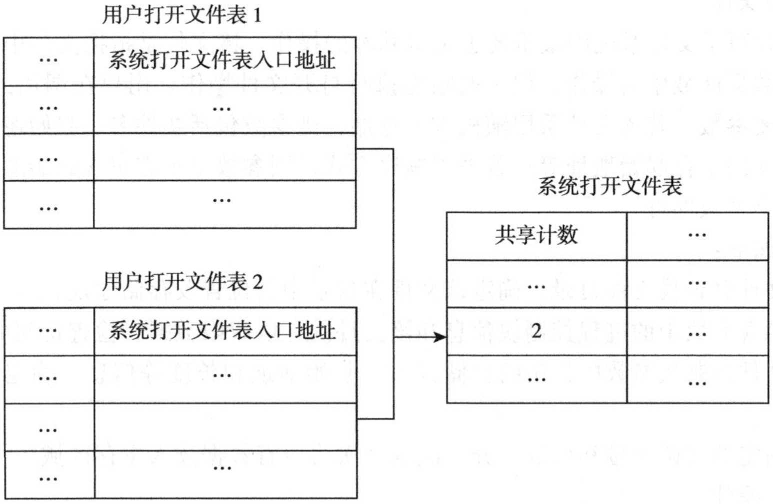


图 6-18 文件表之间的关系

文件操作命令向系统提出“建立”要求。用户在调用此操作命令时，通常要向系统提供如下常用参数：用户名、文件名、存储设备类型及编号、文件属性和存取控制信息等。

建立文件操作的实质是建立文件控制块的过程，目的是为了建立系统与文件的联系。在二级文件目录结构下，其基本步骤如下：

1）检查建立参数的合法性，若合法则按照用户名检索主文件目录表，找到用户文件目录表；

2）检查用户文件目录表中有无重名文件，若无则在目录表中空闲位置处建立一个空的文件控制块（即目录项）；

3）为新文件分配必要的外部存储空间；

4）将用户提供的参数及分配到的外部空间物理地址填入文件控制块中；

5）返回一个文件描述符。

## 2. 打开文件操作

用户要使用一个已经存放在辅存上的文件前，第一步必须调用文件系统提供的打开文件操作命令向系统提出“打开”要求。用户在调用此操作命令时，一般也要向系统提供如下常用参数：用户名、文件名、存储设备类型及编号、打开方式及口令等。

打开文件操作的过程，是指系统将文件的有关信息从辅存读入主存文件目录表的一个表目中，并将文件的编号返回给用户，从而为用户具体访问文件做好准备。在树型文件目录结构下，其基本步骤如下：

1）根据文件路径名查找文件目录树，找到该文件的文件控制块；

2）根据打开方式、共享说明和用户身份检查访问的合法性；

3）根据文件号检索系统打开文件表，看文件是否已被打开；若已打开，则将表中的共享计数值加1；否则将辅存中的文件控制块等信息填入系统打开文件表空表项，共享计数置为1；

4）在用户打开文件表中取一空表项，填写打开方式等，并指向系统打开文件表对应表项。

文件打开后，用户便可直接向系统提出若干读写操作请求，不需多次重复打开，这样可大大提高对文件的操作速度。一般地，通过打开命令打开文件的方式称显式打开方式，但有些系统中也可通过读写命令隐含地向系统提出打开要求，称隐式打开方式。

### 3. 读文件操作

文件的读和写是文件系统中最重要也是最基本的操作。读文件是指把文件中的数据从辅存空间读入主存数据区域中的操作，但一般须先执行打开文件操作。用户在调用此操作命令时，须提供一些主要参数。若该文件采用随机方式存储，则参数包括文件名、起始逻辑记录号及记录数、数据读入的主存起始地址等；若采用顺序方式，则参数中不需包含起始逻辑记录号，并将记录数换成字节数即可。

基本步骤如下：

1）根据文件名查找文件目录，确定该文件在目录中的位置及存储地址；

2）根据隐含参数中的进程控制块信息和该文件的存取权限数据，检查访问的合法性；

3）根据文件控制块参数中指出的存储方式、起始地址和长度等信息，确定对应的存储块号和块数；

4）根据确定的起始块号和块数，分一次或多次将所有数据读入主存区域。

### 4. 写文件操作

当用户要求插入、添加或更新文件内容，并把修改后的内容存入存储物理块时，可以执行写操作，但一般须先执行打开文件操作或建立文件操作。除增加了辅存空间参数外，写文件操作与读文件类似，同样也须先查目录，根据找到的文件控制块信息，完成将主存数据区中的数据写入物理块中。

### 5. 关闭文件操作

若用户不再需要对主存中的文件进行其他操作，可以执行关闭操作将文件关闭，从而切断与该文件的联系，向系统归还对该文件的使用权。用户不能再对关闭后的文件进行读写操作，除非该文件重新打开，这样就有效地保护了文件，避免了误操作。若主存中有多个文件都被打开，则关闭时需指定要关闭哪个文件。关闭文件操作的参数与打开文件操作相同，其基本步骤如下：

1）查找用户打开文件表，删除该表中对应表项；

2）检索系统打开文件表，将该文件对应表项中的共享计数值减 1，若减后的值为“0”时，表明已无用户再需使用该文件，则直接删除该表项。

3）若系统打开文件表中该文件对应表项内容被用户修改过，则在删除该表项前必须要把该表项内容写回文件目录表的相应文件控制块中去。

### 6. 删除文件操作

当一个文件完成了任务且不再被需要时，可将它从文件系统中删除。该操作只需提供完整的文件路径名参数，其主要步骤如下：

1）根据文件路径名查找文件目录树，找到该文件的文件控制块；

2）根据该文件控制块信息，回收该文件所占据的辅存空间；

3）删除该文件控制块对应的文件目录树中的目录项。

但执行删除文件操作前必须注意以下事项：

1）删除该文件前应先关闭该文件；

2）若此文件对另一文件执行了链接访问，则应先将被链接文件中的“链接数”减 1；

3）只有当被删除文件的“当前用户数”为“0”时，该文件才能被删除。

## 6.5.3 文件的具体使用

当前绝大多数操作系统都提供了以上几种文件基本操作，但它们仅仅只是我们对文件使用过程中的一个基本操作。因此，只有将上述基本操作组合起来才能完成有效的文件管理过程。为了保证对文件的正确管理和文件信息的安全可靠，避免共享文件被几个用户同时访问而造成的混乱，文件的使用应遵循一定的操作步骤。

从文件系统的功能可以看出，文件的使用包括对文件的插入、修改、删除、检索及排序等，但它们基本上都是由最主要的三个文件使用过程转变而来。

#### 1. 读文件

当需要从一个文件中读取数据时，一般应顺序执行下面三个基本操作：

1）打开文件操作；

2）读文件操作；

3）关闭文件操作。

通过“打开文件”，验证了用户对文件的使用权，并为用户做好读文件前的准备工作。通过反复执行“读文件”可读入用户所需的数据。当用户访问结束后，再通过“关闭文件”，向系统归还该文件的使用权，至此读过程结束。

#### 2. 写文件

当用户需要新建一个文件并把其中的数据写入辅存空间时，应顺序执行下面三个基本操作：

1）建立文件操作；

2）写文件操作；

3）关闭文件操作。

通过“建立文件”，也验证了用户对文件的使用权，并为用户做好写文件前的准备工作。通过反复执行“写文件”可把用户新建的数据存入辅存空间。当用户访问结束后，再通过“关闭文件”，向系统归还该文件的使用权，至此写过程结束。

#### 3. 删除文件

与上述两个过程不同，若用户有权对某个文件执行删除操作，则只需调用“删除文件操作”这个基本操作就可完成。一个文件被删除后，其所占存储空间被系统收回。

有的系统为了方便用户，提供了一种隐式使用文件的方法，允许用户不必调用“打开文件”、“建立文件”和“删除文件”的操作，而直接调用“读文件”或“写文件”操作，但文件系统仍必须做这些工作。当用户要求使用一个未被打开或未被建立的文件时，文件系统必须先做“打开文件”或“建立文件”的工作，然后再执行“读文件”或“写文件”。当用户使用了一个文件A后又要再使用文件B，文件系统必须先关闭文件A，再打开或建立文件B，然后再对文件B进行读写操作。

## 6.6 文件的共享

现代操作系统都提供了文件共享手段，如语言编译程序、常用的库函数等。所谓文件共享，是指允许两个或更多个用户同时使用同一个文件。这样，在系统中只需要保存共享文件的一个副本，不仅可以节省大量辅存空间和主存空间、减少I/O操作次数、为用户访问文件提供了极大的方便、大大减少了用户工作量，而且也是多道程序设计中完成共同任务所必须的。因此，共享是衡量文件系统性能好坏的主要标志。

但为了保证系统的可靠性和文件的安全性，文件的共享必须得到控制。在当前计算机系统中，既要为用户提供共享文件的方便性，又要充分注意到系统和文件的安全性和保密性。

如何实现文件的共享是最主要问题。下面我们介绍当前常用的两种文件共享方法和实现技术。

## 6.6.1 绕道法

绕道法早在20世纪中后期就出现了，在该方法中，系统允许每个用户获得一个“当前目录”，用户对所有文件的访问都是相对于“当前目录”进行的，当所访问的共享文件不在当前目录下时，可以从当前目录出发通过“向上走”的方式返回到与共享文件所在路径的交叉点，再沿路径向下到达共享文件，如图6-19所示。

绕道法要求用户指定到达共享文件的路径，并要回溯访问多级目录，因此，共享其他目录下的文件搜索速度较慢。

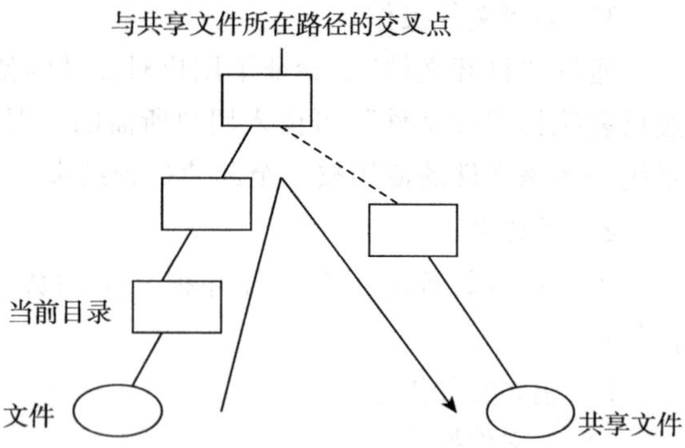


图6-19 绕道法共享文件

## 6.6.2 链接法

从前述可知，若用户想要共享其他用户的文件，只要该用户允许共享并知道该共享文件的路径名，用户就可以通过此路径名访问该文件。根据链接对象的不同，链接法有三种不同形式。

### 1. 目录链接

在树形目录结构中，当有多个用户需要经常对某个子目录或文件进行访问时，用户必须在自己的用户文件目录表中对欲共享的文件建立相应的目录项，称为链接。链接可在任意两个子目录之间进行，因此链接时必须特别小心，链接后的目录结构已不再是树形结构，而成为了网状复杂结构，文件的查找路径名也不再惟一，如图6-20所示。

在图6-20中如何建立D目录与E目录之间的链接呢？由于在文件目录项中记录了文件的存储地址和长度，因此链接时，只须将共享文件e的存储地址和长度复制到D的目录项中即可。

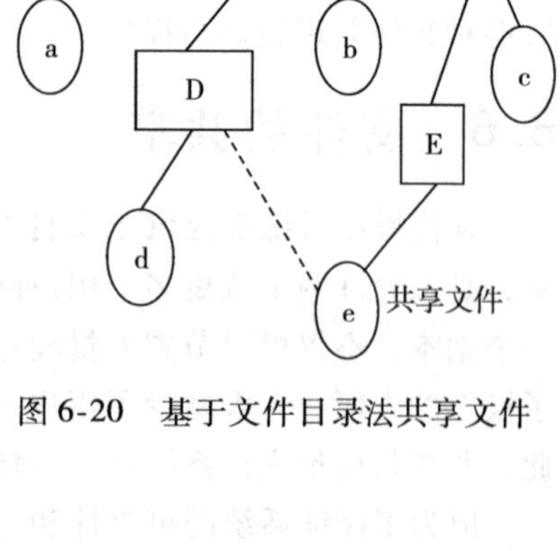


图6-20 基于文件目录法共享文件

但引入了目录链接方式后，文件系统的管理就变得复杂了。由于链接后的目录结构变成了网状结构图，当要删除某个共享文件时，情况就变得特别复杂，必须考虑目录链接情况。如果被删除的共享文件还有其他子目录指向了它，则就会出现链接指针指向一个不复存在的目录项，从而引起文件访问出错。另外，由于目录项中只记录了当前链接时共享文件的存储地址和长度，若之后其中一个用户要对共享文件进行修改并向该文件添加新内容时，则该文件的长度也必然随之改变。但改变的文件存储块只记录在执行了修改的用户目录项中，其他共享用户目录项中仍只记录了原内容，从而这部分新增加的内容是不能被其他用户共享的，这显然不能满足我们的共享需求。

### 2. 基于索引结点的链接

为了解决目录链接共享方式中存在的问题，就不能将共享文件的存储地址、长度等文件信息记录在文件目录项中，而是放在索引结点中，目录项中只是存放文件名及指向索引结点的指针，如图6-21所示。

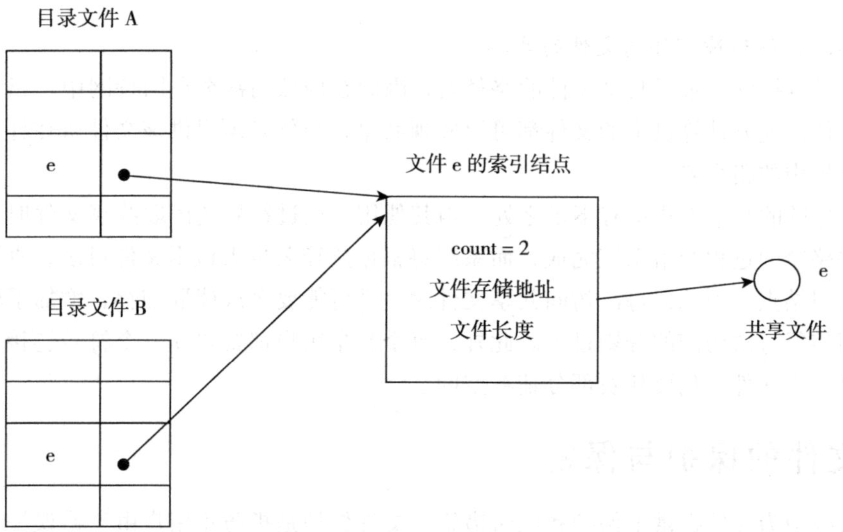


图6-21 基于索引结点法共享文件

从图中可以看出，若某用户对共享文件e进行了修改，所引起的文件内容的改变全部存入e的索引结点，共享用户文件目录项并不作任何改变。因此，引入索引结点后，共享文件内容不管作何改变，共享用户都是可见的。另外，为了有效管理共享文件，在该文件对应的索引结点中应该设置一个链接计数器count，用于记录链接到本索引结点文件上的用户目录项的个数。图中count的值为2，则表示一共有两个用户共享该索引结点指向的共享文件。

例如，当用户A创建了一个新文件，A便是该文件的所有者，此时count为1。当用户B要共享此文件时，只需在B的用户目录中添加一目录项，同时设置一个指针指向该文件的索引结点。这时，count的值增加到2，但所有者仍为A。若A不再需要该文件时，必须一直等待B使用完而且不再需要时才能删除该文件；否则索引结点必然随着共享文件的删除而删除，致使B目录项中的指针悬空，此时，若B正在使用该文件必将半途而废。因此，采用此共享方式可能会导致共享文件所有者为等待其他用户完成而付出高昂的代价。

### 3. 符号链接

为了使用户B能共享用户A创建的文件e，也可以由用户B通过调用系统过程“link”来创建一个新文件，类型为系统定义的LINK型，取名为f，并把f记录到B用户的目录项中，从而实现B的目录项与文件f的链接。在B用户创建的链接文件f中只包含了被链接的文件e的路径名，该路径名又称符号链。因此，这种基于符号链的链接方式称为符号链接。

利用符号链接方式可以实现文件共享。当用户B要访问共享文件e时，只要从目录项中读取文件f，该文件被操作系统获取，然后操作系统根据文件f中的符号链值即文件e的路径名去读取文件e，从而实现了用户B共享文件e。

与基于索引结点的链接方式相比，该方式优点突出，主要体现在下列两个方面：

(1) 避免了指针悬空

该方式实现文件共享时，只有共享文件所有者才拥有指向其索引结点文件的指针，其他共享用户只有该文件的路径名。因此，符号链接方式不会发生前一种方式的指针悬空现象，因为当共享文件的所有者把该文件删除后，该文件对应路径也不复存在，其他用户试图通过符号链再去访问时，会因系统找不到该文件而使访问失败，然后再将符号链删除当然不会产生错误。

(2) 实现网络环境下任意文件的共享

由于符号链接仅记录了共享文件的路径名，因此在局域网甚至在因特网中，只要连入该网络的世界上任何地方计算机中的文件都可以实现共享，当然必须提供该文件所在计算机的网络地址和计算机中的路径名。

基于符号链的共享方式也有不足之处。当其他用户通过符号链读取共享文件时，都是把查找共享文件路径的过程交给系统完成，而系统将根据路径名再去检索文件目录，直到找到该共享文件的索引结点。因此，每次访问共享文件时，都可能要多次读取辅存，增加了辅存的访问频率，从而使得每次访问的开销过大。此外，每个共享用户都要建立一个符号链接，由于该链接实际上是一个文件，仍要耗费部分辅存空间。

## 6.7 文件的保护与保密

文件系统中为文件提供了保护和保密措施。文件保护是指防止用户由于错误操作导致的数据丢失或破坏；而文件保密是指文件本身不得被未经授权的用户访问。

现代操作系统中提供了大量的重要文件供用户共享，给我们的工作和生活带来了极大的方便，但同时也存在着潜在的安全隐患。影响文件系统安全的主要因素有：

1) 人为因素，即由于使用者在使用中有意或无意的行为，使文件系统中的数据遭受破坏或丢失。

2) 系统因素，即由于系统出现异常情况，特别是系统存储介质出现故障或损坏时，造成数据受到破坏或丢失。

3) 自然因素，即由于不可抗拒的自然现象或事件导致存储介质或介质上的数据遭受破坏。

为了确保文件系统的安全，可针对上述的原因采取以下相应措施：

1) 通过存取控制机制来防止人为因素造成的文件不安全性。

2) 通过磁盘容错技术来防止系统故障造成的文件不安全性。

3) 通过备份技术来防止自然因素造成的文件不安全性。

### 6.7.1 存取控制

文件系统中的文件在被共享时，既存在保护问题，又存在保密问题。这两者都涉及每个用户对文件的访问权限，即文件的存取控制权限。常见的文件存取权限一般有以下几种：

- E：表示可执行。
- R：表示可读。
- W：表示可写。
- -：表示不能执行任何操作。

通常实现文件存取控制有多种方案，这里介绍其中几种主要方案。

### 1. 存取控制矩阵

存取控制矩阵是一个二维矩阵，第一维列出了全部用户，另一维则列出了系统中的所有文件，如图6-22所示。在矩阵中若第i行第j列的值为“1”，则表示用户i被允许访问文件j；若为“0”，则表示用户i不允许访问文件j。

| 文件／用户 | 文件1 | 文件2 | 文件3 | 文件4 | 文件5 | 文件6 | … | 文件n |
|---|---|---|---|---|---|---|---|---|
| 用户1 | 1 | 1 | 1 | 0 | 0 | 0 | … | 1 |
| 用户2 | 0 | 0 | 0 | 0 | 1 | 1 | … | 1 |
| 用户3 | 1 | 1 | 1 | 0 | 0 | 1 | … | 1 |
| … | … | … | … | … | … | … | … | … |
| 用户n | 0 | 1 | 1 | 1 | 1 | 1 | … | 1 |

图6-22　存取控制矩阵

存取控制矩阵在定义上很简单，但实现却比较难，因为若系统管理的核准用户及共享文件太大时，则二维矩阵要占据很大的存储空间，且只能标出允许不允许用户访问。若要在矩阵中标识每个用户对文件的具体访问权限，则可将存取控制矩阵修改为在每列中标识出该用户所获得的文件实际存取权。如图6-23所示。

| 文件／用户 | 文件1 | 文件2 | 文件3 | 文件4 | 文件5 | 文件6 | … | 文件n |
|---|---|---|---|---|---|---|---|---|
| 用户1 | E | R | ER | RW | — | ERW | … | RW |
| 用户2 | ER | RW | ER | R | — | ERW | … | ERW |
| 用户3 | ERW | RW | R | — | R | ER | … | R |
| … | … | … | … | … | … | … | … | … |
| 用户n | E | R | ER | R | RE | — | … | RW |

图6-23　具有访问控制权的存取控制矩阵

### 2. 存取控制表

存取控制矩阵可能会由于太大而无法实现，特别是某个文件可能只是把访问权赋予部分特定的用户，那么存取控制矩阵将会产生大量空白项，导致空间浪费。一个改进的办法是按用户对文件的访问权限的差别对用户进行分类，然后将访问权限直接赋予各类用户，而不必考虑每个用户。通常可分为以下几类用户：

1）文件拥有者：表示创建该文件的用户，显然每个文件的所有者只能是一个用户。

2）同组用户：与文件拥有者同属于某一特定小组，同一小组中的用户一般都应与该文件有关。

3）其他用户：与文件拥有者不在同一个小组的用户，因此与该文件一般关系不大。

按用户类别赋予存取权限时，可将存取控制矩阵改造为按列划分权限，即为每个文件建立一张存取控制表。在每个文件存取控制表中只存储了被赋予了三种存取权限中至少一种的用户名，不必考虑所有的用户名。显然，与存取控制矩阵相比，存取控制表大大减少了所需的存储空间，提高了空间的利用率。如图6-24所示。

| 用户 / 文件 | 文件拥有者 | 同组用户 | 其他用户 |
| --- | --- | --- | --- |
| 文件 1 | ERW | ER | R |
| 文件 2 | ERW | R | ER |
| … | … | … | … |
| 文件 n | ERW | ERW | — |

图 6-24　存取控制表

改进存取控制矩阵对文件访问权限的另一个办法是把各个文件的存取权限合并起来直接放在文件控制块内部给予说明，无需额外的存放存取控制表的存储空间。实现时，只需在文件控制块中指出三类用户名字，同时还需指出每类用户分配的访问权限。由于所有核准用户只分成三大类，因此，每个文件的所有三种存取权限只需用一个 9 位的二进制位来表示。这 9 位权限位分成三组，每类用户用三位表示，如图 6-25 所示。从图中我们可以看出，文件拥有者拥有全部访问权，同组用户只能读和执行，但不能修改和写，而拒绝其他用户进行访问。UNIX 系统就是采用此种存取方式。

| 文件拥有者 | | | 同组用户 | | | 其他用户 | | |
| --- | --- | --- | --- | --- | --- | --- | --- | --- |
| 1 | 1 | 1 | 1 | 0 | 1 | 0 | 0 | 0 |
| 读权限 | 写权限 | 执行权限 | 读权限 | 写权限 | 执行权限 | 读权限 | 写权限 | 执行权限 |

图 6-25　存取控制位

### 3. 设置口令

为了保护文件不被破坏，另一个简便的方法是文件拥有者为自己的每个文件设置一个使用口令并写入文件控制块中。凡是要求访问该文件的用户都必须先提供使用口令，若用户输入的口令与文件控制块中的口令相一致，才可以使用文件。当然，用户在使用中必须遵照文件拥有者分配的存取控制权限进行访问。

口令一般是由字母、数字或字母和数字混合而成的。文件拥有者为了方便记忆，通常把口令设置成如生日、住址、电话号码及某人或宠物的名字等，并且设置的口令很短，这样的口令很容易被攻击者猜中。此外，口令保存在文件中，系统管理员可以设法获取所有文件的口令，从而使可靠性变得很差。当文件拥有者将口令告诉给其他用户后，就无法拒绝该用户继续使用该文件，否则只有更改口令，但同时必须通知所有相关的用户。

### 4. 文件加密

针对口令的不足，另一个方法是对重要文件进行编码，把文件内容翻译成密码形式保存，使用时再把内容进行解密。编码时，通常简单的做法是当用户创建并存入一个文件时，利用一个代码键来启动一个随机发生器产生一系列随机数，然后由文件系统将这些相继的随机数依次加入到文件内容中去，从而翻译成密码；译码时，顺序减去这些随机数，文件就还原成正常形式，从而可以正常使用。

对于文件加密时采用的编码和译码方法，文件拥有者只告诉允许访问的用户，系统管理员和其他用户并不知道，这样他们是窃取不到文件信息的。但这种方法会大大增加文件编码和译码的开销。

## 6.7.2 容错技术

对文件系统而言，它必须保证在系统硬件、软件发生故障的时候，文件也不会遭到破坏，这就是文件的完整性。为了保证文件的完整性，文件系统应当提供适当的机构，以保存所有文件的备份，一旦发生系统故障毁坏文件后，可通过备份将文件恢复。同时，文件系统还要能有抵御和预防各种物理性破坏和人为性破坏的能力，以提高文件系统的可靠性。

容错技术是通过在系统中设置冗余部件的方法，来提高系统完整性和可靠性的一种技术。磁盘容错技术则是通过增加冗余的磁盘驱动器、磁盘控制器等方法来提高磁盘系统完整性和可靠性的典型技术。目前，该技术广泛应用于中小型机系统和网络系统中，可大大提高和改善磁盘系统的可靠性，从而构成实际上稳定的磁盘存储系统。磁盘容错技术也称系统容错技术，它可分为三个等级：一级磁盘容错技术主要用于防止磁盘表面发生缺陷所引起的数据丢失；二级磁盘容错技术则用于防止磁盘驱动器故障和磁盘控制器故障所引起的系统不能正常工作；三级容错技术则主要用于高可靠的网络系统。

### 1. 一级容错技术

一级容错技术是最早出现也是最基本的磁盘容错技术，主要用于防止因磁盘表面发生缺陷所造成的数据丢失，主要通过采取双目录、双文件分配表、热修复重定向和写后读校验等手段提高文件系统可靠性，现一直都在使用。

#### (1) 双目录和双文件分配表

文件目录表和文件分配表是管理文件的重要数据结构，记录了文件的属性、文件在磁盘上的物理地址等重要信息。这两种表一旦被破坏，将会导致存储空间的部分或所有文件成为不可访问的，从而导致文件丢失。为了防止此情况发生，可在磁盘不同区域或不同磁盘上分别建立文件目录表和文件分配表，即双文件目录表和双文件分配表，其中一份作为备份。当磁盘表面出现缺陷造成文件目录表和文件分配表损坏时，系统会自动启动备份，以保障数据仍可访问，同时将损坏区标识出来并写入坏块表中，然后再在磁盘其他区域建立新的文件目录表和文件分配表作为新的备份。采用此手段，系统每次启动时，都必须对主表与备份表进行检查，以验证它们的一致性。

#### (2) 热修复重定向

一般地，只有磁盘损坏严重或完全不能使用时才考虑更换新盘，当磁盘表面出现部分损坏时，可采取补救措施防止将数据写入损坏的物理块中，使得该磁盘能继续使用。热修复重定向措施就是其中一个补救措施。

热修复重定向技术是将磁盘的一小部分容量作为热修复重定向区，专门存储有缺陷磁盘物理块待写的数据，并对该区中的所有数据进行登记，以便日后访问。以后当需要访问该数据块时，系统就不再到有缺陷的磁盘块区读取数据，而是转向热修复重定向区对应的磁盘物理块。

#### (3) 写后读校验

还有一个配套补救措施是写后读校验。为了保证所有写入磁盘的数据都能写入到完好的物理块中，可以当每次从主存缓冲区向磁盘中写入一个物理块后，又立即从磁盘上读出该数据并放入另一个主存缓冲区，然后比较两个缓冲区数据是否一致，若一致系统便认为写入成功可继续后续操作；否则，系统认为该磁盘块已损坏，并将应写入的数据写入热修复重定向区，同时将损坏块标识出来写入坏块表中。

## 2. 二级容错技术

一级容错技术一般只能防止磁盘表面损坏造成的数据丢失。若磁盘驱动器发生故障时，则数据无法写入磁盘中，仍可能造成数据丢失。为避免在这种情况下产生数据丢失，可采取磁盘镜像和磁盘双工等二级容错技术。

（1）*磁盘镜像*

磁盘镜像技术是指在同一个磁盘控制器下增设一个完全相同的磁盘驱动器，如图6-26所示。

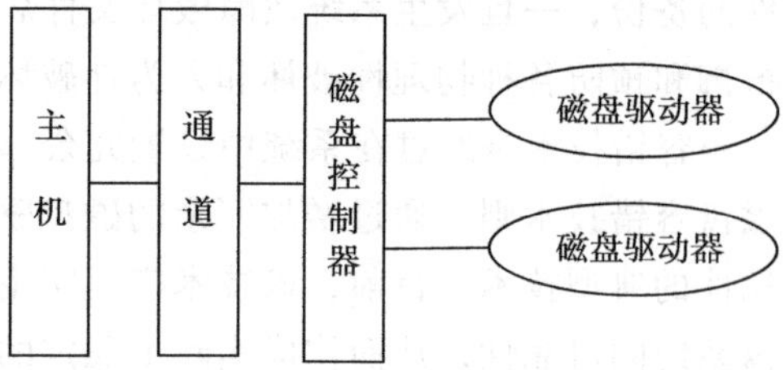


图6-26 磁盘镜像

采用磁盘镜像方式工作时，每次在向主磁盘写入数据后，都要采用写校验方式再将数据写入备份磁盘上，从而使得两个磁盘上的数据内容及位置完全相同，即备份磁盘就是主磁盘的镜子。因此，当主磁盘驱动器发生故障时，只要备份磁盘驱动器能正常工作，系统所需的数据经过切换后仍然可以访问到，从而不会导致数据丢失。但当一个磁盘驱动器发生故障时，必须立即发出警告且尽快修复，以便恢复磁盘镜像功能。

磁盘镜像技术虽然实现了容错功能，但磁盘的访问速度并未得到提高，相反却使磁盘空间的利用率下降了50%。

（2）*磁盘双工*

磁盘镜像技术虽然可有效解决在一台磁盘驱动器发生故障时的数据保护问题，但是如果控制两个磁盘驱动器的磁盘控制器发生故障或连接主机与磁盘控制器的连接通道发生故障时，则两个磁盘驱动器将同时失效，这样磁盘镜像功能也随之失效。

由于磁盘镜像功能的不足，可引入磁盘双工技术。所谓磁盘双工，是指将两个磁盘驱动器分别连接到两个不同的磁盘控制器上，同时使两个磁盘镜像成对，如图6-27所示。

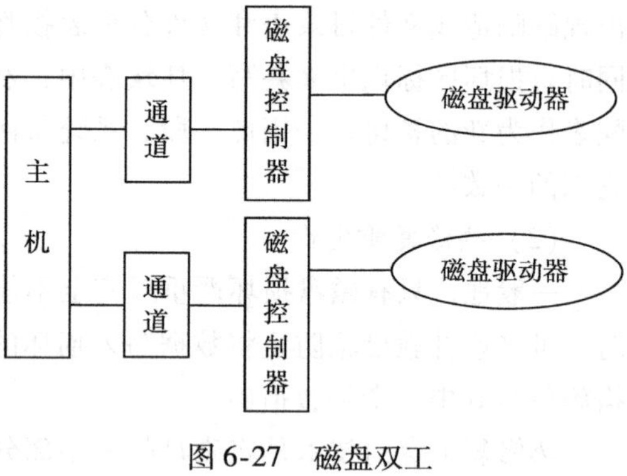


图6-27 磁盘双工

采用磁盘双工技术，文件服务器同时将数据写入两个处于不同磁盘控制器下的磁盘上，从而与磁盘镜像技术一样可使两个磁盘内容完全相同。若某个通道或磁盘控制器发生故障时另一个磁盘仍然正常工作，这样就不会造成数据丢失，但同时也必须立即发出警告且尽快修复，以便恢复磁盘双工功能。此外，采用磁盘双工技术，每个磁盘都有独立的通道，因此存储时可同时将数据写入两个磁盘，读取时，可采取分离搜索技术从响应快的通道上读取数据，从而加快了磁盘的存取速度。

磁盘镜像和磁盘双工技术是目前经常使用的行之有效的数据保护手段，但技术都比较复杂，而且在磁盘中都可能保存了许多有用的数据。因此，任何误操作都可能造成数据丢失，甚至造成硬件损坏。

## 3. 廉价磁盘冗余阵列

廉价磁盘冗余阵列（Redundant Arrays of Inexpensive Disk，RAID）是在1987年由美国加利福尼亚伯克莱分校提出的，现在已广泛应用于大、中型系统和网络中，是一种高级容错技术。

磁盘阵列是利用一台磁盘阵列控制器，统一管理和控制一组磁盘驱动器；一组磁盘驱动器通常包含数十个磁盘，从而组成一个高度可靠的、快速的大容量磁盘系统。

为了提高对磁盘的访问速度，可把交叉存取技术应用到磁盘存储系统中。在该系统中，有若干台磁盘驱动器，系统把每一个盘块中的数据分别存储到不同磁盘中的相同位置。在以后，当要将一个盘块中的数据传送到内存时，则采用并行传送方式，将各个盘块中的子盘块数据同时向内存传送，可大大减少传送时间。如要存储一个含N个子盘块的文件，可以将文件中第一个数据子块放到第一个磁盘中；将第二个数据子块放到第二个磁盘中；……，将第N个数据子块放到第K个磁盘中。当要读取上述数据时，则采取并行读取方式，同时从第1到K个磁盘中读出N个数据子块，这样读写速度比从单个磁盘读出速度提高了N－1倍。磁盘并行交叉存取方式如图6-28所示。

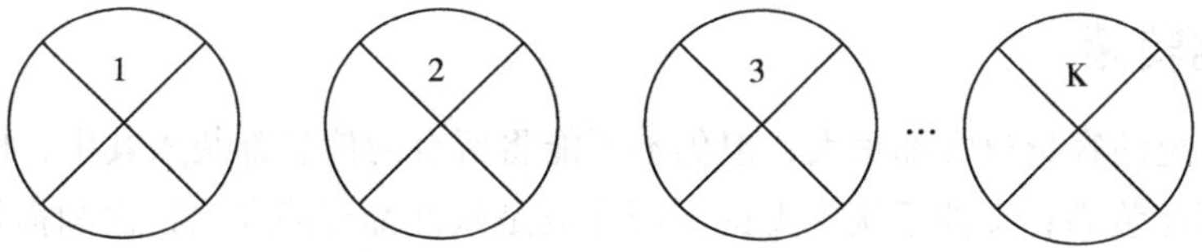


图6-28 磁盘并行交叉存取方式

RAID刚推出时，分成6级，即RAID 0级～RAID 5级，后来又增加了RAID 6级和RAID 7级。

（1）RAID 0级

该级只提供了并行交叉存取，虽然可以提高磁盘读写速度，但无冗余校验功能，致使磁盘系统的可靠性并不好。在该级阵列中，只要其中有一个磁盘损坏，便会造成不可弥补的数据丢失。

（2）RAID 1级

该级具有磁盘镜像功能，可利用并行读写特性将数据分块并同时写入主盘和镜像盘，故比传统的磁盘镜像速度快，但磁盘容量的利用率只有50%，因此是以牺牲磁盘容量为代价的。

（3）RAID 3级

该级具有并行传送功能，由于采用了一台奇偶校验盘来完成容错功能，因此比磁盘镜像减少了所需要的冗余磁盘数。例如，当磁盘阵列中只有5个盘时，可用4个盘作为数据盘，一个作校验盘，磁盘利用率为80%。该级阵列常用于科学计算和图像处理。

（4）RAID 5级

该级磁盘阵列具有独立传送功能，每个驱动器都有各自独立的数据通道，可独立进行读、写操作，无专门的校验盘。在该级中完成校验功能的信息以螺旋方式散布在所有数据盘上，常用于I/O操作比较频繁的事务处理。

（5）RAID 6级和RAID 7级

这两级阵列都是强化了的磁盘阵列。在RAID 6级中设置了一个专用的、可快速访问的异步校验盘，该校验盘具有独立的数据访问通道，是在3级和5级的基础上改进了性能，但改进有限且价格昂贵；而RAID 7级则对RAID 6级进一步改进，使得该阵列中所有磁盘都具有较高的传送速率，性能也是所有各级中最高的，是目前最高档的磁盘阵列，但价格较高。

相比前两种容错技术，RAID自1988年面世以来很快便流行起来，这是因为RAID具有以下明显的优点：

1）高可靠性。RAID 最大的特点就是可靠性很高，除了 0 级外，其余几级 RAID 都采用了容错技术。当阵列中某一磁盘损坏时，并不会造成数据丢失，因为它既可实现磁盘镜像，又可实现磁盘双工，还可实现其他的冗余方式，所以此时可根据其他未损坏磁盘中的信息，来恢复已损坏盘中的信息。很明显，与单磁盘相比，RAID 的可靠性要高出很多。

2）磁盘读写速度快。由于 RAID 采用并行交叉存取方式，理论上可将磁盘读写速度提高到磁盘数目的倍数。

3）性价比高。利用 RAID 技术实现大容量高速存储器时，其体积与具有相同容量和速度的大型磁盘系统相比，仅仅只是后者的 1/3，价格也是后者的 1/3，但可靠性却更高。所以，RAID 以牺牲 1/N 的容量为代价，换来高可靠性；而磁盘镜像及磁盘双工却要付出 50% 磁盘容量的代价。

## 6.7.3 数据转储

虽然磁盘系统的容量通常都很大，但仍不可能将所有的信息都装入其中，因此磁盘在运行一段时间后就可能装满；文件系统中无论是硬件或是软件都可能发生错误和损坏；自然界的一些自然现象，如雷电、水灾和火灾等，都可能会导致磁盘损坏，电压不稳还会引起数据奇偶校验错误。因此，为了使系统中重要数据万无一失，应该对保存在存储介质上的文件采取一些保险措施，使得磁盘上的大部分数据转储到后备存储系统中。下面介绍几种常用的措施。

**1. 建立副本**

建立副本是指把同一个文件保存到多个存储介质上。因此，当某个介质上的文件被破坏时，仍然可用其他存储介质上的备用副本来替换。目前，常用做建立副本的存储介质是磁带、硬盘和光盘等。

（1）*磁带*

磁带是最早用做存储数据的存储介质，常用于存储大容量的数据副本，但介质自身特点只适合于存储顺序文件，且存取速度慢。

（2）*硬盘*

硬盘是目前比较常用的副本存储介质，建立副本时可采用两种方式：

一种是利用活动硬盘作为副本系统，该方法最大的优点是速度快、副本保存期比磁带长，但单位容量的存储费用与磁带相比要高。

另一种是配置大容量磁盘机，每个磁盘机由两个大容量硬盘组成。每个硬盘都划分成两个区，其中一个用做建立副本的备份区，每隔一段时间就将正常数据区中的数据复制到备份区中，也可在必要时将备份区中的数据恢复。该方法不仅速度快，而且还有容错功能，即当任何一个磁盘出现故障时，都不会导致数据丢失。

（3）*光盘*

由于 CD-ROM 的特性决定了其很难作为副本介质，可用做建立副本的光盘主要有 WORM（Write-Once，Read-Many）光盘和可擦除光盘，前者只可写一次，后者可反复读写，典型容量都是 650MB。光盘容量较大，保质期长达几十年，其单位容量的存储费用适中，但速度较硬盘慢。

（4）*U 盘*

U 盘是最近几年来广泛用做建立副本的存储介质，其读写速度与硬盘相仿，但比硬盘要小巧得多，适合携带。特别是随着U盘容量越来越大型化，现已成为最常用的副本介质。

以上建立副本的措施实现简单，但系统开销大，并且当文件进行更新时必须更新所有的副本，这也增加了系统的负担。因此，上述措施仅适用于容量较小且极重要的文件。

### 2. 定期转储

另一种保险措施是采用定期转储手段，定时或定期将文件转储到其他存储介质上，使重要文件有多个副本。常用的转储方法主要有两种。

(1) 海量转储

海量转储是指定期把存储介质上的所有文件转储到后援大容量存储器中，如磁带。该方法实现也简单，并且转储期间系统会重新组织存储介质上的文件，将介质上不连续存放的文件重新组织成连续文件并存入备份存储介质上。但该方法有以下缺点：

1) 转储时系统必须停止其他一切工作。

2) 转储时间长，特别是转储大容量数据时。

3) 当系统发生故障时，只能恢复上次转储的信息，导致转储以后的数据丢失。

(2) 增量转储

增量转储是指每隔一段时间，把系统中所有被修改过的文件及新文件转储到后援大容量存储器中。实现时，系统通常要对修改过的文件和新文件做标记，当用户退出后，将列有这些文件名的表传给系统进程并完成转储过程。

与海量转储相比，增量转储只转储修改过的文件，减少了系统开销。

文件被转储后，一旦系统出现故障，就可以用转储文件来恢复系统，提高了系统可靠性。

## 6.8 本章小结

现代操作系统都设计了对文件进行管理的功能，文件管理的主要工作是完成文件的读、写、修改、删除、检索、更新、共享和保护等操作，这些操作都由文件系统统一提供。文件从不同角度出发可构造出文件的逻辑结构和物理结构，文件系统在将不同的逻辑结构文件存储成相应的物理结构文件时，应根据存储介质特性、文件的存取方法和性能要求来决定，为了提高存储空间的利用率引入了记录的成组和分解技术。

文件目录是实现按名存取的主要工具，文件系统的基本功能之一就是负责文件目录的建立、维护和检索，常用的文件目录结构有一级目录、二级目录和多级目录（树形目录），复杂的目录结构还包括无环图目录，现代操作系统一般使用树形目录结构对文件进行管理。

当把文件保存到存储介质上时，必须为其分配存储空间。为了有效管理辅存空间，可从空闲块表、空闲块链、位示图和成组链接方法中选择最合适的存储空间管理方法以提高辅存空间的利用率。为了正确实现对文件的存储和检索等过程，用户必须按照系统规定的基本操作要求来使用文件。常见的文件基本操作有：打开文件、建立文件、读文件、写文件、关闭文件和删除文件。

文件共享不仅为诸多用户完成共同的任务所必需，而且还可节省大量的辅存空间，主要通过目录链接、基于索引结点的链接和符号链接三种链接技术实现文件共享。文件共享在为用户带来好处和方便的同时，也存在诸多的安全隐患。对用户来说，文件的保护和保密是至关重要的问题，可以分别采取存取控制机制、磁盘容错技术和数据转储备份技术等着手提高文件的安全性。

# 习　题　六

1. 什么是文件？
2. 文件系统应具有哪些功能？
3. 文件系统提供的主要文件操作有哪些？
4. 文件系统可分成几个层次？简述每层的主要功能。
5. 什么是文件的逻辑结构？它有哪几种组织方式？
6. 什么是文件的物理结构？它有哪几种组织方式？
7. 解释下列术语并说明它们之间的关系：存储介质、卷、块、文件。
8. 选择存取方式时主要考虑的因素有哪些？
9. 总结文件的存取方法、文件的存储结构和存储设备类型之间的关系。
10. 试比较顺序文件和链接文件各自的优点和缺点。
11. 什么是索引文件？为什么要引入多级索引文件？
12. 什么是记录的成组？采用这种技术有什么优点？
13. 什么是记录的分解？采用这种技术有什么优点？
14. 已知某用户文件共10条逻辑记录，每条逻辑记录的长度为480个字符，现把该文件存放到磁带上，若磁带的记录密度为800字符/英寸，块与块的间隙为0.6英寸，问：
    (1) 求解不采用记录成组操作时磁带空间的利用率。
    (2) 求解采用记录成组操作且块因子为5时，磁带空间的利用率。
    (3) 当按上述方式把文件存放到磁带上后，用户要求每次读一条逻辑记录存放到他的工作区。当对该记录处理后，又要求把下一条逻辑记录读入他的工作区，直至10条逻辑记录处理结束。系统应如何为用户服务？
15. 什么叫"按名存取"？文件系统如何实现文件的按名存取？
16. 为了实现按名存取，文件目录应包括哪些内容？
17. 文件目录在何时建立？它在文件管理中起什么作用？
18. 比较一级目录和二级目录各自的优点和缺点。
19. 叙述何为绝对路径，何为相对路径。
20. 叙述文件控制块的主要功能，它应包含哪些内容？
21. 辅存空间的管理方法有哪几种？
22. 试比较空闲块表法和空闲块链表各自的特点。
23. 试简述成组链接法中专用块组的作用。
24. 使用文件系统时，通常要显式地进行打开和关闭操作，为什么？
25. 删除文件时为什么不用执行打开操作？
26. 何为文件共享？文件共享有哪些主要方法？
27. 链接法共享文件主要采取哪几种实现技术？试比较每种实现技术的特点。
28. 影响文件系统安全的主要因素有哪些？
29. 试比较文件保护和文件保密两种技术的区别。
30. 常见的文件存取权限有哪几种？
31. 磁盘容错技术可以分成哪几个等级？

32. 与一级磁盘容错技术相比，二级磁盘容错技术有什么优点？
33. 数据转储技术通常采用的措施有哪些？
34. 一个硬盘上共有5000个磁盘块可用于存储信息，若由字长为32位的字构造位示图，求：
    (1) 位示图共需多少个字？
    (2) 若某文件被删除，它所占据的盘块块号分别为12、16、23和37，文件删除后，位示图如何修改？
35. 若一个硬盘共有100个柱面，每个柱面上有15个磁头，每个磁道划分成8个扇区。现有一个含有6000条逻辑记录的文件，逻辑记录的大小与扇区大小一致，该文件以顺序结构的形式被存放到磁盘上。磁盘柱面、磁头、扇区的编号均从“0”开始，逻辑记录的编号从“1”开始。文件信息从0号柱面、0号磁头、0号扇区开始存放，求：
    (1) 该文件的第5000条逻辑记录应放在哪个柱面的第几号磁头的第几号扇区？
    (2) 36号柱面12号磁头5号扇区中存放了该文件的第几条逻辑记录？

# 第 7 章

# Windows 操作系统

学习了操作系统原理后，很有必要了解具体的操作系统如何实现那些原理和概念。本章选择了目前 PC 上占主要地位的 Windows 操作系统作为介绍对象，这里主要以 Windows 2000 作为分析的对象，讨论内容以介绍说明为主。

## 7.1 Windows 2000 系统概述

为什么要选择 Windows 2000 作为介绍对象呢？带着这个问题我们先了解一下微软公司所开发的微机操作系统，它们主要分为 MS-DOS、Windows 9x 和 Windows NT 三大系列。

Windows 2000 是在 Windows NT 的基础上发展起来的，具有更高的可靠性和可用性，是一种适用于从最小的移动设备至最大的电子商务服务器的操作系统。为了解 Windows 2000，我们首先简单回顾一下微软的产品发展历史。

1981 年，IBM 公司在公布 PC 标准的同时，推出了基于 Intel 8088 的 IBM PC 机，并采用了微软公司提供的 PC-DOS 1.0（即微软公司名为 MS-DOS 1.0）操作系统。之后产品不断升级，直到 MS-DOS 6.22。由于人们转向更为方便好用的图形用户界面操作系统，这一产品族终止于 MS-DOS 7.0。

1984 年，在 Apple 公司推出 Apple Macintosh 电脑的图形用户界面操作系统 Mac OS 后，微软公司认为图形界面为用户带来的方便性必将推动公司的发展，并于 1985 年开发出 Windows 系统。1990 年，推出 Windows 3.0 这一产品在商业上的成功使 Windows 操作系统在 PC 领域确立了垄断地位。1995 年，微软公司推出 Windows 95 继续巩固市场占有率，并于 1998 年 6 月推出更好用的 Windows 98，2000 年推出了 Windows Me 等产品。由于产品设计时的先天系统架构不足，系统的稳定性和安全性遭到质疑，这一产品族也没有得到继续发展。

1993 年，微软公司正式发布了命名为 Windows NT（New Technology）系统产品的第一个版本 Windows NT 3.1。这个试验性质的系统中添加了诸多新的技术元素和更为安全和稳定的系统架构。之后，于 1996 年推出了 NT 4.0，于 2000 年才正式推出预计于 1998 或 1999 年交付的新版的正式名字为 Windows 2000（最初命名为 Windows NT 5.0）的采用微内核结构的多用户操作系统。这个产品族的系列产品还在推出更为好用的新版本：如 2001 年发布的 Windows XP，2003 年发布的 Windows Server 2003，2006 年发布的 Windows Vista，2008 年 1 月发布的 Windows Server 2008，2009 年发布的 Windows 7 和 Windows Server 2008 R2 等。

为讨论和说明 Windows 产品，最有意义的是选择 Windows NT 系列，因为现有的和今后的 Windows 产品都是从 Windows NT 发展而来，而 Windows 2000 是这一产品族成熟的里程碑式的产品，其系统架构已经稳定，因此大的框架并没有发生变化。因而本章选择 Windows 2000 作为讨论的对象。

为说明 Windows 产品的各种特性，我们很有必要从其设计目标的介绍开始。

### 7.1.1　设计目标

设计目标是操作系统的根本问题，如何解决及解决的好坏是关系操作系统质量的最重要的内容。

1. 操作系统的设计问题

操作系统的设计是一个系统问题，它有着不同于一般应用系统设计的特征，即要解决好复杂程度高、研制周期长和正确性难以保证等几个关键问题。一般的解决途径是采用良好的操作系统结构、先进的开发方法、工程化的管理方法和高效的开发工具。

2. 操作系统的设计目标

操作系统的设计目标有：可靠性（正确性和健壮性）、高效性、简明性、易维护性、可移植性、安全性、可适应性等。微软公司对市场作了大量的调研，并尽可能地提高其技术来实现这些目标。

3. Windows 2000 的设计目标

在 Windows 2000 的设计中，微软公司把握的总原则是用市场需求驱动设计目标，将实现这些需求作为设计目标。

1）提供一个真 32 位抢占式可重入的虚拟内存操作系统；

2）能够在多种硬件体系结构和平台上运行；

3）能够在对称多处理系统上运行并具有良好的可伸缩性；

4）优秀的分布式计算平台，既可作为网络客户，又可作为网络服务器；

5）可运行多数现有 16 位 MS-DOS 和 Microsoft Windows 3. 1 应用程序；

6）符合政府对符合 POSIX 1003. 1 的要求；

7）符合政府和企业对操作系统安全性的要求；

8）支持 Unicode，适应全球市场的需要；

9）可扩充性；

10）可移植性；

11）可靠性及坚固性；

12）兼容性；

13）性能。

对这些需求的分析和实现，是 Windows 2000 成功的主要原因。

### 7.1.2　系统模型

当今流行的操作系统的内核系统模型结构主要有两大类，即：强内核系统和微内核系统。Windows 2000 采用的系统结构是在层次型基础上的微内核结构（客户/服务器结构）。该系统结构非常适宜应用在网络环境和分布式处理的计算环境中，它由两大部分组成：“微”内核和若干服务。这种操作系统的主要特点是机制与策略分离比较彻底、可靠、灵活，适合分布式计算的需求；但也有缺点，即效率较低。

Windows 2000 系统融合了分层操作系统和微内核操作系统的设计思想；使用面向对象的分析与设计；Windows 2000 通过硬件机制实现了核心态以及用户态两个特权级别；对性能影响很大的操作系统组件运行在核心态，核心内没有保护。这些设计充分体现了机制与策略分离的思想。Windows 2000 的核心态组件使用了面向对象设计原则，鉴于可移植性以及效率因素等方面的考虑，大部分代码使用了基于 C 语言的对象实现。Windows 2000 的很多系统服务运行在核心态，这使得 Windows 2000 更加高效，而且也是相当稳定的。Windows 2000 的系统结构如图 7-1 所示。根据该图可以发现，系统的体系结构是分层的模块系统，主要的层次有硬件抽象层(HAL)、内核和大量的子系统集合等。除了各个子系统都在用户模式下运行外，其他三个都运行在保护模式下。

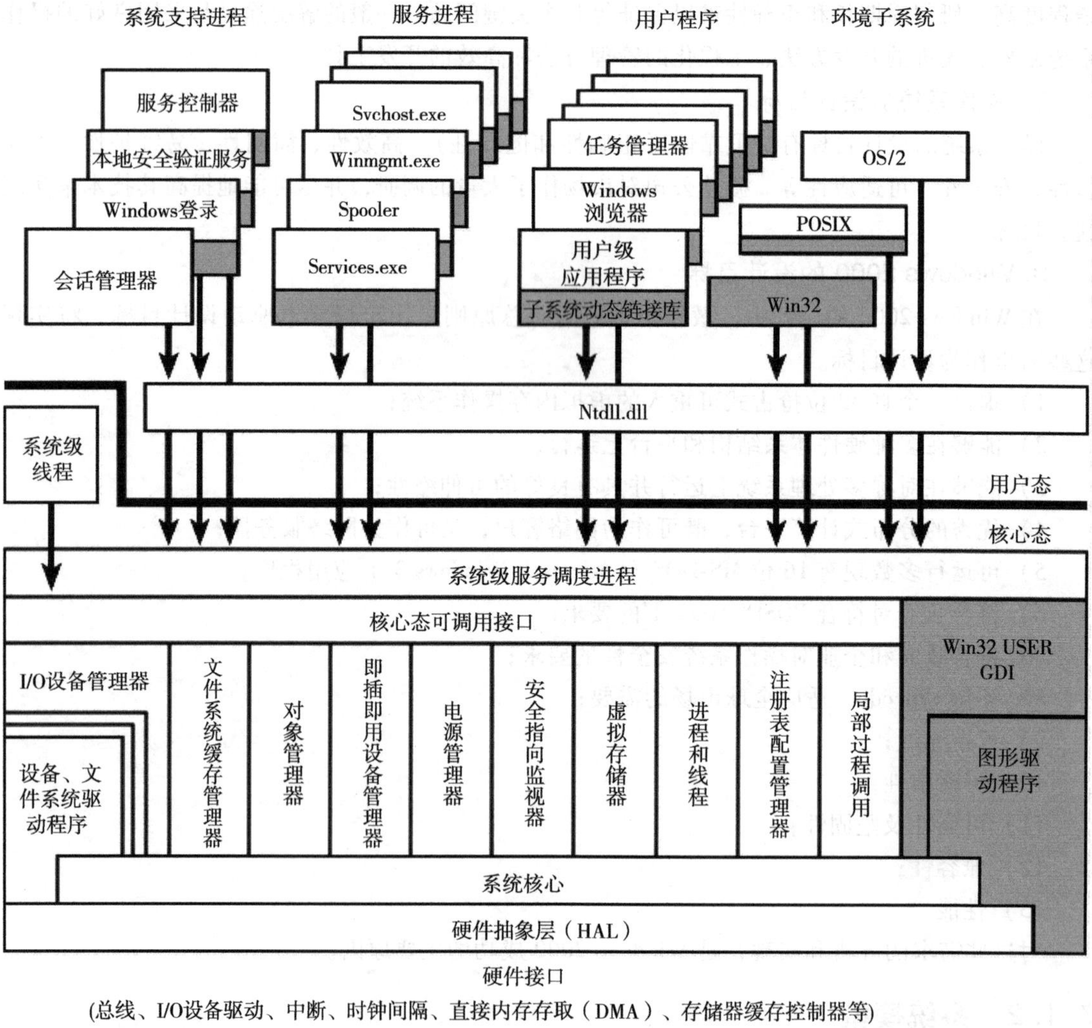


图 7-1 Windows 2000 的系统结构

Windows 2000 的内核由用户态组件和核心态组件构成。

用户态组件中，系统支持进程（system support process）不是 Windows 2000 的服务，不是由服务控制器启动；服务进程（service process）是 Windows 2000 的服务，由服务控制器启动；环境子系统（environment subsystems）向应用程序提供操作系统功能调用接口，包括 Win32、POSIX 和 OS/2 接口；用户程序（user applications），支持五种类型 Win32、Windows 3.1、MS-DOS、POSIX 或 OS/2 的应用程序在系统中运行；子系统动态链接库用于调用层转换和映射。

核心态组件中，内核（kernel，或核心）包含了最低级的操作系统功能，如线程调度、中断和异常调度、多处理器同步等。同时它也提供了执行体（Executive）用来实现高级结构的一组例程和基本对象；执行体包含基本的操作系统服务，如内存管理器、进程和线程管理、安全控制、I/O 以及进程间的通信等。硬件抽象层（Hardware Abstraction Layer，HAL）将内核、设备驱动程序以及执行体同硬件分隔开来，实现硬件映射的功能。设备驱动程序（Device Drivers）包括文件系统和硬件设备驱动程序等，其中硬件设备驱动程序将用户的 I/O 函数调用转换为对特定硬件设备的 I/O 请求。窗口和图形系统包含了实现图形用户界面（Graphical User Interface，GUI）的基本函数。

如图 7-2 所示。内核是 Windows 2000 真正的中心，可以说一切围绕着内核。内核中除了向 Windows 2000 执行体提供创建内核对象实例等之外，主要执行以下四方面任务：①调度线程的执行；②在发生中断和异常时，将系统控制交给相应的处理程序；③执行的多处理器同步；④电源故障后，实现系统的恢复过程。

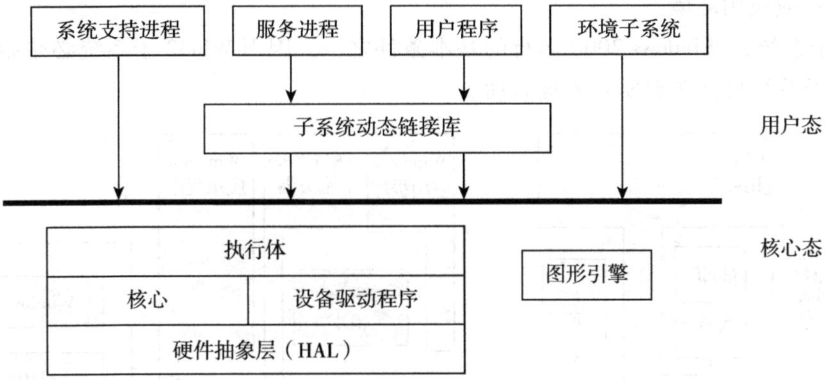


图 7-2 Windows 2000 的系统构成

下面详细介绍系统结构中的一些构成部分。

### 1. 硬件抽象层（HAL）

这是 Windows 2000 的重要部分，是实际硬件与 Windows 2000 抽象计算机描述的接口层和功能映射层，它隐藏各种与硬件有关的细节，如 I/O 接口、中断控制器以及多处理器通信机制等，实现多种硬件平台上的可移植性。硬件抽象层给出虚拟机接口，可供内核、执行体和设备驱动程序使用。这样设计的优点是只需提供每个设备驱动程序的一个版本就可运行在所有的硬件平台上，不必移植驱动程序代码。硬件抽象层也支持对称多处理，并为了提升性能允许图形驱动程序和 I/O 驱动程序直接访问操纵硬件。

### 2. 执行体

在内核和设备驱动程序之上的部分是操作系统的上层部分，称为执行体。执行体由 C 语言编写，与硬件体系结构无关，从而只需少量改动就可移植到新机器上。执行体由对象管理程序、I/O 管理程序、进程管理程序、虚拟内存管理程序、安全管理程序、即插即用管理程序和本地过程调用管理程序多个部件组成。它们都是一个过程集合体，并合作完成向外部提供任一功能。实现从用户态导出并且可以调用的函数，这些函数的接口在 NTDLL. DLL 文件中，通过 Win32 API 或一些其他的环境子系统可以对它们进行访问，但通过任何文档化的子系统函数都不能使用。在核心态组件中没有文档化的函数可以被环境子系统调用。例如，在执行体内部使用的内部支持例程及组件内部的函数。

3. 设备驱动程序

设备驱动程序是可加载的核心态模块，是一组 I/O 系统和相关硬件之间的接口，管理上使用 WDM（Windows Drivers Model，Windows 驱动程序模型）以及加强的 WDM 方式。硬件设备驱动程序操作硬件；文件系统驱动程序接受面向文件的 I/O 请求，并把它们转化为对特殊设备的 I/O 请求；过滤器驱动程序截取 I/O 并在传递 I/O 到下一层之前执行某些特定处理。

4. 环境子系统

环境子系统是指将基本执行体的系统服务的某些子集以特定的形态展示给应用程序，且函数调用不能在不同子系统之间混用，因此每一个可执行的映像都受限于惟一的子系统。环境子系统是用户模式下的进程，它们在本机 Windows 2000 执行体服务之上，使 Windows 2000 能运行在其他操作系统上开发出来的程序。在 Windows 2000 中常用的三种环境子系统有：POSIX、OS/2 和 Win32（OS/2 只能用于 x86 系统），如图 7-3 所示。每个环境子系统提供一个 API（应用程序接口）或应用环境。

Win32 子系统是 Windows 2000 运行的基本条件之一，因而 Win32 子系统必须始终处于运行状态，其他子系统只是在需要时才被启动。

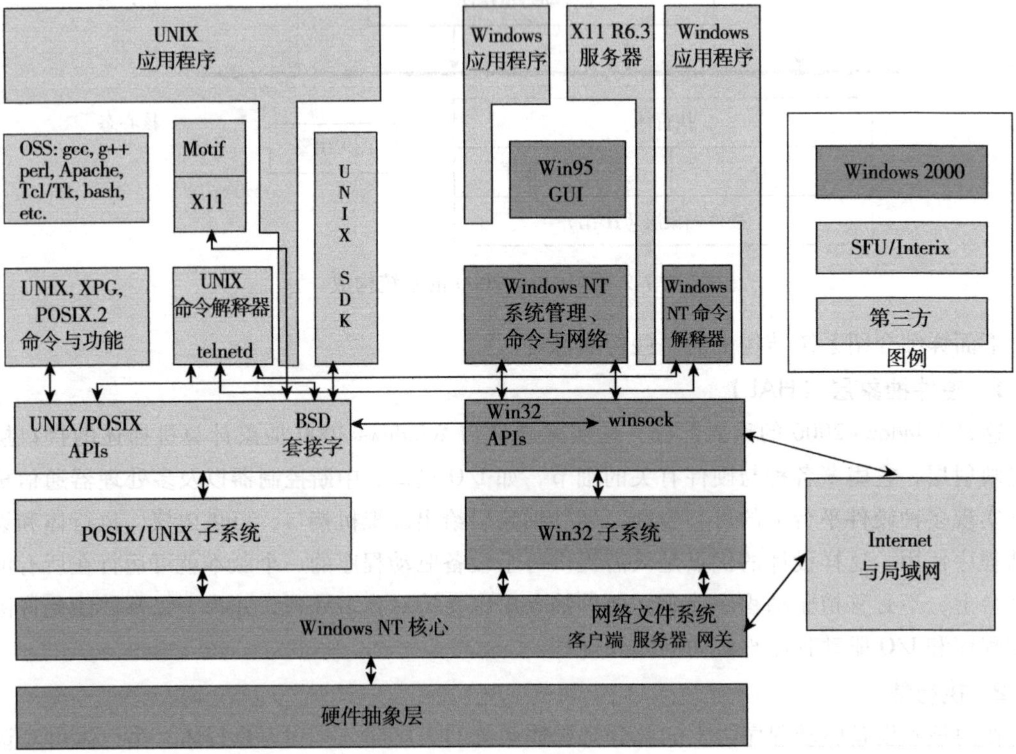


图 7-3 环境子系统示意图

### 5. NTDLL 子系统动态链接库

NTDLL. DLL 文件主要用于子系统动态链接库的特殊系统支持库。其功能是：提供系统调用入口；为子系统、子系统动态链接库及其他本机映像提供内部支持函数；NTDLL 也包含许多支持函数，如映像加载程序、堆管理器和 Win32 子系统进程通信函数以及通用运行库；还包含用户态异步过程调用（APC）调度器和异常调度器。

### 6. 系统支持进程

在执行体中系统运行的支持性的进程有：Idle 进程、系统进程、会话管理器（SMSS）、Win32 子系统（CSRSS）、登录进程（WINLOGIN）、本地安全身份验证服务器（LSASS）、服务控制器（SERVICES）及其相关的服务进程。

### 7. 服务进程

Win32 服务由三部分组成：服务应用程序、服务控制程序（SCP）和服务控制管理器（SCM）。这是 Windows 2000 服务的重要内容，Windows 2000 服务过程所经过的 4 个主要步骤如图 7-4 所示。

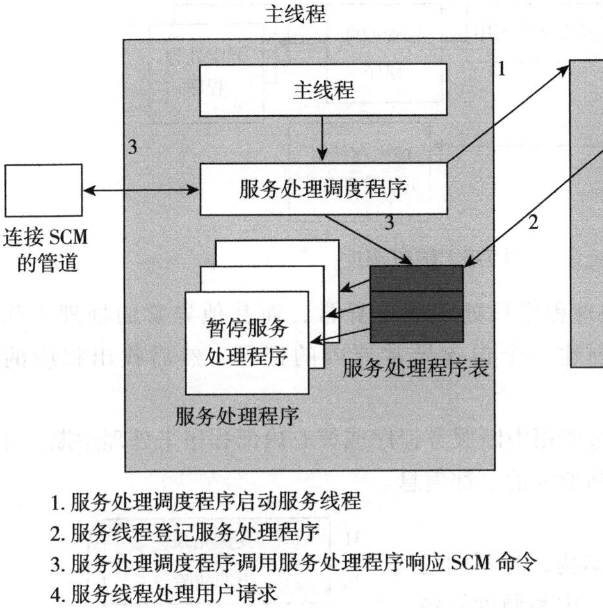


图 7-4　Windows 2000 服务进程

## 7.1.3 系统机制

Windows 2000 的系统运作由四种系统机制来完成，它们是陷阱调度、执行体对象管理器、同步、本地过程调用。

### 1. 陷阱调度

陷阱调度包括中断调度、延迟过程调用（Deferred Procedure Call，DPC）、异步过程调用（Asynchronous Procedure Call，APC）、异常调度（Exception Dispatching）和系统服务调度（System Service Dispatching）。陷阱调度的内容如图 7-5 所示。

Windows 2000 内核将程序执行中遇到的事件分为中断和异常两类事件。中断是异步事件，它可以在任意时刻发生，与处理器正在执行的内容无关。中断主要是由硬件引起的，如处理器时钟、定时器时钟、I/O 设备等。异常是同步事件，是某条特别指令执行的结果。在同样条件下使用相同的数据运行同样的程序可重复产生异常，如内存存取错误、除 0 出错等。当发生了中断和异常事件，且被系统捕捉到后，系统将执行线程从用户态切换到核心态，并将处理器控制权转交给操作系统中放在固定内存地址的陷阱（陷入）处理程序。

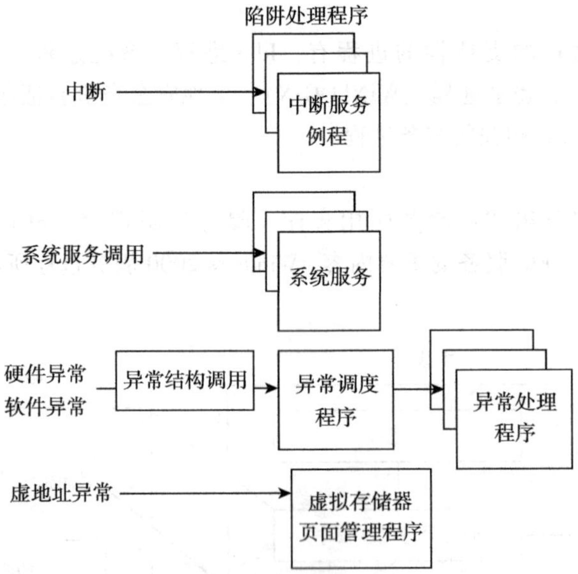


图 7-5　陷阱调度

可以看出，陷阱（陷入）处理程序只处理简单异常，而其他异常的处理工作由异常调度程序完成，且异常调度程序创建一个包含异常原因的记录，然后找出相应的异常处理程序。

另外，核心的中断调度器通过调用中断服务程序或核心内部程序来处理中断。中断被表示为中断对象，其中包含处理该中断所需的全部信息。

（1）中断调度

不同的处理器有不同的体系结构，有不同的中断类型和个数。为了可移植性，中断调度器将硬件中断映射到操作系统所识别的标准中断请求级（Interrupt Request Level，IRQL）。Windows 2000 中将中断请求级别划分为 32 个优先级别。0 级最低（正常线程执行），31 级最高（机器检查或总线错）。中断分为两类：硬件中断和软件中断。如图 7-6 所示。

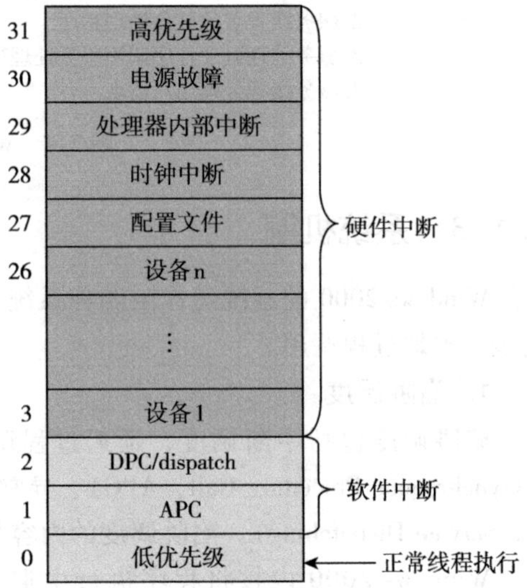


图 7-6　中断调度的优先级

核心使用中断调度表把每个中断级与其服务例程关联起来。中断是按优先级得到服务的，较高优先级中断可以抢先较低优先级中断的服务。当核心决定某个系统函数不是立即执行时，就生成一个延时过程调用（DPC）对象（其中包括执行函数的地址)，并产生一个延时过程调用中断。延时过程调用的标准中断请求级别比用户线程高，所以延时过程调用能够中断用户线程的执行。为避免出现问题，对延时过程调用进行了限制，即它们不能修改线程内存，不能创建、获得或等待对象，不能调用系统服务，不能产生页面故障。

在 Windows 2000 下的硬件中断处理过程是：首先，保存计算机的状态并禁用中断；然后，调用中断调度程序；提高处理器的 IRQL 到中断源的级别；再重新启用中断；在中断分配表中查找处理特定中断的例程；服务例程执行；降低处理器的 IRQL 到该中断发生前的级别；加载保存的机器状态；最后，中断返回。

在 Windows 2000 下对应的软件中断处理过程是：首先，由定时器产生一个中断信号延迟过程调用，将等待定时器的线程释放；当中断优先级低于 DPC / dispatch 的优先级时，延迟过程调用中断产生；此时在延迟过程调用中断之后，系统控制权交给调度程序；调度程序执行延迟过程调用队列中的每一个例程。这一过程请参考图 7-7 所示的软件中断的处理情况。

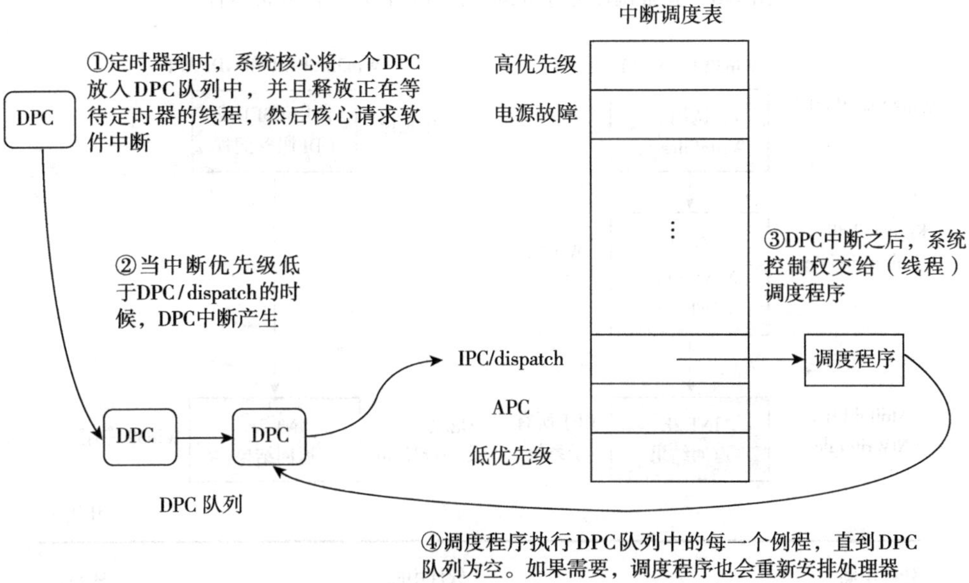


图 7-7　软件中断的处理——延迟过程调用

(2) 异常调度

异常调度是指在 Windows 2000 中用于处理由硬件或软件产生的异常事件，异常直接由运行程序的执行产生。除了那些可由陷阱处理程序解决的简单异常外，所有异常都是由异常调度程序接管。其处理的过程是：先进行结构化异常处理，调用基于框架的异常处理程序，运行异常调度过程。图 7-8 给出了异常调度程序处理软件或硬件产生的异常事件。

(3) 系统服务调度

在 Intel x86 处理器上执行 int 2E 指令或在 Alpha 处理器上执行 syscall 指令都会引起系统服务调度。系统服务调度程序将依次完成下面几件事：校验参数，将调用者的参数从线程的用户堆栈复制到它的核心堆栈中；执行系统服务；返回结果。图 7-9 给出了 Intel x86 处理器上执行 int 2E 指令的过程示意。

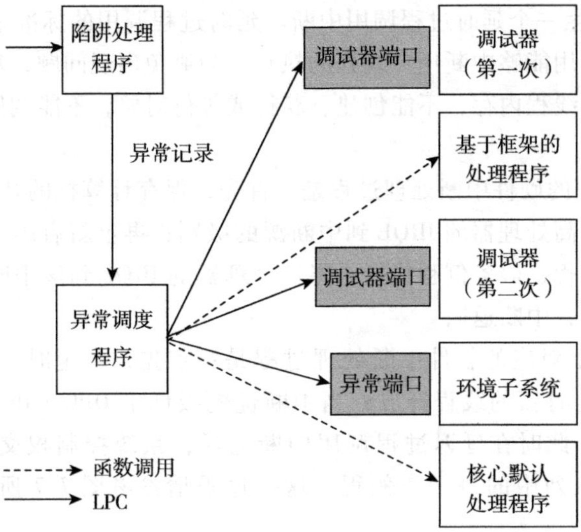


图 7-8 异常调度程序处理软件或硬件产生的异常事件

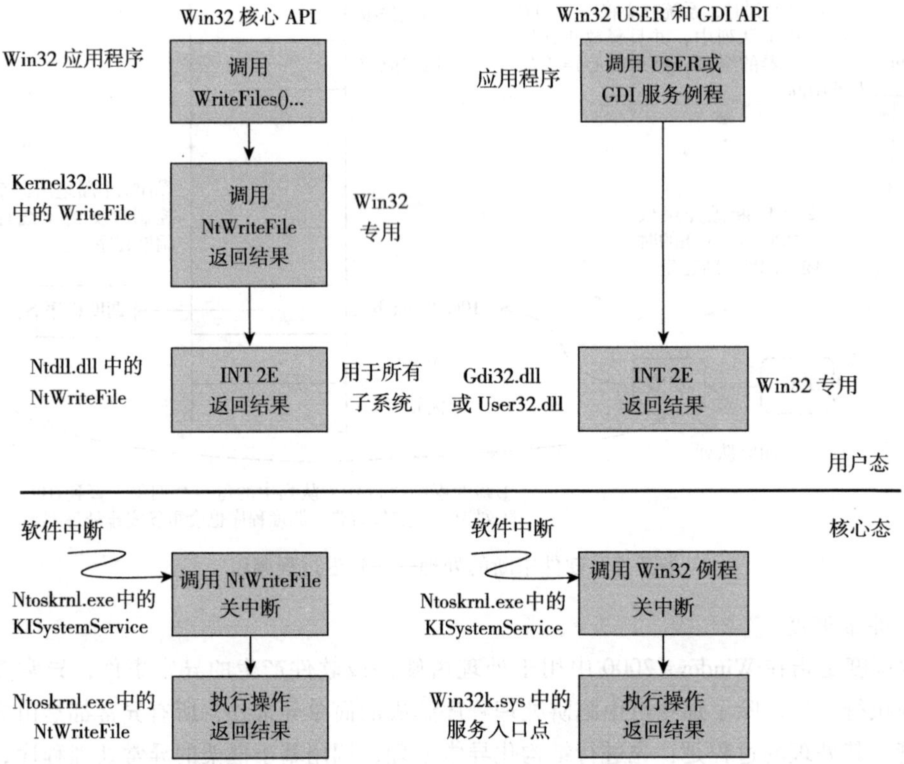


图 7-9 Intel x86 处理器上执行 int 2E 指令

### 2. 执行体对象管理器

第二个机制是执行体对象管理器（Executive Object Manager），它是执行体组件之一，用于创建、删除、保护和跟踪对象，并提供使用系统资源的公共、一致的机制；另外，它还用于实现对象的集中保护；实现资源的访问控制。对象管理器有一套对象命名方案和统一的保留规则，能够容易地操纵现有对象。

执行体对象由执行体的各种组件实现，由进程管理器、内存管理器、I/O 子系统等组成。内核对象是由内核实现的原始的对象集合，内核对象提供了一些基本性能，许多执行体对象内包含着一个或多个内核对象。这些对象对用户态代码是不可见的，它们仅在执行体内创建和使用。

对象命名的方法是设置若干用于对象的属性，其中主要由对象头（存储对象管理信息和描述信息）、类型对象（保存特定对象类型的类型信息）、对象的生存周期、对象方法、对象句柄、对象安全、配额和资源记账等构成。

3. 同步

在 Windows 2000 中同步（Synchronization）包括自旋锁（Spinlock）、内核调度程序对象（Kernel Dispatcher Objects）。这里所说的同步机制，是由内核同步和执行体同步构成。

内核同步的操作对象是内核的临界区，该区是修改共用数据结构的代码段，该临界区工作中最大的问题是中断，解决的方法一般采用自旋锁，使用临界区的管理避免产生不必要的影响。为说明这一问题请参考图 7-10 所描述的内容。

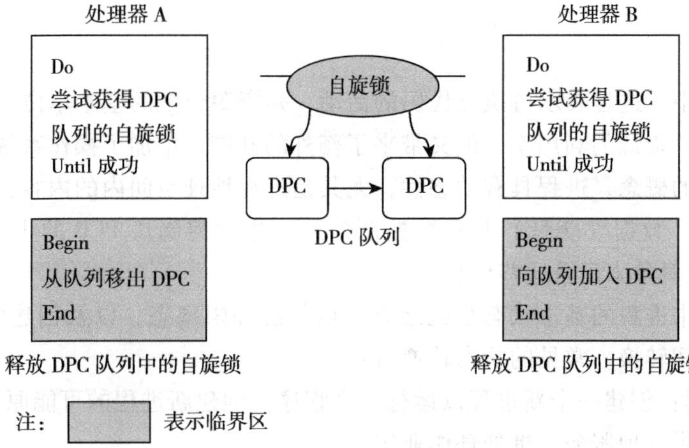


图 7-10 内核同步

执行体同步在实现过程中要解决好如下几个关键问题：被保护的资源必须被快速访问，并且没有与其他代码的复杂交互作用；自旋锁使用在限制范围内；调度程序对象的使用正确；临界区代码不能换出内存，不能引用可分页数据，不能调用外部程序（包括系统服务），不能生成中断或异常情况等。

4. 本地过程调用

本地过程调用（Local Procedure Call，LPC）是一个用于高速信息传送的进程间通信机制（使用共享内存）。LPC 常常被使用在一个服务器进程与该服务器的一个或多个客户进程之间，或在两个用户态进程之间，或一个核心态组件和一个用户态进程之间。本地过程调用常被视作经过高度优化的 RPC 的本地版本。LPC 中提供三种交换信息的方法：

方法一：使用包含信息的缓冲区调用 LPC 可以发送少于 256 字节的信息，然后，这个信息又从发送进程的地址空间复制到系统地址空间，再从那里复制到接收进程的地址空间。

方法二：如果用户和服务器想交换大于 256 字节的数据，那么它们可以选择使用双方都映射了的共享区，发送方将信息数据放到共享区，然后向接收方发送一小段信息表明在共享区的什么地方可以找到数据。

方法三：当服务器想读/写大量数据，而共享区又太小时，数据可以直接从客户地址空间读出或向客户地址空间写入。这是在 Win32 系统中采用的一种优化的本地过程调用消息传递形式。

## 7.2 Windows 2000 进程管理

进程的管理是处理器调度的核心内容之一。进程是操作系统中资源分配的最小单位，进程本身就是由于程序的并发执行所引出的概念。程序的并发执行，使得一个程序不能从头至尾不间断地执行完，而是处在走走停停的状况，从而使进程有了不同的状态。线程的引入解决了处理器确定谁是最小执行单位的问题，区别了执行调度和资源分配。线程是比进程粒度更细的调度单位，在多处理器系统中，同一个任务中的若干个线程是可以并行执行的；而在单处理器系统中，线程仍是并发执行的，一个线程也是处在走走停停的不断变化的状态中。

进程和线程、进程和进程、线程和线程之间的通信是非常重要的学习内容，下面我们一起来讨论 Windows 2000 进程和线程相关的内容。

### 7.2.1 进程

Windows 2000 中，进程表示可执行代码的活动，是资源分配的基本单位。引入进程的并发执行可以提高对硬件资源的利用率，但又带来了额外的开销，增加了操作系统的复杂性。作为描述程序执行过程的概念，进程具有动态性，尤其是进程地址空间内的内容，包括指令执行和处理器状态的改变、数据（变量）和系统控制信息（进程控制块 PCB 的生成和删除）。Windows 2000 使用进程对象来记录这些信息。

Windows 2000 中进程的基本状态是就绪态、运行态和阻塞态，以及创建状态和退出状态，进程在这些状态之间转换。常见的状态转换有：

1）创建新进程：创建一个新进程以运行一个程序。创建新进程的可能原因包括用户登录、操作系统创建以提供某项服务、批处理作业等。

2）收容（Admit，也称为提交）：收容一个新进程，进入就绪状态。由于性能、内存等原因，系统会限制并发进程总数。

3）调度运行（Dispatch）：从就绪进程表中选择一个进程，进入运行状态。

4）释放（Release）：由于进程完成或失败而终止进程运行，进入退出状态。运行到退出的转换可分为正常退出（Exit）和异常退出（Abort），其中异常退出是指由于进程执行超时、内存不够、非法指令或地址访问、I/O 操作失败、被其他进程所终止等原因而退出。从就绪或阻塞状态到退出状态的释放转换可能是由于多种原因引发，如父进程可在任何时间终止子进程。

5）超时（Timeout）：由于用完时间片或高优先级进程就绪等原因导致进程暂停运行。

6）事件等待（Event Wait）：进程要求的事件未出现而进入阻塞，可能的原因包括申请系统服务或资源、通信、I/O 操作等。

7）事件出现（Event Occurs）：进程等待的事件出现，如操作完成、申请成功等。操作系统要解决的一个重要问题是当一个事件出现时如何检查阻塞进程表中的进程状态，当进程多时这对系统性能影响很大，一种可能的做法是按等待事件类型排成多个队列。

在操作系统中引入虚拟存储管理技术后，需要进一步区分进程的地址空间状态，从而需要引入新的状态——挂起状态。

挂起状态使得原来的就绪状态和阻塞状态的意义也发生了一些变化。①就绪状态：进程在内存且可立即进入运行状态。②阻塞状态：进程在内存并等待某事件的出现。③阻塞挂起状态：进程在外存并等待某事件的出现。④就绪挂起状态：进程在外存，但只要进入内存即可运行。

新引入的状态转换有挂起和激活两类，意义有变化的状态转换有事件出现和收容两类。

1）挂起（Suspend）：把一个进程从内存转到外存。可能有以下几种情况：

- 阻塞到阻塞挂起：没有进程处于就绪状态或就绪进程要求更多内存资源时，会进行这种转换，以提交新进程或运行就绪进程。
- 就绪到就绪挂起：当有高优先级阻塞（系统认为会很快就绪的）进程和低优先级就绪进程时，系统会选择挂起低优先级就绪进程。
- 运行到就绪挂起：对抢先式分时系统，当有高优先级阻塞挂起进程因事件出现而进入就绪挂起时，系统可能会把运行进程转到就绪挂起状态。

2）激活（Activate）：把一个进程从外存转到内存。可能有以下几种情况：

- 就绪挂起到就绪：就绪挂起进程优先级高于就绪进程或没有就绪进程时，会进行这种转换。
- 阻塞挂起到阻塞：当一个进程释放足够内存时，系统会把一个高优先级阻塞挂起进程激活，系统认为会很快出现该进程所等待的事件。

3）事件出现：进程等待的事件出现，如操作完成、申请成功等。可能的情况有：

- 阻塞到就绪：针对内存进程的事件出现。
- 阻塞挂起到就绪挂起：针对外存进程的事件出现。

4）收容：收容一个新进程，进入就绪状态或就绪挂起状态。进入就绪挂起的原因是系统希望保持一个大的就绪进程表（挂起和非挂起）。

## 7.2.2　进程互斥和同步

进程的基本概念在操作系统原理课程上已经介绍过了，那么在具体的操作系统中，有了进程对象后进程的并发现象将不可避免，如何解决并发带来的与时间有关的问题，即互斥和同步问题及用户如何与进程通信呢？

Windows 2000 为用户提供了对互锁变量、信号量对象、互斥对象、临界区对象、事件对象等的 API 调用，可以方便用户实现进程间的互斥和同步，而无需深入互斥和同步的具体实现。另外，提供的信号（signal）通信方式，实现进程向外界通信，使得外界用户可以通过信号来处理进程。下面介绍这些对象和信号。

### 1. 互斥和同步的相关对象

在 Windows 2000 中提供了互斥对象、信号量对象和事件对象三种同步对象和相应的系统调用，用于进程和线程同步。从本质上讲，这组同步对象的功能是相同的，它们的区别在于适用场合和效率会有所不同。

对象中的对象名称和状态，分别用于识别和引用。对象名称是用户给出的字符串。不同进程中用同样的名称来创建或打开对象，从而获得该对象在本进程的句柄。对象状态可分成可用和不可用两种。对象可用即激发状态表示该对象不被任何线程使用或所有；而对象不可用即未激发状态表示该对象被某线程使用。

另外，互锁变量访问是最基本的互斥手段，其他的互斥和共享机制都是以它为基础。它相当于硬件 TS 指令。互锁变量访问用于对整型变量的操作，可避免线程间切换对操作连续性的影响。访问这组互锁变量的 API（应用程序接口）包括：

1）InterlockedExchange　进行 32 位数据的先读后写原子操作；

2）InterlockedExchangePointer　对指针的 Exchange 原子操作；

3）InterlockedCompareExchange　依据比较结果进行赋值的原子操作；

4）InterlockedCompareExchangePointer　对指针的 CompareExchange 原子操作；

5）InterlockedExchangeAdd　先加后存结果的原子操作；

6）InterlockedDecrement　先减 1 后存结果的原子操作；

7）InterlockedIncrement　先加 1 后存结果的原子操作。

临界区对象（Critical Section），只能用于在同一进程内使用的临界区，同一进程内各线程对它的访问是互斥进行的。对临界区对象的管理有一组相关 API 函数，包括：InitializeCriticalSection 对临界区对象进行初始化；EnterCriticalSection 等待占用临界区的使用权，得到使用权时返回；TryEnterCriticalSection 非等待方式申请临界区的使用权，申请失败时返回 0；LeaveCriticalSection 释放临界区的使用权；DeleteCriticalSection 释放与临界区对象相关的所有系统资源。

信号量对象（Semaphore），其取值在 0 到指定最大值之间，用于限制并发访问的线程数。有关的 API 函数包括：CreateSemaphore 创建一个信号量对象，指定最大值和初值并返回对象句柄；OpenSemaphore 返回一个已存在的信号量对象的句柄，用于后续访问；ReleaseSemaphore 释放对信号量对象的占用。

互斥对象（Mutex），相当于互斥信号量，在一个时刻只能被一个线程使用。有关的 API 函数包括：CreateMutex 创建一个互斥对象，返回对象句柄；OpenMutex 打开并返回一个已存在的互斥对象的句柄，用于后续访问；ReleaseMutex 释放对互斥对象的占用，使之成为可用。

事件对象（Event），相当于“触发器”，可用于通知一个或多个线程某事件的出现。有关的 API 函数包括：CreateEvent 创建一个事件对象，返回对象句柄；OpenEvent 返回一个已存在的事件对象的句柄，用于后续访问；SetEvent 和 PulseEvent 设置指定事件对象为可用状态；ResetEvent 设置指定事件对象为不可用状态，手工复位，并唤醒所有等待线程。

### 2. 信号

Windows 2000 的信号（signal）是进程与外界的一种低级通信方式。进程可发送信号，每个进程都有指定信号处理例程。信号通信是单向和异步的。Windows 2000 有两组与信号相关的系统调用，分别处理不同的信号，它们是 SetConsoleCtrlHaldler 和 GenerateConsoleCtrlEvent、signal 和 raise。表 7-1 给出了由 SetConsoleCtrlHandler 和 GenerateConsoleCtrlEvent 处理的五种信号。

**表 7-1　由 SetConsoleCtrlHandler 和 GenerateConsoleCtrlEvent 处理的五种信号**

| | |
|---|---|
| CTRL_C_EVENT | 收到 CTRL + C 信号 |
| CTRL_BREAK_EVENT | 收到 CTRL + BREAK 信号 |
| CTRL_CLOSE_EVENT | 当用户关闭控制台时系统向该控制台的所有进程发送的控制台关闭信号 |
| CTRL_LOGOFF_EVENT | 用户退出系统时系统向所有控制台进程发送的退出信号 |
| CTRL_SHUTDOWN_EVENT | 系统关闭时向所有控制台进程发送的关机信号 |

在 Windows 2000 的信号中，signal 用于设置中断信号处理例程及相关信息的设定和处理，如 SIGINT（CTRL + C）、SIGABRT 异常中止等信号的处理。而 raise 则具有给本进程发送一个信号的功能。表 7-2 给出了由 signal 和 raise 处理的六种信号。

表 7-2 由 signal 和 raise 处理的六种信号

| | |
|---|---|
| SIGABRT | 非正常终止 |
| SIGFPE | 浮点计算错误 |
| SIGILL | 非法指令 |
| SIGINT | CTRL + C 信号（对 Win32 无效） |
| SIGSEGV | 非法存储访问 |
| SIGTERM | 终止请求 |

### 7.2.3 线程

Windows 2000 用进程和线程概念表示可执行代码的活动。在 Windows 2000 中，线程是可被内核调度的执行单位。每个进程有一个或多个线程。Windows 2000 的处理器调度的调度对象是线程。Windows 2000 的线程调度并不是单纯使用某一种调度算法，而是多种算法的综合体，针对实际系统的需要进行针对性的优化和改进。

Windows 2000 的线程是内核线程，系统的处理器调度对象为线程。Windows 2000 把线程状态分成下面七种状态，与单挂起进程模型很相似，它们的主要区别在于从就绪状态到运行状态的转换中多了一个备用状态，以此来优化线程的抢先特征。当一个程序创建一个新线程后，这个线程开始了其“生命周期”，有几个可能的状态过程。这些状态主要有：①创建和初始化线程对象；②等待运行的就绪状态；③优先级最高的就绪线程转为备用状态，即下一个要运行的线程，要说明的是在多处理器系统中，每个处理器上只能有一个线程处于备用状态；④运行态，是指线程处于处理器上运行，直至出现被更高优先级线程抢占、终止、时间片用完、调用用于 I/O 等阻塞式系统调用为止的状态；⑤等待信号的等待态；⑥为等待执行时所需资源时的转换态；⑦执行完成后的终止态。图 7-11 显示了 Windows 2000 的线程状态及这些状态之间的转换情况。

Windows 2000 中线程控制采用的系统调用有如下四种：

1）CreateThread 完成线程创建，在调用进程的地址空间上创建一个线程，以执行指定的函数；它的返回值为所创建线程的句柄。

2）ExitThread 用于结束当前线程。

3）SuspendThread 可挂起指定的线程。

4）ResumeThread 可激活指定线程，它的对应操作是递减指定线程的挂起计数，当挂起计数减为 0 时，线程恢复执行。

Windows 2000 严格基于线程的优先级来确定哪一个线程将占用处理器并进入运行状态。线程的优先级分为 32 个级别，这些级别又划分为两大类：实时优先级类和可变优先级类。前者的优先级为 16 ~ 31，后者的优先级为 1 ~ 15，优先级 0 由系统保留。要说明的是 Windows 2000 在单处理器系统和多处理器系统中的线程调度是不同的。这些线程的优先级在执行过程中可以动态调整，每个调度优先级有一个队列。调度的实现是事件驱动的，这些引起调度程序重新调度的时机和事件有：①当线程变为就绪时；②当线程的时间段（片）结束或线程终止时；

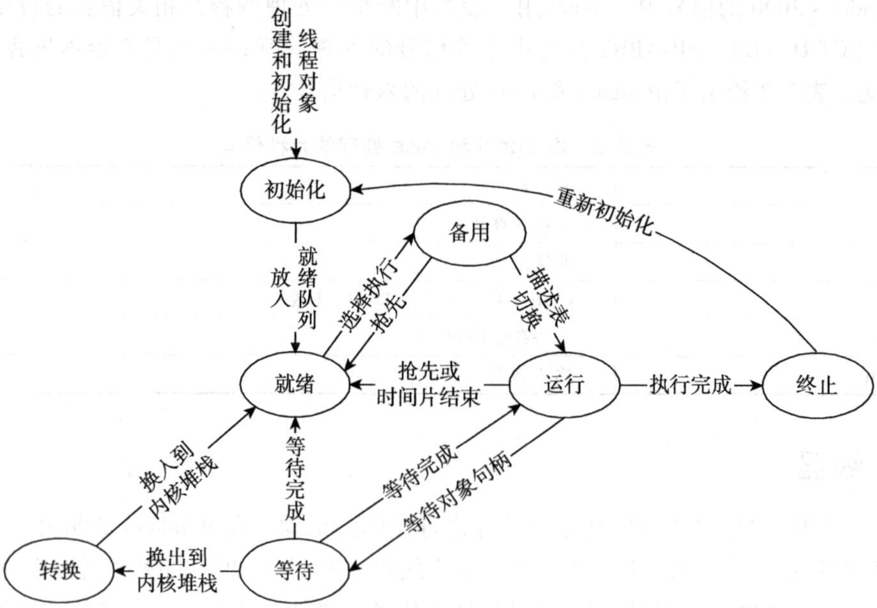


图 7-11 Windows 2000 的线程状态

③当调度程序或执行体改变线程优先级时；④当执行体或应用程序改变正在运行线程的处理器族时。

另外，系统工作线程用于代表其他线程履行职责，完成大量对线程的调度和管理工作。有以下三种系统工作线程。

1）延迟工作线程运行在优先级 12，处理非时间关键的工作项，它们的堆栈在等待工作项时可以被换出到页交换文件。

2）关键工作线程运行在优先级 13，处理时间关键的工作项，在 Windows Server 2000 中它们的堆栈始终在物理内存中。

3）一个单独的高度关键工作线程运行在优先级 15，堆栈也始终在物理内存中，处理器管理器使用这种工作线程的"收割机"功能释放终止的线程。

还要强调的是，内核的线程调度程序采用可抢占的动态优先级调度算法，调度程序按线程的优先级顺序调度线程的执行，最初线程的优先级从创建它的进程那里得到，线程继承该基本优先级，且能将它改为稍高或稍低的优先级，这就确定了线程开始执行时的调度优先级。线程进入就绪队列时要提高其优先级，另外线程在执行时可以变化其优先级。随着线程在处理器上执行时间的延长其优先级将逐渐下降，直至其基本优先级。

## 7.3 Windows 2000 内存管理

### 7.3.1 概述

存储管理是操作系统一个不可缺少的功能，在 Windows 2000 中我们介绍其组成、分配和保护机制。

1. 组成部分

Windows 系统中存储器管理由一组执行体系统服务程序、一个转换无效和访问错误陷阱处理程序和六个关键的组件组成。

执行体系统服务程序用于虚拟内存的分配、回收和管理。大多数这些服务都是通过 Win32 API 或在内核态的设备驱动程序中以接口形式出现。

转换无效和访问错误陷阱处理程序用于解决硬件监测到的内存管理异常，并代表进程将虚拟页面装入内存。

六个关键组件有：工作集管理器、进程/堆栈交换程序、已修改页面写入器、映射页面写入器、废弃段线程、零页线程。

### 2. 内存分配方式

Windows 2000 的内存分配使用三组函数实现：以页为单位的虚拟内存函数（Virtualxxx）；内存映射文件函数（CreateFileMapping，MapViewOfFile）；堆函数（Heapxxx）。

Windows 2000 对系统内存的分配主要采用两种方式：

1）非分页缓冲池方式由系统虚拟地址组成，它们长期驻留在物理内存中，在任何时候都可以被访问到（从任何 IRQL 级和任何进程上下文），而不会发生页错误。

2）分页缓冲池方式是指系统中可以被分配的页与系统空间中虚拟内存组成的一个区域。如果执行体系统服务程序不必从延迟过程调用或更高一级去访问内存的设备驱动程序，可以使用分页缓冲池。

### 3. 内存保护机制

在 Windows 2000 中，所有系统范围内的核心态组件使用的数据结构和内存缓冲池只能在核心态下被访问。每个进程有一个独立、私有的地址空间，禁止其他进程的线程访问。内存保护的支持提供了内存保护措施（如读/写、只读等）。共享内存区域对象具有标准的 Windows 2000 存取控制表。系统内存的地址变换机制如图 7-12 所示。

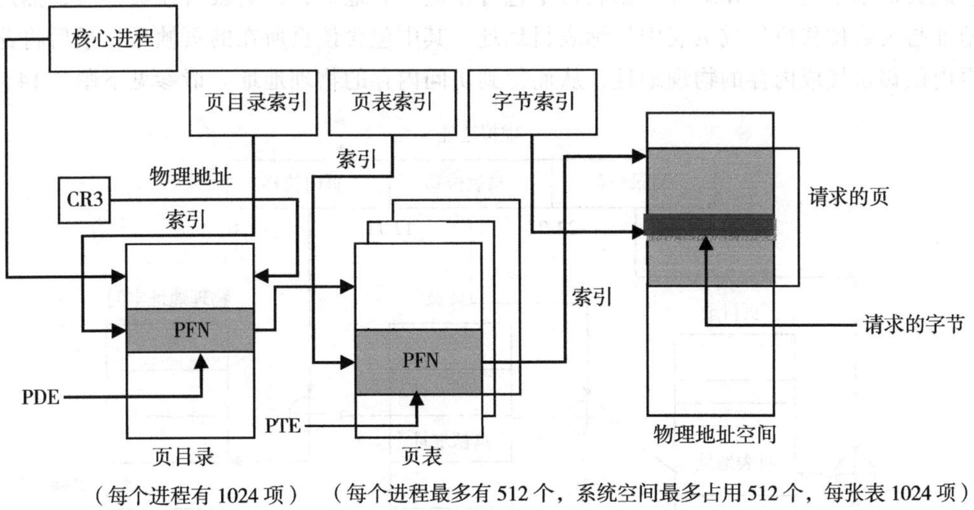


图 7-12　地址变换机制

### 4. 虚拟存储管理

虚拟存储管理程序使用 32 位地址，每个进程有 4GB 的虚拟地址空间。如图 7-13 虚拟地址空间所示。

高地址部分保留给系统使用，低地址部分是用户存储区，它们各占 2GB。用户存储区可被用户态和核心态线程存取，并对每个进程都是惟一的；系统存储区只能供核心态线程存取，且对所有进程都相同。另外，在 Windows 2000 的某些配置只保留 1GB 供操作系统使用，从而允许对应的进程使用剩下的 3GB 的地址空间。右图中，系统区由固定页面区、页交换区和直接映射区组成。固定页面区中的内容是从来不被换出内存的页面，是系统中需常驻内存的系统代码。页交换区用于存放可以按页面交换到磁盘的系统代码和数据。直接映射区存放核心代码和数据，永远不会交换出内存；其由硬件直接映射，即处理器把这个范围的虚拟地址的最高三位清零，把剩余的位作为物理地址，这样处理后对这个范围的寻址由硬件转换且永不失效，从而存取这个区域的数据特别快。通常用它存放 Windows 2000 内核中频繁使用的、要求响应速度快的代码，如处理器中调度线程执行的那些代码。

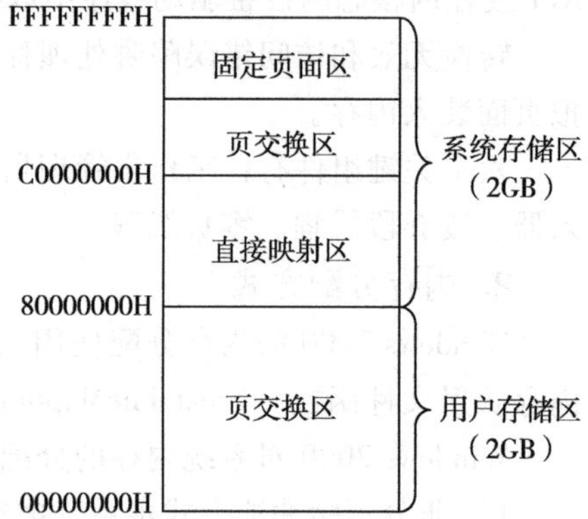

图 7-13　虚拟地址空间

在 Windows 2000 中，采用请求分页的虚拟存储管理技术，页帧和页面的大小均为 4KB。Windows 2000 的地址机构不同于传统的页面地址转换机构，它采用二级页表结构。第 1 级称页目录，每个进程有一个页目录。每个页目录均包含 1024 个表目，每个表目指向第 2 级页表的起始地址（即每个页表的地址）。第 2 级页表中也包含 1024 个表目，每个表目指向实际的页帧地址，每个表目的大小是 4B，每个 2 级页表均为 4KB 大小，恰好占一个页帧。当给定虚拟地址后，这个地址被自动分为三部分：页内位移（第 0 ~ 11 位，共 12 位）、页表位移（第 12 ~ 21 位，共 10 位）、目录位移（第 22 ~ 31 位，共 10 位）。地址转换机构将页目录地址与目录位移拼接成页目录中表目所在地址，该表目中包含相应页表地址，即页表所在页帧号；然后将此页表地址与页表位移拼接成页表中目标表目地址，其中包含该页所在的页帧号；最后将此页帧号与页内位移拼接成内存的物理地址，从而得到访问内存的物理地址。请参见下图 7-14。

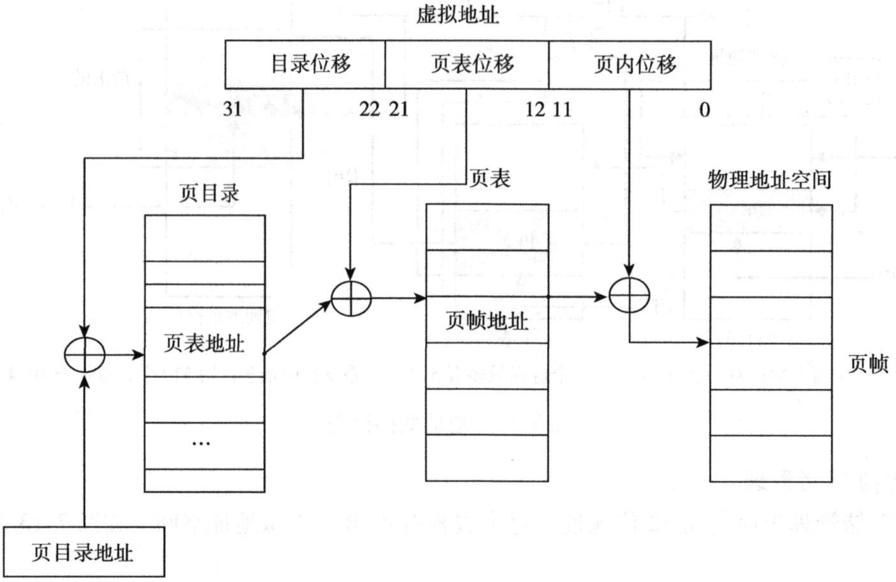

图 7-14　二级页表地址转换机构

Windows 2000 中采用二级页表结构的目的是为了减少每个进程页表所占用的内存空间。虚拟存储管理程序并不把所有页表都放在内存，而是根据需要把这些页表换入、换出内存。为解决二级页表结构可能带来的内存访问速度的问题，Windows 2000 采取了两个有力措施：快表和高速缓冲存储器。

## 7.3.2 内存对象

内存管理对于编写出高效率的 Windows 程序是非常重要的，这是因为 Windows 是多任务系统，它的内存管理与单任务的 DOS 相比有很大的差异。DOS 是单任务操作系统，应用程序分配到内存后，如果它不主动释放，系统是不会对它作任何改变的；但 Windows 却不然，它在同一时刻可能有多个应用程序共享内存，有时为了使某个任务更好地执行，Windows 系统可能会对其他任务分配的内存进行移动甚至删除。因此，我们在 Windows 应用程序中使用内存时，要遵循 Windows 内存管理的一些约定，以尽量提高 Windows 内存的利用率。

Windows 应用程序可以申请分配属于自己的内存块，内存块是应用程序操作内存的单位，它也称做内存对象，在 Windows 中通过内存句柄来操作内存对象。内存对象根据分配的范围可分为全局内存对象和局部内存对象；根据性质可分为固定内存对象、可移动内存对象和可删除内存对象。

### 1. 固定、可移动和可删除内存对象

固定内存对象，特别是局部固定内存对象和 DOS 的内存块很类似，它一旦分配就不会被移动或删除，除非应用程序主动释放它。

可移动内存对象没有固定的地址，Windows 系统可以随时把它们移到一个新地址。内存对象的可移动使得系统能有效地利用自由内存。

可删除内存对象与可移动内存对象很相似，它可以被移动，并且当需要大的内存空间满足新的任务时，它可以将可删除内存对象的长度置为 0，并丢弃内存对象中的数据。

可移动内存对象和可删除内存对象在存取前必须使用内存加锁函数将其锁定，锁定了的内存对象不能被移动和删除。因此，应用程序在使用完内存对象后要尽可能快地为内存对象解锁。内存需要加锁和解锁增加了程序员的负担，但是它却极大地改善了内存利用的效率。

### 2. 局部内存对象和全局内存对象

上述内存对象分布在内存的不同堆中：局部堆和全局堆。为管理这些内存对象，下面介绍局部内存对象管理和全局内存对象管理。

(1) *局部内存对象管理*

局部内存对象在局部堆中分配，局部堆是应用程序独享的自由内存，它只能由应用程序的特定实例访问。局部堆建立在应用程序的数据段中，因此，用户可分配的局部内存对象的最大内存空间不能超过 64KB。局部堆由 Windows 应用程序在模块定义文件中用 HEAPSIZE 语句申请，HEAPSIZE 指定以字节为单位的局部堆初始空间尺寸。Windows 提供了一系列函数来操作局部内存对象。

1）分配局部内存对象。LocalAlloc 函数用来分配局部内存，它在应用程序局部堆中分配一个内存块，并返回内存块的句柄。LocalAlloc 函数可以指定内存对象的大小和特性，其中主要特性有固定的（LMEM_FIXED）、可移动的（LMEM_MOVEABLE）和可删除的（LMEM_DISCARDABLE）。如果局部堆中无法分配申请的内存，则 LocalAlloc 函数返回 NULL。

2）加锁与解锁。在使用可移动和可删除内存对象时，就要经常用到对内存对象的加锁与解锁。不管是可移动对象还是可删除对象，在它分配后其内存句柄是不变的，它是内存对象的恒定引用。但是，应用程序无法通过内存句柄直接存取内存对象，应用程序要存取内存对象还必须获得它的近地址，这通过调用 LocalLock 函数实现。LocalLock 函数将局部内存对象暂时固定在局部堆的某一位置，并返回该地址的近地址值，此地址可供应用程序存取内存对象使用，它在应用程序调用 LocalUnlock 函数解锁此内存对象之前有效。

3）修改局部内存对象。局部内存对象分配之后，还可以调用 LocalReAlloc 函数进行修改。LocalReAlloc 函数可以改变局部内存对象的大小而不破坏其内容：如果比原来的空间小，则 Windows 将对象截断；如果比原来大，则 Windows 将增加区域填 0（使用 LMEM_ZEROINIT 选项），或者不定义该区域内容。另外，LocalReAlloc 函数还可以改变对象的属性，如将属性从 LMEM_MOVEABLE 改为 LMEM_DISCARDABLE，或反过来，此时必须同时指定 LMEM_MODIFY 选项。但是，LocalReAlloc 函数不能同时改变内存对象的大小和属性，也不能改变具有 LMEM_FIXED 属性的内存对象和把其他属性的内存对象改为 LMEM_FIXED 属性。

4）释放与删除。分配了的局部内存对象可以使用 LocalDiscard 和 LocalFree 函数来删除和释放，删除和释放只有在内存对象未锁住时才有效。LocalFree 函数用来释放局部内存对象，当一个局部内存对象被释放时，其内容从局部堆移走，并且其句柄也从有效的局部内存表中移走，原来的内存句柄变为不可用。LocalDiscard 函数用来删除局部内存对象，它只移走对象的内容，而保持其句柄有效，用户在需要时，还可以使用此内存句柄用 LocalReAlloc 函数重新分配一块内存。

另外，Windows 2000 还提供了函数 LocalSize 用于检测对象所占空间；函数 LocalFlags 用于检测内存对象是否可删除、是否已删除，及其锁计数值；函数 LocalCompact 用于确定局部堆的可用内存。

（2）全局内存对象管理

全局内存对象在全局堆中分配。一般来说，应用程序在全局堆中进行大型内存分配（约大于 1KB），在全局堆还可以分配大于 64KB 的巨型内存。

1）分配全局内存对象。全局内存对象使用 GlobalAlloc 函数进行分配，它和使用 LocalAlloc 分配局部内存对象很相似。

2）加锁与解锁。全局内存对象使用 GlobalLock 函数加锁，所有全局内存对象在存取前都必须加锁。GlobalLock 将对象锁定在内存固定位置，并返回一个远指针，此指针在调用 GlobalUnlock 之前保持有效。GlobalLock 和 LocalLock 稍有不同，因为全局内存对象可能被多个任务使用，因此在使用 GlobalLock 加锁某全局内存对象时，对象可能已被锁住，为了处理这种情况，增加了一个锁计数器。当使用 GlobalLock 加锁全局内存对象时，锁计数器加 1；使用 GlobalUnlock 解锁对象时，锁计数器减 1，只有当锁计数器为 0 时，才真正解锁此对象。

3）修改全局内存对象。修改全局内存对象使用 GlobalReAlloc 函数，它和 LocalReAlloc 函数很类似，这里不再赘述。修改全局内存对象的特殊之处在于对巨型对象的修改上，这一点我们将在后面讲述。

4）内存释放及其他操作。全局内存对象使用 GlobalFree 和 GlobalDiscard 函数来释放与删除，其作用与 LocalFree 和 LocalDiscard 类似。GlobalSize 函数可以检测内存对象大小；GlobalFlags 函数用来检索对象是否可删除、是否已删除等信息；GlobalCompact 函数可以检测全局堆可用内存大小。

5）巨型内存对象。如果全局内存对象的大小为 64KB 或更大，那它就是一个巨型内存对象，使用 GlobalLock 函数加锁巨型内存对象将返回一个巨型指针。巨型内存对象的修改有一点特殊性，当对象大小增加并超过 64KB 的倍数时，可能要为重新分配的内存对象返回一个新的全局句柄。

## 7.3.3 动态链接库

使用动态链接库（DLL）是 Windows 的一个很重要的特点，它使得多个 Windows 应用程序可以共享函数代码、数据和硬件，这可以大大提高 Windows 内存的利用率。

动态链接库是一个可执行模块，它包含的函数可以由 Windows 应用程序调用执行，为应用程序提供服务。它和我们以前用的 C 函数库相比，在功能上是类似的，其主要区别是动态链接库在运行时链接，C 函数库（静态链接库）是在生成可执行文件时由连接器（LINK）链接。静态链接库中的代码在应用程序生成以后已经链接到应用程序模块之中，但动态链接库中的代码只有在应用程序要用到该代码段时才动态调入 DLL 中的相应代码。Windows 在链接生成应用程序时，如果使用动态链接库函数，连接器并不复制 DLL 中的任何代码，它只是将引入库中指定所需函数在 DLL 中位置的信息复制在应用程序模块中，当应用程序运行时，这些定位信息在可执行应用程序和动态链接库之间建立动态链接。静态库、引入库和动态库之间的区别如表 7-3 所示。

**表 7-3 静态库、引入库和动态库之间的区别**

| 库类型 | 连接时间 | 范例库 | 函数范例 | 说明 |
|---|---|---|---|---|
| 静态库 | 连接时 | MLIBCEW. LIB | strcpy | 函数代码 |
| 引入库 | 连接时 | LIBW. LIB | TextOut | 定位信息 |
| 动态库 | 运行时 | GDI. EXE | TextOut | 函数代码 |

DLL 不能独立执行，也不能使用消息循环。每个 DLL 都有一个入口点和一个出口点，具有自己的实例句柄、数据段和局部堆，但 DLL 没有堆栈，它使用调用程序的堆栈。DLL 也包括有 . C 文件、. H 文件、. RC 文件和 . DEF 文件，另外，在连接时一般要加入 SDK 库中的 LIBENTRY. OBJ 文件。

### 1. 创建动态链接库

要创建动态链接库，至少有三个文件：

1）C 语言源文件；

2）一个模块定义文件（. DEF）；

3）makefile 文件。

有了这些文件后，就可以运行 Microsoft 的程序维护机制（NMAKE），编译并连接源代码文件，生成 DLL 文件。实现的基本步骤如下所述。

（1）创建 C 语言源文件

和其他 C 应用程序一样，动态链接库（DLL）可包含多个函数，每个函数要在被其他应用程序或库使用之前用 FAR 声明，并且在库的模块定义文件中用 EXPORTS 语句引出。有两个函数是 DLL 源代码所必需的，即 DLL 入口函数 LibMain 和出口函数 WEP。

源文件中的其他函数则是 DLL 为应用程序提供的库函数，DLL 设计者可以给它加入自己所需要的功能。

(2) 建立 DLL 模块定义文件

每个 DLL 必须有一个模块定义文件，该文件在使用 LINK 连接时用于提供定义库属性的引入信息。下面给出一个简单的模块定义文件实例：

```
LIBRARY DRAWDLL
EXETYPE WINDOWS
CODE PRELOAD MOVEABLE DISCARDABLE
DATA PRELOAD SINGLE
HEAPSIZE 1024
EXPORTS
WEP @1 RESIDENTNAME
DrawBox @2
DrawCircle @3
DrawPie @4
```

关键字 LIBRARY 用来标识这个模块是一个动态链接库，其后是库名 DRAWDLL，它必须和动态链接库文件名相同。

DATA 语句中关键字 SINGLE 是必需的，它表明无论应用程序访问 DLL 多少次，DLL 均只有单个数据段。在 EXPORTS 后面的 WEP 是程序的出口函数，DrawBox、DrawCircle、DrawPie 分别是这个动态链接库中向外提供的函数。

(3) 编制 makefile 文件

NMAKE 是 Microsoft 的程序维护机制，它控制执行文件的创建工作，以保证只有必要的操作被执行。有五种工具用来创建动态链接库（见表 7-4）。

表 7-4 创建动态链接库常用的五种工具

| 工具 | 说明 |
| --- | --- |
| CL | Microsoft C 优化编译器，它将 C 语言源文件编译成目标文件 . OBJ |
| LINK | Microsoft 分段可执行连接器，它将目标文件和静态库连接生成动态链接库。LINK 命令行有五个参数，用逗号分开：第一个参数列出所有动态链接库用到的目标文件（. OBJ），如果使用了标准动态连接初始化函数，则必须包括 LIBENTRY. OBJ 文件；第二个参数指示最终可执行文件名，一般用 . DLL 作为扩展名；第三个参数列出创建动态链接库所需要的引入库和静态库；第五个参数是模块定义文件 |
| IMPLIB | Microsoft 引入库管理器，它根据动态链接库的模块定义文件创建一个扩展名为 . LIB 的引入库 |
| RC | Microsoft Windows 资源编译器。所有动态链接库都必须用 RC 编译，以使它们与 Windows 3. 1 版兼容 |
| MAPSYM | Microsoft 符号文件生成器，它是可选工具，只用于调试版本 |

### 2. 应用程序访问 DLL

应用程序要访问动态链接库函数，它应该做下面三件事：建立库函数原型，调用库函数，引入库函数。建立库函数原型一般通过在 C 语言源文件中包含动态链接库的头文件解决，下面就是一个动态链接库的头文件实例：

```
void FAR PASCAL __export DrawBox(HWND, HPEN, HBRUSH);
void FAR PASCAL __export DrawCircle(HWND, HPEN, HBRUSH);
void FAR PASCAL __export DrawPie(HWND, HPEN, HBRUSH);
```

头文件中包含了每个库函数的原型语句，原型语句为编译器定义函数的参数和返回值，以使编译器能正确创建调用库函数的代码。原型语句定义好之后，应用程序就可以像调用静态链接库函数一样调用动态链接库的函数了。

应用程序调用 DLL 中的引出函数还要在应用程序中对其进行引入，一般有三种方法：

(1) 连接时隐式引入

最常用也最简单的方法是连接时隐式引入，这种方法是在应用程序的连接命令行中列出为动态链接库创建的引入库，这样应用程序在使用 DLL 的引出函数时，就如同使用静态库中的函数一样了。

(2) 连接时显式引入

和隐式引入一样，显式引入也是在连接时进行的，它通过把所需函数列在应用程序的模块定义文件的 IMPORTS 语句中完成。对于在模块定义文件中定义了入口序号的 DLL 函数，采用引入函数名、动态链接库名和入口序号的形式。

(3) 运行时动态引入

应用程序可以在运行时动态连接 DLL 函数，当需要调用 DLL 的引出函数时，应用程序首先装入库，并直接检索所需函数地址，然后才调用该函数。

## 7.3.4 页面文件

对于庞大的 Windows 操作系统以及功能越来越强大、占用系统内存资源也越来越多的各种软件来说，内存资源远远不能满足其要求。Windows 使用的页面文件可以解决这一问题，其功能相当于虚拟内存。其实现的原理是将一部分硬盘空间设置为虚拟内存，从而扩大了计算机的可用“内存”空间来满足程序的运行要求。尽管由于硬盘的读取、传送速率等远远低于内存的速率，容易导致系统工作效率的降低和系统反应的延迟，但相对于花巨资购买硬件提高系统性能来说，这种以时间和效率来换取性能的做法还是非常不错的。

从 Windows 3. x 到 Windows 9x，虚拟内存技术的运用日渐成熟，通常利用 Windows 安装目录中的 Win386. swp 这个交换文件来实现虚拟内存的创建。Windows 2000 采用页面文件的方式来实现虚拟内存的创建，此页面文件是安装逻辑磁盘根目录下的 Pagefile. sys 文件。它和 Windows 9x 下的交换文件的作用大致是一样的，都是当程序运行时内存空间不够用的时候用于创建虚拟内存的。通常按照系统默认的设置让 Windows 2000 操作系统管理虚拟内存。

### 1. 页面文件的大小

对于系统中页面文件设置的大小，微软公司的建议是：页面文件的最小值应该是当前系统内存容量再加上 12MB（RAM + 12MB），若计算机系统拥有 256MB 的内存，就要将页面文件的最小值设置为 268MB，这样才能让操作系统在崩溃或死机前将内存中全部的内容复制到硬盘上。因此在设置页面文件时，只要保证其大小不小于系统内存的 3/4，就可以保证系统比较稳定快速地运行了。页面文件的最大值应该设置得越大越好，通常建议将它设置为最小值的 2 到 3 倍。

### 2. 页面文件的存放位置

Windows 2000 允许使用者通过将页面文件分布到各个不同的物理硬盘上的方法，来提高系统的执行性能。但是由于各硬盘间可能存在寻道时间、传送速度等方面的差异而导致系统性能的下降，因此应该尽量选择速度最快的硬盘，作为页面文件的存放地。尽管 Windows 2000 也支持在同一硬盘多分区上分别建立页面文件，但这样做非但不能提高系统的性能，反而将明显地降低整个系统的工作效率，这是由于当操作系统需要读写页面文件时，如果需要读取的内容不在同一个分区的页面文件中，硬盘磁头将频繁地在各个分区间移动，这将大大降低系统的运行效率。实际上，如果硬盘可用空间允许的话，则应该尽量将页面文件的位置设置在统一的分区中。

3. 页面文件的连续性

页面文件的连续性在 Windows 2000 的相关设置中并没有相应的显示。连续的页面文件的工作效率将比不连续的高很多，其中的原因也是在于硬盘磁头的移动问题，不连续的页面文件也将导致系统在使用虚拟内存时硬盘磁头频繁地在不连续的扇区间“跳”动，因此应该尽量保证页面文件的连续。

## 7.4 Windows 2000 输入和输出系统

Windows 2000 的 I/O 系统是重要的执行体组件，其设计目标是：在单处理器或多处理器系统中都可以快速进行 I/O 处理；使用标准的 Windows 2000 安全机制保护共享的资源；满足 Microsoft Win32、OS/2 和 POSIX 子系统指定的 I/O 服务的需要；使设备驱动程序的开发尽可能地简单，并且允许用高级语言编写驱动程序；根据用户的配置或者系统中硬件设备的添加和删除，允许在系统中动态地添加或删除相应的设备驱动程序；通过添加驱动程序透明地修改其他驱动程序或设备的行为；为包括 FAT、CD-ROM 文件系统（CDFS）、UDF 文件系统和 Windows 2000 文件系统（NTFS）的多种文件系统提供支持；允许整个系统或者单个硬件设备进入和离开低功耗状态，这样可以节约能源。Windows 2000 的 I/O 系统如图 7-15 所示。

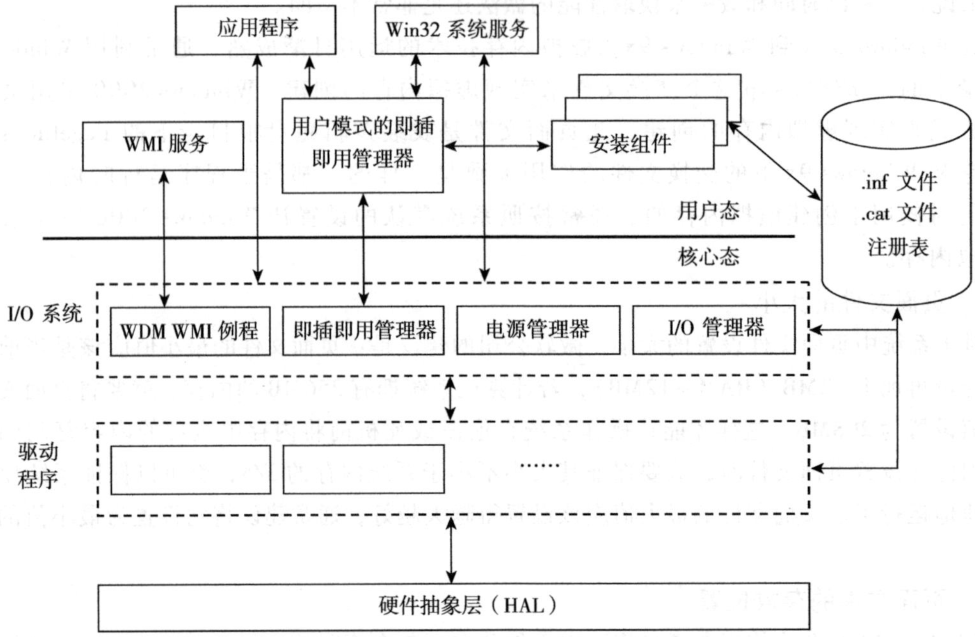


图 7-15 Windows 2000 的 I/O 系统

### 7.4.1 I/O 系统的组成

图 7-15 较为详细地给出了 I/O 系统结构的组件及设备驱动程序。下面简要介绍图中的几个重要组件的内容。

注册表作为一个数据库，存储基本硬件设备的描述信息以及驱动程序的初始化和配置信息。

I/O 管理器把应用程序和系统组件连接到各种虚拟的、逻辑的和物理的设备上，并且定义了一个支持设备驱动程序的基本构架。

电源管理器通过与 I/O 管理器的协同工作检测整个系统和单个硬件设备，完成不同电源状态的转换。电源管理需要底层硬件符合 ACPI 标准。ACPI 为系统和设备定义了不同的能耗状态，从 S0（正常工作）到 S5（完全关闭）。每一种状态都有如下指标：电源消耗是指计算机系统消耗的能源；软件运行恢复是指计算机系统回复到正常工作状态时软件能否恢复运行；硬件延迟是指计算机系统回复到正常工作状态的时间延迟。

PnP（plug and play，即插即用）管理器通过与 I/O 管理器和总线驱动程序的协同工作检测硬件资源的分配，并且检测相应硬件设备的添加和删除。PnP 管理器自动识别所有已经安装的硬件设备；PnP 管理器通过一个名为资源仲裁（resource arbitrating）的进程收集硬件资源需求（中断、I/O 地址等），实现硬件资源的优化分配，满足系统中的每一个硬件设备的资源需求；PnP 管理器通过硬件标识选择应该加载的设备驱动程序；PnP 管理器也为检测硬件配置变化提供了应用程序和驱动程序的接口。因此在 Windows 2000 中，在硬件配置发生变化的时候相应的应用程序和驱动程序也会得到通知。

WMI（Windows Management Instrumentation）支持例程，或称为 Windows 驱动程序模型（Windows Driver Model，WDM）WMI 提供者，允许驱动程序使用这些支持例程作为媒介，与用户态运行的 WMI 服务通信。

设备驱动程序为某种类型的设备提供一个 I/O 接口。驱动程序对象在系统中代表一个独立的驱动程序，并且为 I/O 记录每个驱动程序的调度例程的地址（入口点）。设备对象在系统中代表一个物理的、逻辑的或虚拟的设备并描述了它的特征。设备驱动程序从 I/O 管理器接受处理命令，当处理完毕后通知 I/O 管理器。设备驱动程序之间的协同工作也通过 I/O 管理器进行。

硬件抽象层（HAL）I/O 访问例程把设备驱动程序与多种多样的硬件平台隔离开来，使它们在给定的体系结构中是二进制可移植的，并在 Windows 2000 支持的硬件体系结构中源代码是可移植的。

实际上，在 Windows 2000 中，所有的 I/O 操作都通过虚拟文件执行，这样做隐藏了 I/O 操作目标的实现细节，并为应用程序提供了一个统一的到设备的接口界面。

用户态的应用程序如何读写文件呢？用户态应用程序通过调用文档化的函数来实现，这些函数再依次调用内部 I/O 子系统函数来实现从文件中读取、对文件写入和执行其他的操作。I/O 管理器动态地把这些虚拟文件请求指向适当的设备驱动程序。典型的 I/O 请求过程如图 7-16 所示。

为了实现 I/O 请求，I/O 管理器定义了一个有序的工作框架，在该框架里，I/O 请求被提交给设备驱动程序。具体来说，大多数 I/O 请求用“I/O 请求包（IRP）”表示，I/O 系统是由“包”驱动的，这些包从一个 I/O 系统组件移动到另一个 I/O 系统组件。I/O 管理器创建代表每个 I/O 操作的 IRP，传递 IRP 给正确的驱动程序，并且当此 I/O 操作完成后处理这个数据包。I/O 管理器还为不同的驱动程序提供了公共的代码，驱动程序调用这些代码来执行它们的 I/O 处理。

## 7.4.2 驱动程序

Windows 2000 设备驱动程序由用户模式驱动程序和核心模式驱动程序组成。

用户模式驱动程序包括：Win32 多媒体驱动、虚拟设备驱动程序（Virtual Device Driver，VDD）、其他保护子系统的驱动程序。虚拟设备驱动程序（VDD）通常用于模拟 16 位 MS-DOS 应用程序。它们捕获 MS-DOS 应用程序对 I/O 端口的引用，并将其转化为本机 Win32 I/O 函数。Windows 2000 中用户态 MS-DOS 应用程序不能直接访问硬件，而是必须通过一个真正的核心设备驱动程序来实现。

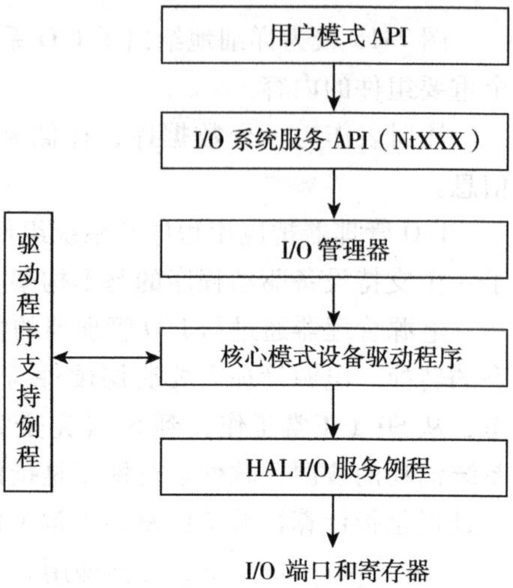


图 7-16 典型的 I/O 请求

核心模式驱动程序包括：PnP 驱动程序、Windows 驱动程序模型（Windows Drivers Model，WDM）驱动程序、小端口驱动程序、文件系统驱动程序、遗留设备驱动程序。

Windows 2000 支持多种类型的设备驱动程序和编程环境。核心模式驱动程序完成如下工作：

1）文件系统驱动，接受访问文件的 I/O 请求；

2）与 Windows 2000 的 PnP（即插即用）管理器和电源管理器有关的设备驱动程序；

3）为 Windows NT 编写设备驱动程序；

4）其中的 Win32 子系统显示驱动程序和打印驱动程序将把设备无关的图形设备接口（Graphic Device Interface，GDI）请求转换为设备专用请求；

5）对符合 Windows 驱动程序模型的 WDM 驱动程序包括对 PnP、电源管理和 WMI 的支持。

在 Windows 2000 中有三种类型的 WDM 驱动程序：总线驱动程序、功能驱动程序和过滤驱动程序。总线驱动程序（Bus Driver）管理逻辑的或物理的总线，如 PCMCIA、PCI、USB、IEEE 1394 和 ISA，总线驱动程序需要检测并向 PnP 管理器通知总线上的设备，并且能够管理电源；功能驱动程序（Function Driver）管理具体的一种设备，对硬件设备进行的操作都是通过功能驱动程序进行的；过滤驱动程序（Filter Driver）与功能驱动程序协同工作，用于增加或改变功能驱动程序的行为。

图 7-17 中描述了驱动程序的结构。

另外，按照对硬件支持驱动的分类有：

1）类驱动程序（Class Drivers）为某一类设备执行 I/O 处理，如磁盘、磁带或光盘；

2）端口驱动程序（Port Drivers）实现了对特定于某一种类型的 I/O 端口的 I/O 请求的处理，如 SCSI；

3）小端口驱动程序把对端口类型的一般的 I/O 请求映射到适配器类型。例如，一个特定的 SCSI 适配器。

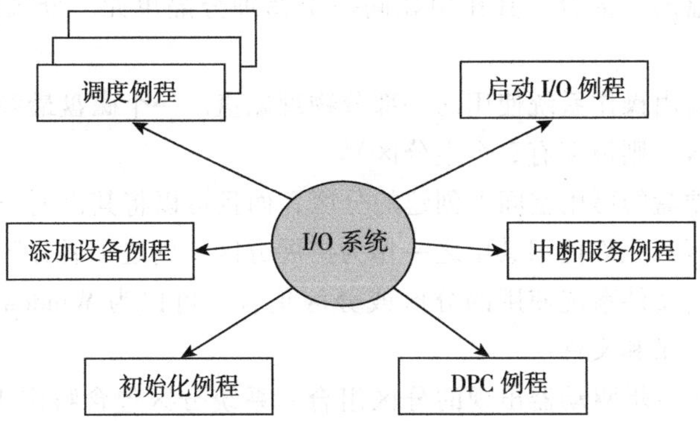


图 7-17 驱动程序的结构

## 7.5 Windows 2000 文件系统

文件系统就是在磁盘上存储信息的格式。在所有的计算机系统中都存在一个相应的文件系统，它规定了计算机对文件和文件夹进行操作处理的各种标准和机制。我们先来了解一下 Windows 2000 是如何管理磁盘的，再了解存储在其上的文件系统。

### 7.5.1 磁盘管理

Windows NT 借鉴了 MS-DOS 的分区机制，扩展了 MS-DOS 分区的基本概念，支持企业级操作系统所需的一些存储管理的特征：跨磁盘管理（disk spanning）和容错（fault tolerance）。

早期磁盘管理的缺点是：对大多数磁盘设置的修改需要重启操作系统才能生效；Windows NT 的注册表中为 MS-DOS 方式的分区保存了多分区磁盘的配置信息；每个卷有一个惟一的从 A 到 Z 的驱动器名。

在 Windows 2000 下，简单卷（又称基本卷）是被文件系统驱动程序作为一个独立单元管理的来自一个分区的所有扇区。多分区卷（如跨区卷、镜像卷、带区卷和 RAID-5 卷等）是被文件系统驱动程序作为一个独立单元管理的来自多个分区的所有扇区，它提供了简单卷所不支持的性能、可靠性和大小等特性。

Windows 2000 中分区有两种：基本分区和动态分区。基本分区主要是：主分区、扩展分区或逻辑驱动器。在一个基本磁盘上，您最多可以创建四个主分区，或者创建三个主分区和一个扩展分区。还可以用扩展分区上的可用空间来创建逻辑驱动器。动态分区由 Windows 2000 中逻辑磁盘管理子系统（LDM）负责管理。LDM 的数据库存在于每个动态磁盘最后 1MB 的保留空间中。为了让一些在 Windows 2000 下运行的磁盘管理工具或在双引导环境中的其他系统不至于认为动态盘还没有被分区，因此由 LDM 实现了一个 MS-DOS 的分区表。由于 LDM 对磁盘的分区并没有在磁盘上的 MS-DOS 分区表中体现出来，所以被称为软分区，而磁盘上的 MS-DOS 分区被称为硬分区。

Windows 2000 在磁盘管理方面提供了强大的功能。Windows 2000 的磁盘管理任务是以一组磁盘管理实用程序的形式提供给用户的，它们位于“计算机管理”控制台中，包括查错程序、磁盘碎片整理程序、磁盘整理程序等。

#### 1. 相关概念和术语

下面介绍 Windows 2000 磁盘管理功能经常涉及的概念和术语：

分区：是物理磁盘的一部分，其作用如同一个物理分隔单元。分区通常指主分区或扩展分区。

主分区：是标记为由操作系统使用的一部分物理磁盘。一个磁盘最多可有 4 个主分区（或者如果有 1 个扩展分区，则最多有 3 个主分区）。

扩展分区：是从硬盘的可用空间上创建的分区，而且可以将其再划分为逻辑驱动器。每个物理磁盘上的 4 个分区只允许使用其中之一作为扩展分区。创建扩展分区不需要有主分区。

卷：是格式化后由文件系统使用的分区或分区集合。可以为 Windows 2000 的卷指定驱动器名，并使用它组织目录和文件。

卷集：是作为一个逻辑驱动器出现的分区组合。系统分区包含特定于硬件的文件（Ntldr、Osloader、Boot. ini 和 Ntdetect. com），这些文件用于加载 Windows 2000。

磁盘分区：就是将硬盘分割成几个部分，而每一部分都可以单独使用。用户可以创建一个分区用来存储信息（例如备份数据），或者和另一个操作系统双重启动。当用户在硬盘上创建分区时，磁盘被分割成一个或多个可用不同文件系统（如 FAT 或 NTFS）格式的区域。

引导分区：包含 Windows 2000 操作系统文件，这些文件位于% Systemroot% 和% Systemroot% \ \ System32 目录中。

## 2. 基本磁盘和动态磁盘

Windows 2000 的磁盘管理支持基本磁盘和动态磁盘。基本磁盘是包括主分区、扩展分区或逻辑驱动器的物理磁盘。基本磁盘也包括使用 Windows NT 4.0 或以前版创建的跨卷（卷设置）、镜像卷（镜像设置）、带卷（带设置）和 RAID-5 卷（带奇偶检测的带设置）。可以使用 MS-DOS 访问基本磁盘。动态磁盘是含有使用磁盘管理创建动态卷的物理磁盘。动态磁盘不能含有分区和逻辑驱动器，也不能使用 MS-DOS 访问。

在动态磁盘上，存储被分为卷而不是分区。用户可以在任何时候将基本存储更新为动态存储。当更新为动态存储时，需要将现有的分区转换为卷。表 7-5 显示了用户应如何将分区转换为卷。

**表 7-5　分区转换为对应的卷**

| 基本磁盘组织 | 动态磁盘组织 |
| --- | --- |
| 分区 | 卷 |
| 系统和启动分区 | 系统和启动卷 |
| 活动分区 | 活动卷 |
| 扩展分区 | 卷和未分配空间 |
| 逻辑驱动器 | 简单卷 |
| 卷设置 | 跨卷 |
| 带设置 | 带卷 |
| 镜像设置 | 镜像卷 |

在用户了解了分区和卷的区别，以及将分区转换为卷时两个不同磁盘组织的对应关系后，便可以在需要时将基本磁盘更新为动态磁盘。其中大致的操作步骤如下：首先在扩展分区中，创建和删除逻辑驱动器。格式化分区并激活它。接着根据需要进行卷设置、带设置、镜像设置和带奇偶校验的带设置。

在选择使用基本磁盘和动态磁盘的过程中，用户还需要清楚的是某些遗留功能对基本存储不再有用，因为多磁盘存储系统应使用动态存储。磁盘管理支持在多个硬盘有超过一个分区的遗留卷，但不允许创建新的卷。例如，不能在基本磁盘执行如下任务：创建卷、带、镜像和带奇偶校验的带，或者扩充卷和卷设置。

## 7.5.2 文件系统

用户对所有的文件和文件夹的操作都是通过文件系统来完成的。

### 1. Windows 2000 中的文件系统

在 Windows 2000 中，常见的文件系统有如下五个：

（1）FAT

FAT（File Allocation Table，文件分配表）文件系统最初用于小型磁盘和简单文件结构的简单文件系统。FAT 文件系统得名于它的组织方法：放置在卷起始位置的文件分配表。为了保护卷，文件分配表进行了复制，确保即使损坏了一份也能正常工作。另外，为确保正确装卸启动系统所必需的文件，文件分配表和根文件夹必须存放在固定的位置。

FAT 文件系统属于简单文件系统。为了向后兼容，也为了方便用户升级，Windows 2000 仍然提供对 FAT 的支持，每一种 FAT 文件系统都用一个数字来标识磁盘上簇号的位数。采用 FAT 文件系统格式化的卷以簇的形式进行分配；默认的簇大小由卷的大小决定。对于 FAT 文件系统，簇数目必须可以用 16 位的二进制数字表示，并且是 2 的乘方，默认的簇大小见表 7-6 所示。通过使用命令行提示符下的 format 程序，用户可以指定簇的大小。不过，用户所指定的簇的大小必须大于表中给出的大小。由于额外开销的原因，在大于 511MB 的卷中不推荐使用 FAT 文件系统。FAT 卷的结构是 Boot Sector + FAT1 + FAT2 + Root + Other dirs and files。

如果用户的计算机上运行的是 Windows 95、Windows for Workgroups、MS-DOS、OS/2 或 Windows 95 以前的版本，那么 FAT 文件系统格式是最佳的选择。不过，需要注意的是，FAT 文件系统最好被用在较小的卷上。因为，在不考虑簇大小的情况下，使用 FAT 文件系统时卷不能大于 4GB。

表 7-6 FAT 默认的簇大小

| 分区（逻辑卷）大小（字节） | 扇区数/每簇 | 簇大小（字节） |
|---|---|---|
| 0MB ~ 15MB | 8 | 4K |
| 16MB ~ 127MB | 4 | 2K |
| 128MB ~ 255MB | 8 | 4K |
| 256MB ~ 511MB | 16 | 8K |
| 512MB ~ 1023MB | 32 | 16K |
| 1024MB ~ 2048MB | 64 | 32K |
| 2048MB ~ 4096MB | 128 | 64K |

（2）FAT32

FAT32 文件系统提供了比 FAT 文件系统更为先进的文件管理特性，例如，支持超过 32 GB 的卷以及通过使用更小的簇来更有效率地使用磁盘空间。作为 FAT 文件系统的增强版本，它可以在支持容量从 512 MB 到 2TB 的磁盘驱动器上使用。

在以前的操作系统中，只有 Windows 2000、Windows 98 和 Windows 95 OEM Release 2 版能够访问 FAT32 卷。MS-DOS、Windows 3.1 及较早的版本都不能识别 FAT32 卷，同时也不能从 FAT32 上启动它们。

FAT 和 FAT32 可以与 Windows 2000 之外的其他操作系统兼容。如果设置了双重启动配置，很可能需要 FAT 或 FAT32 文件系统。如果用户正在对 Windows 2000 和另一个操作系统进行双重启动配置，请选择一个适用于后者的文件系统。

(3) NTFS

NTFS (New Technology File System) 是 Windows 2000 的首选文件系统。NTFS 的簇标识为 64 位（二进制数）（但是 Windows 2000 有限制）。NTFS 中包含：文件与目录的安全性、文件与目录的压缩、文件与目录的加密、文件与目录的可恢复性等各项内容。NTFS 设计目标是：可恢复性、安全性、数据冗余和容错。NTFS 的高级特性有：多数据流、基于 Unicode 的名称、通用索引机制、动态坏簇重新映射、POSIX 支持、文件压缩、日志记录、磁盘限额、硬链接与软链接、链接跟踪、加密、碎片整理。NTFS 磁盘结构具有众多优点，这主要是因为它在磁盘上独特的实现方法，具体表现在如何划分磁盘、如何组织文件与目录、如何存储文件属性与数据、如何压缩文件数据等。NTFS 通过日志记录（logging）来实现文件系统的可恢复性。所有改变文件系统的子操作在磁盘上运行以前，首先被记录在日志文件中。在系统崩溃后的恢复阶段，NTFS 根据记录在日志文件中的文件操作信息，对那些部分完成的事务进行重做或是撤销，从而保证了磁盘上文件系统的一致性。

Windows 2000 中使用的 NTFS 支持以下特性：①活动目录。②域。③文件加密。④稀疏文件。⑤其他的数据存储模式。⑥磁盘活动的恢复日志。⑦磁盘配额。⑧对于大容量驱动器的良好扩展性。

NTFS 是使用 Windows 2000 所推荐的文件系统。NTFS 具有 FAT 文件系统的所有基本功能，并且具备如下的 FAT 或 FAT 32 文件系统所没有的优点：①更为安全的文件，更好的磁盘压缩性能。②支持最大达 2TB 的大硬盘（NTFS 可支持的最大磁盘容量比 FAT 的大得多，而且随着磁盘容量的增大，NTFS 的性能不像 FAT 那样随之降低）。③双重启动配置（在同一台计算机上同时安装 Windows 2000 和其他操作系统）。

(4) CDFS

CDFS（CD-ROM File System，只读光盘文件系统）是 1988 年为只读光盘所制定的文件系统标准。CDFS 比较简单，但是有一定的限制：文件和目录名的长度必须少于 32 个字符；目录树的深度不能超过 8 层。现已被 UDF 标准所代替。

(5) UDF

UDF（Universal Disk Format，通用磁盘格式）是于 1995 年由 OSTA（Optical Storage Technology Association，光学存储技术协会）为光磁盘存储媒介如 DVD-ROM 等所制定的，用来代替 CDFS，比 CDFS 更加灵活。UDF 具有文件名区分大小写、文件名可以有 255 个字符长、最长路径为 1023 个字符等特点。

### 2. NTFS 磁盘结构描述

Windows 2000 中使用 NTFS 有许多优点，并比 FAT 和 FAT32 具有更多扩展的功能。NTFS 具有众多优点，这主要是因为它在磁盘上独特的实现方法，可以更好地划分磁盘、组织文件与目录、存储文件属性与数据、压缩文件数据等。

NTFS 磁盘结构的组成内容有：卷、簇、主控文件表、文件引用号、文件记录、文件名称、常驻属性与非常驻属性、索引、数据压缩。

卷建立在磁盘分区上。一个磁盘可以有多个卷，一个卷也可以由多个磁盘组成，已格式化过的卷上的数据可分为元数据和用户数据。

簇在 Windows 2000 中作为磁盘空间分配和回收的基本单位，簇的大小是用户在使用 Format 命令或其他格式化程序格式化卷时确定的。簇因子随卷的大小而不同，但都是物理扇区的整数倍，通常是 2 的幂，NTFS 使用 LCN（Logical Cluster Number，逻辑簇号）和 VCN（Virtual Cluster Number，虚拟簇号）来进行簇的定位。其中 LCN 是对整个卷中所有的簇从头到尾所进行的简单编号；VCN 是对属于特定文件的簇从头到尾进行编号，以便于引用文件中的数据。

主控文件表（Master File Table，MFT）是 NTFS 卷结构的核心，是 NTFS 中最重要的系统文件，它包含了卷中所有文件的信息。MFT 是用文件记录数组来实现的，每个文件记录的大小都固定为 1KB。卷上的每个文件（包括 MFT 本身）都有一行 MFT 记录。MFT 记录开始的 16 个元数据文件是保留的，在 NTFS 中只有这 16 个元数据文件占有固定的位置。每个这样的元数据文件都有一个以“$”开头的文件名称，不过该符号是隐藏的。16 个元数据文件之后则是普通用户文件和目录。

NTFS 卷上的每个文件都有一个 64 位（bit）称为文件引用号（File Reference Number）的惟一标识。文件引用号由两部分组成：一是文件号，文件号为 48 位（bit），对应于该文件在 MFT 中的位置；二是文件顺序号，文件顺序号随着每次文件记录的重用而增加，这是为了让 NTFS 进行内部一致性检查。

NTFS 文件是属性/属性值的集合。文件数据就是未命名属性的值，其他文件属性包括文件名、文件拥有者、文件时间标记等。每个属性由单个的流（stream）组成，即简单的字符队列。NTFS 提供对属性流的各种操作：创建、删除、读取（字节范围）以及写入（字节范围）。读写操作一般是针对文件的未命名属性的，对于已命名的属性则可以通过已命名的数据流句柄来进行操作。

NTFS 路径名中的每个文件名/目录名的长度可达 255 个字节，可以包含 Unicode 字符、多个空格及句点。

NTFS 的目录只是一个简单的文件名和文件引用号的索引，如果目录的属性列表小于一个记录的长度，那么该目录的所有信息都存储在主文件表的记录中，对于大于记录的目录则使用 B + 树进行管理。主文件表中的基本文件记录中有一个指针指向一个存储非常驻索引缓冲，其包括该目录下所有下一级子目录和文件的外部簇，而 B + 树结构便于大型目录中文件和子目录的快速查找。

NTFS 的数据压缩的工作分为两种：

1）对稀疏文件的压缩：NTFS 只给那些包含非零数据的运行（盘区）分配磁盘空间。当程序从压缩文件中读取数据时，NTFS 通过检测该位置是否有 VCN 到 LCN 的映射来决定该数据是不是零数据。若有映射，则为非零数据，需要从磁盘上读取；若没有映射，即存在尚未分配的“空洞”，则为零数据，就直接返回零数据。

2）对非稀疏文件的压缩：NTFS 以 16 个簇为压缩单元来进行一般文件的压缩。当 NTFS 向压缩文件写数据时，它确保每个运行（盘区）都以一个虚拟 16 簇边界开始。因此每个运行（盘区）中 VCN 都是以 16 的倍数开始的，并且运行（盘区）的长度不大于 16。

## 7.6 本章小结

Windows 操作系统是目前最为成功的磁盘操作系统之一。自 20 世纪 90 年代以来，风靡全球。读者在学习了操作系统基本原理之后，急需探知实现这些原理性知识的具体情况。

开发操作系统首先要面对的是所设计的操作系统需要解决什么问题、必须达成哪些基本目标并遵照怎样的基本原则，才能满足所有用户的需求、让大众喜爱使用它。紧接着就是系统的具体设计问题：系统体系架构及其构成。现代操作系统体系架构的设计均遵循分层架构设计的基本原则。Windows 系统具体实现时，引入了几个基本机制特别是系统的陷入机制、消息传递机制，以及同步和执行体对象管理器，以解决中断和程序并发问题。

处理器调度一直是操作系统原理的核心内容之一。在 Windows 系统中相应实现了进程和线程的概念，以及进程的同步和互斥、实现了信号量的组织和管理，也引入了进程和线程的状态和优先权管理等知识。

有关内存管理功能方面实现了内存的分配和保护机制，Windows 系统引入了经典的页式管理。为了实现多任务系统，Windows 将内存划分为内存块作为分配给应用程序的基本单位，并对应用程序分配到的内存进行管理，在合适的时机主动释放。具体实现时将这些内存块作为内存对象，并划分为全局内存对象和局部内存对象来管理。另外 Windows 系统的动态链接库提供给应用程序共享函数代码和硬件，以提高 Windows 内存的利用率。外部存储的管理是在借鉴 MS-DOS 的分区机制上，提供了支持企业级操作系统所需的一些存储管理的特征、跨磁盘管理和容错。

磁盘操作系统最典型的特点是在磁盘上构建文件系统以存储文件。文件系统规定了计算机对文件和文件夹进行操作处理的各种标准和机制，Windows 系统中实现了常见的文件系统：FAT、FAT32、NTFS、CDFS、UDF 等。

作为硬件和软件资源的管理者，Windows 系统需要对周边设备进行管理，识别设备和调度设备工作在 Windows 系统中由用户模式驱动和核心模式驱动两种方式实现。将设备驱动与 I/O 系统紧密结合，设备驱动程序应符合 Windows 驱动程序模型。I/O 系统的重要性不仅表现为交互，还要节约资源；设计良好的 I/O 系统对操作系统来说是非常重要的。Windows 系统构建了一个良好的 I/O 系统结构。在系统分层体系中使用 I/O 管理器、电源管理器、即插即用管理器和 WDM WMI 例程构成的 I/O 系统实现对驱动程序的调用，并向用户态的应用等提供服务。

本章很多的内容都受限于没能深入到具体的代码实现，而是从较为浅层的特征加以描述。为此，更进一步的知识需要读者查阅 Windows 相关的内核设计实现书籍。

## 习　题　七

1. Windows 2000 中线程的状态分为几种？
2. Windows 2000 的主要设计目标有哪些？
3. 描述 Windows 2000 的系统体系结构。
4. Windows 2000 提供了哪些常用的系统机制？
5. Windows 2000 中的系统核心构成如何？
6. 什么是硬件抽象层（HAL)？
7. 什么是执行体？

8. 叙述Windows 2000中的中断处理过程。
9. Windows 2000中的异常调度的内容是什么？
10. Windows 2000的同步机制如何工作的？
11. 线程作为重要的运行单位在Windows 2000中的组成是怎样的？其在系统中的状态有哪些？
12. Windows 2000的存储管理的组成部分有哪些？
13. Windows 2000的存储管理分配方式是什么？
14. 在Windows 2000的存储管理中，存储保护机制是怎样工作的？
15. 如何实现Windows 2000存储管理的虚拟存储管理技术？
16. 应用程序在访问Windows系统中的动态链接库（DLL）时的基本工作过程是怎样的？
17. 为什么要在Windows 2000中引入页面文件？
18. Windows 2000的“磁盘管理器”具有哪些功能？
19. 解释分区、卷的概念，并说明它们之间的关系。
20. 简述Windows 2000设备驱动程序的基本组成。
21. Windows 2000支持哪些文件系统？
22. 在Windows 2000中NTFS、FAT和CDFS这3种文件系统可以同时存在吗？
23. 在Windows 2000中推荐采用NTFS文件系统的理由是什么？
24. NTFS磁盘结构的组成内容是怎样的？

# 第 8 章

# Linux 操作系统

## 8.1 Linux 系统概述

Linux 操作系统是 UNIX 操作系统的一种克隆系统，它诞生于 1991 年 10 月 5 日。之后借助于 Internet，并在全世界各地计算机爱好者的共同努力下，现已成为世界上使用最多的一种类 UNIX 操作系统，并且使用人数还在迅猛增长。

Linux 操作系统的诞生、发展和成长过程始终依赖着以下五个重要支柱：UNIX 操作系统、MINIX 操作系统、GNU 计划、POSIX 标准和 Internet。

### 8.1.1 Linux 的产生及版本

1987 年，Andrew S. Tanenbaum 开发了 MINIX 操作系统。MINIX 只是一个用于教学的简单操作系统，而不是一个强有力的实用操作系统。1991 年，芬兰赫尔辛基大学计算机科学系二年级学生 Linus Benedict Torvalds 开始酝酿并着手编制自己的操作系统。1991 年 10 月 5 日，Linus 正式宣布 Linux 内核系统的诞生（Free MINIX-like kernel sources for 386-AT）。

Linux 有两个版本，一个是内核（Kernel）版本，另一个是发行（Distribution）版本。

内核版本主要是 Linux 内核，由 Linus 等人不断地开发和推出新的内核。Linux 内核的官方版本由 Linus Torvalds 本人维护。第一个版本的内核是 0.01。内核版本的序号由三部分数字构成，其形式为：主版本号 . 次版本号 . 对当前版本的修订次数，前两者构成当前内核版本号。另外，约定次版本号为奇数时，表示该版本中加入新内容但不一定很稳定，相当于测试版本；次版本号为偶数时，表示为一个可以使用的稳定版本。到本书编写时为止最新稳定内核版本号为 3.0.4。

Linux 内核的发展过程中，各种 Linux 发行版推动了 Linux 的应用，从而也让更多的人开始关注 Linux。一些组织或厂家将 Linux 系统的内核与外围实用程序软件和文档包装起来，并提供一些系统安装界面以及系统配置、设定与管理工具，这样就构成了一种发行版本（Distribution）。第一个正式的发行版本名字是 Slackware。相对于 Linux 操作系统内核版本，发行版本的版本号随着发布者的不同而不同，并与 Linux 系统内核的版本号是相对独立的。目前最流行的几个正式版本有：SUSELinux、RedHat、Fedora、Ubuntu、TurboLinux、Slackware、OpenLinux、Debian。其中 Ubuntu 表现最为稳定。国内的 Linux 产品有中科红旗 Linux 等。

## 8.1.2 Linux 的特点

Linux 功能强大而全面，自 2.4 版本以后的内核源代码就有上百万行之多。如果我们能通读所有的代码，也许可以发现如下相关特点。

1）与 UNIX 兼容。这一特点是说 Linux 具有 UNIX 的全部特征，并且是遵循 POSIX 标准的操作系统，具体表现为 UNIX 的所有主要功能都有相应的 Linux 工具和实用程序。

2）自由软件和源代码公开。Linux 项目从一开始就与 GNU 项目紧密结合起来，其许多重要组成部分直接来自 GNU 项目。这样可以激发世界上任何角落的计算机黑客的创造力和开发激情，并且通过 Internet 迅速传播和广泛使用。

3）性能高且安全性强。Linux 系统对计算机硬件的要求不是很高，但可以实现许多功能，也正因为 Linux 源代码是公开的，系统的安全性才更有保证，因为任何人发现了漏洞或“后门”都可以修补并将它发布到 Internet 上，所有用户只需重新编译和更新内核即可。

4）便于定制和再开发。由于遵从 GPL 版权协议，各部门、企业、单位或个人甚至特殊应用领域，都可以根据自己的实际需要和使用环境对 Linux 系统进行裁剪、扩充、修改或者再开发。

5）强大的互操作性。Linux 操作系统能以不同方式实现与非 Linux 操作系统的不同层次的互操作，主要表现为：客户/服务器网络、工作站和仿真。

6）全面的多任务和真正的 32 位及 64 位的操作系统。Linux 操作系统与大多数 UNIX 操作系统一样是真正的多任务（或称多进程和多线程）的系统，并允许多个用户同时在一个系统上运行多道程序。

## 8.1.3 Linux 系统模型

操作系统内核的结构模式主要分为层次式的微内核模式和整体式的单内核模式。

微内核设计的一个优点是在不影响系统其他部分的情况下，用更高效的实现代替现有系统模块的工作。另外一个优点是不需要的模块将不会被加载到内存中，因此微内核可以更有效地利用内存。单内核模式的主要优点是内核代码结构紧凑、执行速度快，不足之处主要是层次结构性不强。Linux 内核基本上是单一的，但是它并不是一个纯粹的集成内核。

### 1. Linux 内核模式

从结构上看，早期的 Linux 操作系统内核是采用单内核模式。由于不断地开发和更新内核，在设计 Linux 的内核模块系统时将微内核的许多优点引入到 Linux 的单内核设计中，所以 Linux 内核实际上是微内核和单内核的混合产物。

体系结构中的进程和内核的交互方式决定着系统的层次化或模块化的程度。

事实上 Linux 内核既不是严格层次化的也不是严格模块化的，它不是严格意义上的任何类型，而以实用为主要依据。

Linux 的内核展现出了几个相互关联的设计目标，它们依次是：清晰性（clarity）、兼容性（compatibility）、可移植性（portability）、健壮性（robustness）、安全性（security）和速度（speed）。这些目标有时是互补的，有时则是矛盾的。但是它们被尽可能地保持在相互一致的状态，内核设计和实现的特性通常都要回归到这些问题上来。

### 2. Linux 内核结构

Linux 内核主要由五个模块构成，它们分别是：进程调度模块、内存管理模块、文件系统模块、进程间通信模块和网络接口模块。图 8-1 描述了 Linux 内核五个模块之间的依赖关系，图中实线表示数据流，虚线表示控制或信号流。

Linux 进程控制系统由进程调度模块和进程间通信模块构成，用于进程管理、进程同步、进程通信、进程调度等。

Linux 系统内存管理模块控制内存分配与回收，系统采用交换和请求式分页两种策略管理内存。

Linux 文件系统模块管理文件、分配文件空间、管理空闲空间、控制对文件的访问，且为用户检索数据。进程通过一组特定的系统调用（如 open、close、read、write、chmod 等）与文件系统交互。Linux 系统使用了虚拟文件系统（VFS）来支持多种不同的文件系统，每个文件系统都要提供给 VFS 一个相同的接口。这使得所有的文件系统对系统内核和系统中的程序来说都相同，因为看到的都是 VFS 的接口。通过 VFS 层，用户可以同时在系统中透明地安装多个不同的文件系统。

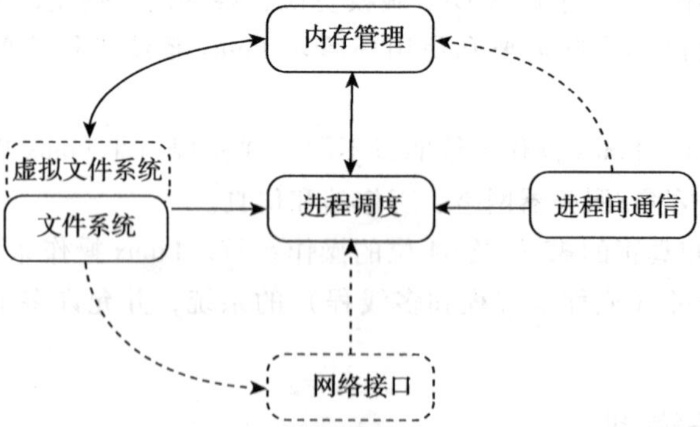


图 8-1　Linux 内核五个模块之间的依赖关系

Linux 系统支持字符设备、块设备和网络设备三种类型的硬件设备。其中，字符设备和块设备通常组织为特殊的设备文件，这样管理、控制和访问起来就同访问普通文件一样。网络设备通过网络接口模块实现控制和访问。Linux 系统和设备驱动程序之间使用标准的交互接口，从而内核以同样的方法可使用完全不同的各种设备。

Linux 系统内核结构的详细框图分成用户层、内核层和硬件层三个层次。一般地可将操作系统划分为内核和系统程序两部分。系统程序及其他所有的程序都在内核之上运行，它们与内核之间的接口由操作系统提供的系统调用来定义，程序使用系统调用来与内核进行交互。内核之外的所有程序都在用户模式下运行，必须通过系统调用才能进入操作系统内核，调用内核程序来为核外程序的请求服务，称为内核模式下运行。为详细说明系统内核的关系也可参考图 8-2。

### 8.1.4　Linux 系统机制

每个操作系统都有其重要的系统机制，Linux 也提供了许多非常重要的系统机制，我们在这里只讨论中断和系统调用。其他一些与系统机制相关的内容，如进程的通信机制将放在 8.2.4 节详细介绍。

#### 1. Linux 中断

Linux 中断可分为三类，第一类是由 CPU 外部引起的，称为中断，如 I/O 中断、时钟中断、

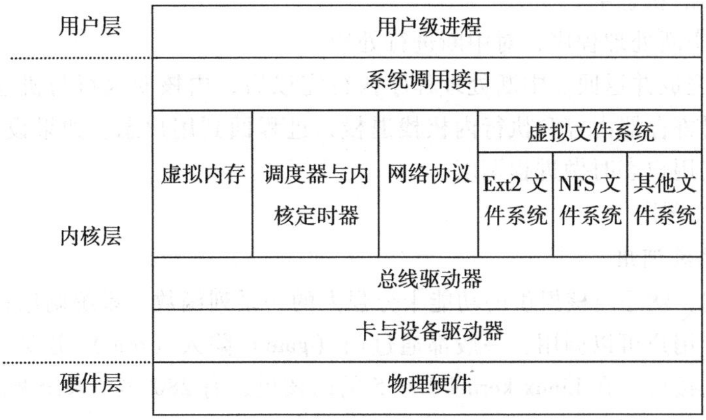


图 8-2 Linux 系统内核结构的详细框图

控制台中断等。第二类是由 CPU 的内部事件或程序执行中的事件引起的过程，称为异常，如由于 CPU 本身故障（电源电压低于 105V 或频率在 47～63Hz 之外）、程序故障（非法操作码、地址越界、浮点溢出等）等引起的过程。第三类是在程序中使用了请求系统服务的系统调用而引发的过程，称为“陷入”（trap，或者陷阱）。前两类统称为中断，它们的产生往往是无意、被动的，而陷入是有意、主动的。

中断处理一般分为中断响应和中断处理两个步骤。中断响应由硬件实施，中断处理主要由软件实施。

（1）中断响应

对中断请求的整个处理过程是由硬件和软件结合起来形成的一套中断机构实施的。发生中断时，CPU 暂停执行当前的程序而转去处理中断。这个由硬件对中断请求做出反应的过程，称为中断响应。一般说来，中断响应顺序执行下述三步动作：

1）中止当前程序的执行；

2）保存原程序的断点信息（主要是程序计数器 PC 和程序状态寄存器 PS 的内容）；

3）从中断控制器取出中断向量，转到相应的处理程序。

通常 CPU 在执行完一条指令后，立即检查有无中断请求，如果有，则立即做出响应。

如果当前 CPU 的执行优先级低于中断的优先级，那么它就中止对当前程序下一条指令的执行，接受该中断，并提升处理器的执行级别（一般与中断优先级相同），以便在 CPU 处理当前中断时，能屏蔽其他同级的或低级的中断，然后保存断点现场信息，通过取得的中断向量转到相应的中断处理程序的入口。

（2）中断处理

CPU 从中断控制器取得中断向量，然后根据具体的中断向量从中断向量表（IDT）中找到相应的表项，该表项应是一个中断门。于是，CPU 就根据中断门的设置而到达该通道的总服务程序的入口。

内核对中断处理的顺序主要由以下动作完成：

1）保存正在运行进程的各寄存器的内容，把它们放入内核栈的新页帧中。

2）确定“中断源”或核查中断发生，识别中断的类型（如时钟中断或盘中断）和中断的设备号（如哪个磁盘引起的中断）。系统接到中断后，就从机器那里得到一个中断号，它是用于检索中断向量表的位移。中断向量因机器而异，但通常都包括相应中断处理程序入口地址和中断处理时处理器的状态字。

3）内核调用中断处理程序，对中断进行处理。

4）中断处理完成并返回。中断处理程序执行完以后，内核便执行与机器相关的特定指令序列，恢复中断时寄存器内容和执行内核栈退栈，进程回到用户态。如果设置了重调度标志，则在本进程返回到用户态时做进程调度。

## 2. Linux 系统调用

### （1）什么是系统调用

所谓系统调用，就是内核提供的功能十分强大的一系列函数。系统调用在内核中实现，再通过一定的方式让用户可以调用，一般都通过门（gate）陷入（trap）实现。系统调用是用户程序和内核交互的接口。在 Linux kernel 2.6.5 的内核里，有 280 多个系统调用。

### （2）系统调用的作用

系统调用在 Linux 系统中发挥着巨大的作用，如果没有系统调用，那么应用程序就失去了内核的支持。我们在编程时用到的很多函数，如 fork、open 等，最终都是在系统调用中实现的，如有这样一个程序：

```
#include <unistd.h>
#include <stdio.h>
int main()
{
fork();
exit(0);
}
```

这里我们用到了两个函数，即 fork 和 exit，这两个函数都是 glibc 中的函数，但是如果我们跟踪函数的执行过程，观察 glibc 对 fork 和 exit 函数的实现，就可以发现在 glibc 的实现代码里都是采用软中断的方式陷入到内核中，再通过系统调用实现函数的功能。由此可见，系统调用是用户接口在内核中的实现，如果没有系统调用，用户就不能利用内核。

### （3）系统调用的实现及调用过程

Linux 系统在 CPU 的保护模式下提供了四个特权级别，目前内核只用到了其中的两个特权级别，分别为“特权级 0”和“特权级 3”。特权级 0 也就是我们通常所讲的内核模式，特权级 3 也就是我们通常所讲的用户模式，划分这两个级别主要是对系统提供保护。内核模式可以执行一些特权指令和进入用户模式，而用户模式则不能。

对于内核来说系统调用就相当于函数。我们的关键问题是：从用户模式到内核模式的转换、堆栈的切换以及系统调用和参数的传递是如何实现的呢？

为了回答这些疑问，我们可以结合 Linux 源代码根目录下的 arch/i386/kernel/entry. S 的内核源代码进行分析（限于篇幅请读者自行找到对应的文件）。首先我们需要了解有关切换的工作，在各文件的代码里定义了两个非常重要的宏，即 SAVE_ALL 和 RESTORE_ALL。这两个宏用于解决内核模式切换时相关信息的保存和恢复。宏 SAVE_ALL 先保存用户模式的寄存器和堆栈信息，然后切换到内核模式。另外，模式切换后地址空间发生变化，这时还需要用到宏__SWITCH_KERNELSPACE 以实现地址空间的转换。RESTORE_ALL 的过程与 SAVE_ALL 的过程正好相反。

在内核源代码 entry. S 的文件里面有一个系统调用表，记录系统调用的名字以及入口地址（相当于函数名及其第一条指令的地址）。为获得系统调用，可以使用 sys_call_table 函数来找到系统调用名字以及入口地址。在 Linux kernel 2.6.5 的内核里，280 多个系统调用的名称全部在系统调用表里。为实现系统调用，还需在 glibc 中的函数到系统调用中使用一个重要的环节，即系统调用号。系统调用号的定义在 include/asm-i386/unistd.h 里。这时 system_call 函数根据用户传来的系统调用号，在系统调用表里找到对应的系统调用再执行。每一个系统调用号对应一个系统调用。接下来就是系统调用宏的展开。

另外，当发生调用时，函数中的 name（调用名）会被系统调用名所代替。每当用户执行 int 0x80 时，系统进行中断处理，把控制权交给内核的 system_call，然后执行 system_call。这个过程里包含了系统调用的初始化，系统调用的初始化源代码在 arch/i386/kernel/traps.c 中。

根据以上的介绍，整个系统调用的过程如下：

1）执行用户程序（如 fork），遇到需要系统调用时，根据 glibc 中的函数实现，取得系统调用号并执行 int 0x80 产生中断。

2）执行 system_call，初始化系统调用。

3）执行 entry.S 中的代码，进行地址空间的转换和堆栈的切换，执行 SAVE_ALL（切换到内核模式）。

4）进行中断处理，通过系统调用号找到并调用内核函数（系统调用）。

5）执行内核函数。

6）从中断处理中返回，执行 RESTORE_ALL 并返回用户模式，完成切换任务，继续执行用户程序后续代码。

了解了系统调用的实现及调用过程，我们可以根据自己的需要来对内核的系统调用做修改或添加。

## 8.2 Linux 进程管理

操作系统的重要任务之一是管理计算机的软、硬件资源。现代操作系统的主要特点在于程序的并发执行，由此引出系统的资源被共享和用户随机使用系统。因而操作系统最为核心的概念就是进程，即正在运行的程序。操作系统借助于进程来管理计算机的软、硬件资源，支持多任务的并发。操作系统的其他内容都是围绕进程展开的，所以进程管理是 Linux 操作系统内核的主要内容之一，它对整个操作系统的执行效率至关重要。

Linux 内核和其他 UNIX 变种一样，都是采用了多任务技术；它可以在许多进程之间分配时间片从而使这些进程看起来似乎在同时运行一样。而在给定的时刻，我们可以精确地知道代码的哪一部分正在执行。有时我们希望一个进程同时处理多件事情，对于这个问题的解决方法是引进线程（或称轻量级进程）。

### 8.2.1 进程的数据结构

Linux 用 task_struct 数据结构来表示每个进程，在 Linux 中任务与进程表示的意义是一样的。系统维护一个名为 task 的数组，task 包含指向系统中所有进程的 task_struct 结构的指针。创建新进程时，Linux 将从系统内存中分配一个 task_struct 结构并将其加入 task 数组。当前运行进程的结构用 current 指针来指示。

Linux 还支持实时进程，这些进程必须对外部事件做出快速反应，系统将区分对待这些进程和其他进程。我们先来看 task_struct 这个数据结构（Linux 早期的内核版本中的定义:/include/linux/sched.h)，它用于描述系统中的进程或任务。

通过对源代码的阅读和分析，我们可以发现尽管 task_struct 数据结构庞大而复杂，但可以归为如下几类：

1）进程的状态信息（State），是指进程在执行过程中会根据环境来改变进程的状态，典型的 Linux 进程有以下状态：

- Running，进程处于运行（它是系统的当前进程）或者准备运行状态（它在等待系统将 CPU 分配给它）。
- Waiting，进程在等待一个事件或者资源。Linux 将等待进程分成两类——可中断与不可中断。
- Stopped，进程被停止，通常是通过接收一个信号而停止。正在被调试的进程可以处于停止状态。
- Zombie，这是因为某些原因而被终止的进程，但是在 task 数据中仍然保留 task_struct 结构。它像一个已经死亡的进程。

2）调度信息（Scheduling Information），是指 Linux 进程调度所需要的信息，包括进程的类型（普通或实时）和优先级、计数器中记录允许进程执行的时间量。

3）进程标识信息（Identifiers），是系统中每个进程的进程标识。进程标识并不是 task 数组的索引，它仅仅是个数字。每个进程还有一个用户与组标识，它们用来控制进程对系统中文件和设备的存取权限。

4）进程的通信信息（Inter-Process Communication），在 Linux 中主要有：经典的 UNIX IPC 机制（如信号、管道和命名管道）以及 System V 中的 IPC 机制（包括共享存储区、信号量和消息队列）。

5）链接信息（Links），用于描述 Linux 系统中所有进程的相互联系性质。除了初始化进程外，所有进程都有一个父进程。新进程不是被创建，而是被复制，都是从以前的进程克隆而来。每个进程对应的 task_struct 结构中包含有指向其父进程和兄弟进程（具有相同父进程的进程）以及子进程的指针。

系统中所有进程都用一个双向链表连接起来，而它们的根是 init 进程的 task_struct 数据结构。这个链表被 Linux 内核用来寻找系统中所有进程，它为 ps 或者 kill 命令提供了支持。

6）时间和定时器信息（Times and Timers），内核需要记录进程的创建时间以及在其生命期中消耗的 CPU 时间。时钟每跳动一次，内核就将更新保存在 jiffies 变量中，记录进程在系统和用户模式下消耗的时间量。Linux 支持与进程相关的 interval 定时器，进程可以通过系统调用来设定定时器以便在定时器到时间后向它发送信号。这些定时器可以是一次性的或者周期性的。

7）有关文件系统的信息（File System），进程可以自由地打开或关闭文件，其 task_struct 结构中包含一个指向每个打开文件描述符的指针以及指向两个 VFS inode 的指针。这两个 VFS inode，一个指向进程的根目录，另一个指向其当前目录（pwd）。此外，包含一个 count 域，当多个进程引用它时，它的值将增加。这就是你不能删除进程当前目录或者其子目录的原因。

8）虚拟内存信息（Virtual Memory），多数进程都有一些虚拟内存（内核线程和后台进程没有），Linux 内核必须跟踪虚拟内存与系统物理内存的映射关系。

9）进程上下文信息（Processor Specific Context），可以认为是进程在系统中当前状态的总和。进程运行时，它将使用处理器的寄存器以及堆栈等。进程被挂起时，进程的上下文中所有与 CPU 相关的状态必须保存在它的 task_struct 结构内。当调度器重新调度该进程时，所有上下文被重新设定。

10）其他信息，Linux 支持 SMP 多 CPU 结构，在 task_struct 中有相应的描述信息。此外还包括资源使用、进程终止信号、描述可执行的文件格式的信息等。

另外，在 Linux 系统中每个进程都有一个系统栈，用来保存中断现场信息和进程进入内核模式后执行子程序（函数）嵌套调用的返回现场信息。每一个进程系统栈的数据结构与 task_struct 数据结构之间存在紧密联系，因而二者在物理存储空间中也连接在一起。如图 8-3 所示。内存在为每个进程分配 task_struct 结构的内存空间时，一次就分配两个连续的内存页面（共 8KB），其底部大约 1KB 的空间用于存放 task_struct 结构，而上面的大约 7KB 的空间用于存放进程系统空间堆栈。要说明的是，系统空间堆栈的大小是静态确定的，用户空间堆栈可在运行时动态扩展。

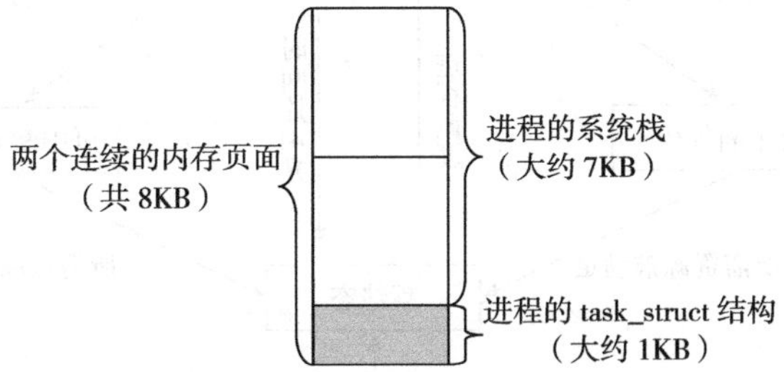


图 8-3　进程系统栈与 task_struct 结构在内存中的位置

## 8.2.2　进程和线程

进程本身就是由于程序的并发执行所引出的概念。程序的并发执行，使得一个程序不能从头至尾不间断地执行完，而是处在走走停停的状况，从而使进程有了不同的状态。

线程是比进程粒度更细的调度单位，在多处理器系统中，同一个任务中的若干个线程是可以并行执行的；而在单处理器系统中，线程仍是并发执行的，一个线程也是处在走走停停的不断变化的状态中。

### 1. 进程状态

Linux 系统与 UNIX 系统非常相似，它也有许多进程的状态。在一个给定的时间内，进程可能处于下面描述的六种具体状态中的一种。进程的当前状态被记录在 struct task_struct 结构的 state 成员中。

1）TASK_RUNNING 意味着进程准备好运行了。即使是在 CPU 系统中，也有不止一个任务同时处于 TASK_RUNNING 状态。TASK_RUNNING 并不意味着该进程可以立即获得 CPU（虽然有时候是这样），而是仅仅说明只要 CPU 一旦可用，进程就可以立即执行了。

2）TASK_INTERRUPTIBLE 是两种等待状态的一种。这种状态意味着进程在等待特定事件，但是也可以被信号量中断。

3）TASK_UNINTERRUPTIBLE 是另外一种等待状态。这种状态意味着进程在等待硬件条件而且不能被信号量中断。

4）TASK_ZOMBIE 意味着进程已经退出了（或者已经被杀死），但是其相关的 task_struct 结构并没有被删除。这样即使子孙进程已经退出，也允许祖先进程对已经死去的子孙进程的状态进行查询。

5）TASK_STOPPED 意味着进程已经停止运行了。一般情况下，这意味着进程已经接收到了 SIGSTOP、SIGSTP、SITTIN 或者 SIGTTOU 信号量中的一个，但是它也可能意味着当前进程正在被跟踪（例如，进程正在调试器下运行、用户正在单步执行代码）。

6）TASK_SWAPPING 主要用于表明进程正在执行磁盘交换工作。然而，这种状态似乎是没有什么用处的，其值从来没有被赋给进程的 state 成员。这种状态正在被逐渐淘汰。图 8-4 展示了 Linux 系统中进程状态的变化关系。

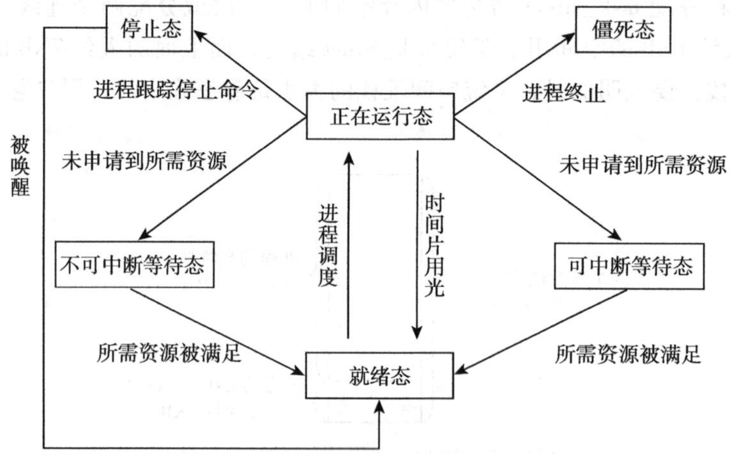


图 8-4　Linux 系统中进程状态的变化

2. 创建进程

系统启动时总是处于内核模式，此时只有一个进程：初始化进程。像所有进程一样，初始化进程也有一个由堆栈、寄存器等表示的机器状态。在系统初始化的最后，初始化进程启动一个内核线程（init）然后保持在 idle（空闲）状态。

init 内核线程（或进程）是系统的第一个真正的进程，所以其标志符为 1。它负责完成系统的一些初始化设置任务（如打开系统控制台与安装根文件系统），以及执行系统初始化程序，如/etc/init、/bin/init 或者/sbin/init，这些初始化程序依赖于具体的系统。init 程序使用/etc/inittab 作为脚本文件来创建系统中的新进程。这些新进程又创建各自的新进程。例如，getty 进程将在用户试图登录时创建一个 login 进程。系统中所有进程都是从 init 内核线程（或进程）中派生出来的。

新进程通过克隆老进程或当前进程来创建。系统调用 fork 或 clone 可以创建新任务，复制发生在内核模式下。系统从物理内存中分配出来一个新的 task_struct 数据结构，同时还有一个或多个包含被复制进程堆栈（用户与内核）的物理页面。然后创建惟一地标记此新任务的进程标志符。新创建的 task_struct 将被放入 task 数组中，将被复制进程的 task_struct 中的内容页表复制在新的 task_struct 中。

复制完成后，Linux 允许两个进程共享资源而不是复制各自的拷贝。这些资源包括文件、信号处理过程和虚拟内存。进程对共享资源用各自的 count 来记数。

3. 进程的等待

父进程创建子进程的目的是让子进程替自己完成某项工作。因此，父进程创建子进程之后通常等待子进程运行终止。父进程可用系统调用 wait3( ) 等待它的任何一个子进程终止，也可以用系统调用 wait4( ) 等待某个特定的子进程终止。

wait3( ) 和 wait4( ) 系统调用的功能为等待进程改变其状态。wait3( ) 和 wait4( ) 系统调用类似于 waitpid( )，但会返回关于子进程的资源使用信息。准确地说，wait3( ) 等待任何子进程，wait4( ) 能够用来等待特定的子进程。看如下的定义：

```
pid_t wait3(int * status, int options, struct rusage * rusage);
pid_t wait4(pid_t pid, int * status, int options, struct rusage * rusage);
```

这里四个参数的说明是：pid，子进程的进程标识；status，子进程的返回状态；options，等待选项；rusage，死亡进程的资源使用记录。这两个函数的返回值可以参考 waitpid( ) 系统调用。

```
waitpid()
```

等待子进程中断或结束。

```
pid_t waitpid(pid_t pid, int *  status, int options);
```

waitpid( ) 会暂时停止目前进程的执行，直到有信号到来或子进程结束。如果在调用 wait( ) 时子进程已经结束，则 wait( ) 会立即返回子进程结束状态值。子进程的结束状态值会由参数 status 返回，而子进程的进程识别码也会一起返回。如果不在结束状态时，则参数 status 可以设成 NULL。参数 pid 为欲等待的子进程识别码，其数值意义如下：

- pid < -1 等待进程组识别码为 pid 绝对值的任何子进程。
- pid = -1 等待任何子进程，相当于 wait( )。
- pid = 0 等待进程组识别码与目前进程相同的任何子进程。
- pid > 0 等待任何子进程识别码为 pid 的子进程。

如果执行成功则返回子进程识别码（PID）。如果有错误发生则返回 -1，并将失败原因存于 errno 中。

#### 4. 进程的终止

在 Linux 系统中，进程主要是作为执行命令的单位运行的，这些命令的代码都以系统文件形式存放。当命令执行完需要终止进程时，可在其程序末尾使用系统调用 exit( )。用户进程也可使用 exit( ) 来终止进程。以下是出现进程终止的多种现象。

（1）正常终止

程序中调用 exit( ) 函数，或者在 main( ) 函数中返回，即可正常终止进程。

（2）异常终止

程序接收到某些信号，如 SIGBUS、SIGSEGV、SIGFPE 等，可以终止进程；默认的 SIGINT（用户在终端按下了 <Ctrl + C> 键）和 SIGTERM（由 kill 命令发出）处理器会终止进程；或者程序调用 abort( ) 函数可以向自己的进程发送一个 SIGABRT 信号，这会使进程终止并生成一个 core 文件；或者进程接收到 SIGKILL 信号，直接杀死进程。

另外，可以在自己的源代码中调用 kill( ) 函数（需要先包含 <sys/types.h> 和 <signal.h> 两个头文件）来向子进程发送信号终止子进程。

（3）等待进程结束

wait( ) 系统调用用于调用阻塞到此进程的任何一个子进程终止或者调用出现错误。此调用返回一个整数型（int 型）的指针，可以通过 WEXITSTATUS 宏来获得退出码，可以通过

WIFEXITED 来判断进程是否正常结束（即通过 exit( )函数或者在 main( )中返回）。如果不是正常结束，可以通过 WTERMSIG 宏来得到导致进程非正常结束的信号值。这里常用的 wait( )系统调用有：waitpid( )系统调用，指定要等待退出的子进程 ID，而不是等待任何的子进程 ID。wait3( )调用，返回退出的子进程的 CPU 使用统计。wait4( )调用，允许程序员给出额外的选项以指定要等待退出的进程。

(4) 僵尸进程（Zombie Process）

当一个进程已经结束，但是没有正确地清理的时候，它就是一个僵尸进程。进程的清理工作要由它的父进程来完成，父进程可以通过 wait( )调用来进行清理。wait( )调用时，如果没有僵尸子进程，它会阻塞到某个子进程终止，并清理这个子进程；如果有僵尸子进程，wait( )立即清理此子进程并返回。

当一个进程结束时，它的子进程即使没有被它清理，也仍然会被 init 进程（最初的、PID 始终是 1 的进程）自动清理。

当子进程终止的时候，Linux 会向其父进程发送一个 SIGCHLD 信号，此信号默认情况下什么都不做。通过设置自己的信号处理器，可以响应子进程结束的操作。

### 5. 线程状态及转换

下面介绍线程的基本概念、线程的状态和线程状态之间的转换。

(1) 线程的概念及状态

从概念上来说，线程是同一个进程中独立的执行上下文，它们为单一进程提供了一种同时处理多件事情的方法。同一线程组中的线程共享它们的全局变量并有相同的堆（heap），因此使用 malloc 给线程组中的一个线程分配的内存可以被该线程组中的其他线程读写。但是它们拥有不同的堆栈（它们的局部变量是不共享的），并可以同时在进程代码不同的地方运行。

线程是和进程紧密相关的概念。一般来说，Linux 系统中的进程应具有一段可执行的程序、专用的系统栈空间、私有的“进程控制块”（即 task_struct 数据结构）和独立的存储空间。

线程只是偶然的共享相同的全局内存空间的进程（Linux 内核使用的观点）。这意味着内核无需为线程创建一种全新的机制，否则必然会和现在已经编写完成的进程处理代码重复，而且有关进程的讨论绝大多数也都可以应用到线程上。但是，这些说明仅仅适用于内核空间的线程。而实际中也有用户空间的线程，它执行相同的功能，却在应用层实现。用户空间的线程和内核空间的线程相比有很多优点，也有很多缺点。一部分是由于历史的原因，一部分是由于 Linux 内核并没有真正区分进程和线程这两者在概念上的不同，在内核代码中进程和线程都使用更通用的名字“任务”来引用。

在引入了线程以后，为了与传统的进程相区分，把具有线程的进程实体称为任务（task）。线程可以看做进程中指令的不同执行路线。Linux 系统支持内核空间的多线程，但它与大多数操作系统不同，因为大多数操作系统单独定义线程，而 Linux 则把线程定义为进程的“执行上下文”。

一个线程通常可以有以下几种状态：

- 运行态，主要分为正在运行态 r 和处在就绪队列中的就绪态 R。
- 挂起态 S，不能参与调度，它与进程的等待态非常相似。

- 睡眠态W，线程在睡眠队列中，睡眠时按睡眠事件分为若干个队列，线程按睡眠原因（事件）处在相应的睡眠队列中。
- 换出态O，线程在挂起或睡眠时，可能被换出，换出时线程只释放它所专有的内核栈。
- 换入态I，正在从交换区换入到内存的过程中。

（2）线程状态转换

线程在创建时，设置它的状态为挂起态S，只有对它调用了resume函数后，才把它转入就绪态R或直接投入运行态r。接下来线程运行过程中可以由如下的一组函数根据情况动态调整其状态：

- Thread_suspend()，使指定线程挂起，此函数分两部分，分别称为suspend1和suspend2。第一部分将指定线程的状态转换为挂起态S，第二部分则做具体挂起操作。这两部分分别对被作用线程做加锁操作，当第一部分操作完毕则对该线程解锁，直至运行到第二部分时再对其加锁。在从第一部分到第二部分这个解锁又加锁的过程中，其状态可被其他运行线程所改变，因而该线程状态变化不连续，有必要将该状态函数分成两个不同的状态函数suspend1和suspend2。
- Thread_resume()，用来恢复指定的线程，与挂起操作的功能相反。
- Assert_wait()，本函数仅作用于当前线程，使其睡眠，即按睡眠事件把当前线程挂入适当的睡眠队列，并在该线程的wait_event域中设置睡眠原因用于唤醒查询。
- Thread_block()，实现线程切换，作用于两种线程，一是从就绪队列中挑选一个优先级最高的线程；二是阻塞当前的运行线程，将其切换到所选的线程。
- Clear_wait()、thread_wakeup_prim()，这两个函数均可用于唤醒相应的线程，即把相应线程从睡眠队列提出，使其可能被放到就绪队列中参加调度。它们的功能与睡眠函数的功能相反。
- Thread_swapout()，用于释放指定线程的内核栈，该内核栈用于线程的上下文切换。当线程切换（thread_block）或线程被挂起（thread_suspend）时，可将相应的内核栈释放。
- Thread_swapin()，用于为指定线程分配一个内核栈。

### 8.2.3　进程的调度

Linux能让多个进程并发执行，由此必然会产生资源争夺的情况，而CPU是系统最重要的资源。进程调度就是进程调度程序按一定的策略，动态地把CPU分配给处于就绪队列中的某个进程，使之执行。进程调度的目的是使处理器资源得到最高效的利用。进程调度的策略要考虑如下原则：

1）公平：保证每个进程得到合理的CPU时间；

2）高效：使CPU保持忙碌状态，即总是有进程在CPU上运行；

3）响应时间：使交互用户的响应时间尽可能短；

4）周转时间：使批处理用户等待输出的时间尽可能短；

5）吞吐量：使单位时间内处理的进程数量尽可能多。

很显然，这五个目标不可能同时达到，所以，不同的操作系统会在这几个方面中做出相应的取舍，从而确定自己的调度算法。针对普通进程，Linux主要依据counter和priority进行进程调度。针对实时进程，Linux采用两种调度策略，即先进先服务调度（FIFO）和时间片轮转调度（RR）。因为实时进程具有一定程度的紧迫性，所以衡量一个实时进程是否应该运行，Linux 采用了一个比较固定的标准。实时进程的 counter 只是用来表示该进程的剩余时间片，并不作为衡量它是否值得运行的标准，这和普通进程是有区别的。

**1. 进程调度的数据结构**

Linux 使用基于优先级的简单调度算法来选择下一个运行进程。当选定新进程后，系统必须将当前进程的状态、处理器中的寄存器以及上下文状态保存到 task_struct 结构中。同时它将重新设置新进程的状态并将系统控制权交给此进程。为了将 CPU 时间合理地分配给系统中每个可执行进程，调度管理器必须将这些时间信息也保存在 task_struct 中，如表 8-1 所示。

表 8-1 task_struct 结构中与调度有关的域

| 域　名 | 含　义 |
|---|---|
| Need_resched | 调度标志 |
| Counter | 进程可运行的时间量 |
| Policy | 进程调度策略 |
| Nice 和 Priority | 优先级 |
| Rt_priority | 实时优先级 |
| need_resched | 表示该进程是否需要重新调度。在调度时机到来时，检测这个域的值，如果为 1，则调用 schedule( ) |

Linux 系统中常见的进程调度策略（policy）针对 Linux 系统的普通与实时两种进程。实时进程的优先级要高于其他进程。根据进程调度策略，Linux 将进程分为以下三种类型：

1）SCHED_FIFO：先进先出实时进程。只有当前进程执行完毕才调度下一优先级最高的进程。

2）SCHED_RR：循环实时进程。在此策略下，每个进程执行完一个时间片后会被挂起，然后选择另一具有相同或更高优先级的进程执行。

3）SCHED_OTHER：普通进程。

优先级（priority）的高低与 nice 的值有关。nice 是在内核外部用户能看见的优先级，而 priority 是调度管理器分配给进程的优先级，用于计算非实时进程调度时的 weight 值和进程（无论是否为实时进程）每次获得 CPU 后可使用的时间量（时间片 jiffies）。nice 值域为 -20 ~ 20。在内核内部使用的 priority 优先级是 1 ~ 40。二者相对应，-20 对应 40，……，0 对应 20，……，20 对应 1。在内核内部，40 最高。系统调用 renice( ) 可以改变进程的优先级。

另外，实时进程的优先级（rt_priority）的值由调度器来决定。Linux 支持实时进程，且它们的优先级要高于非实时进程。调度器使用这个域给每一个实时进程一个相对优先级，值为 1 ~ 99。普通进程的值为 0。同样，可以通过系统调用来改变实时进程的优先级。实时进程的优先级在内部和外部是一致的。

当前执行进程剩余的时间（counter）的处理方式对实时进程和普通进程有所不同。进程处于运行状态时所剩余的时间片，其初值由 priority 算出。每次时钟中断到来时，这个值就减 1。当这个域的值变得越来越小，直至为 0 时，就把 need_resched 域置 1，从而引起新一轮调度。普通进程的 counter 值是其优先级权值，而实时进程的则是 counter 值加上 1000。

当前进程（Current process）调度是当调度其他进程占用 CPU 时，根据调度策略对当前进程进行一些处理和修改其状态，并插入相应的队列。

2. 进程调度的时机

在 Linux 中采用的是非剥夺调度的机制，进程一旦运行就不能被停止，当前进程必须等待某个系统事件时，它才释放 CPU，例如，进程可能需要写数据到某个文件。Linux 的调度程序是 Schedule( )函数，存在于内核空间中，由它来决定是否要进行进程的切换、切换到哪个进程等。在以下四种时机，会调用 schedule( )函数进行进程调度：

1）时间片完，当前进程的时间片用完时（current - > counter = 0）。

2）进程状态转换，进程要调用 sleep( )或 exit( )等函数进行状态转换，这些函数会主动调用调度程序进行进程调度。

3）执行设备驱动程序，当设备驱动程序执行长而重复的任务时，直接调用调度程序。在每次反复循环中，驱动程序都检查 need_resched 的值，如果必要，则调用调度程序 schedule( )主动放弃 CPU。

4）进程从中断、异常或系统调用返回到用户态，不管是从中断、异常还是系统调用返回，最终都调用 ret_from_sys_call( )，由这个函数进行调度标志的检测，如果必要则调用调度程序。从效率角度考虑，从系统调用返回意味着要离开内核态而返回到用户态，而状态的转换要花费一定的时间，因此，在返回到用户态前，系统要把在内核态该处理的事全部做完。

3. 调度策略

Linux 系统针对不同类别的进程提供了三种不同的调度策略，即 SCHED_FIFO、SCHED_RR 及 SCHED_OTHER。其中，SCHED_FIFO 适合于实时进程，它们对时间性要求比较强，而每次运行所需的时间比较短，一旦这种进程被调度开始运行后，就要一直运行到自愿让出 CPU 或者被优先权更高的进程抢占其执行权为止。

SCHED_RR 对应“时间片轮转法”，适合于每次运行需要较长时间的实时进程。一个运行进程分配一个时间片（如 200 毫秒），当时间片用完后，CPU 被另外进程抢占，而该进程被送回相同优先级队列的末尾。

SCHED_OTHER 是传统的 UNIX 调度策略，适合于交互式的分时进程。这类进程的优先权取决于两个因素，一个因素是进程剩余时间配额，如果进程用完了配给的时间，则相应优先权为 0；另一个是进程的优先数 nice，这是从 UNIX 系统沿袭下来的方法，优先数越小，其优先级越高。用户可以利用 nice 命令设定进程的 nice 值，但一般用户只能设定正值，从而主动降低其优先级，只有特权用户才能把 nice 的值置为负数。进程的优先权就是以上二者之和。内核动态调整用户态进程的优先级。一个进程从创建到完成任务后终止，需要经历多次反复循环。当进程再次被调度运行时，它就从上次断点处开始继续执行。

时间配额及 nice 值与实时进程的优先权无关。对于实时进程，其优先权的值是：1000 + 设定的正值（优先权值），因此，至少是 1000。所以，实时进程的优先权高于其他类型进程的优先权。如果系统中有实时进程处于就绪状态，则非实时进程就不能被调度运行，直至所有实时进程都完成了，非实时进程才有机会占用 CPU。

## 8.2.4 进程的通信机制

进程通信是指进程之间的信息交换。多个进程为了协调完成一项工作，相互之间必须能够进行通信。进程的互斥和同步可归结为低级通信；进程的高级通信是指用户可直接利用系统所提供的一组通信命令，高效地传送大量数据的一种通信方式。操作系统隐藏了进程通信的实现细节，即对用户来说是透明的，这样就大大地简化了通信程序编制上的复杂性。

Linux 操作系统支持以下几种进程间通信的机制：信号（signals）、管道（pipe）和命名管道（named pipe）、System V 的 IPC 机制（包括信号量（semaphore）、消息队列（message queues）和共享存储区（shared memory）），以及本文未介绍的用于网络通信的套接字机制（Sockets Mechanism）和全双工管道机制。

1. 信号

（1）信号的发展及定义

信号是由 UNIX System V（一个重要的 UNIX 版本）首先引入的，但不够可靠。BSD（Berkely Software Distribution）4.2 解决了其中的许多问题。BSD 4.3 进一步强化和改善了信号机制，但 System V 和 BSD 的信号接口不完全兼容。目前所有的 Linux 内核的信号机制都和 POSIX（Portable Operating System Interface of Unix）兼容。

信号是在软件层次上对中断机制的一种模拟，从原理上来看，一个进程接收到一个信号与处理器接收到一个中断请求可以说是一样的。进程接收到一个信号，表示某种事件的发生，并通知到进程。它类似于硬件中断，所以也叫软中断。

信号是一种软件机制，它报告与程序相关的软件和硬件事件，主要有同步事件（或称信号异常）和异步事件（即异步 I/O 的完成信号或从另一个进程来的 kill 信号）。

信号事件的发生有两个来源：硬件来源（比如我们按下了键盘或者其他硬件故障）；软件来源，最常用的发送信号的系统函数是 kill( )、raise( )、alarm( )、setitimer( )以及 sigqueue( )，还包括一些非法运算等操作。

（2）信号的种类

在 Linux 上可以实现任意多的信号，其中包括实时信号和普通信号。有关的 Linux 系统进程信号说明请参考表 8-2。

表 8-2 Linux 系统进程常见进程信号

| 标号 | 名称 | 说明 | 默认操作 |
|---|---|---|---|
| 1 | SIGHUP | （Hangup）当你不再控制终端或者当你关闭 xterm 或断开 modem 时内核会产生该信号。由于后台程序没有控制的终端，因而它们常用 SIGHUP 发出需要重新读取其配置文件的信号 | （Abort）挂断控制中断或进程 |
| 2 | SIGINT | （Interrupt）来自键盘的终端。通常终端驱动程序会将其与^C（Ctrl 键和字母 C 键的组合）绑定 | （Abort）终止程序 |
| 3 | SIGQUIT | （Quit）来自键盘的终端。通常终端驱动程序会将其与^\ \（Ctrl 键和“\”键的组合）绑定 | （Dump）程序被终止并产生 core 文件 |
| 4 | SIGILL | （Illegal Instruction）程序出错或者执行了一个非法的操作指令 | （Dump）程序被终止并产生 core 文件 |
| 5 | SIGTRAP | （Breakpoint/Trace Trap）调试用，跟踪断点 | |
| 6 | SIGABRT | （Abort）放弃执行，异常结束 | （Dump）程序被终止并产生 core 文件 |
| 6 | SIGIOT | （I/O Trap）同 SIGABRT | （Dump）程序被终止并产生 core 文件 |
| 7 | SIGUNUSED | （Unused）没有使用 | |

（续）

| 标号 | 名 称 | 说 明 | 默认操作 |
|---|---|---|---|
| 8 | SIGFPE | （Floating Point Exception）浮点异常 | （Dump）程序被终止并产生core文件 |
| 9 | SIGKILL | （Kill）程序被终止。该信号不能被捕获或者忽略。想立刻终止一个进程，就发送信号9。注意程序将没有任何机会做清理工作 | （Abort）程序被终止 |
| 10 | SIGUSR1 | （User defined Signal 1）用户定义的信号 | （Abort）进程被终止 |
| 11 | SIGSEGV | （Segmentation Violation）当程序引用无效的内存时会产生此信号。比如：寻址没有映射的内存；寻址未许可的内存 | （Dump）程序被终止并产生core文件 |
| 12 | SIGUSR2 | （User defined Signal 2）保留给用户程序用于IPC或其他目的 | （Abort）进程被终止 |
| 13 | SIGPIPE | （Pipe）当程序向一个套接字或管道写时由于没有读者而产生该信号 | （Abort）进程被终止 |
| 14 | SIGALRM | （Alarm）该信号会在用户调用alarm系统调用所设置的延迟秒数到后产生。该信号常用于判别系统调用超时 | （Abort）进程被终止 |
| 15 | SIGTERM | （Terminate）用于和善地要求一个程序终止。它是kill的默认信号。与SIGKILL不同，该信号能被捕获，这样就能在退出运行前做清理工作 | （Abort）进程被终止 |
| 16 | SIGSTKFLT | （Stack fault on coprocessor）协处理器堆栈错误 | （Abort）进程被终止 |
| 17 | SIGCHLD | （Child）父进程发出。停止或终止子进程。可改变其含义挪作他用 | （Ignore）子进程停止或结束 |
| 18 | SIGCONT | （Continue）该信号致使被SIGSTOP停止的进程恢复运行。可以被捕获 | （Continue）恢复进程的执行 |
| 19 | SIGSTOP | （Stop）停止进程的运行。该信号不可被捕获或忽略 | （Stop）停止进程运行 |
| 20 | SIGTSTP | （Terminal Stop）向终端发送停止键序列。该信号可以被捕获或忽略 | （Stop）停止进程运行 |
| 21 | SIGTTIN | （Terminal Input on Background）后台进程试图从一个不再被控制的终端上读取数据，此时该进程将被停止，直到收到SIGCONT信号。该信号可以被捕获或忽略 | （Stop）停止进程运行 |
| 22 | SIGTTOU | （TTY Output on Background）后台进程试图向一个不再被控制的终端上输出数据，此时该进程将被停止，直到收到SIGCONT信号。该信号可被捕获或忽略 | （Stop）停止进程运行 |

其中，除了SIGSTOP（进程终止执行）和SIGKILL（进程退出）两个信号外，进程可以忽略其余的信号。

（3）进程对信号的响应

进程可以通过三种方式来响应一个信号：①忽略信号，即对信号不做任何处理，其中SIGKILL及SIGSTOP两个信号不能忽略；②捕捉信号。定义信号处理函数，当信号发生时，执行相应的处理函数；③执行默认操作，Linux对每种信号都规定了默认操作。注意，进程对实时信号的默认反应是进程终止。

一个进程如何处理接收到的信号，一般有两种做法：一是程序的进程不去处理，此时该信号会由系统相应的默认信号处理程序进行处理；第二种做法是进程使用自己的信号处理程序来处理信号。

事实上，在 Linux 系统的环境中多线程应用程序必须实现信号处理，目的是管理内核的异常报告以及 kill 等命令。在多线程应用程序中管理信号的最干净的设计是阻断所有信号并建立一个专用的线程，它发出 sigwait( )以同步等待信号的到达。因为同步事件会引起信号提交到临界资源相关线程，最好的策略通常是尽可能干净地将线程退出（由线程退出处理程序来完成清除 mutex 和相关条件变量）。

(4) 信号的发送

发送信号的主要函数有：kill( )、raise( )、sigqueue( )、alarm( )、setitimer( )以及 abort( )。

(5) 信号的特点

在 Linux 系统中，信号的主要用途是：①事件警报；②进程同步；③进程间通信；④作业控制。但是信号的缺点也很明显：①信号的捕获开销大；②信号并不能提供完全的通信机制(原因是多样的：无返回值，不建立连接，BASE POSIX 语法很弱，系统未要求报告有多个相同的信号的到达，系统可能按实现有关的顺序提交了多个挂起的信号等)。

信号还有一些特点。如信号无优先级，Linux 不提供处理多个相同类型信号的方式；信号个数受到处理器字长的限制等。分析一下 Linux 的进程数据结构，会发现 Linux 在进程的 task_struct 数据结构中存储和实现信号，感兴趣的读者可以深入了解 task_struct 结构中的 unsigned long signal、struct signal_struct *sig 等内容。

### 2. 管道

管道是一个先进先出、大小固定的缓冲区，容量为 1 页（4KB），用于两个进程之间的单向数据传送。当管道有空间时，写进程把数据送入管道，否则将被阻塞；如果管道中没有数据或者读进程需要的数据多于其中的数据，读进程会被阻塞，否则执行读进程的请求。整个过程由操作系统监控完成，互斥地访问管道。当传送的数据量大于管道的容量时，可以通过同步机制分次传送数据。

(1) 无名管道

无名管道是将两个相关联的进程联系在一起。shell 程序负责在进程间建立临时的管道。例如，Linux shell 程序中的重定向操作：

```
$ ls -l |more
```

在这个管道应用中，ls 列出当前目录的输出，被作为标准输入送到 more 程序中按要求的格式显示出来。

在 Linux 中，管道是通过指向同一个临时 VFS（虚拟文件系统）inode 的两个 file 数据结构来实现的，此 VFS inode 指向内存中的一个物理块。Linux 必须同步对管道的访问，它必须保证读和写进程以确定的步骤执行，为此需要使用锁、等待队列和信号等同步机制。当两个进程对管道的使用结束时，管道 inode 和共享数据页面将同时被释放。

(2) 命名管道

Linux 还支持命名管道（named pipe），即 FIFO 管道，为两个不相关的进程提供通信手段。命名管道不是临时对象，它们是文件系统中的实体并且可以通过 mknod 命令来创建。进程只要拥有适当的权限就可以自由使用 FIFO 管道。在写进程使用之前，Linux 必须让读进程先打开此 FIFO 管道；任何读进程从中读取之前必须有写进程向其写入数据。

### 3. System V IPC 机制

为了和其他 UNIX 系统保持兼容，Linux 系统也支持 UNIX System V 版本中的三种进程间通信机制，它们是消息队列、共享存储区和信号量。这三种通信机制使用相同的授权方法。进程只有通过系统调用将标识符传送给内核之后，才能存取这些资源。

1）一个进程可以通过系统调用建立一个消息队列，然后任何进程都可以通过系统调用向这个队列发送消息，或者从队列中接收消息，从而实现进程间的消息传递。

2）一个进程可以通过系统调用设立一块共享存储区，然后其他进程就可以通过系统调用将该存储区映射到自己的用户地址空间中。随后，相关进程就可以像访问自己的内存空间那样读/写该共享区的信息。

3）信号量机制可以实现进程间的同步，保证若干进程对临界资源的互斥操作。简单说来，信号量是系统内的一种数据结构，它的值代表着可使用资源的数量，可以被一个或多个进程进行检测和设置。对于每个进程来说，检测和设置操作是不可中断的，分别对应于操作系统理论中的 P 和 V 操作。

System V IPC 中的信号量机制是对传统信号量机制的推广，实际是“用户空间信号量”。它由内核支持，在系统空间实现，但可由用户进程直接使用。

进程间通信的源代码都在 IPC 目录中。System V IPC 对象都包含一个 ipc_perm 结构，它在 include/linux/ipc. h 中描述。System V 消息在 ipc/msg. c 中实现，共享存储区在 ipc/shm. c 中实现，而信号量位于 ipc/sem. c 中。

（1）消息队列

消息是按一定格式封装起来的信息。每个进程都有一个与之关联的消息队列，接收进程按时间顺序或消息类型从消息队列取走消息。如果进程向一个满队列发送消息或从一个空队列取走消息都会被阻塞。

Linux 系统维护着一个 msgque 消息队列链表，其中每个元素指向一个描述消息队列的 msqid_ds 结构，该结构完整地描述一个消息队列。每个 msqid_ds 结构包含一个 ipc_perm 结构和指向已经进入此队列消息的指针。另外，Linux 保留有关队列修改时间信息，如上次系统向队列中写入的时间等。msqid_ds 包含两个等待队列：一个为队列写入进程使用，而另一个由队列读取进程使用。

关于消息队列机制的四个系统调用如下：

1）msgget，调用者提供一个消息队列的标识号，用于表示一个消息队列的惟一的名字。当这个队列存在的时候，这个系统调用负责返回这个队列的标识号；如果这个队列不存在就创立一个消息队列，然后返回这个消息队列的标识号，主要由 sys_msgget 执行。

2）msgsnd，向一个消息队列发送一个消息，主要由 real_msgsnd 执行。

3）msgrcv，从一个消息队列中接收到一个消息，主要由 real_msgrcv 执行。

4）msgctl，在消息队列上执行指定的操作，根据参数的不同和权限的不同可以执行检索、删除等操作，主要由 sys_msgctl 执行。

（2）信号量

信号量是用一个整数表示系统当前资源的使用情况，当信号量大于或等于 0 时，其值表示可用的资源数量，当它小于 0 时，为等待该资源的进程数。信号量是 wait 和 signal 原语的推广，可以通过它实现进程的同步与互斥。例如，用信号量实现临界区（critical region）的互斥，即在某一时刻在此区域内的代码只能被一个进程执行。

1）数据结构。信号量在 Linux 中使用以下几个数据结构来表示：

- sem：表示系统中的每个信号量。

- semid_ds：表示信号量的集合。
- sem_queue：表示由每个信号量集合的操作所构成的队列。
- semid_ds 结构的 sem_base：指向一个 sem 数组，进程可以使用系统调用来操作这些信号量数组。

2）实现过程。在执行信号量操作时，Linux 首先将检查是否所有操作已经成功。如果操作值与信号量当前数值相加大于 0，或者操作值与信号量当前值都是 0，操作将会成功。如果所有信号量操作失败，Linux 仅仅会把那些操作标志没有要求系统调用为非阻塞类型的进程挂起。进程挂起后，Linux 必须保存信号量操作的执行状态并将当前进程放入等待队列。系统还在堆栈上建立 sem_queue 结构并填充各个域。这个 sem_queue 结构将被放到此信号量对象等待队列的尾部。系统把当前进程置入 sem_queue 结构的等待队列中，然后执行调度程序。

如果所有这些信号量操作都成功则无需挂起当前进程，Linux 将对信号量数组中的其他成员进行相同操作，然后检查那些处于等待或者挂起状态的进程。首先，Linux 将依次检查挂起队列（sem_pending）中的每个成员，看信号量操作能否继续。如果可以则将其 sem_queue 结构从挂起链表中删除并对信号量数组发出信号灯操作。Linux 还将唤醒处于睡眠状态的进程并使之成为下一个运行的进程。如果在对挂起队列的遍历过程中有的信号量操作不能完成则 Linux 将一直重复此过程，直到所有信号量操作完成且没有进程需要继续睡眠。

3）与信号量有关的系统调用。

- semget( )：创建新的信号量集合或存取一个已有的信号量集合。
- semop( )：当操作数和信号量的值相加大于或等于 0 时，即进程请求的资源能够满足，操作成功，返回 0；若相加后其中某个值小于 0，资源不能满足，将进程阻塞，操作不成功。
- semctl( )：在信号量集合上完成指定的命令操作。

4）死锁。死锁是信号量使用过程中可能产生的一个最严重的问题。当一个进程进入临界区时它修改了信号量的值，然后在离开临界区时由于运行失败或者被 kill 而没有改回信号量时，死锁将会发生。

Linux 为了避免死锁的发生，为每个进程维护至少一个对应于信号量数组的 sem_undo 数据结构，它保存了完成信号量操作之前的状态。当对信号量进行操作时，信号量变化的数值被放入进程 sem_undo 结构的该信号的入口中。当进程被删除时，Linux 将遍历该进程的 sem_undo 集合对信号量数组使用调整值。如果信号量集合被删除而 sem_undo 数据结构还在进程的 task_struct 结构中，则此信号量数组标志符将被置为无效。此时，信号量要清除代码只需丢弃 sem_undo 结构即可。

（3）共享存储区

共享存储区是指被多个进程共享的虚拟内存中的一个数据块，进程利用它来实现通信。此虚拟内存的页面出现在每个共享进程页表中，但位置可以不同。每个进程有相应的读或读写权限，对共享存储区的互斥访问必须依赖于其他机制，如信号量。

每个新创建的共享存储区由一个 shmid_ds 数据结构来表示，它描述共享存储区的大小、进程如何使用以及共享存储区映射到其各自地址空间的方式。由共享存储区创建者控制对此内存的存取权限。

每个使用此共享内存的进程必须通过系统调用将其连接到虚拟内存上，但在连接时并没有创建共享存储区，只有进程访问它时才创建。当进程首次访问共享虚拟内存中的页面时将产生缺页中断。当取回此页面后，Linux 找到了描述此页面的数据结构。它包含指向使用此种类型虚拟内存的处理函数地址指针。当发生共享内存页面缺页错误时，错误处理代码将在此 shmid_ds 数据结构对应的页表入口链表中寻找此页面是否在内存；如果不在，则为其分配物理页面并创建页表入口。同时还将它放入当前进程的页表中，此入口被保存在 shmid_ds 数据结构中。下一个访问此内存的进程就会连接到此页面上。这样，第一个访问虚拟内存页面的进程创建这块内存，随后的进程把此页面加入到各自的虚拟地址空间中。

不再使用共享存储区的进程将与之断开连接，其对应的页面结构将从 shmid_ds 数据结构中删除并回收。当前进程对应此共享内存地址的页表入口也将被更新并置为无效。当最后一个进程断开与共享内存的连接时，当前位于物理内存中的共享内存页面将被释放，同时删除 shmid_ds 结构。

## 8. 3　Linux 内存管理

在计算机系统中，对内存如何管理在很大程度上将影响整个系统的性能，所以它也是关键资源。

只有在内存中的程序和数据才能被执行和访问，程序的大小受到系统物理内存空间大小的限制，现在利用请求调入和交换技术，实现虚拟存储器，就能为用户提供一个存储容量比实际内存容量大得多的存储空间。虚拟内存系统中的所有地址都是虚拟地址而不是物理地址，通过操作系统的地址映射机构可实现由虚拟地址到物理地址的转换。

什么是虚拟内存？Linux 支持虚拟内存，就是使用磁盘作为 RAM 的扩展，使可用内存相应地有效扩大。内核把当前不用的内存块存到硬盘，腾出内存用于其他目的。当原来的内容又要使用时，再读回内存。这对用户全透明：运行于 Linux 的程序只看到大量的可用内存而不关心哪些部分在磁盘上。当然，读写虚拟内存（硬盘部分）比真的内存慢，所以程序运行较慢。通常用做虚拟内存的这部分硬盘称为交换空间。

### 8. 3. 1　请求分页存储管理

Linux 系统采用了虚拟内存管理机制，就是交换和请求分页存储管理技术。这样，当进程运行时，不必把整个进程的映像都放在内存中，只需在内存保留当前用到的那一部分页面。当进程访问到某些尚未在内存的页面时，就由内核把这些页面装入内存。

为了实现离散存储，虚拟内存与物理内存都以大小相同的页面来组织。页面模式下的虚拟地址由两部分构成：页面框号和页面内偏移值。在页表的帮助下，它将虚拟页面框号转换成物理页面框号，然后访问物理页面中相应偏移处。

1. 请求分页机制

在一般的分页存储管理方式中，表示地址的结构如图 8-5 所示。

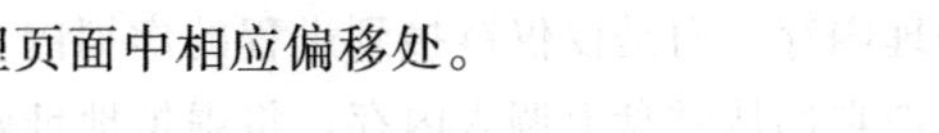


图 8-5　分页技术的地址结构

地址由两个部分组成，前一部分表示该地址所在页面的页号 p；后一部分表示页内位移 d，即页内地址。图8-5中所示两部分构成的地址长度为32位，其中0~11位为页内位移，即每页的大小为4KB；12~31位为页号，表示地址空间中最多可容纳1M个页面。

系统又为每个进程设立一张页面映像表，简称页表。在进程地址空间内的所有页（0~n-1）依次在页表中有一个页表项，其中记载了相应页面在内存中对应的物理块号、页表项有效标志，以及相应内存块的访问控制属性（如只读、只写、可读写、可执行）。进程执行时，按照逻辑地址中的页号去查找页表中的对应项，可从中找到该页在内存中的物理块号。然后，将物理块号与对应的页内位移拼接起来，形成实际的访问内存地址。所以，页表的作用是实现从页号到物理块号的地址映射。

页表入口包含了访问控制信息，因此可以很方便地使用访问控制信息来判断处理器是否在以其应有的方式来访问内存。

多数通用处理器同时支持物理寻址和虚拟寻址模式，物理寻址模式无需页表的参与且处理器不会进行任何地址转换，Linux内核直接运行在物理地址空间上。多数处理器至少有两种执行方式：内核态与用户态。任何人都不会允许在用户态下执行内核代码或者在用户态下修改内核数据结构。一般的用户进程只能在限定的空间内访问，若要使用某些内核提供的功能，只有通过系统调用实现。

2. 请求分页的基本思想

请求分页存储管理技术是在简单分页技术基础上发展起来的，二者根本区别在于请求分页提供虚拟存储器。

它的基本思想是，当要执行一个程序时才把它换入内存；但并不把全部程序都换入内存，而是用到哪一页时才换入它。这样，就减少了对换时间和所需内存数量，允许增加程序的道数。

为了表示一个页面是否已装入内存块，在每一个页表项中增加一个状态位，Y表示该页对应的内存块可以访问；N表示该页不对应内存块，即该页尚未装入内存，不能立即进行访问。

如果地址转换机构遇到一个具有N状态的页表项时，便产生一个缺页中断，告诉CPU当前要访问的这个页面还未装入内存。操作系统必须处理这个中断：装入所要求的页面，并相应调整页表的记录，然后再重新启动该指令。

由于这种页面是根据请求而被装入的，所以这种存储管理方法称为请求分页存储管理。通常在作业最初投入运行时，仅把它的少量几页装入内存，其他各页是按照请求顺序动态装入的，这样就保证用不到的页面不会被装入内存。

3. 地址映射

执行进程时，可执行的命令文件被打开，同时其内容被映射到进程的虚拟内存。这时可执行文件实际上并没有调入物理内存，而是仅仅链接到进程的虚拟内存。当程序的其他部分运行时引用到这部分的时候，才把它们从磁盘上调入内存。将虚拟地址转换成物理地址的过程称为地址映射。

每个进程的虚拟内存用一个mm_struct数据结构来表示，它包含当前执行的映象以及指向vm_area_struct数据结构的大量指针。每个vm_area_struct数据结构描述了虚拟内存的起始与结束的位置；进程对此内存区域的存取权限以及一组内存操作函数。这组内存操作函数都是Linux系统在操纵虚拟内存区域时必须用到的子程序。其中一个负责处理进程试图访问不在当前物理内存中的虚拟内存（通过缺页中断）的情况，此函数称为nopage，它用于将可执行映象的页面调入内存时。

可执行程序映射到进程虚拟地址时将产生一组相应的 vm_area_struct 数据结构。每个 vm_area_struct 数据结构表示可执行程序的一部分：可执行代码、初始化数据（变量）、未初始化数据等。

## 8.3.2 多级页表

在 x86 平台的 Linux 系统中，地址码采用 32 位，因而每个进程的虚存空间可达 4GB。Linux 内核将这 4GB 的空间分为两部分：最高地址的 1GB 是"系统空间"，供内核本身使用；而较低地址的 3GB 是各个进程的"用户空间"。

系统空间由所有进程共享。虽然理论上每个进程的可用用户空间都是 3GB，但实际的存储空间大小要受到物理存储器（包括内存及磁盘交换区或交换文件）的限制。进程的虚存空间如图 8-6 所示。

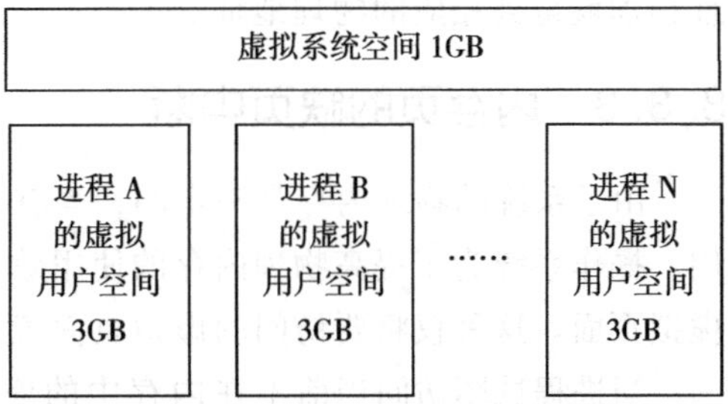


图 8-6 Linux 进程的虚存空间

由于 Linux 系统中页面大小为 4KB，因此进程虚存空间要划分为 1M 个页面。如果直接用页表描述这种映射关系，那么每个进程的页表就要有 1M 个表项。很显然，用大量的内存资源来存放页表的办法是不可取的。为此，Linux 系统采用三级页表的方式，如图 8-7 所示。

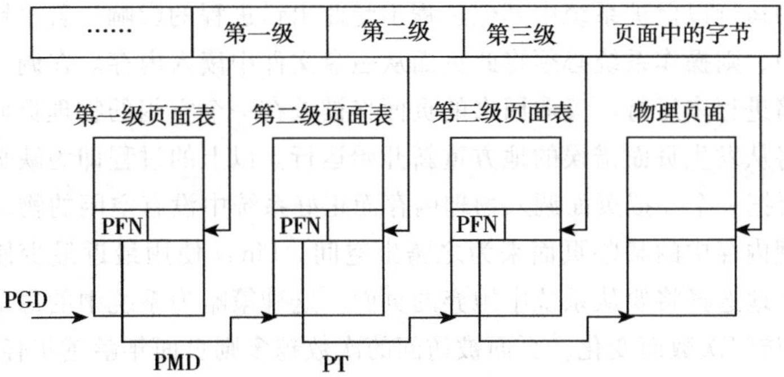


图 8-7 三级页表地址映射示意图

Linux 采用三级页表结构，如图 8-7 所示。每个页表通过所包含的下级页表的页框号（PFN，Page Frame Number）来访问。Linux 的三级页表的说明如下：

页目录（PGD，PaGe Directory）（第一级）：每个活动进程有一个一页大小的页目录，其中的每一项指向页间目录中的一页。

页间目录（PMD，Page Median Directory）（第二级）：页间目录可以由多个页面组成，其中的每一项指向页表中的一页。

页表（PT，Page Table）（第三级）：页表也可以由多个页面组成，每个页表项指向进程的一个虚页。

Linux 的虚地址由四个域组成，页目录是第一级索引，由它找到页间目录的起始位置。第二级索引是根据页间目录的值确定页表的起始位置，它通过页表的值找到物理页面的页框号，再加上最后一个域的页内偏移量，得到了页面中数据的地址。

图 8-7 中 PGD 表示页面目录，PMD 表示中间目录，PT 表示页表。一个线性的虚拟地址在逻辑上从高位到低位划分成 4 个位段，分别用做页面目录 PGD 中的下标、中间目录 PMD 中的下标、页表 PT 中的下标和物理页面（即内存块）内的位移。

这样，把一个线性地址映射成物理地址分为以下四步：

1）以线性地址中最高位段作下标，在 PGD 中找到相应的表项，该表项指向相应的 PMD。

2）以线性地址中第二个位段作下标，在 PMD 中找到相应的表项，该表项指向相应的 PT。

3）以线性地址中第三个位段作下标，在 PT 中找到相应的表项，该表项指向相应的物理页面（即该物理页面的起始地址）。

4）线性地址中的最低位段是物理页面内的相对位移量，此位移量与该物理页面的起始地址相加就得到相应的物理地址。

## 8.3.3 内存页的缺页中断

由于系统的物理内存是一定的，当有多道进程同时在系统中运行时，物理内存往往会不够用。操作系统为了提高物理内存的使用效率，采用的方法是仅加载那些正在被执行程序使用的虚拟页面。这种仅将要访问的虚拟页面载入的技术叫请求换页。

当进程试图访问当前不在内存中的虚拟地址时，CPU 在页表中无法找到所引用地址的入口，引发一个页面访问失效错，操作系统将得到有关无效虚拟地址的信息以及发生页面错误的原因。如果发生页面错误的虚拟地址是无效的，则可能是应用程序出错而引起的，此时操作系统将终止该进程的运行以保护系统中其他进程不受此出错进程的影响。若出错虚拟地址是有效的，但不在内存中，则操作系统必须将此页面从磁盘文件中读入内存。在调入页面时，调度程序会选择一个就绪进程来运行。读取回来的页面将被放在一个空闲的物理页面框中，同时修改页表。最后进程将从发生页面错误的地方重新开始运行。以上的过程即为缺页中断。

如果进程需要把一个虚拟页面调入物理内存而正好系统中没有空闲的物理页面，操作系统必须淘汰位于物理内存中的某些页面来为之腾出空间。Linux 使用最近最少使用（LRU）页面置换算法，来公平地选择将要从系统中抛弃的页面。这种策略为系统中的每个页面设置一个年龄 age，它随页面访问次数而变化。页面被访问的次数越多则页面年龄越年轻；相反则越衰老。年龄较老的页面是待交换页面的最佳候选者，具体实现将在后面介绍。

## 8.3.4 内存空间的分配与回收

### 1. 数据结构

当一个可执行映象被调入内存时，操作系统必须为其分配页面。当映象执行完毕和卸载时，这些页面必须被释放。虚拟内存子系统中负责页面分配与回收的数据结构用 mem_map_t 结构的链表 mem_map 来描述，这些结构在系统启动时初始化。每个 mem_map_t 描述了一个物理页面，其中几个重要的域如下：

count：记录使用此页面的用户个数。当这个页面在多个进程之间共享时，其值大于 1。

age：此域用于描述页面的年龄，用于选择将适当的页面抛弃或者置换出内存。

map_nr：记录本 mem_map_t 描述的物理页面框号。

系统使用 free_area 数组管理整个缓冲，实现分配和释放页面。free_area 中的每个元素都包含页面块的信息，第i个元素描述2i个大小的页面。list域表示一个队列头，它包含指向mem_map数组中page数据结构的指针。所有的空闲页面都在此队列中。map域是指向页面组分配情况位图的指针，当页面的第N块空闲时，位图的第N位被置位。

2. 内存页的分配和回收

Linux使用Buddy算法来有效地分配与回收页面块。页面分配程序每次分配包含一个或者多个物理页面的内存块。页面以2的次幂的内存块来分配。这意味着它可以分配1个、2个和4个页面的块。只要系统中有足够的空闲页面来满足这个要求（nr_free_pages > min_free_page），内存分配代码将在free_area中寻找一个与请求大小相同的空闲块。free_area中的每个元素保存着一个反映这样大小的已分配与空闲页面的位图。分配算法采用首次适应算法，从free_area的list域沿链搜索空闲页面，若找到的页面块大于请求的块则对其进行分割以使其大小与请求块匹配，剩余的空闲块被链进相应的队列。

当一个进程开始运行时，系统要为其分配一些内存页；而当该进程结束运行时，要释放其所占用的内存页。一般说来，Linux系统采用位图和链表两种方法来管理内存页。

利用位图可以记录内存单元的使用情况。用一个二进制位（bit）记录一个内存页的使用情况：如果该内存页是空闲的，则对应的位是1；如果该内存页已经分配出去，则对应的位是0。例如有1024KB的内存，内存页的大小是4KB，则可以用32个字节构成的位图来记录这些内存的使用情况。

分配内存时就检测该位图中的各个位，找到所需个数的连续位值为1的位图的位置，进而就获得所需的内存空间。

利用链表可以记录已分配的内存单元和空闲的内存单元。采用双向链表结构将内存单元链接起来，从而可以加速空闲内存的查找或链表的处理。

Linux系统的物理内存页分配采用链表和位图相结合的方法，如图8-8所示。在数组free_area的每一项描述某一种内存页组（即由相邻的空闲内存页构成的组）的使用状态信息。其中，头一个元素描述孤立出现的单个内存页的信息，第二个元素描述以两个连续内存页为一组的页组的信息，第三个元素描述以四个内存页为一组的页组的信息，依此类推，页组中内存页的数量依次按2的倍数递增。free_area数组的每项有两个成分：一个是双向链表list的指针，链表中的每个结点包含对应的空闲页组的起始内存页编号；另一个是指向map位图的指针，map中记录相应页组的分配情况。free_area数组的项0中包含一个空闲内存页；而项2中包含两个空闲内存页组（该链表中有两个结点），每个页组包括四个连续的内存页，第一个页组的起始内存页编号是4，另一个页组的起始内存页编号是100。

在分配内存页组时，对于分配请求如果系统有足够的空闲内存页，则Linux的页面分配程序首先在free_area数组中搜索等于要求数量的最小页组的信息，然后在对应的list双向链表中查找空闲页组；如果没有与所需数量相同的空闲内存页组，则继续查找下一个空闲页组（其大小为上一个页组的两倍）。

如果找到的页组大于所要求的页数，则把该页组分为两部分：满足所请求的部分，把它返回给调用者；剩余的部分，按其大小插入到相应的空闲页组队列中。

当释放一个页面组时，页面释放程序就会检查其上下是否存在与它邻接的空闲页组。如果有的话，则把该释放的页组与所有邻接的空闲页组合并成一个大的空闲页组，并修改有关的队列。上述内存页分配算法也称做“伙伴算法”。

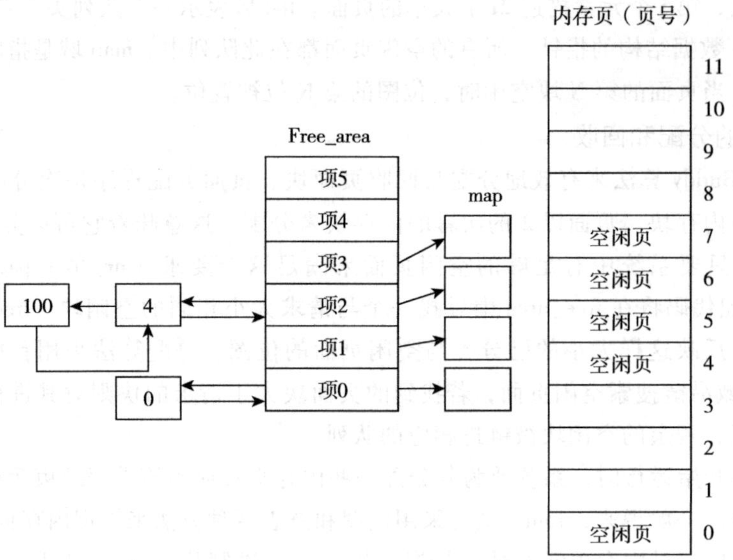


图 8-8　空闲内存的组织示意图

当进程运行完毕后，将释放所占用的物理内存，系统将采用内存拼接的方法回收空间。当页面块被释放时，系统将检查是否有相同大小的相邻或者 buddy 内存块存在。如果有，则将其合并为一个大小为原来两倍的新空闲块，之后系统继续检查和再合并，直到无法合并为止。

## 8.3.5　页面交换机制

Linux 使用 LRU 算法作为其页面交换的核心算法，出于安全性、稳定性、执行效率等多方面的考虑，Linux 所使用的 LRU 交换算法已经交织在其进程管理、文件系统管理等其他机制当中，有机地结合成为一个整体。

### 1. Linux 描述页面的数据结构

在 Linux 系统中，代表物理页面的 page 数据结构是在文件 include/linux/mm. h 中定义的。系统维持的物理页面供应量由两个全局量确定，即 freepages. high（初始化语句位于 mm/swap. c）和 inactive_target（初始化语句位于 include/linux/mm_inline. h），分别为空闲页面的数量和不活跃页面的数量，二者之和为正常情况下潜在的供应量。

### 2. 页面淘汰策略

如果在发生缺页的时候才考虑页面交换，并把磁盘上待用的页面写入内存，这种完全消极的页面交换策略有个缺点：换入换出操作总是在处理器忙碌的时候发生，这将使系统效率降低。Linux 的交换策略是定期地，特别是在系统相对空闲的时候，挑选一些页面预先交换出来而腾出一些内存空间，从而使系统始终维持一定的空闲页面供应量。至于挑选的准则，一般都是 LRU 交换算法，即最久未用到的页面。以上的交换策略依然有可能发生系统“抖动”。为了防止“抖动”的发生，Linux 系统将页面的换出和内存页面的释放分成两步来做。当系统挑选出若干内存页面准备换出时，将这些页面的内容写入到相应的磁盘中，并且将相应的页面表项的内容设置为指向磁盘页面。

页面表项的数据结构 pte_t 的定义位于 include/asm-i386/page. h 中，它是一个 32 位的整型变量，其中它的第一位 P 用于表示该页面是否在内存中：P 位为 1 表示在内存中；为 0 则表示不在内存中。这里需要将换出页面的 P 位置 0，但是所占据的内存页面却并不立即释放，而是将其 page 结构留在一个 cache 队列当中，并使其从“活跃状态”转入“不活跃状态”，至于最后释放内存页面的操作就推迟到以后有条件时来进行。这样，如果在一个页面被换出以后立即又被访问而发生缺页异常时，就可以从物理页面的 cache 队列中找到相应的页面，并为之建立映射。由于该页面尚未释放，内存中还保留着原来的内容，就不需要再从磁盘上读入了。反之，如果经过一段时间以后，一个不活跃的内存页面还是没有被访问，那就到了最后释放的时候了。如果位于 cache 队列中的页面又受到了访问，那么只需要恢复这个页面在内存中的映射并使其脱离 cache 队列就可以了。

在 Linux 中通过一个全局的 address_space 数据结构 swapper_space，把所有可交换的内存页面管理起来，每个可交换内存页面的 page 数据结构都通过其队列头结构 list 链入其中的一个队列。函数 add_to_swap_cache( ) 完成将 page 结构链入相应队列的工作，它的代码位于 mm/swap_state. c 中。将内存页面的“换出”与“释放”分两步走的策略显然可以减少“抖动”发生的可能，并减少系统在页面交换上的开销。

3. 修改过的页面和没有修改的页面

如前所述，引入“两步走”交换策略之后大大提高了系统效率，但是作为产品，Linux 的交换策略还可以进一步提升。

首先，在准备换出一个页面时并不一定要把它的内容写入磁盘。如果自从最近一次换入该页面以后就没有写过这个页面，那么这个页面的内容与磁盘上相应的页面内容是一样的，可以把这个内存页面看成“干净”的。这样的页面显然不需要写出去了。

其次，就是“脏”页面了。和“干净”页面相对应，“脏”页面就是在内容写出到磁盘上之后，内存页面发生改动的页面。这样的页面不需要立刻写出去，而可以先将其从页面映射表中断开。经过一段时间，外存对应页面不再使用后，再写出去。这样“脏”页面就成了“干净”页面了。“干净”页面可以在 cache 队列中待到真的有必要回收的时候再释放，回收一个“干净”页面的花费是很小的。

这些已经换出并且处于“释放”或者“半释放”的页面都处于不活跃状态，系统有个函数 inactive_shortage( ) 用于统计内存中可供分配或周转的物理页面，它的代码位于 include/linux/mm_inline. h 中，其中 zone - >pages_high + inactive_base 为系统正常情况下潜在的供应量，而 zone - >inactive_clean_pages 和 zone - >inactive_dirty_pages 分别对应上述的处于不活跃状态的“干净”页面和“脏”页面。

内核当中设置了全局性的 active_list 和 inactive_dirty_list 两个 LRU 队列，还在每个页面管理区 ZONE 中设置了一个 inactive_clean_list。根据页面的 page 结构在这些 LRU 队列中的位置，就可以知道该页面转入不活跃状态后的时间长短，从而以此考虑是否应该回收。

## 8.4 Linux 输入和输出系统

外围设备是计算机系统中除 CPU 和内存以外的所有设备的总称。这些外围设备的种类繁多，物理特性也各不相同。外围设备一般分为三大类：存储设备、输入输出设备和网络设备。

### 8.4.1 设备管理概述

设备管理是操作系统五大管理中最复杂的部分。与 UNIX 系统一样，Linux 系统采用设备文件统一管理硬件设备，从而将硬件设备的特性及管理细节对用户隐藏起来，实现用户程序与设备无关性。在 Linux 系统中，硬件设备分为两种，即块设备和字符设备。

存储设备是计算机用来存储信息的设备，通常以块为单位传送信息，故也称为块设备，典型的块大小为 512 或 1024 字节。块设备的存取是通过 buffer cache（缓冲区高速缓冲）来进行并且可以进行随机访问，但最常用的访问方法是通过文件系统实现，只有块设备才能支持可安装文件系统。输入输出设备是无需缓冲直接读写的设备，通常是以字符为单位传送信息，故也称为字符设备。

对计算机的设备进行管理有两大目标：一是提高设备的利用率；二是方便用户使用。要提高设备的利用率，关键在于 CPU 与设备，以及设备与设备之间能不能并行操作；中断技术、通道技术和缓冲技术使它们之间的并行操作成为可能；设备管理程序就是在这些技术支持下和操作系统相应功能的配合下，实现了并行操作，从而达到充分利用外围设备资源的目的。为方便用户使用，设备管理必须屏蔽设备的物理特性，使用户摆脱具体的物理设备的束缚；具体实现是通过设备独立性来实现的，即构建相应的数据结构，由设备管理程序为用户建立一个使用设备的统一界面。

1. 特别文件

用户是通过文件系统与设备进行通信的，所有设备都作为特别文件，从而在管理上就具有一些共性。

1）每个设备都对应文件系统中的一个索引结点，都有一个文件名。设备的文件名一般由两部分构成，第一部分是主设备号，第二部分是次设备号。主设备号代表设备的类型，可以惟一地确定设备的驱动程序和界面，如 hd 表示 IDE 硬盘、sd 表示 SCSI 硬盘、tty 表示终端设备等；次设备号代表同类设备中的序号，如 hda 表示 IDE 主硬盘、hdb 表示 IDE 从硬盘等。

2）应用程序通常可以通过系统调用 open( ) 打开设备文件，建立起与目标设备的连接。

3）对设备的使用类似于对文件的存取。打开设备文件以后，就可以通过 read( )、write( )、ioctl( ) 等文件操作对目标设备进行操作。

4）设备驱动程序都是系统内核的一部分，它们必须为系统内核或它们的子系统提供一个标准的接口。例如，一个终端驱动程序必须为 Linux 内核提供一个文件 I/O 接口；一个 SCSI 设备驱动程序应该为 SCSI 子系统提供一个 SCSI 设备接口，同时 SCSI 子系统也应为内核提供文件 I/O 和缓冲区。

5）设备驱动程序利用一些标准的内核服务，如内存分配等。另外，大多数 Linux 设备驱动程序都可以在需要时装入内核，不需要时可以卸载下来。

图 8-9 显示设备驱动的分层结构，从中可以看出，处于应用层的进程通过文件描述字 fd 与已打开文件的 file 结构相联系。在文件系统层，按照文件系统的操作规则对该文件进行相应处理。

对于一般文件（即磁盘文件），要进行空间的映射，即从普通文件的逻辑空间映射到设备的逻辑空间，然后在设备驱动层做进一步映射，即从设备的逻辑空间映射到物理空间（即设备的物理地址空间），进而驱动底层物理设备工作。

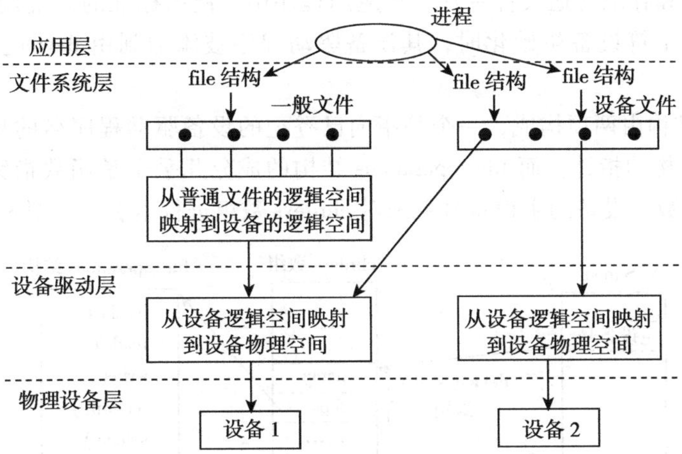


图 8-9　设备驱动分层结构示意图

对于设备文件，则文件的逻辑空间通常就等价于设备的逻辑空间，然后从设备的逻辑空间映射到设备的物理空间，再驱动底层物理设备工作。

### 2. Linux 设备管理结构

Linux 设备管理主要由系统调用和设备驱动程序组成。系统调用是上层的、与设备无关的软件，它为用户和内核之间提供了一个统一而简单的接口。设备驱动程序是下层的、与设备有直接关系的软件，它直接与相应设备打交道，而且向上层内核提供一组访问接口。Linux 设备管理层次图见图 8-10。

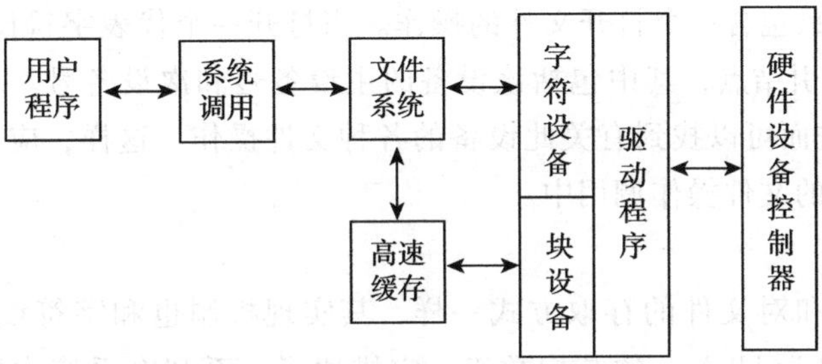


图 8-10　Linux 设备管理层次图

Linux 系统的所有硬件设备都被看成普通文件，可以通过和普通文件相同的标准系统调用来完成打开、关闭、读取和写入设备等操作。系统中每个设备都用一种特殊的设备相关文件来表示，如系统中第一个 IDE 硬盘被表示成/dev/hda。在 Linux 系统中，对每一个设备的描述是通过主设备号和次设备号来实现的。由同一个设备驱动控制的所有设备具有相同的主设备号，主设备号描述控制这个设备的驱动程序，也就是说驱动程序与主设备号是一一对应的；次设备号用来区分同一个驱动程序控制的不同设备。Linux 系统通过使用主、次设备号将包含在系统调用中的设备特殊文件映射到设备的管理程序以及大量系统表格中，如字符设备表 chrdevs。块设备和字符设备的设备特殊文件可以通过 mknod 命令来创建，并使用主、次设备号来描述此设备。

### 3. 字符设备

在 Linux 系统中，打印机、终端等字符设备都作为字符特别文件出现在用户面前。用户对字符设备的使用就和存取普通文件一样。在应用程序中，使用标准的系统调用来打开、关闭、读写字符设备。当字符设备初始化时，其设备驱动程序被添加到由 device_struct 结构组成的 chrdevs 数组中。

device_struct 结构由两项构成，一个是指向已登记的设备驱动程序名的指针，另一个是指向 file_operations 结构的指针。而 file_operations 结构的成分几乎全是函数指针，分别指向实现文件操作的入口函数。设备的主设备号用来对 chrdevs 数组进行索引，如图 8-11 所示。

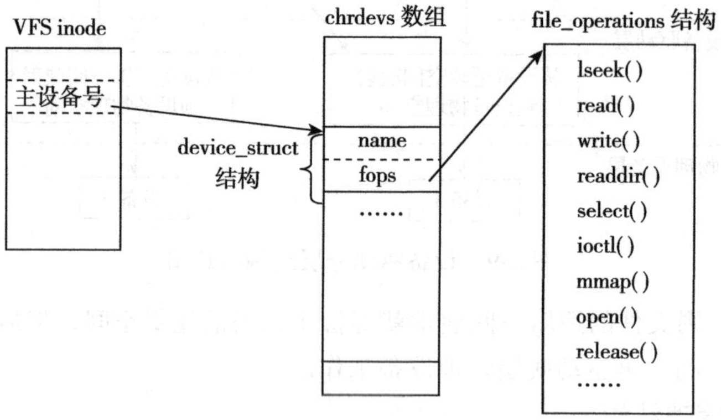


图 8-11 字符设备驱动程序示意图

每个 VFS 索引结点都和一系列文件操作相联系，并且这些文件操作随索引结点所代表的文件类型不同而不同。每当创建一个 VFS 索引结点所代表的字符设备文件时，它的有关文件的操作就设置为默认的字符设备操作。

默认的文件操作只包含一个打开文件的操作。当打开一个代表字符设备的特别文件以后，就得到相应的 VFS 索引结点，其中包括该设备的主设备号和次设备号。利用主设备号就可以检索 chrdevs 数组，进而可以找到有关此设备的各种文件操作。这样，应用程序中的文件操作就会映射到字符设备的文件操作调用中。

#### 4. 块设备

对块设备的存取和对文件的存取方式一样，其实现机制也和字符设备使用的机制相同。Linux 系统中有一个名为 blkdevs 的结构数组，它描述了一系列在系统中登记的块设备。数组 blkdevs 也使用设备的主设备号作为索引，其元素类型是 device_struct 结构。该结构中包括指向已登记的设备驱动程序名的指针和指向 block_device_operations 结构的指针。在 block_device_operations 结构中包含指向有关操作的函数指针。所以，该结构就是连接抽象的块设备操作与具体块设备类型的操作之间的枢纽。

与字符设备不一样，块设备有几种类型，如 SCSI 设备和 IDE 设备。每类块设备都在 Linux 系统内核中登记，并向内核提供自己的文件操作。

为了把各种块设备的操作请求队列有效地组织起来，内核中设置了一个结构数组 blk_dev，该数组中的元素类型是 blk_dev_struct 结构。这个结构由三部分组成，其主体是执行操作的请求队列 request_queue 和一个函数指针 queue。

当这个指针不为 0 时，就调用这个函数来找到具体设备的请求队列。这是考虑到多个设备可能具有同一主设备号，该指针在设备初始化时被设置好。通常当它不为 0 时，还要使用该结构中的另一个指针 data，用来提供辅助性信息，帮助该函数找到特定设备的请求队列。每一个

request 数据结构都代表一个来自缓冲区的请求。

每当缓冲区要和一个登记过的块设备交换数据时，它都会在 blk_dev_struct 中添加一个 request 数据结构（request 结构），如图 8-12 所示。

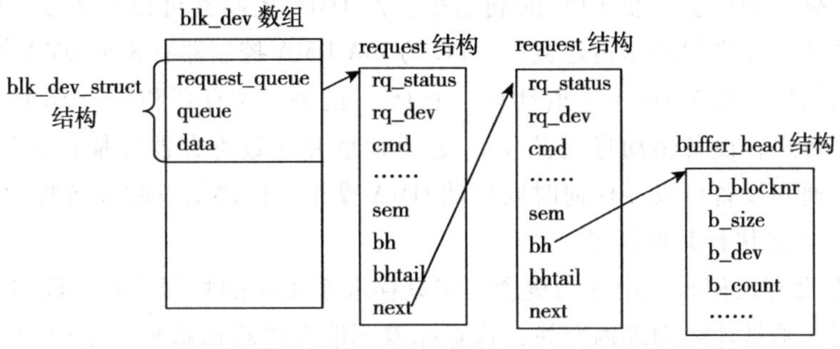


图 8-12　块设备驱动程序数据结构示意图

每一个请求都有一个指针指向一个或多个 buffer_head 数据结构，而该结构都是一个读写数据块的请求。每一个 request 结构都在一个静态链表 all_requests 中。如果请求是添加到一个空的请求链表中，则调用设备驱动程序的请求函数，开始处理该请求队列。否则，设备驱动程序就依次地处理请求队列中的每一个请求。

当设备驱动程序完成一个请求后，就把 buffer_head 结构从 request 结构中移走，并标记 buffer_head 结构已更新，同时解锁，这样就可以唤醒相应的等待进程。

## 8.4.2　I/O 控制方式

### 1. 轮询方式

轮询方式即程序直接控制方式，是指在 I/O 过程中经常读取设备的状态，直到设备状态表明请求已经完成为止。如果设备驱动被连接进入内核，这时使用轮询方式将会带来灾难性后果：内核将在此过程中无所事事，直到设备完成此请求。但是轮询设备驱动可以通过使用系统定时器，让内核周期性调用设备驱动中的某个例程来检查设备状态。定时器过程可以检查命令状态及 Linux 软盘驱动的工作情况。使用定时器是轮询方式中最好的一种，但更有效的方法是使用中断。

### 2. 中断方式

基于中断的设备驱动会在它所控制的硬件设备需要服务时引发一个硬件中断。Linux 内核需要把来自硬件设备的中断传递到相应的设备驱动，这个过程由设备驱动向内核注册其使用的中断来协助完成。此中断处理例程的地址和中断号都将被记录下来。对中断资源的请求在驱动初始化时就已经完成。作为 IBM PC 体系结构的继承，系统中有些中断已经固定，如软盘控制器总是使用中断 6。其他中断，如 PCI 设备中断，在启动时进行动态分配。设备驱动必须在取得对此中断的所有权之前，找到它所控制设备的中断号（IRQ）。Linux 通过支持标准的 PCI BI-OS 回调函数来确定系统中 PCI 设备的中断信息，包括其 IRQ 号。

如何将中断发送给 CPU 本身取决于体系结构，但是在多数体系结构中，中断以一种特殊模式发送，同时还将阻止系统中其他中断的产生。设备驱动在其中断处理过程中做得越少越好，这样 Linux 内核将能很快地处理完中断并返回中断前的状态。为了在接收中断时完成大量工作，设备驱动必须能够使用内核的底层处理例程或者任务队列，来对以后需要调用的那些例程进行排队。

3. 直接内存访问（DMA）

数据量比较少、数据传送率较低时，使用基于中断的设备驱动程序能顺利地在硬件设备和内存之间交换数据，否则会降低 CPU 的利用率。而 DMA 控制器可以在不受 CPU 干预的情况下，在设备和系统内存之间高速传送数据。PC 的 ISA DMA 控制器有 8 个 DMA 通道，其中 7 个可以由设备驱动使用。每个 DMA 通道具有一个 16 位的地址寄存器和一个 16 位的计数寄存器。为了初始化数据传送，设备驱动将设置 DMA 通道地址和计数寄存器以描述数据传送方向以及读写类型，然后通知设备可以在任何时候启动 DMA 操作。传送结束时设备将中断 PC，在传送过程中 CPU 可以转去执行其他任务。

DMA 控制器没有任何虚拟内存的概念，它只存取系统中的物理内存。同时用做 DMA 传送缓冲的内存空间必须是连续物理内存块，这意味着不能在进程虚拟地址空间内直接使用 DMA。但是可以将进程的物理页面加锁，以防止在 DMA 操作过程中被交换到交换设备上去。另外，DMA 控制器所存取物理内存有限。由于 DMA 通道地址寄存器代表 DMA 地址的高 16 位，而页面寄存器记录的是其余 8 位，因此 DMA 请求被限制到内存最低的 16MB（2 的 24 次方寻址空间）内。

Linux 通过 dma_chan（每个 DMA 通道有一个）数组来跟踪 DMA 通道的使用情况。dma_chan 结构中包含有两个域，一个是指向此 DMA 通道拥有者的指针，另一个指示 DMA 通道是否已经被分配出去。

## 8.4.3 设备驱动程序

Linux 设备驱动程序是处理或操作硬件控制器的软件，被集成在内核中，是常驻内存的低级硬件处理程序的共享库，设备驱动程序就是对设备的抽象处理。

1. 概述

Linux 操作系统允许设备驱动程序作为可加载内核模块实现，也就是说，设备的接口实现不仅可以在 Linux 操作系统启动时进行注册，而且还可以在 Linux 操作系统启动后通过加载模块时进行注册。Linux 维护着已注册的设备驱动表作为和设备驱动的接口，这些表中包含支持此类设备例程的指针和相关信息。

设备驱动程序软件封装了如何控制这些设备的技术细节，并通过特定的接口导出一个规范的操作集合；内核使用规范的设备接口（字符设备接口和块设备接口），通过文件系统把设备操作导出到用户程序中。这样内核就可以以相同的方式来对待不同的设备及设备驱动。

在 Linux 系统中，字符设备和块设备的 I/O 操作是有区别的。块设备在每次硬件操作时把多个字节传送到主存缓存中或从主存缓存中把多个字节信息传送到设备中；而字符设备并不使用缓存，信息传送是一个字节一个字节地进行的。

设备驱动程序的功能主要有：

1）对设备进行初始化；

2）使设备投入运行和退出服务；

3）从设备接收数据并将它们送回内核；

4）将数据从内核送到设备；

5）检测和处理设备出现的错误。

## 2. 设备驱动程序的代码

设备驱动程序是一些函数和数据结构的集合，这些函数和数据结构是为实现设备管理的一个简单接口，操作系统内核使用这个接口来请求驱动程序对设备进行 I/O 操作。由于一个设备驱动程序就是一个模块，所以在内核内部用一个 file 结构来识别设备驱动程序，而且内核使用 file_operations 结构来访问设备驱动程序中的函数。

根据功能进行划分，可以把设备驱动程序的代码分为如下几个部分：

(1) 驱动程序的注册与注销

系统引导时或系统引导后在需要装载模块时，对字符设备或块设备进行初始化过程中要通过 register_chrdev( ) 或 register_blkdev( ) 向内核注册。在不需要字符设备或块设备时，要通过 unregister_chrdev( ) 或 unregister_blkdev( ) 从内核中注销该设备。

(2) 设备的打开与释放

要使用设备就要打开该设备，打开设备需要通过 open( ) 来完成；在用完设备后需要释放该设备，一般用 release( ) 来完成。

(3) 设备的读写操作

字符设备的读写操作是通过 read( ) 和 write( ) 来实现的，而块设备的读写操作是通过调用内核函数 block_read( ) 和 block_write( ) 来完成对缓冲区的数据操作。对于块设备真正的读写是通过 request_fn( ) 来完成的。

(4) 设备的控制操作

除了读写操作外，还可以对设备进行控制操作。设备的控制操作可以通过驱动程序中的 ioctl( ) 来完成，与读写操作不同，ioctl( ) 的用法与具体设备密切相关。除了 ioctl( )，设备驱动程序还可以有其他控制函数，如 lseek( )、mmap( )、lock( )、fsync( ) 和 fasync( ) 等。

(5) 设备的中断和轮询处理

如果每个设备都有一个惟一的中断向量号，则当接收到中断时，根据向量号可惟一指向相应的中断处理函数。如果中断向量号被许多设备共享，则必须确定是哪个设备产生的中断。

Linux 操作系统内核采取把相同中断向量号的中断处理函数用一张链表连接起来的办法来解决。接收到中断后，轮询链表上的所有驱动程序。驱动程序检查收到的中断请求是否由它所控制的设备产生。如果是，则它就会处理中断，否则继续轮询下一个设备。

## 3. 字符设备驱动程序

当创建一个代表字符设备特殊文件的 VFS inode 时，其文件操作被设置为默认的字符设备操作，即字符设备只有一个文件操作：打开文件操作。当打开字符特殊文件时，通过文件打开操作使用设备的主标志符来索引此 chrdevs 数组，以便得到文件操作函数指针。同时建立起描述此字符特殊文件的 file 结构，使其文件操作指针指向此设备驱动中的文件操作指针集合。这样所有应用程序对它所进行的文件操作都被映射到此字符设备的文件操作集合上。

(1) 描述字符设备的数据结构

对于字符设备，Linux 内核维护一个 chrdevs 结构数组，该数组的元素实际是 device_struct 结构，如：static struct device_struct chrdevs [MAX_CHRDEV]。

chrdevs 数组中存储着所有字符设备，用户可以利用设备的主设备号对此数组进行索引以实现对字符设备的控制，如打开、读写、关闭等。对于设备的描述可通过 device_struct 数据结构来实现，例如：

```
struct device_struct {
const char * name;                    // 设备驱动程序注册的设备名称
struct file_operations * fops;  // 设备的标准操作例程集，其中的操作例程由设备驱动程序定义，并分别
                                       完成指定的设备操作
}
```

(2) 字符设备的基本入口点

字符设备的基本入口点也可称为子程序，它们被包含在驱动程序的 file_operations 结构中。

1) open()函数。该函数打开设备准备 I/O 操作。对字符设备特殊文件进行打开操作，都会调用设备的 open()子程序，open()子程序必须对将要进行的 I/O 操作做好必要的准备工作，如清除缓冲区等。如果设备是独占的，即同一时刻只能有一个程序访问此设备，则 open()子程序必须设置一些标志以表示设备处于“忙”状态。当其为 NULL 指针时，设备的打开操作永远成功，但系统不会通知你的驱动程序。

2) release()函数。该函数关闭一个设备。最后一次使用完设备后要调用 release()子程序来关闭该设备，此时执行 close()系统调用来调用 release()函数，如果该设备为独占设备，则必须标记设备可再次使用。

3) read()函数。该函数从设备上读数据。对于有缓冲区的 I/O 操作，一般是从缓冲区中读数据；对于字符设备文件进行读操作将调用 read()函数。

4) write()函数。该函数向设备写数据。对于有缓冲区的 I/O 操作，一般是把数据写入缓冲区中；对于字符设备文件进行写操作将调用 write()函数。

5) ioctl()函数。该函数执行读或写以外的所有操作。该函数在代码实现上是通过一个多条件选择语句，根据参数 cmd 的值进行相应的处理来完成的。

6) select()函数。该函数一般用于程序询问设备是否可读或可写，或是否产生一个“异常”条件。如果指针为 NULL，则系统就假设设备总是可读和可写的，而且没有异常需要处理。

(3) 字符设备的注册

设备驱动程序提供的入口点在设备驱动程序初始化时向系统登记，以便系统调用。Linux 系统通过调用 register_chrdev()向系统注册字符型设备驱动程序。

字符设备注册以后，还必须在文件系统中为其创建一个代表结点。该结点可以是在/dev 目录中的一个结点，这种结点都是文件结点，且每个结点代表一个具体的设备。不过要有主设备号和从设备号两个参数才能创建一个结点。还可以是在 devfs 设备文件目录下的一个结点，对于这种结点应根据主设备号给每一种设备都创建一个目录结点，在这个目录下才是代表具体设备的文件结点。

### 4. 块设备驱动程序

和普通文件操作接口一样，每个块设备驱动必须为 buffer cache 提供接口。每个块设备驱动将填充其在 blk_dev 数组中的 blk_dev_struct 结构入口。数组的索引值还是此设备的主设备号。这个 blk_dev_struct 结构包含请求过程的地址以及指向请求数据结构链表的指针，代表一个从 buffer cache 中让设备进行数据读写的请求。

(1) 描述块设备的数据结构

与字符设备类似，Linux 内核利用 blkdevs 数组记录所有的块设备，但是每个数组元素不是一个 device_struct 结构体，而是把主设备号当做数组索引来使用。在 fs/block_dev. h 中有如下定义：

```
static struct {
const char * name ;
struct block_device_operations * bdops ;
} blkdevs[MAX_BLKDEV];
```

数组 blkdevs [MAX_BLKDEV] 中存储着所有的块设备，系统通过这个数组对所有块设备进行维护。内核在初始化时，根据系统的配置将有关块设备的 block_device_operations 结构连同设备名一起通过 register_blkdev()函数将相应的块设备添加到数组中。

块设备驱动程序描述符是一个 blk_dev_struct 类型的数据结构，其定义如下：

```
struct blk_dev_struct {
// queue_proc has to be atomic
request_queue_t request_queue ;
queue_proc * queue ;
void * date ;
};
```

在这个结构中，请求队列 request_queue 是主体。对于函数指针 queue，当其为非0时，就调用这个函数来找到具体设备的请求队列，这是为考虑具有同一主设备号的多种同类设备而设的一个域，该指针也在初始化时就设置好。还有一个指针 data 是辅助 queue 函数找到特定设备的请求队列。

所有块设备的描述符都存放在名为 blk_dev_struct 结构类型的变量 blk_dev 表中：struct blk_dev_struct blk_dev [MAX_BLKDEV]；每个块设备都对应着数组中的一项，可以用主设备号进行检索。

每当用户进程对一个块设备发出一个读写请求时，首先调用块设备所公用的函数 generic_file_read()和 generic_file_write()。如果数据存在缓冲区中或缓冲区还可以存放数据，就同缓冲区进行数据交换。否则，系统会将相应的请求队列结构添加到其对应项的 blk_dev_struct 中。

如果在加入请求队列结构时该设备没有其他的请求，则马上响应该请求，否则将其追加到请求任务队列尾部顺序执行。

(2) 块设备的基本入口点

1）读写函数。所有对块设备的读写操作都是调用 block_read()和 block_write()函数来完成的。这两个函数所做的就是对缓冲区进行读写，如果缓冲区不能满足操作要求，则返回负值，否则返回实际读写的字节数。

2）request()函数。该函数从指定的队列中读出挂起的I/O请求，并安排指定的读写操作。I/O请求队列中的每一个I/O请求保存在 request 结构中，该结构在 include/linux/blkdev. h 中定义。在页的换入换出机制中也会使用到 request 数据结构。

3）ioctl()函数。和字符设备类似。两者不同之处在于块设备驱动程序有大量驱动程序都要支持的 ioctl 命令。例如，BLKGETSIZE（获取当前设备大小）、BLKFLSBUF（刷新缓冲区）、BLKRAGET（为设备取得当前提前读的值）、BLKRASET（设置提前读的值）、BLKRRPART（重读分区表）、BLKROSET（设置只读标志）、BLKROGET（获取只读标志）、HDIO_GETGEO（获得磁盘的几何参数）等处理命令。

4）check_media_change()函数。这个检查函数接收到 kev_t 作为一个确定设备的参数。如果介质被改变了，则返回值为1，否则为0。该函数是为可拆卸块设备而设置的，如果块设备驱动程序不支持可拆卸设备，则应把 fops - > check_media_change 设为 NULL。

5）revalidate()函数。这个有效化函数是在检测到一个磁盘的改变时被调用。返回0表示成功，出错时返回一个负的错误代码。

(3) 块设备的注册

和字符设备驱动程序类似，内核里的块设备驱动程序也是由一个主设备号来标识。不过，对于块设备驱动程序的注册不仅在其初始化的时候要进行，而且在编译的时候也要进行注册，不过编译时的注册是由内核来完成的。在初始化时通过 register_blkdev( ) 函数将相应的块设备添加到数组 blkdevs[ ] 中，该数组在 fs/block_dev. c 中定义。

### 8.4.4 高速缓冲机制

为了提高系统的性能、解决 CPU 执行速度和内存访问速度以及和设备的访问速度之间的不匹配关系，并配合内存管理功能的实现，Linux 使用了多个高速缓冲，具体说明如下：

1. 缓冲区高速缓冲（Buffer Cache）

这是块设备驱动使用的数据缓冲。这些缓冲单元的大小一般固定（如 512B），并且包含从块设备读出或者写入的信息块。利用设备标志符和所需块号作索引可以在其中迅速地找到数据。块设备只能够通过 buffer cache 来存取。如果数据在 buffer cache 中可以找到则无需从物理块设备（如硬盘）中读取，这样可以加速访问。

2. 页面高速缓冲（Page Cache）

这是页面进行输入输出操作时，访问程序和数据所用的磁盘高速缓存，它以页为单位存储数据，页面从磁盘上读入内存后缓存在 page cache 中。

3. 交换高速缓冲（Swap Cache）

交换文件中保存的是修改过的页面。只要这些页面在写入到交换文件后没有被修改，则下次此页面被交换出内存时，就不必再进行更新写操作，这些页面都可以简单的丢弃。

4. 旁路转换缓冲（Translation Lookaside Buffer，TLB）

这是一个具有并行查询能力的高速缓冲，也叫联想存储器或快表。基于局部性原理，程序在一段时间的执行总是在几个页面中进行；而 Linux 采用的是三级页表机制，要多次访问内存，降低了程序执行的效率。设置该缓冲器后，它包含页表入口的缓冲拷贝。当需要进行地址转换时，CPU 与 TLB 中的内容进行匹配，若命中则直接将逻辑地址转换成物理地址；如果没有命中，则按正常次序访问页表，然后从 TLB 中淘汰一项替换成刚找到的页表项。

## 8.5 Linux 文件系统

Linux 系统的一个重要特征就是支持多种不同的文件系统，如 EXT、FAT、EXT2、EXT3，以及 Minix、MS-DOS、BSD、SYSTEM V 等操作系统支持的文件系统。目前，Linux 主要使用的文件系统是 EXT2 和 EXT3。

EXT3 是 EXT2 的升级版本，加入了记录数据的日志功能。EXT2 和 EXT3 都是十分优秀的文件系统，即使系统发生崩溃也能很快修复。

Linux 最早的文件系统是 Minix 所用的文件系统，它所受限制很大而且性能低下。其文件名最长不能超过 14 个字符且最大的文件不超过 64MB。1992 年 4 月，出现了第一个专门为 Linux 设计的文件系统称为扩展文件系统（Extended File System）或 EXT，但性能依旧不好。1993 年 EXT2 被设计出来，并添加到 Linux 中成为系统的标准配置。

当 Linux 引进 EXT 文件系统时有了一个重大的改进：真正的文件系统从操作系统和系统服

务中分离出来，在它们之间使用了一个接口层——虚拟文件系统（Virtual File System，VFS）。VFS 为用户程序提供了一个统一、抽象、虚拟的文件系统界面，这个界面主要由一组标准、抽象、有关文件操作的系统调用构成。

Linux 文件系统（至少对系统用户来说）不管系统中有哪些不同的控制器、控制着哪些不同的物理介质且这些物理介质上有多少个不同的文件系统。每个实际文件系统和操作系统之间通过 VFS 来通信。

## 8.5.1 常见文件系统格式

在 Linux 操作系统里有 EXT2、EXT3、Linux swap 和 VFAT 四种格式。

### 1. EXT2

EXT2 是 GNU/Linux 系统中标准的文件系统。这是 Linux 中使用最多的一种文件系统，它是专门为 Linux 设计的，拥有极快的速度和极小的 CPU 占用率。EXT2 既可以用于标准的块设备（如硬盘），也被应用在软盘等移动存储设备上。

### 2. EXT3

EXT3 是在 EXT2 的格式之下再加上日志功能。EXT3 是一种日志式文件系统（Journal File System），最大的特点是：它会将整个磁盘的写入动作完整地记录在磁盘的某个区域上，以便有需要时回溯追踪。当在某个过程被中断时，系统可以根据这些记录直接回溯并重整被中断的部分，重整速度相当快。该分区格式被广泛应用在 Linux 系统中。

### 3. Linux swap

Linux swap 是 Linux 中一种专门用于交换分区的 swap 文件系统。Linux 使用这一整个分区作为交换空间。一般这个 swap 格式的交换分区是主内存的两倍。在内存不够时，Linux 会将部分数据写到交换分区上。

### 4. VFAT

VFAT 称为长文件名系统，这是一个与 Windows 系统兼容的 Linux 文件系统，支持长文件名，可以作为 Windows 与 Linux 交换文件的分区。

## 8.5.2 虚拟文件系统

Linux 系统的最大的特点之一就是能支持多种不同的文件系统，每一种文件系统都有自己的组织结构和文件操作函数，相互之间差别很大，为此必须使用一种统一的接口，这就是虚拟文件系统（VFS）。通过 VFS 将不同文件系统的实现细节隐藏起来，因而从外部看上去，所有的文件系统都是一样的。VFS 是物理文件系统与服务例程之间的一个接口层，它对 Linux 的每个文件系统的所有细节进行抽象，使得不同的文件系统在 Linux 内核以及系统中运行的进程看起来都是相同的。

VFS 的功能主要有：记录可用的文件系统的类型；将设备同对应的文件系统联系起来；处理一些面向文件的通用操作；涉及针对文件系统的操作时，VFS 把它们映射到与控制文件、目录以及 inode 相关的物理文件系统。

### 1. VFS 系统结构

Linux 的 VFS 结构如图 8-13 所示。Inode 是 Linux 的索引结点，每一个索引结点和一个文件相对应，里面包含了一些与该文件相关的信息，图中 VFS Inode Cache 是 VFS 提供的索引结点缓存，VFS Directory Cache 是 VFS 提供的目录缓冲。它们的作用都是为了提高访问的速度。

图 8-14 显示 VFS 和实际文件系统之间的关系，从图中可以看出，用户程序（进程）通过有关文件系统操作的系统调用进入系统空间，然后经由 VFS 才可使用 Linux 系统中具体的文件系统。

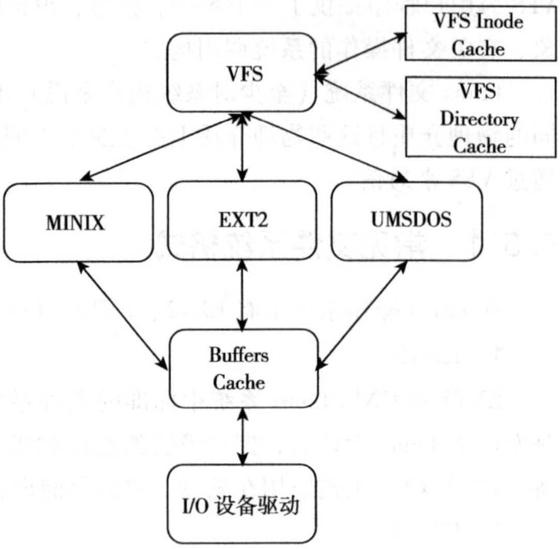


图 8-13 Linux VFS 的结构

这个抽象的界面主要由一组标准的、抽象的有关文件操作构成，以系统调用的形式提供给用户程序，如 read( )、write( )和 lseek( )等。所以，VFS 必须管理所有同时安装的文件系统。它通过使用描述整个 VFS 的数据结构和描述实际安装的文件系统的数据结构，来管理这些不同的文件系统。

不同的文件系统通过不同的程序来实现其各种功能。VFS 定义了一个名为 file_operations 的数据结构，这个数据结构成为 VFS 与各个文件系统的界面。

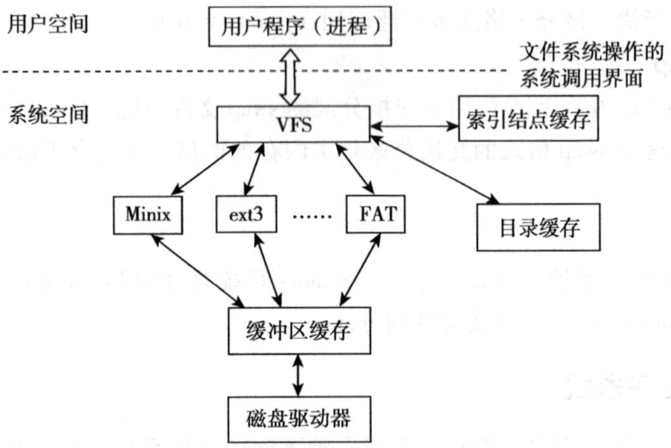


图 8-14 VFS 和实际文件系统之间的关系

### 2. VFS 超级块

VFS 和 EXT2 文件系统一样也使用超级块和索引结点来描述和管理系统中的文件。每个安装的文件系统都有一个 VFS 超级块，其中包含以下主要信息：

1）Device，设备标识符：表示文件系统所在块设备的设备标志符。这是存储文件系统的物理块设备的设备标识符，如系统中第一个 IDE 磁盘/dev/hda1 的标识符是 0x301。

2）Inode pointers，索引结点指针：mounted inode（安装索引结点）指针指向文件系统中第一个 inode，而 covered inode（覆盖索引结点）指针指向此文件系统安装目录的 inode。根文件系统的 VFS 超级块不包含 covered inode 指针。

3）Blocksize，数据块大小：文件系统中数据块的字节数。以字节记数的文件系统块的大小，如 1024B。

4）Superblock operations，超级块操作集：指向一组超级块操作例程的指针，VFS 利用它们可以读写索引结点和超级块。

5）File System type，文件系统类型：这是一个指向已安装文件系统的 file_system_type 结构的指针。

6）File System specific，文件系统的特殊信息：指向文件系统所需要信息的指针。

需要说明的是 VFS 超级块的结构比 EXT2 文件系统的超级块简单，VFS 中主要增加的是超级块操作集，它用于对不同文件系统进行操作，对于超级块本身并无作用。

### 3. VFS 索引结点

VFS 中每个文件和目录都有且只有一个 VFS 索引结点。VFS 索引结点仅在系统需要时，才保存在系统内核的内存及 VFS 索引结点缓存中。

VFS 索引结点包含的主要内容有所在设备的标识符、惟一的索引结点号码、模式（所代表对象的类型及存取权限）、用户标识符、有关的时间、数据块大小、索引结点操作集（指向索引结点操作例程的一组指针）、计数器（系统进程使用该结点的次数）、锁定结点指示、结点修改标识，以及与文件系统相关的特殊信息。

### 4. Linux 文件系统的逻辑结构

Linux 系统中每个进程都有两个数据结构用来描述进程与文件相关的信息，其中一个是 fs_struct 结构，它包含两个指向 VFS 索引结点的指针，分别指向 root（即根目录结点）和 pwd（即当前目录结点）；另一个是 files_struct 结构，它保存该进程打开文件的有关信息，如图 8-15 所示。每个进程能够同时打开的文件至多是 256 个，分别由 fd［0］~ fd［255］所表示的指针指向对应的 file 结构。前面在 I/O 重定向中用到的文件描述字（如 0、1、2 等）其实就是 fd 指针数组的索引下标。

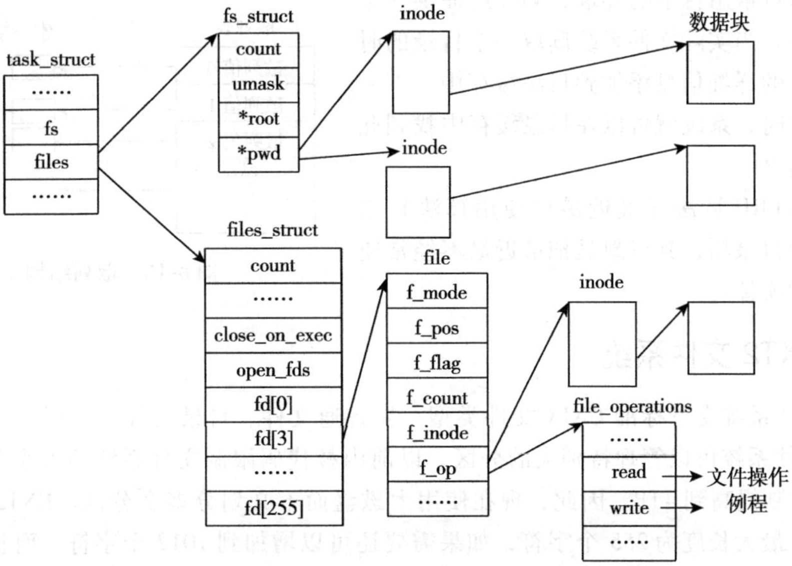


图 8-15　Linux 文件系统的逻辑结构

Linux 系统进程启动时自动打开三个文件，即标准输入、标准输出和标准错误输出，它们的文件描述字分别是 0、1 和 2。如果在进程运行时进行输入输出重定向，则这些文件描述字就指向给定的文件，而不是标准的终端输入/输出。

每当进程打开一个文件时，就从 files_struct 结构中寻找一个空闲的文件描述字，使它指向打开文件的描述结构 file。对文件的操作要通过 file 结构中定义的文件操作例程和 VFS 索引结点的信息来完成。

5. 文件系统的安装与卸载

Linux 文件系统可以根据需要随时装卸，从而实现文件存储空间的动态扩充。在系统初启时，往往只安装一个文件系统，即根文件系统，其上的文件主要是保证系统正常运行的操作系统代码文件，以及若干语言编译程序、命令解释程序和相应的命令处理程序等构成的文件。此外，还有大量的用户文件空间。根文件系统一旦被安装上，则在整个系统运行过程中是不能被卸载的，它是系统的基本部分。

其他的文件系统（如由软盘构成的文件系统）可以根据需要（如从硬盘向软盘复制文件），作为子系统动态地安装到主系统中。经过安装之后，主文件系统与子文件系统就构成一个有完整目录层次结构的、容量更大的文件系统。

若干子文件系统可以并列安装到主文件系统上，也可以一个接一个地串联安装到主文件系统上。已安装的子文件系统也可从整个文件系统上卸载下来，恢复安装前的独立状态。

6. VFS 索引结点缓存和目录缓存

为了加快对系统中所有已安装文件系统的存取，VFS 提供了索引结点缓存，即把当前使用的索引结点保存在高速缓存中。

为了能很快地从中找到所需的 VFS 索引结点，可以采用散列（Hash）方法。其基本思想是，VFS 索引结点在数据结构上被链入不同的散列队列，具有相同散列值的 VFS 索引结点在同一队列中。设置一个散列表，其中每一项包含一个指向 VFS 索引结点散列队列的头指针。散列值是根据文件系统所在块设备的标识符和索引结点号码计算出来的，如图 8-16 所示。

为了加速对常用目录的存取，VFS 还提供一个目录高速缓存。当实际文件系统读取一个目录的时候，就把目录的详细信息添加到目录缓存中。下一次查找该目录时，系统就可以在目录缓存中找到此目录的有关信息。

VFS 采用 LRU 算法（最近最少使用算法）来替换缓存中的目录项，其思想是把最近最不经常使用的目录项替换掉。

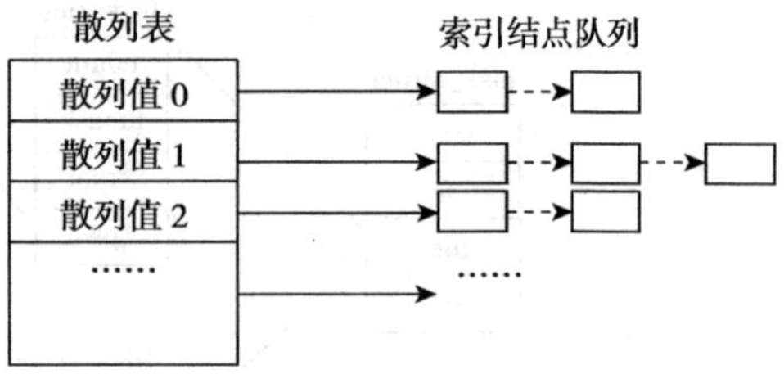


图 8-16 散列结构示意图

## 8.5.3 EXT2 文件系统

EXT2 文件系统支持标准 UNIX 文件类型，如普通文件、目录文件、特别文件和符号链接等。EXT2 文件系统可以管理特别大的分区。以前内核代码限制文件系统的大小为 2GB，现在 VFS 把这个限制提高到 4TB。因此，现在使用大磁盘而不必划分多个分区。EXT2 文件系统支持长文件名，最大长度为 255 个字符，如果需要还可以增加到 1012 个字符，而且，它使用变长的目录表项。EXT2 文件系统为超级用户保留了一些数据块，约为 5%。这样，在用户进程占满整个文件系统的情况下，系统管理员仍可以简单地恢复整个系统。

除了标准的 UNIX 功能外，EXT2 文件系统还支持在一般 UNIX 文件系统中没有的高级功能，如设置文件属性、支持数据更新时同步写入磁盘的功能、允许系统管理员在创建文件系统时选择逻辑数据块的大小、实现快速符号链接，以及提供两种定期强迫进行文件系统检查的工具等。

### 1. 物理结构

与其他文件系统一样，EXT2 文件系统中的文件信息都保存在数据块中。对同一个 EXT2 文件系统而言，所有数据块的大小都是一样的，如 1024B。但是，不同的 EXT2 文件系统中数据块的大小可以不同。EXT2 文件系统的物理构造形式如图 8-17 所示。

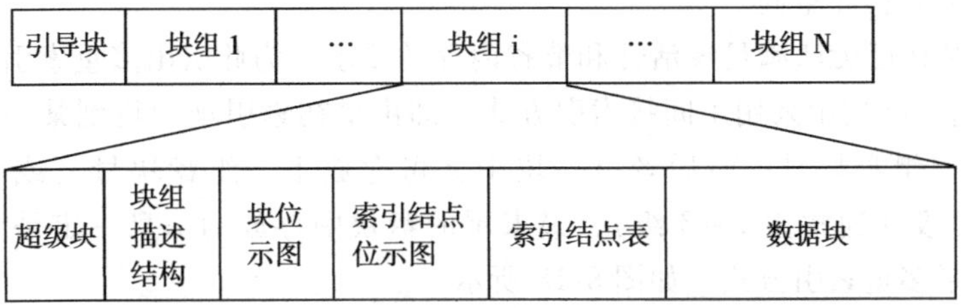


图 8-17　EXT2 文件系统的物理布局

EXT2 文件系统分布在块结构的设备中，文件系统不必了解数据块的物理存储位置，它保存的是逻辑块的编号。块设备驱动程序能够将逻辑块号转换到块设备的物理存储位置。

EXT2 文件系统将逻辑块划分成块组，每个块组重复保存着一些有关整个文件系统的关键信息及实际文件和目录的数据块。

系统引导块总是介质上的第一个数据块，只有根文件系统将引导程序放在这里，其余一般文件系统都不使用引导块。

使用块组对于提高文件系统的可靠性有很大好处，由于文件系统的控制管理信息在每个块组中都有备份，因此当文件系统意外出现崩溃时可以很容易地恢复。另外，由于在有关块组内部，索引结点表和数据块的位置很近，在对文件进行 I/O 操作时，可减少硬盘磁头的移动距离。

### 2. 块组的构造

从图 8-17 中可以看出，每个块组重复保存着一些有关整个文件系统的关键信息，以及通过索引结点找到文件和目录的数据块。每个块组中包含超级块、块组描述结构、块位示图、索引结点（即 I 结点）位示图、索引结点表和数据块。

### 3. 索引结点

索引结点（Inode）又被称为 I 节点，每个文件都有惟一一个索引结点。EXT2 文件系统的索引结点起着文件控制块的作用，利用这种数据结构可对文件进行控制和管理。每个数据块组中的索引结点都保存在索引结点表中。数据块组中还有一个索引结点位示图，它用来记录系统中索引结点的分配情况，即哪些结点已经分配出去了，哪些结点尚未分配。

索引结点有盘索引结点（如 EXT2_inode）和内存索引结点（如 inode）两种形式。盘索引结点存放在磁盘的索引结点表中，内存索引结点存放在系统专门开设的索引结点区中。

所有文件在创建时就分配一个盘索引结点。当一个文件被打开，或者一个目录成为当前工作目录时，系统内核就把相应的盘索引结点复制到内存索引结点中；当文件被关闭时，就释放其内存索引结点。

盘索引结点和内存索引结点的基本内容是相同的，但二者存在很大差别。盘索引结点包括文件模式、描述文件属性和类型主要内容。

内存索引结点除了具有盘索引结点的主要信息外，还添加了反映该文件动态状态的项目。例如，共享访问计数（i_count），表示在某一时刻该文件被打开以后进行访问的次数。

4. 多重索引结构

普通文件和目录文件都要占用盘块存放其数据。为了用户使用方便，系统一般不应限制文件的大小。如果文件很大，那么不仅存放文件信息需要大量盘块，而且相应的索引表也必然很大。在这种情况下，把索引表整个放在内存是不合适的，而且不同文件的大小不同，文件在使用过程中很可能需要扩充空间。

单一索引表结构已无法满足灵活性和节省内存的要求，为此引出多重索引结构（又称多级索引结构）。在这种结构中采用了间接索引方式，即由最初索引项中得到某一盘块号，该块中存放的信息是另一组盘块号；而后者每一块中又可存放下一组盘块号（或者是文件本身信息）。这样间接几级（通常为 1 ~ 3 级），最末尾的盘块中存放的信息一定是文件内容。EXT2 文件系统就采用了多重索引方式，如图 8-18 所示。

图 8-18 的左部是索引结点（即 I 结点），其中含有对应文件的状态和管理信息。一个打开文件的索引结点放在系统内存区，与文件存放位置有关的索引信息是索引结点的组成部分，它是由直接指针、一级间接指针、二级间接指针和三级间接指针构成的数组。

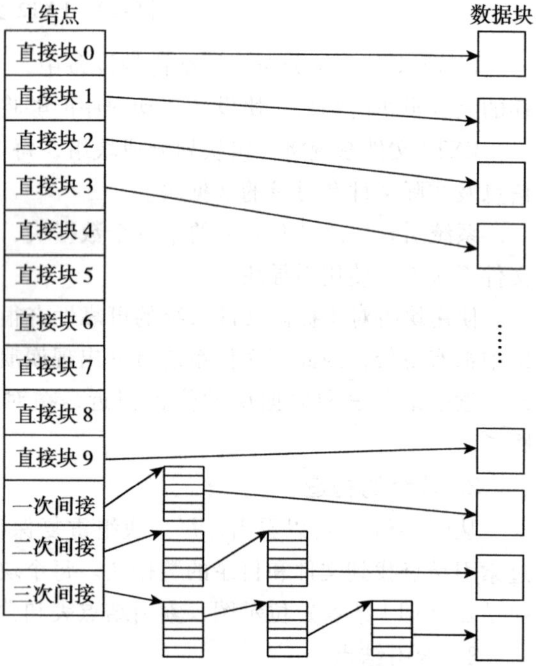


图 8-18　索引结点结构示意图

5. EXT2 中的目录项

在 EXT2 文件系统中，目录文件包含有下属文件与子目录的登记项。当创建一个文件时，就构成一个目录项，并添加到相应的目录文件中。一个目录文件可以包含很多目录项，每个目录项（如 EXT2 文件系统的 EXT2_dir_entry_2）包含的信息如下：

1）索引结点号。这是相应文件在数据块组中的索引结点号码，即检索索引结点表数组的索引值。

2）目录项长度。记载该目录项占多少字节。

3）名字长度。记载相应文件名的字节数。

4）文件类型。用一个数字表示文件的类型，例如，1 表示普通文件、2 表示目录、3 表示字符设备文件、4 表示块设备文件等。

5）文件名字。文件名（不包括路径部分）最长为 255 个字符。

## 8.5.4 日志文件系统

文件系统是操作系统最为重要的一部分，每种操作系统都有自己的文件系统，且文件系统直接影响着操作系统的稳定性和可靠性。Linux 下的文件系统通常有两种类型，即日志文件系统和非日志文件系统。上节介绍的 EXT2 文件系统是 Linux 早期版本时开发的，没有日志功能，是非日志文件系统。为了提高文件系统的稳定性和可靠性，对 EXT2 文件系统的一个改进是增加了日志功能的 EXT3 文件系统。目前用户在安装 Linux 时可以根据需要选择安装。

非日志文件系统在工作时，不对文件系统的更改进行日志记录。典型的非日志文件系统给文件分配磁盘空间和写文件操作的活动如下：文件系统通过为文件分配文件块的方式把数据存储在磁盘上。每个文件在磁盘上都会占用一个以上的磁盘扇区，文件系统的工作就是维护文件在磁盘上的存放，记录文件占用了哪几个扇区，另外扇区的使用情况也要记录在磁盘上。文件系统在读文件时，首先找到文件使用的扇区号，然后从中读出文件内容；如果要写文件，文件系统首先找到可用扇区，进行数据追加，同时更新文件扇区使用信息。

似乎上述的非日志文件系统能够工作得很稳定，但是它仍存在不少问题。如果系统刚将文件的磁盘分区占用信息（metadata）写入到磁盘分区中，还没有来得及将文件内容写入磁盘，这时意外发生了，如系统断电了。结果会造成文件的内容仍然是旧内容，而 metadata 信息是新内容，二者不一致了。这类问题交给日志文件系统来解决。

1. 日志文件系统设计思想

日志文件系统是在非日志文件系统的基础上，加入了文件系统更改的日志记录。

日志文件的设计思想是：跟踪记录文件系统的变化，并将变化内容记录在日志中。日志文件系统的思想来自于大型数据库系统。日志文件系统在磁盘分区中保存有日志记录，写操作首先是对记录文件进行操作，若整个写操作由于某种原因（如系统掉电）而中断，系统重启时，会根据日志记录来恢复中断前的写操作。这个过程只需要几秒钟到几分钟。

2. 日志文件系统是如何工作的

在日志文件系统中，所有的文件系统的变化、添加和改变都被记录到“日志”（即记录文件 metadata 信息的数据）中。每隔一定时间，文件系统会将更新后的文件 metadata 及文件内容写入磁盘，之后删除这部分日志，并重新开始新日志记录。

日志文件系统使得数据、文件变安全了，但是系统开销加大了。每一次更新和大多数的日志操作都需要写同步，这需要更多的磁盘 I/O 操作。从日志文件的原理出发，在那些需要经常写操作的分区上使用日志文件系统会是一个好的选择，因为可以更好地保证数据和文件的安全和一致性。

Linux 系统中可以混合使用日志文件系统或非日志文件系统。日志增加了文件操作的时间，但是，从文件安全性角度出发，磁盘文件的安全性得到了重大的提高。

## 8.6　本章小结

Linux 操作系统是 UNIX 操作系统的一种克隆系统。它的诞生和发展是开源系统的一个成功范例，目前市场上以 Linux 为基础发展的操作系统很多。同时，它也从 PC 的操作系统发展出服务器操作系统和嵌入式操作系统，最为耀眼的是目前基于 Linux 发展出的手机操作系统，如 Android、MeeGoo 等。Linux 以其稳定安全强大的表现，逐渐征服了各行各业的用户，并越来越受到欢迎。具有开源特点的 Linux 非常适于解析操作系统原理。

Linux 系统的系统结构仍然遵循分层体系结构的原则。Linux 内核主要由 5 个模块构成：进程调度模块、内存管理模块、文件系统模块、进程通信模块和网络接口模块。基本上与操作系统原理的内容相对应。具体的代码和知识可以参见参考文献中《Linux 内核源代码情景分析》、《Linux 内核完全注释》等方面的书籍。

当系统需要对发生的某个事件做出反应时，由 Linux 的中断机制来实现，Linux 将中断分类，并由中断响应和中断处理两个步骤实现。系统通过系统调用给用户提供强大的功能，通过门陷入加以实现。系统调用是用户程序和内核交互的接口。

在进程管理中最重要的是进程的数据结构以及进程操作和调度如何实现。Linux 实现了线程创建、调用、挂起和结束。系统中运行着的进程间需要一个良好的通信机制以处理进程的同步和互斥问题。

Linux 通过 EXT2、EXT3 等文件系统，提供计算机对文件和文件夹进行操作处理的各种标准和机制。并使用 VFS 文件系统作为统一的接口以支持对不同文件系统的管理。

Linux 采用的是请求分页式存储管理。实现了多级页表的数据结构以及缺页处理。Linux 使用 Buddy 算法来有效地分配与回收页面块。Linux 使用 LRU 算法作为其页面交换的核心算法。当系统中出现内存不足时，Linux 内存管理子系统就需要释放一些内存页，从而增加系统中空闲内存页的数量。

Linux 的输入和输出系统实现两个目标：一是提高设备的利用率；二是方便用户使用。它管理 CPU 与设备，以及设备与设备之间的并行操作；它利用中断技术、通道技术和缓冲技术使它们之间的并行操作成为可能；Linux 将设备主要分为两类：块设备和字符设备。Linux 通过 3 种 I/O 控制方式实现设备的输入和输出。

本章的具体代码及实现可以参阅开源的 Linux 系统的内核源代码，随着 Linux 的发展，特别是出现 2.4 版内核以后，系统的源代码已达几百万行。读者想了解操作系统原理的基本实现，建议从阅读 Linux 内核 0.95 版（约几万行代码）入手。

## 习 题 八

1. 试述 Linux 系统的历史和特点。
2. Linux 内核有哪两种版本？试述 Linux 内核版本号的组成。
3. Linux 具有哪些特点？
4. Linux 操作系统内核的内核模式是怎样的？
5. 试述 Linux 内核构成的 5 个主要模块的作用及功能。
6. 试述早期 Linux 系统的启动过程。
7. Linux 中断是指什么？中断的分类如何？Linux 系统是如何处理中断的？
8. 什么是系统调用？其作用是什么？
9. 试述系统调用的实现及调用过程。
10. 进程管理是 Linux 操作系统内核的主要内容之一，它对整个操作系统的执行效率至关重要。
11. 试述你对操作系统的进程管理机制的理解和掌握的情况，并谈谈学习现代操作系统的体会。
12. Linux 的进程和线程有什么异同，它们如何区别？
13. 什么是 Linux 系统的任务？
14. Linux 用 task_struct 数据结构来表示每个进程，谈谈你对设计这个数据结构是如何理解的？
15. task_struct 数据结构由几类信息组成，它们的主要功能和作用是什么？
16. 在系统中，通过 fork 创建子进程后，系统是如何让子进程运行的？
17. 信号是什么？其发展历程是怎样的？有哪些常见的种类？

18. 信号相关的系统调用有哪些？它们的作用各是什么？
19. 信号有哪些特点？
20. Linux 系统中的管道是什么？
21. Linux 系统中的消息队列是什么？
22. 试述 Linux 系统中的信号量的实现过程。
23. Linux 系统中的 System V IPC 是什么？
24. Linux 系统支持哪些不同的文件系统？
25. 虚拟文件系统 VFS 的结构如何？作用和功能是什么？
26. Linux 文件系统中的 EXT3 是什么？
27. 何谓 VFS 超级块？
28. Linux 文件系统的安装与卸载过程是怎样的？
29. Linux 支持虚拟内存，什么是虚拟内存？
30. 简述请求分页的基本思想。
31. Linux 进行地址映射的过程是怎样的？
32. Linux 采用三级页表结构的内容是什么？
33. Linux 系统中页面的数据结构是怎样的？
34. 简述 Linux 系统中页面淘汰策略。
35. Linux 系统采用设备文件统一管理硬件设备，从而将硬件设备的特性及管理细节对用户隐藏起来，实现用户程序与设备无关性。试说明 Linux 系统是如何实现的。
36. 谈谈 Linux 设备管理的结构是怎样的。
37. Linux 系统中的设备及分类是怎样的，它们的操作有哪些特点？
38. 简述 Linux 设备管理主要的 I/O 控制方式。
39. Linux 设备驱动程序是用来做什么的？其基本组成有哪些？
40. Linux 使用了多个高速缓冲机制，它们的内容各是什么？

# 参 考 文 献


[1] 孙钟秀，费翔林，骆斌，谢立. 操作系统教程[M]. 北京：高等教育出版社，2008.
[2] 汤子瀛，哲风屏，汤小丹. 计算机操作系统[M]. 西安：西安电子科技大学出版社，2007.
[3] 曹先彬，陈香兰. 操作系统原理与设计[M]. 北京：机械工业出版社，2009.
[4] 刘乃琦，蒲晓蓉，等. 操作系统原理、设计与应用[M]. 北京：高等教育出版社，2007.
[5] 蒋静，徐志伟. 操作系统原理·技术与编程[M]. 北京：机械工业出版社，2004.
[6] 邹恒明. 操作系统之哲学原理[M]. 北京：机械工业出版社，2009.
[7] Gary Nutt. 操作系统：现代观点[M]. 孟祥山，晏益慧，译. 北京：机械工业出版社，2004.
[8] 庞丽萍. 操作系统原理[M]. 武汉：华中理工大学出版社，2008.
[9] 孟庆昌. 操作系统[M]. 北京：电子工业出版社，2004.
[10] 孟静. 操作系统教程[M]. 北京：高等教育出版社，2001.
[11] 张尧学，史美林. 计算机操作系统教程[M]. 北京：清华大学出版社，2006.
[12] 莫里斯·贝奇. UNIX 操作系统设计[M]. 陈葆钰，等译. 北京：北京大学出版社，1989.
[13] 何炎祥，等. 高级操作系统[M]. 北京：科学出版社，1999.
[14] 尤晋元. UNIX 操作系统教程[M]. 西安：西北电讯工程学院出版社，1995.
[15] 尤晋元，史美林，等. Windows 操作系统原理[M]. 北京：机械工业出版社，2001.
[16] W Richard Stevens, Stephen A Rago. UNIX 环境高级编程[M]. 尤晋元，张亚英，戚正，等译. 2 版. 北京：人民邮电出版社，2006.
[17] Bach, M. The Design of the UNIX operating System[M]. Englewood Cliffs, NJ: Prentice Hall, 1986.
[18] Horner D. Operating Systems: Concepts and Applications[M]. Glenview, IL: Scott, Foresman, 1989.
[19] Turner R. Operating Systems: Design and Implementations[M]. New York: Macmillan, 1996.
[20] Lister A, Eager R. Fundamentals of Operating System[M]. 4th ed. London: Macmillan Education Ltd, 1996.
[21] 何炎祥. 分布式操作系统[M]. 北京：高等教育出版社，2005.
[22] 安淑芝，刘光然，杨虹. 操作系统原理与应用（Windows 2000）[M]. 北京：北京希望电子出版社，2002.
[23] 傲意工作室. 注册表完全操作 1500 例[M]. 重庆：重庆出版社，2003.
[24] Microsoft Corporation. Windows 2000 驱动程序开发大全：第 1 卷设计指南[M]. 冯博琴，朱丹军，薛涛，等译. 北京：机械工业出版社，2002.
[25] Microsoft Corporation. Windows 2000 驱动程序开发大全：第 2 卷参考手册[M]. 周明全，耿国华，张毅，等译. 北京：机械工业出版社，2001.
[26] 周明德. UNIX / Linux 核心[M]. 北京：清华大学出版社，2004.
[27] 陈向群，向勇，王雷，等. Windows 操作系统原理[M]. 北京：机械工业出版社，2005.
[28] 毛德操. Linux 内核源代码情景分析[M]. 杭州：浙江大学出版社，2001.

[29] Scott Maxwell. Linux 内核源代码分析[M]. 冯锐，等译. 北京：机械工业出版社 2000.

[30] 卢军. Linux 0.01 内核分析与操作系统设计[M]. 北京：清华大学出版社，2005.

[31] 赵炯. Linux 内核完全剖析[M]. 北京：机械工业出版社，2006.

[32] 赵炯. Linux 内核完全注释——内核版本 0.11(0.95)[M]. 北京：机械工业出版社，2003.

[33] Abrraham Silberschatz, Peter Galvin, Greg Gagne. Applied Operating System Concepts[M]. 北京：高等教育出版社，2002.

[34] Abrraham Silberschatz. Operating System Concepts, 5th Edition with Windows 2000 Case. John Wiley & Sons, Inc., 2000